高等职业技术教育机电类专业规划教材

机械工业出版社精品教材

电机与电气控制

第 3 版

主编　谭维瑜

参编　魏　珩　谭玮彬

主审　李　雯

机 械 工 业 出 版 社

本书主要内容包括：直流电动机、异步电动机、同步电动机、控制电机、低压电器、基本电气控制电路、典型机床电气控制电路和位置检测装置等。

本书从应用角度出发，突出了基本知识的介绍和基本技能的培养。为了技能型人才培养需要，本书设置有“技能培训”；为了检验课堂教学效果，设置了“想一想，练一练”。

本书可作为高职高专机电一体化技术、电气自动化技术、机械制造与自动化等专业的教材，也可作为中等职业院校相关专业的教材，还可供相关工程技术人员参考。

为方便教学，本书配有免费电子课件及参考答案，凡选用本书作为教材的学校，均可来电索取。咨询电话：010-88379375；E-mail：cmpgaozhi@sina.com。

图书在版编目（CIP）数据

电机与电气控制/谭维瑜主编. —3版. —北京：机械工业出版社，2017.2（2019.7重印）

高等职业技术教育机电类专业规划教材　机械工业出版社精品教材

ISBN 978-7-111-55897-2

Ⅰ.①电…　Ⅱ.①谭…　Ⅲ.①电机学-高等职业教育-教材②电气控制-高等职业教育-教材　Ⅳ.①TM3②TM921.5

中国版本图书馆CIP数据核字（2017）第000679号

机械工业出版社（北京市百万庄大街22号　邮政编码100037）
策划编辑：于　宁　责任编辑：于　宁　高亚云　责任校对：张晓蓉
封面设计：鞠　杨　责任印制：常天培
唐山三艺印务有限公司印刷
2019年7月第3版第3次印刷
184mm×260mm · 16印张 · 390千字
标准书号：ISBN 978-7-111-55897-2
定价：38.00元

凡购本书，如有缺页、倒页、脱页，由本社发行部调换

电话服务	网络服务
服务咨询热线：010-88379833	机 工 官 网：www.cmpbook.com
读者购书热线：010-88379649	机 工 官 博：weibo.com/cmp1952
	教育服务网：www.cmpedu.com
封面无防伪标均为盗版	金　书　网：www.golden-book.com

前 言

《电机与电气控制》2004年1月出版，2010年修订出版《电机与电气控制 第2版》，至今已有十余年，累计发行6万余册。为了适应高职高专院校教学改革及人才培养的需要，本书编者对教材内容进行了优化，出版第3版。

本次修订保留了原书中必需的基础知识内容，增加了"技能培养"内容，以满足技能型人才培养的需要。为了验证课堂教学效果，每章节中设置了"想一想，练一练"，它们侧重于对基本概念的考查。每章后设置了习题，题型多样，有填空题、选择题、分析题、计算题，有利于学生课后复习所学知识。

本书主要内容包括：直流电动机、异步电动机、同步电动机、控制电机、低压电器、基本电气控制电路、典型机床电气控制电路和位置检测装置等。

本书由谭维瑜任主编，参加编写的有魏珩和谭玮彬。谭维瑜编写各章基础知识并统稿，魏珩和谭玮彬编写各章的技能培训等。湖南省电子研究所高级工程师李雯任主审，她认真审阅了全书，提出了一些宝贵的意见和建议，在此表示诚挚的感谢。

在本书编写过程中，编者参考了一些文献资料，在此特向这些文献的作者表示深深的谢意。

由于编者水平有限，书中难免有差错或不妥之处，恳请广大读者批评指正。

编　者

目 录

绪　论

本书主要讲述以电动机或其他执行电器为控制对象的生产设备的电气控制基本原理及分析方法。生产设备种类繁多，功能各异，但从所采用的电气控制技术来说，其所用的控制原理、基本电路及分析方法是类似的。本书结合典型机床电气控制电路，讲述上述几方面的内容，这也适用于其他生产设备，以培养读者对电气控制系统的选择、使用和分析的基本能力。

机床是主要的加工设备，有“工作母机”之称。它的质量、数量、技术的先进程度以及自动化水平，都将直接影响整个机械工业及国民经济的发展。机床的自动化水平，在提高生产率、改进产品质量和减轻劳动强度等方面起着极为重要的作用。

机床一般由四个基本部分组成：主机部分、驱动部分、控制部分、检测和显示部分，如图 0-1 所示。

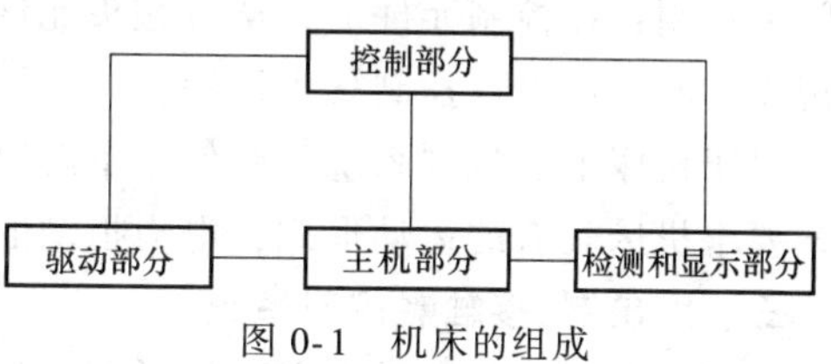

图 0-1　机床的组成

主机部分是指工作机械的本体。驱动部分包括原动机、传动机构等，原动机包括电动机、液压装置和气压装置等，但最主要的动力设备为电动机。控制部分的作用在于使系统中的驱动、主机、检测与显示各部分协调工作，由此可见控制部分是非常重要的。

一、电力拖动

以电动机为动力，通过传动机构拖动机床的工作机构进行工作的拖动方式称为电力拖动。

在电力拖动中，电动机通常被用来实现将电能转换为机械能，这时电动机在电动状态下运行；有时也反过来把机械能转换成热能或电能，这时电动机在制动状态下运行。

电力拖动可分为直流拖动和交流拖动。直流拖动是以直流电动机为动力的拖动，而以交流电动机为动力的拖动称为交流拖动。直流电动机虽不如交流电动机结构简单、制造方便、维护容易以及价格便宜等，但由于直流电动机具有良好的起动、制动和调速性能，可以方便地在较宽的范围内平滑调速，所以直流电动机仍应用于对起动和调速要求较高的机械设备中。交流电动机中使用较多的是三相笼型异步电动机，它具有体积小、重量轻、转动惯量小、制造简单、结构牢固、工作可靠和易于维修等优点，且能用于带有腐蚀性、易爆性和含尘气体等的环境中。

随着生产的发展，机床功能日益增多，自动化程度日益提高，改变了过去一台电动机拖动几台机床或一台电动机拖动一台机床的单独拖动方式，出现了机床主运动、进给运动和辅助运动等分别由几台电动机拖动的分立拖动方式，简化了机械传动机构。

此外，自动控制系统和计算装置中还用到各种交流或直流控制电机，例如伺服电动机、测速发电机和步进电动机等。各种控制电机的主要任务是转换和传递控制信号，能量的转换是次要的。

对于各种电动机，我们应该了解下列几个方面的问题：基本构造，工作原理，表示转速与转矩之间关系的机械特性，起动、反转、调速及制动的基本原理和基本方法，应用场合及如何正确使用。

二、机床电气控制系统

机床控制系统应用的控制方法很多，有电气控制、液压控制、气动控制及机械控制等，其中以电气控制应用最为普遍。

机床电气控制是采用电气元件对控制对象进行控制，如继电器、接触器、交磁放大机和半导体器件等，都可以作为控制装置的元件，它们根据生产工艺的要求，按一定的线路组成电气控制系统，自动控制电动机的起动、制动、正反转，按给定程序（流程）改变速度、运动方向和机床工作部件的位置等。

对机床电气控制系统的一般要求：最大限度满足生产工艺的要求，力求简单经济，保证安全、可靠，操作、维修方便。

随着科学技术不断发展以及生产工艺不断提出新的要求，电气控制技术迅速发展：在控制方法上，从手动控制到自动控制；在控制原理上，从硬接线继电器-接触器控制到以微处理器为核心的软件控制；在控制方式上，从断续的有级控制到连续的无级控制，从开环控制到闭环控制；在控制元件上，从有触头元件到无触头元件等。新的控制理论和新型元器件的出现将不断推动电气控制技术发展。

对于机床电气控制系统，我们应了解以下几个方面的问题：机床本身的主要结构，生产工艺要求机床具有的运动形式，电力拖动的方式，所用电气元件的型号、规格及安装等。

三、继电器-接触器控制系统

使用按钮、开关、继电器、接触器和行程开关等组成的电气控制系统称为“继电器-接触器控制系统”或“继电接触式控制系统”，通过电气接触点（触头）的闭合与分断来控制电路转换（接通或断开），实现对电动机运转和机床工作机构运动的自动控制，故又称为“有触头控制系统”。

这种控制是由操作者通过主令电器（例如按钮）接通或断开继电器、接触器电路，使它们的触头闭合或分断，来接通或断开电动机电路的。继电器-接触器控制系统的工作原理框图如图0-2所示。

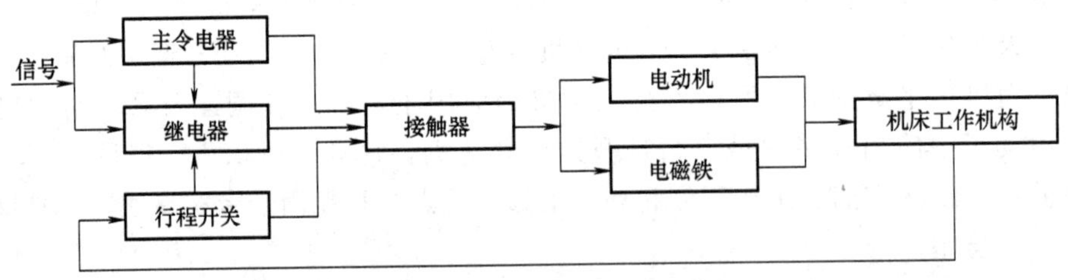

图0-2 继电器-接触器控制系统的工作原理框图

继电器-接触器控制系统是在20世纪20年代到30年代出现的自动控制系统。这种系统的优点是结构简单、价格低廉、维护方便、抗干扰强、工作稳定以及能控制较大功率。采用它可以实现控制的自动化，还可以实现集中控制和远距离控制，现在仍是机床和机械设备的基本的电气控制形式之一。

这种控制系统的缺点是：由于是固定接线形式，只能按固定的程序进行控制，改变程序不方便，灵活性差；采用有触头的开关动作，工作频率低、触头易损坏、使用寿命短、噪声大。

对于继电器-接触器控制系统，我们应了解以下几个方面的问题：各种低压电器的基本结构和工作原理；电动机起动、制动、反转和速度调节等基本控制电路的工作原理；控制电路中对各个电动机动作的配合、自保、联锁、顺序和切换等功能的控制，以及行程、时间、速度、电流、温度和压力等量的基本控制方式；机床的运动形式及对电力拖动的要求；电气、液压和机械相互间的配合。

四、进给伺服系统

在数控装置中，伺服系统是指以机床移动部件的位置和速度作为控制量的自动控制系统，又称随动系统。进给伺服系统是数控系统与机床本体间电传动联系的环节，也是数控系统的执行部分。伺服具有“服从”的含义。在数控机床中，伺服是指有关的传动或运动参数均严格按照数控系统的控制指令实现，这些参数主要包括运动的速度、运动的方向和运动的起停位置等。进给伺服系统的性能在很大程度上决定了数控机床的性能。

进给伺服系统根据数控系统输出的指令脉冲信号，使机床移动部件做相对的移动并对定位的精度和速度加以控制。

本书介绍进给伺服系统中重要的部件——控制电机的基本结构、工作原理和应用。它们在自动控制系统和计算装置中作为执行元件、检测元件和解算元件。本书还介绍位置检测装置。

第一章 直流电动机

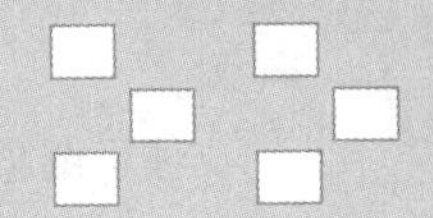

[教学要求]

了解电机的分类，熟悉直流电动机的结构，掌握各种直流电动机的工作原理，会操作直流电动机。

第一节 直流电动机概述

一、电机的分类

应用电磁原理实现电能与机械能互相转换的旋转机械，统称为电机。把机械能转换为电能的电机，称为发电机；把电能转换为机械能的电机，称为电动机。按照产生或取用电能种类的不同，电机分为直流电机与交流电机。

电动机分为交流电动机和直流电动机两大类。交流电动机又分为单相的和三相的，异步的和同步的。直流电动机按照励磁方式的不同分为他励、并励、串励和复励四种。

直流电动机具有比交流电动机更为优越的调速和起动性能。它的调速范围广，平滑性、经济性较好，采用晶闸管调速系统更为方便；它的起动转矩较大。这些性能对有些机械的拖动是十分重要的，例如大型机床、电力机车、大型轧钢机和大型起重设备等。直流电动机的缺点也很明显：一是制造工艺复杂，生产成本高；二是运行时电刷与换向器之间容易产生火花，可靠性较差，维护较麻烦。

人们虽做过很多研究工作来改善交流电动机的性能，但还是不能全部用交流拖动来代替直流拖动。现今在某些机械的拖动中，仍然使用直流电动机。

直流发电机过去是直流电电源之一，广泛应用于电解、电镀和充电等设备中，也常用作同步电动机的励磁和直流电动机的电源。随着晶闸管整流技术的日益发展，在某些场合交流发电机经整流电路已经取代直流发电机。

随着生产自动化的需要，在自动控制系统和计算装置中还用到一些控制电机和特殊用途的电机，例如测速发电机、步进电动机等。

本书主要介绍电动机，对于各种电动机，我们应该了解以下几个方面的问题：基本工作原理，基本构造，表示转速与转矩之间关系的机械特性，起动、反转、调速及制动的基本原理和基本方法，适用场所及如何正确使用。

本章只讨论直流电动机的有关问题，其他电机将在后续章节中讨论。

二、直流电动机的系列

所谓系列就是指产品的结构和形状基本相似，而某种性能参数（例如容量）按一定等级递增的一系列产品。

现将国产直流电动机系列简介如下：

（1）Z 型系列　Z 为“直流电动机”的汉语拼音第一个字母。该系列是通风防护式的，适用于调速范围不大的机械拖动、少灰尘、少腐蚀及温度低的场所。

（2）Z_2 型系列　该系列是 Z 型系列的改进型，也是通风防护式的。调速范围可达 2：1，即转速可超过额定转速一倍。

（3）ZO 型系列　该系列是封闭式的，可用于多灰尘但无腐蚀性气体的场所。

（4）ZD 型系列　该系列主要用于需要广泛调速、具有较大的过载能力的场所，如大型机床、卷扬机和起重设备等。

（5）ZQD 型系列　该系列是直流牵引电动机，常用于牵引车辆。

三、想一想，练一练

1. 把机械能转换为电能的电机，称为______；把电能转换为机械能的电机，称为______。

2. 按照产生和取用种类的不同，电机分为______电机与______电机。

3. 交流电动机分为______相的和______相的，______步和______步的。

4. 直流电动机按励磁方式的不同分为______励、______励、______励和______励四种。

第二节　直流电动机的基本工作原理

任何电动机的工作原理都是建立在电磁感应和电磁力基础之上的。为了讨论直流电动机的工作原理，我们把复杂的直流电动机结构简化为工作原理图。

一、直流电动机的工作原理

在电工课程中，我们已经知道通电导体在磁场中会受到电磁力的作用——电磁力定律。电动机就是基于这个定律工作的。图 1-1 所示为直流电动机原理图。

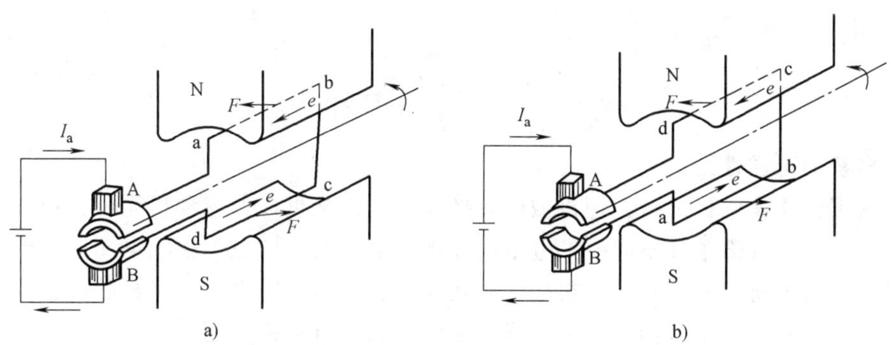

图 1-1　直流电动机原理图

电枢绕组通过电刷接到直流电源上，绕组的旋转轴与机械负载相连。电流从电刷 A 流入电枢绕组，从电刷 B 流出。电枢电流 I_a 与磁场相互作用产生电磁力 F，其方向可用左手定则判定。这一对电磁力所形成的电磁转矩 T 使电动机电枢逆时针方向旋转，如图 1-1a 所示。

当电枢转到图 1-1b 所示位置时，由于换向器的作用，电枢电流 I_a 仍由电刷 A 流入绕组，由电刷 B 流出。电磁力和电磁转矩的方向仍然使电动机电枢逆时针方向旋转。

电枢转动时，切割磁力线而产生感应电动势，这个电动势的方向（用右手定则判定）与电枢电流 I_a 和外加电压 U 的方向总是相反的，称为反电动势 E_a。电源只有克服反电动势才能向电动机输入电流。反电动势

$$E_a = C_E \Phi n$$

式中，C_E 为感应电动势系数；Φ 为磁通（Wb）；n 为转速（r/min）。

电枢电路外接电压　$U = E_a + I_a R_a$

式中，R_a 为电枢电路的电阻。

可见，电动机向负载输出机械功率的同时，电源向电动机输入电功率，所以电动机起着将电能转换为机械能的作用。

电动机的电磁转矩是驱动转矩，它使电枢转动。电动机的电磁转矩 T 必须与机械负载转矩 T_2 及空载转矩 T_0 相平衡，即 $T=T_2+T_0$。当电动机轴上的机械负载发生变化时，电动机的转速、反电动势、电流及电磁转矩将自动进行调整，以适应负载的变化，保持新的平衡。例如，当负载转矩 T_2 增大，电磁转矩 T 暂时小于 T_2+T_0，转速 n 下降，当磁通 Φ 不变时，反电动势 E_a 必将减小，而电枢电流 $I_a=(U-E_a)/R_a$ 将增加，于是电磁转矩 T 随之增加，直到与负载转矩达到新的平衡后，转速不再下降，电动机以较低的转速稳定运行。这时的电枢电流已增大，电源输入功率增加（电源电压保持不变）。

电磁转矩

$$T=C_T\Phi I_a$$

式中，C_T 是常数。

例 1-1 一台直流电动机，已知常数 $C_E=3$，磁通 $\Phi=0.05\text{Wb}$。（1）试求当电枢转速 $n=1400\text{r/min}$ 时的电枢反电动势 E_a；（2）若电源电压 $U=220\text{V}$，测得电枢电流 $I_a=50\text{A}$，试求电枢电路的电阻 R_a。

解 （1）由 $E_a=C_E\Phi n$ 得

$$E_a=3\times0.05\times1400\text{V}=210\text{V}$$

（2）由 $U=E_a+I_aR_a$ 得

$$R_a=\frac{U-E_a}{I_a}=\frac{220-210}{50}\Omega=0.2\Omega$$

二、电机的可逆性

电机既可以作发电机运行，把机械能转换成电能，又可以作电动机运行，把电能转换成机械能。只是由于外部条件不同——电枢由原动机带动或是向电枢输入电功率，得到相反的能量转换。所以电机是一种双向的机电能量转换装置，这一特性称为电机的可逆性。但在实际应用时，一般只作一个方面来使用，或作发电机或作电动机使用。

第三节 直流电动机的结构

从电机的基本工作原理知道，电机的磁极和电枢之间必须有相对运动，因此，任何电机都由固定不动的定子和旋转的转子两部分组成，在这两部分之间的间隙叫空气隙。

下面介绍直流电动机的结构。图 1-2 是直流电动机结构图，图 1-3 是直流电动机径向剖面图。

一、定子

定子的作用是产生磁场和作为电机的机械支撑。它由主磁极、换向磁极、电刷装置、机座、端盖和轴承等组成。图 1-4 是直流电动机的定子。

1. 主磁极

主磁极的作用是产生主磁通 Φ。主磁极铁心包括极心和极靴两部分。极心上套有励磁绕组，各主磁极上的绕组一般都是串联的。极靴的作用是使空气隙中磁感应强度分布最为合适。

改变励磁电流 I_f 的方向，就可改变主磁极极性，也就改变了磁场方向。

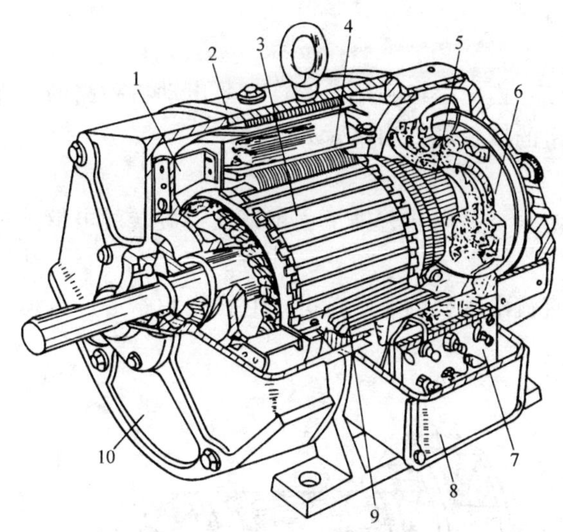

图 1-2　直流电动机结构图

1—风扇　2—机座　3—电枢　4—主磁极　5—刷架　6—换向器　7—接线板　8—出线盒　9—换向磁极　10—端盖

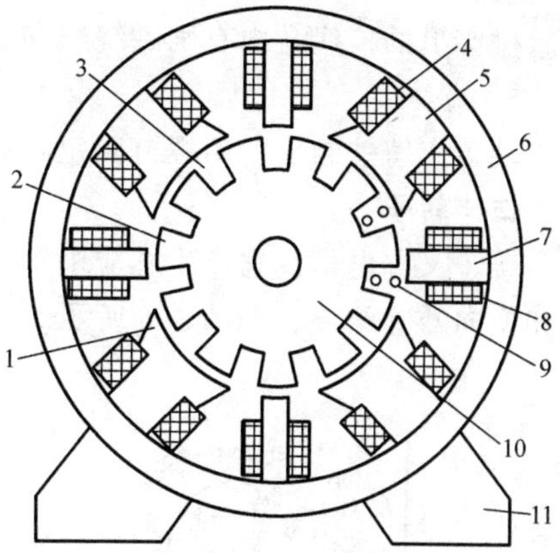

图 1-3　直流电动机径向剖面图

1—极靴　2—电枢齿　3—电枢槽　4—励磁绕组　5—主磁极　6—磁轭　7—换向磁极　8—换向磁极绕组　9—电枢绕组　10—电枢铁心　11—底座

2. 换向磁极

在两个相邻的主磁极之间的中性面内有一个小磁极，这就是换向磁极。它的构造与主磁极相似，它的励磁绕组与主磁极的励磁绕组相串联。

换向磁极的作用是产生附加磁场，改善电动机的换向条件，减小电刷与换向器之间的火花，使换向器不致烧坏。

主磁极中性面内的磁感应强度本应为零值，但是，由于电枢电流通过电枢绕组时产生电枢磁场，使主磁极中性面的磁感应强度不能为零值，于是使转到中性面内进行电流换向的绕组产生感应电动势，使得电刷与换向器之间产生较大的火花。

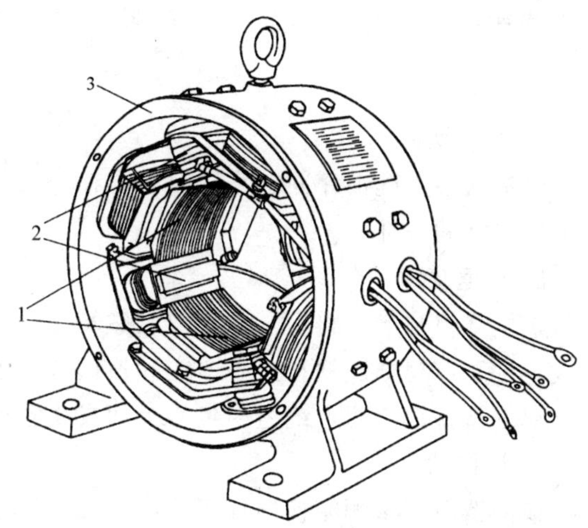

图 1-4　直流电动机的定子

1—主磁极　2—换向磁极　3—机座

用换向磁极的附加磁场来抵消电枢磁场，使主磁极中性面内的磁感应强度接近于零，这样就改善了电枢绕组的电流换向条件，减小了电刷与换向器之间的火花。

3. 电刷装置

电刷装置主要由用碳-石墨制成导电块的电刷、加压弹簧和刷盒等组成，如图 1-5 所示。

固定在机座上（小容量电动机装在端盖上）不动的电刷，借助于加压弹簧的压力和旋转的换向器保持滑动接触，使电枢绕组与外电路接通。

电刷数一般等于主磁极数，各同极性的电刷经软线连在一起，再引到接线盒内的接线板上，作为电枢绕组的引出端。

4. 机座

机座用铸钢或铸铁制成，用来固定主磁极、换向磁极和端盖等，它是电动机磁路的一部分。机座上的接线盒内有励磁绕组和电枢绕组的接线端，用来对外接线。

5. 端盖

端盖由铸铁制成，用螺钉固定在底座的两端，盖内装有轴承，用以支撑旋转的电枢。

二、转子

转子又称电枢，它产生感应电动势，是直流电动机的旋转部分。它由电枢铁心、电枢绕组和换向器等组成，如图 1-6 所示。

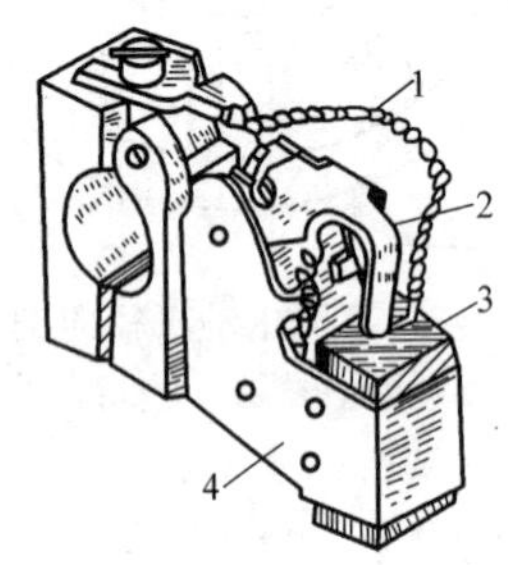

图 1-5 电刷装置

1—导电绞线 2—加压弹簧 3—电刷 4—刷盒

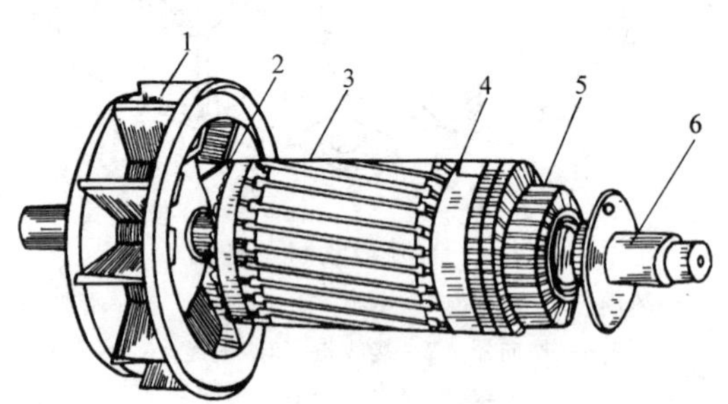

图 1-6 直流电动机的电枢

1—风扇 2—电枢绕组 3—电枢铁心 4—绑带 5—换向器 6—轴

1. 电枢铁心

电枢铁心由硅钢片冲制叠压而成，在外圆上有分布均匀的槽用来嵌放绕组。电枢铁心也是电机磁路的一部分。

2. 电枢绕组

电枢绕组是产生感应电动势或电磁转矩，实现能量转换的主要部件。它由许多绕组元件构成，按一定规则嵌放在铁心槽内和换向片相连，使各组线圈的电动势相加。电枢绕组端部用镀锌钢丝箍住，防止绕组因离心力而发生径向位移。

3. 换向器

换向器由许多铜制换向片组成，外形呈圆柱形，片与片之间用云母绝缘。

三、铭牌和额定值

为了使电机安全而有效地运行，制造厂家对电机的工作条件都加以技术规定。按照规定的工作条件运行的状态叫作额定工作状态。电机额定工作时的各种技术数据称为额定值，一般加下标 N 表示。这些额定值都列在电机的铭牌上，使用电机前，应熟悉铭牌，直流电动机的铭牌见表 1-1。使用中的实际值，一般不应超过铭牌所规定的额定值。

1. 型号

它表示电动机的类别。例如：

Z 2 - 1 2

直流（Z）

设计序号（2）

机座号（1）

铁心长度（2）

表 1-1　直流电动机的铭牌

直流电动机			
型号	Z2-12	励磁方式	他励
功率	4kW	励磁电压	220V
电压	220V	励磁电流	0.63A
电流	22.7A	定额	连续
转速	1500r/min	温升	80°C
出厂号	××××	出厂日期	年　月

2. 额定电流 I_N

额定电流指电源输入到电动机的允许电流。

3. 额定电压 U_N

额定电压指输入到电动机端钮上的允许电压。

4. 额定转速 n_N

这是指电动机在额定工作状态时，应达到的转速。

5. 额定功率（额定容量）P_N

额定功率指在额定电压 U_N、额定电流 I_N 和额定转速 n_N 下，电动机轴上输出的机械功率 $P_N = U_N I_N \eta_N$。

6. 额定效率 η_N

额定功率与输入功率之比，称为电机的额定效率，即

$$\eta_N = \frac{\text{额定功率}}{\text{输入功率}} \times 100\% \tag{1-1}$$

四、想一想，练一练

1. 直流电动机的定子的作用是产生______和作为电机机械______。
2. 定子由______、______和______等组成。
3. 转子又称______，它产生______电动势，是直流电动机的______部分。
4. 转子由______、______和______等组成。

第四节　直流电动机特性概述

本节对直流电动机作进一步的讨论，以求读者对直流电动机的励磁方式、各绕组出线端标志和基本方程等知识能基本掌握，并能正确使用。

一、直流电动机的励磁方式

直流电动机按其励磁绕组在电路中的连接方式即励磁方式的不同，可分为他励、并励、串励和复励四种。

1. 他励直流电动机

这种电动机的励磁绕组与电枢绕组分别由两个直流电源供电。这种励磁绕组称他励绕组，如图 1-7 所示。

图 1-7 中变阻器用来调节励磁电流的大小，励磁电流 I_f 仅取决于他励电源的电动势和励磁电路的总电阻，而不受电枢端电压 U 的影响。

2. 并励直流电动机

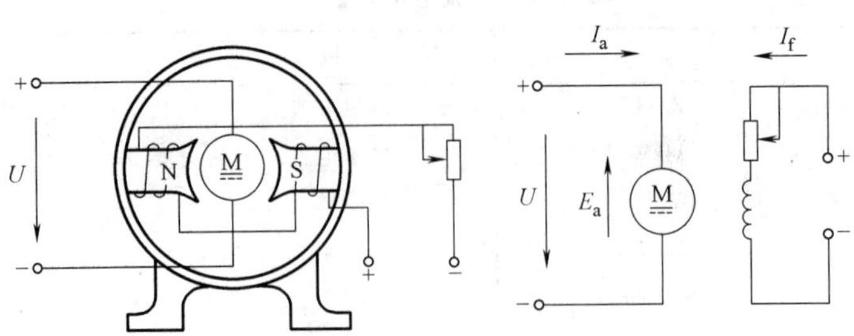

图 1-7　他励直流电动机

并励直流电动机的励磁绕组与电枢绕组并联，由同一直流电源供电。这种励磁绕组称并励绕组，如图 1-8 所示。

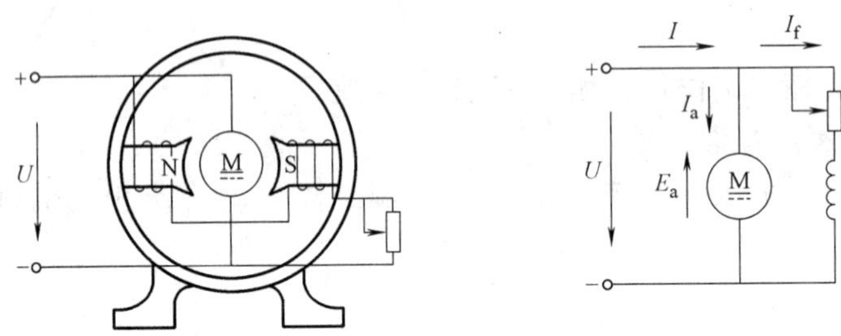

图 1-8　并励直流电动机

由图可见，励磁电流 I_f 不仅与励磁回路的电阻有关，还受电枢两端电压 U 的影响。为了减小励磁电流及损耗，接有变阻器调节 I_f。励磁绕组必须具有较大的电阻，因此应使励磁绕组的匝数较多，且用较细的导线绕制。励磁电流虽小，但绕组匝数较多，仍能使磁极产生一定的磁通。

并励直流电动机的电流关系为

$$I=I_a+I_f$$

3. 串励直流电动机

串励直流电动机的励磁绕组与电枢绕组串联，这种励磁绕组称串励绕组，如图 1-9 所示。

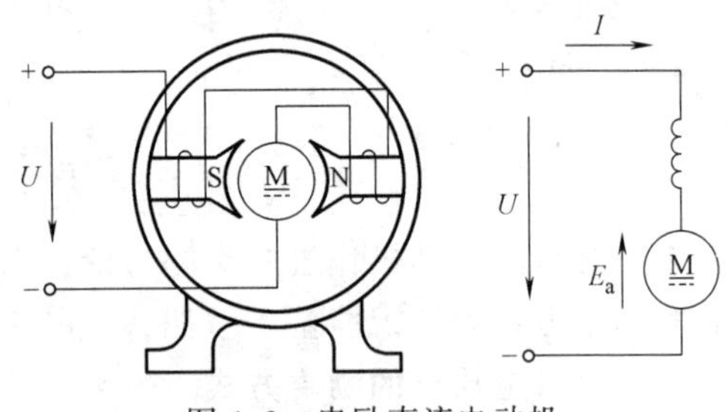

图 1-9　串励直流电动机

由于串励绕组电流较大，因此要求串励绕组应具有较小的电阻。为此，励磁绕组所用导线要粗且匝数较少，但由于流过的电流较大，故磁极仍能产生一定的磁通。

4. 复励直流电动机

电动机的主磁极上有两个励磁绕组，一个同电枢绕组并联，另一个同电枢绕组串联，故名复励电动机，如图 1-10 所示。

电动机的主磁通是两个励磁绕组分别产生的磁通的叠加。

二、直流电动机各绕组出线端标志

直流电动机各绕组出线端的标志见表 1-2。

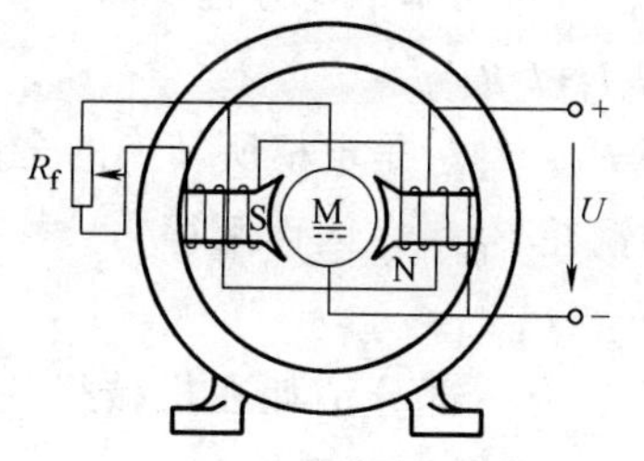

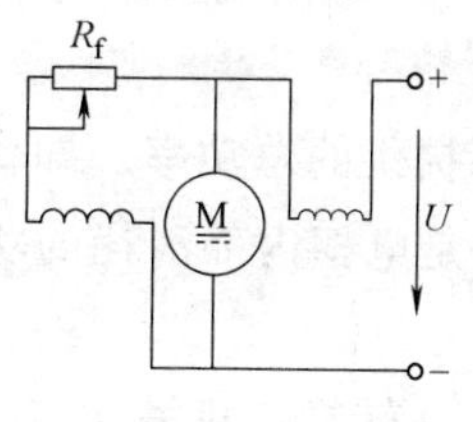

图 1-10　复励直流电动机

表 1-2　直流电动机各绕组出线端标志

绕组名称	首端	末端	绕组名称	首端	末端
电枢绕组	S_1	S_2	并励绕组	B_1	B_2
换向绕组	H_1	H_2	串励绕组	C_1	C_2
他励绕组	T_1	T_2			

三、直流电动机的基本方程

下面将讨论直流电动机的电压、功率和转矩的平衡方程，说明其能量关系。

（一）电枢电路电压平衡方程

1. 电动机的反电动势

电动机电枢旋转时，电枢中的载流导体切割磁力线产生感应电动势，即

$$E_a = C_E \Phi n$$

式中，E_a 为反电动势（V）；C_E 为感应电动势系数；Φ 为磁通（Wb）；n 为转速（r/min）。

这个电动势的方向与电枢电流的方向相反，抵制电枢电流的流入，故称为反电动势。因此，电源要向电枢输入电流，就必须克服反电动势的作用，即必须使加在电枢绕组两端的电压 $U>E_a$。

2. 电压平衡方程

电压平衡方程式为

$$E_a = U - I_a R_a \tag{1-2}$$

式中，I_a 为电枢电流（A）；R_a 为电枢绕组电阻（Ω）。

式（1-2）中各电压、电流量的参考方向参见图 1-7。

上式改写后得

$$U = E_a + I_a R_a \tag{1-3}$$

上式表明，电枢绕组两端的电压 U 可分为两部分，一部分用来平衡反电动势 E_a，另一部分就是电枢绕组的电压降 $I_a R_a$。

3. 电枢电流

由 $U = E_a + I_a R_a$ 可导出电枢电流公式，即

$$I_a = \frac{U - E_a}{R_a} \tag{1-4}$$

（二）电枢电路功率平衡方程

1. 功率平衡方程

将 $U=E_a+I_aR_a$ 等式两端乘以电枢电流 I_a，可得功率平衡方程，即

$$UI_a=E_aI_a+I_a^2R_a \tag{1-5}$$

式中，UI_a 是电源提供的总功率，即输入功率 P_1；E_aI_a 是电枢所转换的全部机械功率，即电磁功率 P_M；$I_a^2R_a$ 是电枢内部消耗的功率，即铜耗 P_{Cu}㊀，因而可得

$$P_1=P_M+P_{Cu} \tag{1-6}$$

电磁功率 P_M 在转换成机械功率的过程中，有一部分消耗在机械损耗㊁和铁耗㊂中，记为 P_0，余下的才是轴上的输出功率 P_2㊃，即得功率平衡方程为

$$P_M=P_2+P_0 \tag{1-7}$$

代入式（1-6）得

$$P_1=P_2+P_0+P_{Cu}$$

电动机在能量转换过程中，总要损耗一部分能量，变为热能散发到空气中白白地浪费，同时引起电动机发热，温度升高，若超过允许温升，会使绝缘老化，寿命降低。因此，应根据额定值使用电动机，避免过载运行。

2. 效率

直流电动机的输出功率与输入功率之比称为效率，表示为

$$\eta=\frac{P_2}{P_1}\times 100\% \tag{1-8}$$

（三）转矩平衡方程

我们知道电枢承受的电磁转矩为

$$T=C_T\Phi I_a$$

电磁转矩 T 转换为电磁功率 $P_M=E_aI_a$，由于 $T\Omega=P_M$，于是有

$$T=\frac{P_M}{\Omega}=\frac{E_aI_a}{\Omega} \tag{1-9}$$

又因为 $\Omega=2\pi n/60$（n 单位为 r/min，Ω 单位为 rad/s），故

$$T=\frac{E_aI_a}{\frac{2\pi n}{60}}=9.55\frac{E_aI_a}{n} \tag{1-10}$$

电动机的电磁转矩除了克服机械损耗及铁耗所引起的空载转矩 T_0 以外，还要克服电动机轴上的有效输出转矩即负载转矩 T_2，故电磁转矩平衡方程为

㊀ 铜耗：它包括电枢电路的电阻损耗和励磁电路的电阻损耗。电枢电路的电阻损耗包括电枢绕组和串联的换向绕组的电阻损耗，还有电刷与换向器之间的接触损耗。

铜耗与电枢电流 I_a 的二次方成正比，它是随输出功率变化而变化的，即随负载而变化，故又称为负载损耗。

㊁ 机械损耗：它包括轴承的摩擦、电刷与换向器的摩擦等损耗。它随转速升高而增大，影响轴承和换向器的发热，一般约占额定功率的1%～3%。

㊂ 铁耗：电枢在磁场中旋转时，它的铁心将产生磁滞损耗和涡流损耗。对已制成的电动机来说，铁耗的大小仅与电动机的转速和电压有关。

机械损耗和铁耗是在电动机已转起来、加上励磁建立电压、没有带负载时就有的，故两者合在一起称为空载损耗 P_0。有负载时它们是不变的。

㊃ 输出功率 P_2：电动机铭牌上所指出的额定功率 P_N 即 P_2。

$$T=T_0+T_2 \tag{1-11}$$

式中，$T_0=9.55\dfrac{P_0}{n}$；$T_2=9.55\dfrac{P_2}{n}$。电动机轴上的输出功率可表示为

$$P_2=T_2\Omega=\frac{2\pi}{60}T_2n=0.105T_2n \tag{1-12}$$

上式说明，电动机在稳定工作即转速一定情况下，由空载损耗决定的空载转矩 T_0 与由电动机拖动的负载决定的输出转矩 T_2 之和（称为反抗转矩 $T_{反}$，又称静态转矩）与电磁转矩 T 相平衡，它们大小相等，方向相反。

例 1-2　有一并励直流电动机，其额定值如下：$P_N=22\text{kW}$，$U_N=110\text{V}$，$n_N=1000\text{r/min}$，$\eta_N=0.84$，$R_a=0.04\Omega$，$R_f=27.5\Omega$，试求：（1）额定电流 I_N、额定电枢电流 I_a 及额定励磁电流 I_f；（2）铜耗 P_{Cu}、空载损耗 P_0；（3）额定转矩 T_2；（4）反电动势 E_a。

解　（1）P_2 是输出的机械功率，P_1 是输入功率。

额定工作状态下　$P_2=P_N=22\text{kW}$

输入功率为　$P_1=\dfrac{P_2}{\eta_N}=\dfrac{22\text{kW}}{0.84}=26.19\text{kW}$

额定电流为　$I_N=\dfrac{P_1}{U_N}=\dfrac{26.19\text{kW}}{110\text{V}}=238.10\text{A}$

额定励磁电流为　$I_f=\dfrac{U_N}{R_f}=\dfrac{110\text{V}}{27.5\Omega}=4\text{A}$

额定电枢电流为　$I_a=I_N-I_f=238.10\text{A}-4\text{A}=234.10\text{A}$

（2）铜耗包括电枢电路铜耗和励磁电路铜耗。

电枢电路铜耗为　$P_{aCu}=I_a^2R_a=234.10^2\times0.04\text{W}=2192.11\text{W}$

励磁电路铜耗为　$P_{fCu}=I_f^2R_f=4^2\times27.5\text{W}=440\text{W}$

总铜耗为　$P_{Cu}=P_{aCu}+P_{fCu}=2192.11\text{W}+440\text{W}=2632.11\text{W}$

总损耗为　$\Delta P=P_1-P_2=26.19\text{kW}-22\text{kW}=4.19\text{kW}$

空载损耗　$P_0=\Delta P-P_{aCu}=4.19\text{kW}-2192.11\text{W}=1997.89\text{W}$

（3）额定转矩通常指的是输出转矩 T_2，有

$$T_2=9.55\frac{P_2}{\eta_N}=9.55\times\frac{22\text{kW}}{1000\text{r/min}}=210.1\text{N}\cdot\text{m}$$

（4）反电动势为

$$E_a=U_N-I_aR_a=110\text{V}-234.10\times0.04\text{V}=100.64\text{V}$$

例 1-3　一台并励直流电动机，其额定值如下：$P_N=7.5\text{kW}$，$U_N=220\text{V}$，$I_N=42.61\text{A}$，$n_N=1500\text{r/min}$，$R_a=0.1014\Omega$，$R_f=46.5\Omega$。求：（1）η、I_a、T_2、T；（2）当电枢电流变为 50A 时电动机的转速 n'；（3）当负载转矩不变，电动机主磁通减少到 80%时的稳态转速 n''。

解　（1）效率为

$$\eta=\frac{P_2}{P_1}\times100\%=\frac{P_N}{I_NU_N}\times100\%=\frac{7.5\text{kW}}{42.61\text{A}\times220\text{V}}\times100\%=80\%$$

输出转矩为　$T_2=9.55\dfrac{P_2}{n}=9.55\dfrac{P_N}{n_N}=9.55\times\dfrac{7.5\text{kW}}{1500\text{r/min}}=47.75\text{N}\cdot\text{m}$

电枢电流为 $$I_a=I_N-I_f=I_N-\frac{U_N}{R_f}=42.61\text{A}-\frac{220\text{V}}{46.5\Omega}=37.88\text{A}$$

反电动势为 $$E_a=U-I_aR_a=220\text{V}-37.88\text{A}\times0.1014\Omega=216.16\text{V}$$

电磁转矩为 $$T=9.55\frac{E_aI_a}{n_N}=9.55\times\frac{216.16\text{V}\times37.88\text{A}}{1500\text{r/min}}=52.13\text{N}\cdot\text{m}$$

（2）电枢电流为 $I'_a=50\text{A}$ 时，反电动势为

$$E'_a=U-I'_aR_a=220\text{V}-50\text{A}\times0.1014\Omega=214.93\text{V}$$

由于 C_E 和主磁通 Φ 不变，故有$\frac{E'_a}{E_a}=\frac{C_E\Phi n'}{C_E\Phi n_N}=\frac{n'}{n_N}$

$$n'=\frac{E'_a}{E_a}n_N=\frac{214.93\text{V}}{216.16\text{V}}\times1500\text{r/min}=1491.5\text{r/min}$$

（3）负载转矩 T_2 不变，$\Phi'=0.8\Phi$ 时，电枢电流为

$$I''_a=\frac{I_a}{0.8}=\frac{37.88\text{A}}{0.8}=47.35\text{A}$$

则 $$E''_a=U_N-I''_aR_a=220\text{V}-47.35\text{A}\times0.1014\Omega=215.2\text{V}$$

则 $$n''=\frac{E''_a}{E_a}n_N=\frac{215.2\text{V}}{216.16\text{V}}\times1500\text{r/min}=1493.3\text{r/min}$$

由例1-3可以看出，当并励直流电动机的电枢电流 I_a 增大或主磁通 Φ 减小时，电动机的转速将下降。

四、想一想，练一练

1. 他励直流电动机的______绕组与______绕组由______直流电源______供电，这种绕组称为______绕组。

2. 并励直流电动机的______绕组与______绕组______联，由______电源供电，这种______绕组称______绕组。

3. 串励直流电动机的______绕组与______绕组______联，这种______绕组称为______绕组。

4. 复励直流电动机有______励磁绕组，一个同______绕组______联，另一个同______绕组______联。

第五节 并励（他励）直流电动机的机械特性概述

直流电动机按励磁方式可分为四种，其中并励直流电动机应用比较广泛。转速需要保持恒定或需要在较大范围内进行调速的生产机械，常采用并励直流电动机，例如大型车床、磨床、刨床和某些冶金机械等。

他励直流电动机和并励直流电动机只是连接方式不同，两者的特性是一样的。下面我们以并励直流电动机为例，来讨论它们的机械特性。

一、直流电动机的机械特性

（一）机械特性

表征电动机运行状态的两个主要物理量是：电磁转矩 T 和转速 n。

直流电动机的机械特性是指电动机的端电压 U 等于额定值、励磁电路的电流 I_f 和电枢

电路的电阻 R_a 不变的条件下，电动机的转速 n 与电磁转矩 T 之间的关系，即 $n=f(T)$。

机械特性是电动机最重要的工作特性，它是讨论电动机稳定运行、起动、调速和制动等的基础。

机械特性可分为固有（自然）机械特性和人为机械特性。固有机械特性表示电动机在额定参数运行条件下的机械特性；人为机械特性表示改变电动机一种或几种参数，使之不等于其额定值时的机械特性。

（二）机械特性硬度

一般用机械特性硬度来评价电动机机械特性变化程度。所谓机械特性硬度，就是在机械特性曲线的工作范围内某一点转矩对该点转速的微分，即

$$\beta=\frac{\mathrm{d}T}{\mathrm{d}n} \tag{1-13}$$

即在曲线上该点的斜率。

因此，按照机械特性硬度的概念，将电动机的机械特性分为以下三类：

（1）绝对硬特性　转矩变化时，转速不变化，即

$$\beta=\frac{\mathrm{d}T}{\mathrm{d}n}=\infty \tag{1-14}$$

（2）硬特性　转矩变化时，转速降落较小，$\beta=10\sim40$。

（3）软特性　转矩变化时，转速降落大，$\beta<10$。

如此分类，主要是因为多数电动机的机械特性是转速随转矩的增加而下降，但不同的电动机下降程度不同。

（三）静差率

当负载变化时，电动机的转速随之变化。静差率 S 是用来衡量转速随负载变化程度的物理量。它表示在额定负载下的转速降落 Δn_N 与理想空载转速 n_0 之比，即

$$S=\frac{\Delta n_N}{n_0}=\frac{n_0-n_N}{n_0}\times100\% \tag{1-15}$$

式中，n_N 为额定负载下对应的转速，Δn_N 为额定负载下的转速降落。

由式（1-15）看出，当 n_0 相同时，若 Δn_N 越小，则 S 越小，表明电动机转速的相对稳定性越高，亦表明机械特性越硬。

二、并励直流电动机的固有机械特性

按固有机械特性所给定的条件，$U=U_N=$常数，励磁电流 I_f 调节至磁通 $\Phi=\Phi_N$ 并保持不变。由于 R_a 很小，所以 $n=f(T)$ 将是一条倾斜度很小的直线，如图 1-11 所示。

负载从空载到满载，转速降落 Δn_N 仅为额定转速的 5%～10%，因此并励直流电动机的机械特性是硬特性。

并励直流电动机在运行时，切不可断开励磁电路，使 $I_f=0$。这样，主磁极上仅有很小的剩磁通，反电动势很小，在空载时，将导致转速急剧上升；在有一定负载时，电动机停转并使电枢电流急剧增加，会引起严重事故。

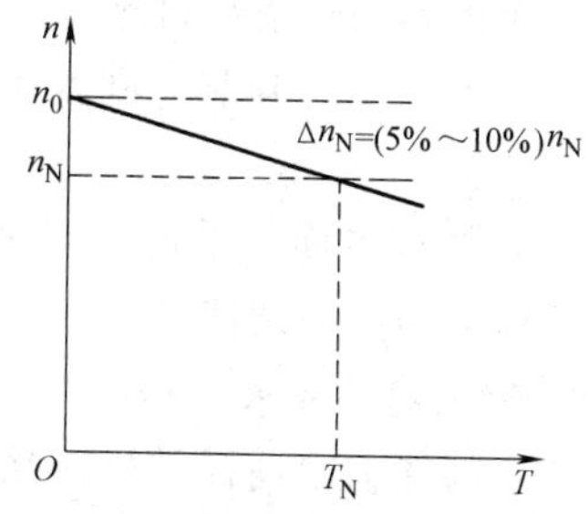

图 1-11　并励直流电动机机械特性曲线

三、并励直流电动机的人为机械特性

固有机械特性只反映电动机在额定条件下运行的性能，对应某一转矩下，电动机只能运行在某一转速。而在生产上往往有一些要求，例如在一定的转矩下，根据不同的情况，要求有不同的转速。这就必须人为地改变电动机的某些参数，来改变电动机的机械特性，以满足生产上的要求。这时的机械特性称为人为机械特性。

在下一节讨论并励直流电动机的调速时，所涉及的机械特性都是它的人为机械特性。

四、想一想，练一练

1. 表征电动机运行状态的两个主要物理量是______和______。
2. ______特性是电动机的最重要的工作特性，它是讨论______定运行、______、______和______等的基础。
3. ______特性分为______特性和______特性。
4. 直流电动机的______特性是指电动机______等于额定值、______电流和电枢电路的______不变的条件下，电动机的______与______的关系，即 $n=f(T)$。
5. 机械特性______度用来评价电动机机械特性______程度。
6. 按照机械特性______度的定义，机械特性可分为______特性、______特性和______特性三类。
7. 静差率用来衡量______随______变化的程度。

第六节 并励（他励）直流电动机的调速

一、电动机调速概述

（一）调速

调速就是在一定的负载下，根据生产工艺的要求，人为地改变电动机的转速。

生产机械的速度调节可以用机械方法取得，但机械变速机构复杂。现代电力拖动中多采用电气调速方法，即对拖动生产机械的电动机进行速度调节，其优点是可以简化机械结构，提高生产机械的传动效率，操作简便，调速性能好，能实现自动控制等。电动机的速度调节是人为的，而电动机由于转矩变化沿着某一机械特性的速度变化是电动机自动调节的，两者是有区别的。

（二）电动机调速性能的评价指标

（1）调速范围　指电动机调速时所能得到的最高转速与最低转速之比，例如 10∶1。

（2）调速的平滑性　这可由电动机在其调速范围内能得到的转速的数目（级数）来说明。所能得到的转速数目越多，相邻两个转速的差值越小，调速的平滑性越好。如转速只能得到若干个跳跃的调节，则称为有级调速；如在一定范围内可得到任意转速，则称为无级调速。

（3）调速方向　采用的调速方法是使转速比额定转速（基本转速）高的称为向上调速；反之，则称为向下调速。

（4）调速的要求　不同的生产机械需要的功率和转矩是不同的。有的要求电动机在各种转速下都能输出同样的机械功率，由于机械功率是由转矩与转速的乘积决定的，因此要求电动机具有恒功率调速。有的生产机械要求电动机在各种转速上都能输出同样的转矩，即为恒转矩调速。

二、并励（他励）直流电动机的调速方法

由 $E_a=C_E\Phi n$，$T=C_T\Phi I_a$，可知转速为

$$n=\frac{U-I_aR_a}{C_E\Phi}=\frac{U}{C_E\Phi}-\frac{R_a}{C_EC_T\Phi^2}T=n_0-\Delta n \tag{1-16}$$

可知，改变 R_a、Φ、U 中的任意一个参数都可以使转速 n 发生变化。式（1-16）为机械特性方程。所以直流电动机的调速方法有三种。以下我们讨论并励（他励）直流电动机的调速方法。

1. 改变电枢电路电阻的调速

电路图如图 1-12a 所示。保持电源电压 U 和励磁直流 I_f 为额定值，在电枢电路中串联一个调速变阻器 R_c，通过改变 R_c 来改变电枢电路的电阻值以改变电枢电流 I_a 进行调速，称电枢电路串电阻调速。

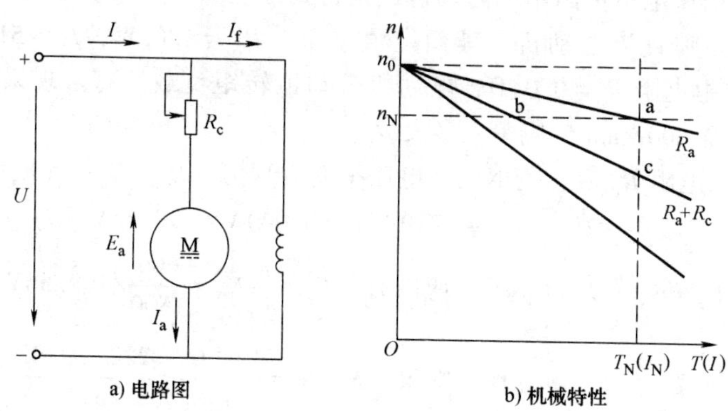

图 1-12　电枢电路串电阻调速

采用这种调速方法，式（1-16）改写为

$$n=\frac{U-(R_c+R_a)I_a}{C_E\Phi}=\frac{U}{C_E\Phi}-\frac{R_c+R_a}{C_EC_T\Phi^2}T \tag{1-17}$$

显然，保持 U、Φ 不变，n_0 亦不变，调节 R_c 的大小即可改变转速 n。

调速前，电动机运行在固有机械特性曲线上的 a 点（图 1-12b），这时转速为 n_N，电枢电流为 I_{aN}。

当调节调速变阻器 R_c 后，电枢电流为

$$I_a=\frac{U-E_a}{R_a+R_c}=\frac{U-C_E\Phi n}{R_a+R_c} \tag{1-18}$$

在把 R_c 增大的瞬间，由于机械系统的惯性，电动机转速来不及改变，此刻电枢电流 I_a 随即减小，因为磁通 Φ 不变，必使电磁转矩 T 减小。这时运行点由固有机械特性曲线的 a 点过渡到人为机械特性曲线的 b 点上。按假定条件 T_2 不变，在 b 点电磁转矩 $T<T_2$，电动机转速开始下降。

在转速下降的同时，电动机反电动势 $E_a=C_E\Phi n$ 与转速 n 成正比减小，使得电枢电流 I_a 又重新增大，对应的电磁转矩也增大，一直恢复到 $T=T_2=T_N$ 为止，转速不再下降，稳定在人为机械特性曲线的 c 点上。

经过计算，最后得电动机的转速为 $$n=n_N\left(1-\frac{R_a+R_c}{R_N}\right) \tag{1-19}$$

式中，$R_N=U_N/I_N$。

这种调速方法的性能和特点如下：

1）电枢电路串电阻调速是向下调速，即只能在额定转速以下进行比较平滑的调节。

2）R_N 越大，机械特性越软，稳定性越差。特别是低速运行时，稳定性更差，若负载稍有增加，电动机转速再降低就可能停转。

3）由于电枢电流较大，R_c 损耗的电能多，调速的经济性差。

4）调速时磁通 Φ 不变，电动机允许通过的电流（即额定电流）是一定的，在各种转速下，电动机能输出相同的转矩，故为恒转矩调速，适用于恒转矩负载。

这种调速方法缺点较多，但由于调速简便，可用于调速范围不大、调速时间短的场合，如在起重和运输牵引中电枢电路串电阻调速还是得到广泛应用。

例 1-4 一台并励直流电动机，其额定值如下：$P_N=100\text{kW}$，$I_N=511\text{A}$，$U_N=220\text{V}$，$n_N=1500\text{r/min}$，电枢电阻 $R_a=0.04\Omega$，电动机带动恒转矩负载运行。现采用电枢电路串电阻方法将转速下调至 600r/min，应串入多大 R_c？

解 （1）串入电阻 R_c 后，电枢电路电压平衡方程为 $U_N=E_a+I_N(R_a+R_c)=E_N+I_NR_a$

而 $$E_N=U_N-I_NR_a=(220-511\times0.04)\text{V}=199.56\text{V}$$

因磁通未变，$E_N=C_E\Phi n_N$，$E_a=C_E\Phi n$，所以有 $$E_a=\frac{n}{n_N}E_N=\frac{600}{1500}\times199.56\text{V}=79.82\text{V}$$

（2）代入电枢电路电压平衡方程，则得 $$R_a+R_c=\frac{U_N-E_a}{I_N}=\frac{220-79.82}{511}\Omega=0.27\Omega$$

$$R_c=(0.27-0.04)\Omega=0.23\Omega$$

（3）可见串接的电阻 R_c 比电枢电阻 R_a 大得多。

2. 改变励磁磁通的调速

保持电源电压 U 为额定值，在励磁电路中接入调速变阻器 R_c，改变励磁电流 I_f 以改变磁通 Φ 进行调速，故又称调磁调速。电路图如图 1-13a 所示。

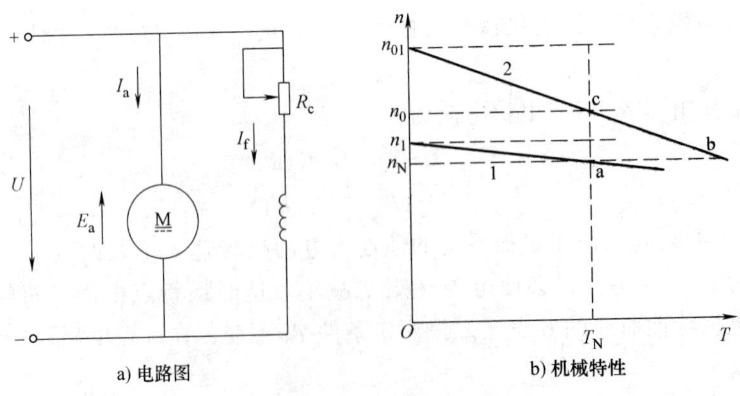

图 1-13 调磁调速

由式（1-16）可知，将磁通 Φ 减小时，n_0 升高，Δn 与 Φ^2 呈反比增加，所以磁通减小，机械特性升高、变软，如图 1-13b 所示。在一定负载下，Φ 减小则 n 升高。由于电动机在额定运行时，磁路已趋饱和，所以通常只是减小磁通 $\Phi<\Phi_N$，转速上调 $n>n_N$。

这种调速方法的性能和特点如下：

1）由于 I_f 不能超过额定值，故只能将 I_f 减小（又称弱磁调速），转速向上调。只要均匀地改变 R_c，即可得到平滑的无级调速。

2）I_f 减小后，机械特性硬度变化不大，稳定性较好。

3）由于 I_f 小，在 R_c 上耗能少，比较经济。R_c 体积小，操作方便。

4）调速范围通常为 2：1，因为转速过高时，换向条件变坏。特殊设计的调速范围可达 4：1。

5）如保持电动机额定电流一定，Φ 减小时，则允许输出的转矩将减小，但由于转速增加，电磁功率 $P_M=T\omega$ 基本上没有变化，故为恒功率调速。

例 1-5　某 Z_2 型并励直流电动机，其额定值如下：$U_N=220V$，$I_N=68.6A$，$P_N=15kW$，$n_N=1500r/min$，$R_a=0.225\Omega$。设负载转矩为额定，在 U_N 下调磁调速。若磁通减至额定值的 2/3，试求稳定运行时的理想空载转速 n_{01}、电枢电流 I_{a1} 和转速 n_1。

解　（1）电动机未调速前

反电动势为
$$E_N=U_N-I_aR_a=(220-68.6\times0.225)V=205V$$

则
$$C_E\Phi_N=\frac{E_N}{n_N}=\frac{205}{1500}=0.137$$

则理想空载转速为
$$n_0=\frac{U_N}{C_E\Phi_N}=\frac{220}{0.137}r/min=1606r/min$$

电磁转矩为
$$T=T_N=9.55\frac{I_NE_N}{n_N}=9.55\times\frac{68.6\times205}{1500}N\cdot m=90N\cdot m$$

（2）调速瞬间
$$E'_a=\frac{2}{3}E_N=\frac{2}{3}\times205V=137V$$
$$I'_a=\frac{U_N-E'_a}{R_a}=\frac{220-137}{0.225}A=369A$$

I'_a 比额定值（68.6A）增加了 4 倍多。

（3）调速后

理想空载转速为
$$n_{01}=\frac{\Phi_N}{\Phi_1}n_0=\frac{1}{\frac{2}{3}}n_0=\frac{3}{2}\times1606r/min=2409r/min$$

电枢电流为
$$I_{a1}=\frac{\Phi_N}{\Phi_1}I_N=\frac{3}{2}\times68.6A=103A$$

反电动势为
$$E_1=U_N-I_{a1}R_a=(220-103\times0.225)V=197V$$

稳定转速为
$$n_1=\frac{E_1}{E_N}\frac{\Phi_N}{\Phi_1}n_N=\frac{197}{205}\times\frac{3}{2}\times1500r/min=2162r/min$$

负载转矩为
$$T_1=9.55\frac{I_{a1}E_1}{n_1}=9.55\times\frac{103\times197}{2162}N\cdot m=90N\cdot m$$

输出功率为 $P_2 \approx E_1 I_{a1} = 197\times103\text{W} = 20\text{kW}$

以上计算表明，在保持恒转矩条件下，转速增加后，电枢电流和输出功率都将超过额定值，这是电动机长期运行所不允许的。

例 1-6 仍为例 1-5 的电动机，若在调速后保持电枢电流仍为额定值，试求调速后的转速 n_1、负载转矩 T_1 及输入功率 P_1。

解 （1）在例 1-5 已求出

$$E_N = 205\text{V} \quad n_0 = 1606\text{r/min} \quad T_N = 90\text{N}\cdot\text{m}$$

（2）调速后

$$I_{a1} = I_N = 68.6\text{A} \quad E_1 = E_N = U_N - I_{a1}R_a = 205\text{V}$$

$$n_{01} = \left(\frac{\Phi_N}{\Phi_1}\right)n_0 = \frac{3}{2}\times1606\text{r/min} = 2409\text{r/min}$$

$$n_1 = \frac{E_1}{E_N}\left(\frac{\Phi_N}{\Phi_1}\right)n_N = 1\times\frac{3}{2}\times1500\text{r/min} = 2250\text{r/min}$$

$$T_1 = 9.55\frac{I_{a1}E_1}{n_1} = 9.55\times\frac{68.6\times205}{2250}\text{N}\cdot\text{m} = 59.7\text{N}\cdot\text{m}$$

$$P_M = T_1\omega = \frac{2\pi}{60}T_1 n_1 = \frac{2\pi}{60}\times59.7\times2250\text{W} = 14066\text{W}$$

$$P_1 = P_M + I_N^2 R_a = (14066 + 68.6^2\times0.225)\text{W} = 15\text{kW}$$

或

$$P_1 = I_N U_N = 220\times68.6\text{W} = 15\text{kW}$$

以上计算表明，若调速后保持电枢电流 $I_{a1} = I_N$ 不变，则负载转矩随转速升高而减小，但功率不变，为恒功率调速。通常是在调速前，让电动机在低速运行，即欠载运行，这样在调磁调速后，电枢电流升高，不超过或等于额定值。

3. 改变电源电压的调速

采用这种调速方法时，电动机应采取他励方式，保持励磁不变，只改变电枢电路的电源电压，故称调压调速。电路图如图 1-14a 所示。

由式（1-16）

$$n = \frac{U}{C_E\Phi} - \frac{R_a}{C_E C_T\Phi^2}T$$

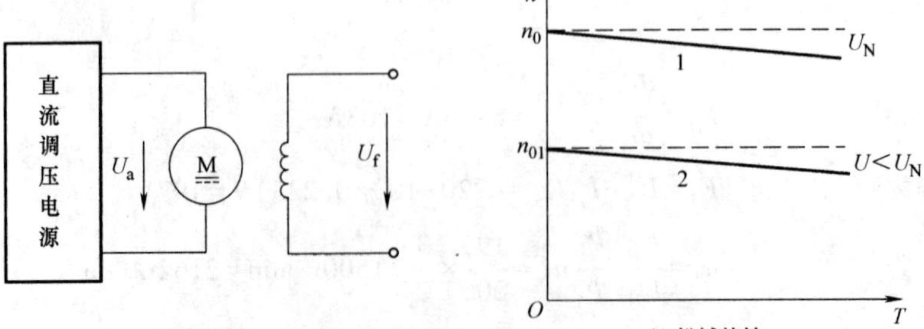

a) 电路图 b) 机械特性

图 1-14 调压调速

可以看出，当电枢电路端电压 U 改变时，理想空载转速 n_0 随 U 成正比变化，而转速降落 Δn 和特性曲线的斜率不变，因此电动机在不同电压下的人为机械特性曲线是平行下移于固有机械特性曲线的直线，如图 1-14b 所示。

例 1-7 一台他励电动机，其额定值如下：$U_N=220V$，$I_N=68.6A$，$n_N=1500r/min$，$R_a=0.225\Omega$。将电压调至 151V 进行调压调速，磁通不变，若负载转矩为额定，求它的稳定转速。

解 （1）先求出调速前理想空载转速 n_0。

调速前系数 $$C_E\Phi_N=\frac{E_N}{n_N}=\frac{U_N-I_NR_a}{n_N}=\frac{220V-68.6A\times0.225\Omega}{1500r/min}=0.136V/(r/min)$$

则 $$n_0=\frac{U_N}{C_E\Phi_N}=\frac{220}{0.136}r/min=1618r/min$$

（2）调速后，理想空载转速

$$n_{01}=\frac{U_1}{C_E\Phi_N}$$

则 $$n_{01}=\frac{U_1}{U_N}n_0=\frac{151}{220}\times1618r/min=1111r/min$$

稳定转速 $$n_1=\frac{E_1}{E_N}n_N=\frac{151-68.6\times0.225}{220-68.6\times0.225}\times1500r/min=994r/min$$

以上计算表明，在恒转矩条件下，Δn 不大，说明机械特性较硬。

三、晶闸管调速系统简介

图 1-15 是晶闸管调速系统示意图。

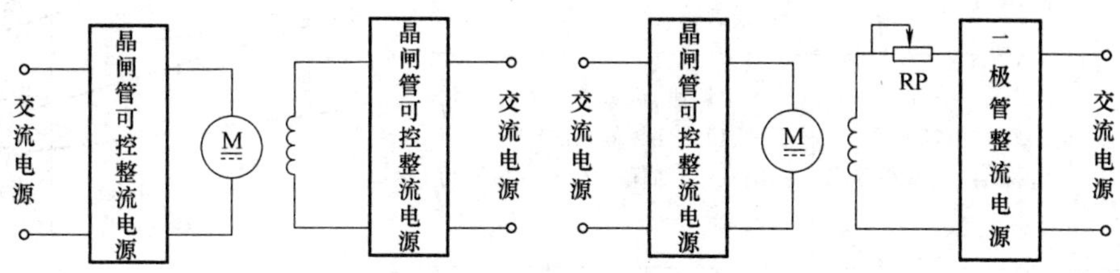

图 1-15 晶闸管调速系统示意图

直流电动机的电枢用晶闸管可控整流电源供电，励磁电路用晶闸管可控整流电源或二极管整流电源供电。

在晶闸管调速系统中，电动机是控制对象，被调量是转速 n。在系统中常采用负反馈控制，以减小转速降，提高机械特性硬度，提高调速范围。图 1-16 是具有转速负反馈的直流电动机调速系统的原理图。

直流测速发电机作为检测元件，它和电动机同轴相连或经变速器相连，它输出的电压与电动机转速成正比。把这个电压的一部分引回输入端作为反馈电压 U_f，与由电位器 RP_1 调节的给定电压 U_g 相减，其差值 U_d 作为放大器的输入。这个速度反馈为负反馈（串联电压负反馈）。

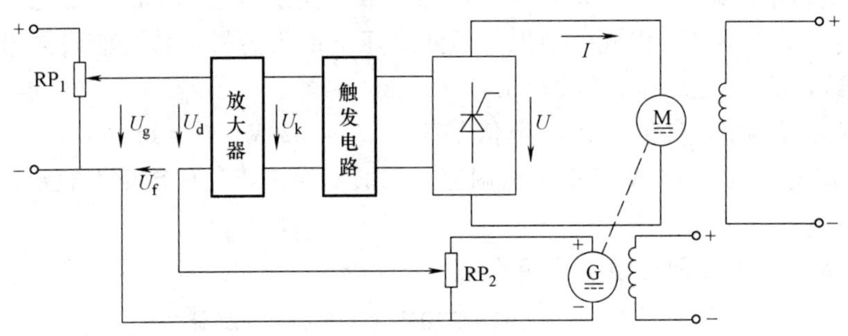

图 1-16 转速负反馈直流电动机调速系统

调节电位器 RP$_1$ 改变 U_g，从而改变 U_d，最终改变晶闸管可控整流电源的输出电压 U，以改变电动机的转速 n。这个系统的调节过程如下：

负载↑→I_a↑→U↓（可控整流电源内压降引起）→n↓

n↑←U↑←U_d↑←U_f↓←

转速回升趋近于原来值。

四、三种调速方法的比较

图 1-17 画出了三种调速方法（比较见表 1-3）的机械特性曲线。

表 1-3 三种调速方法比较

调速方法	改变的参数	特　　点
串电阻	电枢电路串接电阻，减小 I_a	向下调速，机械特性变软，低速稳定性差，耗能多，调速范围小，恒转矩调速
调　磁	励磁电路串接电阻，减小 I_f，减小 Φ	向上调速，机械特性硬度变化不大，稳定性较好，耗能少，调速范围较小，如保持 I_a 不变为恒功率调速
调　压	降低电枢电路电压	向下调速，机械特性硬度不变，稳定性好，耗能少，调速范围较大，恒转矩调速

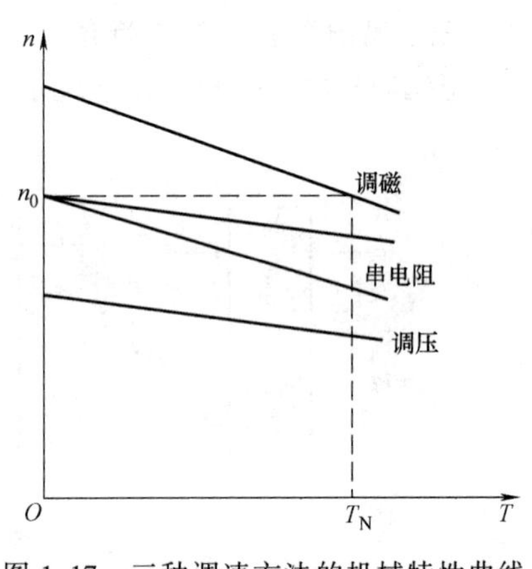

图 1-17 三种调速方法的机械特性曲线

五、想一想，练一练

1. 在一定的______下，根据生产工艺的要求，______地改变电动机的转速称之为______。

2. 电动机的调速方向是指所采用的调速方法，若使转速比额定转速______，称为向______调速，反之，称为向______调速。

3. 直流电动机的调速方法有三种：一是改变______电路的______，是向______调速；二是改变______磁通，是向______调速；三是改变______电压，是向______调速。

第七节 并励（他励）直流电动机的起动、反转与制动

电动机在拖动生产机械运行时，需经常进行起动、正反转和制动。本节讲解电动机在这些方面的特性。

一、起动

电动机转子从静止状态开始转动起来，最后达到转速稳定状态的过程称为起动过程。开始起动时的电流称为起动电流 I_Q，电磁转矩称为起动转矩 T_Q。

对任何一种电动机来说，在起动时都有下列两个主要要求：

（1）要有足够大的起动转矩　因为只有起动转矩大于负载转矩时，电动机才能从静止状态转动起来。起动转矩大，起动过程就短。

（2）要限制过大的起动电流　从 $T_Q=C_T\Phi I_Q$ 来看，要有足够大的 T_Q，就要有足够大的 Φ 和 I_Q。但是过大的 I_Q 会使换向器产生较大的火花，还可能造成电网电压波动；产生过大的 T_Q 可能损坏电动机的传动机构。所以 I_Q 又不能太大。

因此，T_Q 和 I_Q 是表示电动机起动性能的重要指标。T_Q 大而 I_Q 小，起动性能较好。通常以 T_Q/T_N 或 I_Q/I_N 来表示起动能力。

1. 直接起动

这是将电动机直接接入电源的起动方式。

在起动的瞬间，电动机的 $n=0$，反电动势 $E_a=0$，电枢承受电源电压 U_N。由于电枢电阻 R_a 很小，所以这时电枢电流即起动电流 $I_Q=U_N/R_a$ 是很大的，可达电枢电流额定值的 10~20倍，起动转矩也能达到额定转矩的 10~20 倍。

例如，电动机的 $U_N=220\text{V}$，$I_{aN}=50\text{A}$，$R_a=0.4\Omega$，故直接起动时的起动电流为

$$I_Q=\frac{U_N}{R_a}=\frac{220\text{V}}{0.4\Omega}=550\text{A}$$

过大的起动转矩将使电动机和机械设备受到冲击以致损坏，故直流电动机通常是不允许直接起动，即在起动时必须设法将起动电流减小在一定范围之内。

2. 电枢串电阻限流起动

起动时，在电枢电路中串接几级电阻或变阻器 R_Q，把 I_Q 限制在电枢额定电流的 1.5~2.5 倍。

$$I_Q=\frac{U_N}{R_a+R_Q}=(1.5\sim2.5)I_{aN}$$

随着转速的升高，R_Q 的值应逐渐减小（分段切除），起动完毕 R_Q 应完全切除（短接），由于起动过程时间很短，R_Q 是按短时运行条件设计的，绝不能替代长期运行的调速电阻 R_c。

起动时为了获得尽可能大的起动转矩，以利于迅速起动，应把磁场变阻器阻值调到最小，使励磁电流达到最大。

串电阻起动的机械特性与串电阻调速的机械特性类似。

3. 减压起动

这种方法是降低电枢电压起动，故只适用于他励电动机。

起动时，励磁电压 U_f 保持额定值，电枢电压 U_a 从零逐渐升高到额定值。在采用晶闸管

可控整流电源供电时，大都采用这种起动方法。

减压起动的机械特性与调压调速的机械特性类似。

例 1-8 某他励直流电动机，其额定值：$U_N=110V$，$I_{aN}=81.6A$，$R_a=0.12\Omega$。（1）如直接起动，I_Q 是多大？（2）若使 $I_Q=2I_{aN}$，应选多大的 R_Q？

解 （1）直接起动

$$I_Q=\frac{U_N}{R_a}=\frac{110V}{0.12\Omega}=917A$$

$$\frac{I_Q}{I_{aN}}=\frac{917}{81.6}=11.2$$

（2）限流起动

$$I_Q'=\frac{U_N}{R_a+R_Q}=2I_{aN}$$

则
$$R_Q=\frac{U_N-2I_{aN}R_a}{2I_{aN}}=\frac{110V-2\times81.6A\times0.12\Omega}{2\times81.6A}=0.554\Omega$$

二、反转

反转就是改变电动机的转动方向，为此就需要改变电磁转矩 T 的方向。因为 $T=C_T\Phi I_a$，所以，改变转向有两个方法：一是电枢电流方向不变，而将励磁电流 I_f 的方向改变，即改变主磁通 Φ 的方向；另一是励磁电流方向不变，而将电枢电流 I_a 的方向改变。

通常采用改变 I_a 方向的方法使电动机反转。因为励磁绕组匝数较多，电感较大，在反向时将产生极大的感应电动势，可能击穿励磁绕组的绝缘。

图 1-18 是改变 I_a 方向使电动机反转的接线图。当触头 KM1 闭合、KM2 分断时，电枢绕组 W_1 端接电源正极，W_2 接负极；如将 KM2 闭合、KM1 分断，则 W_2 接正极，W_1 接负极，I_a 方向改变了。图 1-19 是反转机械特性曲线。反转时，转矩和转速均为负，故反转机械特性曲线在第三象限内。

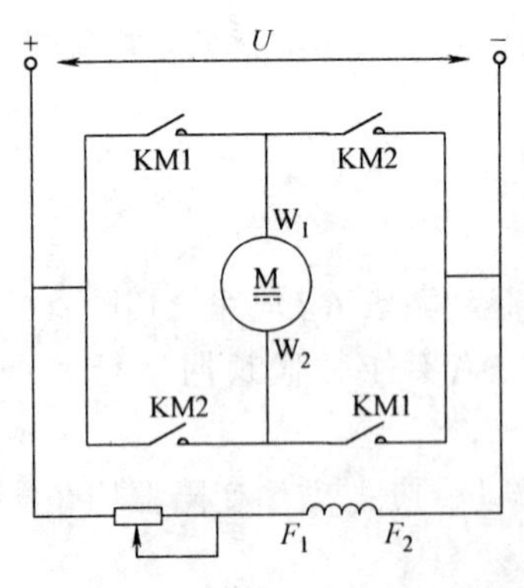

图 1-18 并励直流电动机反转接线图

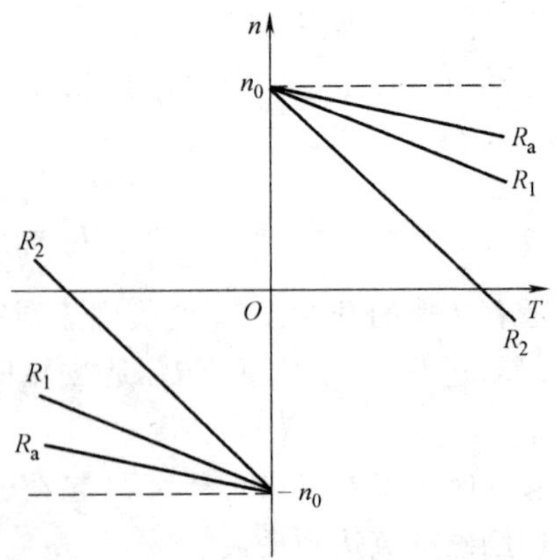

图 1-19 反转机械特性曲线

三、制动

为了使电动机在停车时能迅速停转，需要对电动机进行制动。这样有利于缩短辅助工时，提高工作效率，操作更加安全。

制动的方法有机械的（用抱闸）和电磁的。电磁制动是使电动机产生一个与旋转方向相反的电磁转矩，其优点是制动转矩大，比较容易控制。

对电动机的制动有以下要求：①要有足够大的制动转矩 T_z；②制动电流 I_z 不应大于 2～2.5 倍的额定电流；③不要造成明显的机械冲击；④制动时间尽可能短。

电磁制动按产生制动转矩的方法的不同，可分为能耗制动、再生制动和反接制动。

1. 能耗制动

图 1-20 是并励直流电动机能耗制动接线图。其中，开关合在 1、3 的位置是电动状态，如图 1-20a所示；开关合在 2、4 的位置是能耗制动状态，如图 1-20b 所示。

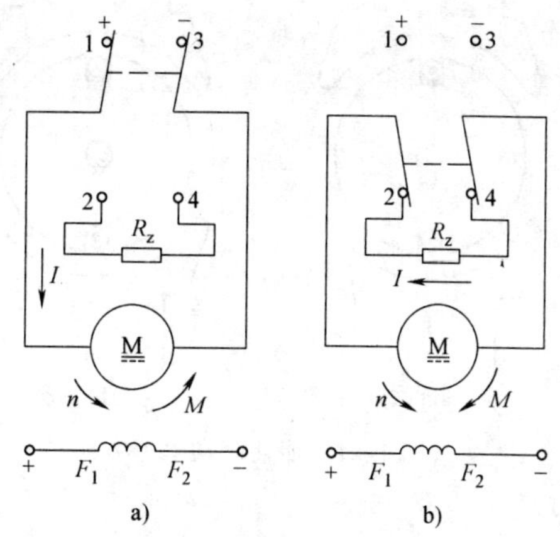

图 1-20 能耗制动接线

如将开关合到 2、4 的位置，电枢被切断了电源，并与一个有适当阻值的电阻 R_z 形成闭合回路，这时在拖动系统惯性作用下，电动机继续按原方向旋转。而励磁电路仍接在电源上，磁场未变，故电枢绕组的反电动势方向保持不变，于是在电枢中产生与原电动状态方向相反的电枢电流即制动电流 I_z 和制动转矩 T_z，如图 1-21 所示。

这种制动方法是将旋转系统所存储的动能逐渐放出变为电能，消耗在制动电阻 R_z 上，故称为能耗制动。

能耗制动时，由于 $U=0$，故电动机的电流为

$$I_z=-\frac{E_a}{R_a+R_z} \tag{1-20}$$

这时的机械特性方程为

$$n=-\frac{R_a+R_z}{C_E C_T \Phi^2}T_z \tag{1-21}$$

能耗制动的机械特性曲线为通过原点的直线，其斜率与电枢电路电阻 R_a+R_z 成正比，如图 1-22 所示。由于 I_z 和 T_z 为负值，所以在第二象限。（R_a+R_z）越大，I_z 和 T_z 越小。

例 1-9 Z_2 型并励直流电动机额定数据如下：$P_N=40\text{kW}$，$U_N=220\text{V}$，$I_N=210\text{A}$，$n_N=1000\text{r/min}$，$R_a=0.07\Omega$。试求：（1）不接制动电阻时，制动起始时的制动电流 I_z；（2）欲使 $I_z=2I_N$，电枢接入的制动电阻 R_z。

解 （1）电动机的反电动势为

$$E_a=U_N-I_NR_a=(220-210\times0.07)\text{V}=205.3\text{V}$$

不接制动电阻，制动起始时的制动电流 I_z 为

$$I_z=-\frac{E_a}{R_a}=-\frac{205.3}{0.07}\text{A}=-2933\text{A}$$

（2）当 $I_z=2I_N$ 时

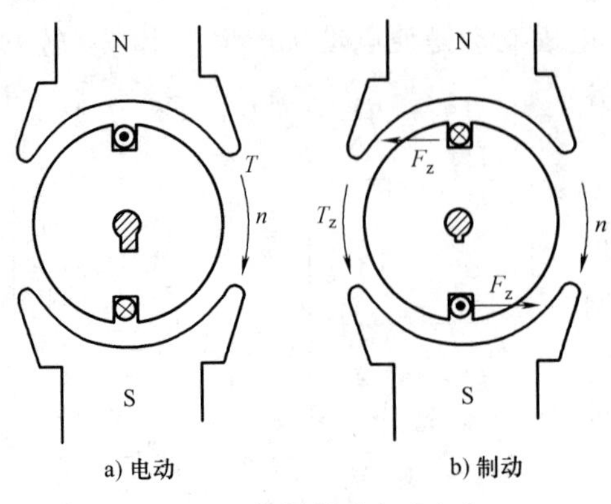

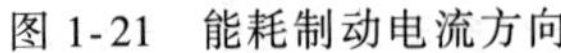

图 1-21 能耗制动电流方向

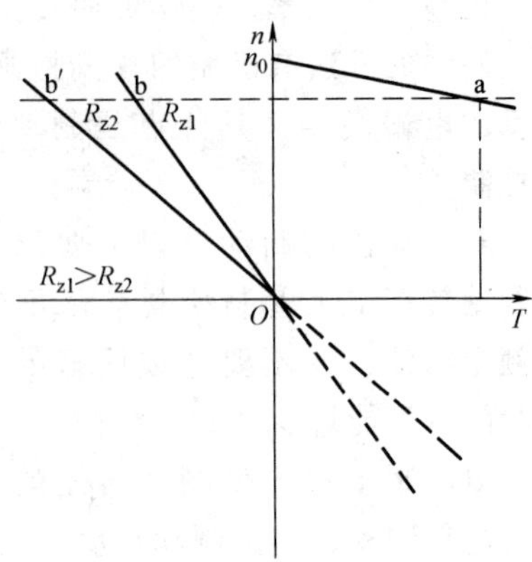

图 1-22 能耗制动的机械特性曲线

$$R_a+R_z=\frac{E_a}{2I_N}=\frac{205.3}{2\times210}\Omega=0.489\Omega$$

$$R_z=0.489\Omega-R_a=(0.489-0.07)\Omega=0.419\Omega$$

2. 再生制动

图 1-23a 表示起重机上的并励直流电动机的电动状态，它正在卸下重物 W。当 W 开始下放时，电动机处于电动运行状态，在电动机转矩 T 和重物位能转矩 T_{fz} 的作用下，拖动系统不断加速。由于转速 n 不断升高，E_a 不断增加，而电流 $I_a=(U_N-E_a)/R_a$ 在减小，电磁转矩 T 减小，当 $n=n_0$ 时，$E_a=U_N$，$I_a=0$，$T=0$，电动机处于理想空转状态。

但在重物作用下，电动机转速还要增加，当 $n>n_0$，$E_a>U_N$，这时电枢电流 I_a 方向改变，如图 1-23b 所示。于是电动机转变为发电机，把系统的动能再生成为电能反馈给电网。电动机的电磁转矩 T 也随电枢电流 I_a 改变方向，变为制动转矩。因此，这种制动方法称为再生制动或发电机反馈制动。

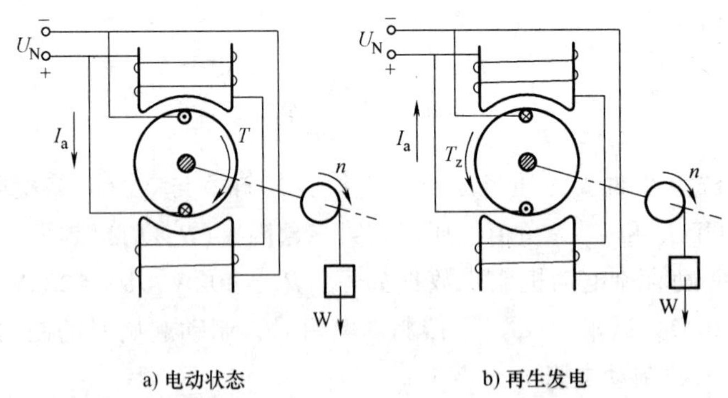

图 1-23 再生制动的电枢电流

在电磁转矩 T 还小于位能转矩 T_{fz} 之前，电动机还会继续加速，直到 $T+T_0=T_{fz}$，电动机稳定运行，重物也就稳定下降。

电动机从电动运行转入再生制动运行，电动机的接线并未改变，机械特性方程 $n=n_0-RT/(C_EC_T\Phi^2)$ 仍然适用，但由于 $n>n_0$，$T<0$，再生制动的机械特性曲线将是电动运行时的

机械特性曲线向第二象限的延伸部分，如图 1-24 所示。由图可见，电枢电路电阻增大，$R_1>R_a$，机械特性变软，对于同样大小的制动转矩，转速要增高。要限制转速降，再生制动时，不宜串接过大的电阻。

例 1-10　并励直流电动机 $P_N=40kW$，$U_N=220V$，$I_N=210A$，$n_N=1000r/min$，$R_a=0.07\Omega$，反电动势系数 $C_E\Phi_N=0.205$，电磁转矩系数 $C_T\Phi_N=1.95$。(1) 电动机带 1/2 额定位能负载，不串接外加制动电阻 R_z 进行再生制动，问稳定转速是多少？(2) 带同样的位能负载下降，欲使稳定转速 $n_b=1200r/min$，进行再生制动时，需在电枢电路中串接多大制动电阻 R_z？

解　(1) 未接制动电阻，即按固有机械特性运行，机械特性曲线如图 1-25 所示，转速将稳定在 a 点上。

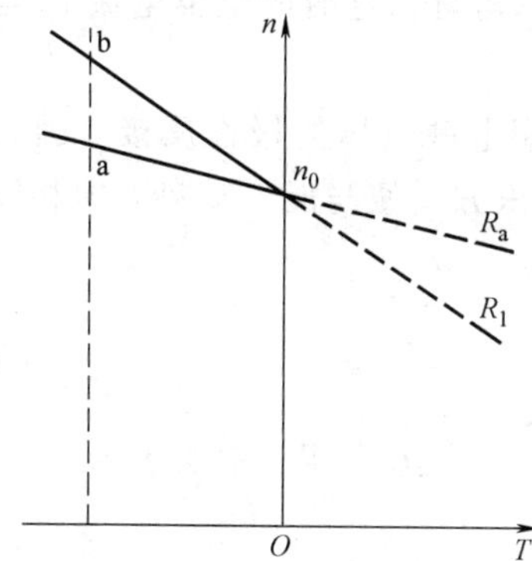

图 1-24　再生制动的机械特性

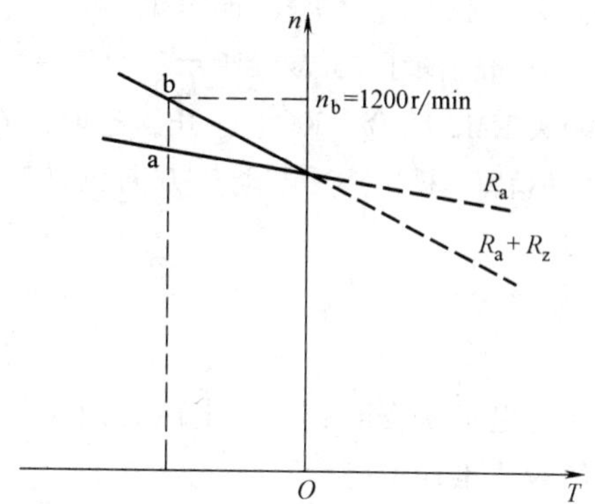

图 1-25　例 1-10 机械特性曲线

按 $n=n_0-[R/(C_EC_T\Phi_N^2)]T$ 和 $T+T_0=T_{fz}$，先求出 n_0。

$$n_0=\frac{U_N}{C_E\Phi_N}=\frac{220}{0.205}r/min=1073r/min$$

再求 Δn，为此先要求出在 a 点的电磁转矩 T_a。因为在再生发电运行时，负载位能转矩 T_{fz} 是驱动转矩，它与 T_a 和 T_0 相平衡。题设 $T_{fz}=T_{Nf}/2=T_a+T_0$，于是又要求出 T_{Nf}。

额定电磁转矩为　$T_N=C_T\Phi_NI_N=1.95\times210N\cdot m=409.5N\cdot m$

额定负载转矩为　$T_{Nf}=9.55\dfrac{P_N}{n_N}=9.55\times\dfrac{40\times1000}{1000}N\cdot m=382N\cdot m$

空载转矩为　$T_0=T_N-T_{Nf}=(409.5-382)N\cdot m=27.5N\cdot m$

再生制动时，a 点的电磁转矩为

$$T_a=\frac{1}{2}T_{Nf}-T_0=\left(\frac{1}{2}\times382-27.5\right)N\cdot m=163.5N\cdot m$$

因为负载为位能负载，可看作驱动负载，因此取负值代入，所以 a 点的稳定转速为

$$\begin{aligned}n_a&=n_0-\frac{R_a}{C_EC_T\Phi_N^2}T=\left[1073-\frac{0.07}{0.205\times1.95}\times(-163.5)\right]r/min\\&=1102r/min\end{aligned}$$

(2) 串接制动电阻 R_z，即按人为机械特性运行，转速将稳定在 b 点上。

在 b 点上的转速降为

$$\Delta n = n_0 - n_b = (1073-1200)\text{r/min} = -127\text{r/min}$$

由 $\Delta n = [R/(C_E C_T \Phi_N^2)]T_a$ 可得电枢电路总电阻为

$$R = \frac{\Delta n C_E C_T \Phi_N^2}{T_a} = \frac{127\times 0.205\times 1.95}{163.5}\Omega = 0.311\Omega$$

所以电枢电路应串入的制动电阻为

$$R_z = R - R_a = (0.311-0.07)\Omega = 0.241\Omega$$

3. 反接制动

反接制动就是制动时将电源电压极性反接，产生制动转矩的制动方法。图 1-26 为反接制动接线图。

当触头 KM1 闭合、KM2 断开时，电动机在电动状态下运行，这时的电枢电流 I_a 与电磁转矩 T 的方向如图 1-26 虚线所示。

将触头 KM2 闭合、KM1 断开，这时加在电枢绕组两端电源电压的极性反接。因为这时磁场和电枢转向未变，反电动势方向也未变，于是外加电压方向便与反电动势方向相同，电枢电流为

$$I_a = \frac{-U_N - E_a}{R} = -\frac{U_N + E_a}{R} \tag{1-22}$$

I_a 的方向与电动状态时相反，电磁转矩 T 的方向也改变（图 1-26 中用实箭头表示），T 起制动作用使转速迅速下降。

由于这时电枢电压 $U_N + E_N \approx 2U_N$，故反接时需接入制动电阻 R_z，以限制电枢电流，使 $I_a \leqslant 2.5I_N$，R_z 一般等于起动电阻的两倍。

因为电枢电路电压极性反接，理想空载转速变为 $-U_N/(C_E\Phi_N)$，所以电源反接制动的机械特性方程应为

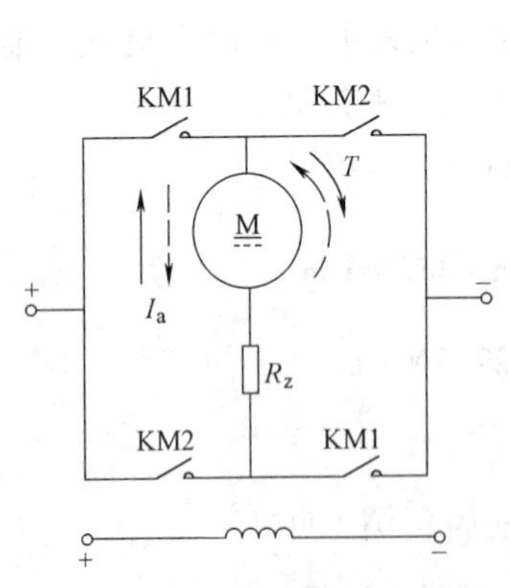

图 1-26 反接制动接线图

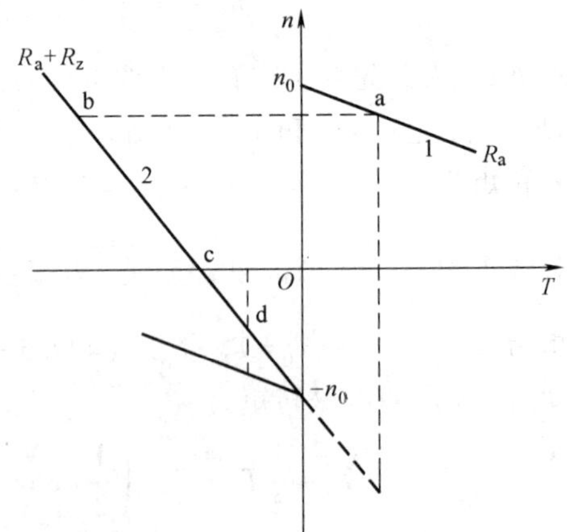

图 1-27 反接制动机械特性曲线

$$n = -n_0 - \frac{R}{C_E\Phi_N}I_a = -n_0 - \frac{R}{C_E C_T \Phi_N^2}T \tag{1-23}$$

电源反接制动的机械特性曲线如图 1-27 所示。反接制动前电动机运行在固有机械特性

曲线 1 的 a 点。当加入电阻 R_z 并将电源反接瞬间，转速未变，过渡到人为机械特性 2 的 b 点，电动机的电磁转矩 T 变为制动转矩开始制动，电动机沿特性曲线 2 减速。

减速过程中，由于 E_a 减小，I_a 及 T 随之减小。当转速 $n=0$ 时，如果电磁转矩 $T<T_f$（负载阻碍转矩），电动机便停止不动（机械特性曲线 2 的 c 点）；若 $T>T_f$，在反向 T 的作用下，电动机将反向转动，并且加速到 d 点，直到 $T=T_f$ 时（$T_0\approx0$），电动机反向稳定运行。

因此，采用反接制动，在转速接近零时，就应切断电源，防止电动机反转。

例 1-11　他励直流电动机 $U_N=220V$，$T_{Nf}=382N\cdot m$，$C_E\Phi_N=0.205$，$C_T\Phi_N=1.95$，$n_N=1000r/min$，$R_a=0.07\Omega$，采用反接制动。若反接瞬时的电磁制动转矩等于额定负载转矩的 2 倍，即 $T=-2T_{Nf}$，问电枢电路中需串入多大的制动电阻 R_z。

解　先求 n_0

$$n_0=\frac{U_N}{C_E\Phi_N}=\frac{220}{0.205}r/min=1073r/min$$

电源反接瞬时，$n=n_N$，要求 $T=-2T_{Nf}$，机械特性方程为

$$n=-n_0-\frac{R}{C_E\Phi C_T\Phi}T$$

即

$$n_N=-n_0-\frac{R}{C_E\Phi_N C_T\Phi_N}(-2T_{Nf})$$

所以，电枢电路总电阻

$$R=\frac{(n_N+n_0)C_E\Phi_N C_T\Phi_N}{2T_{Nf}}=\frac{(1000+1073)\times0.205\times1.95}{2\times382}\Omega=1.08\Omega$$

应串入制动电阻

$$R_z=R-R_a=(1.08-0.07)\Omega=1.01\Omega$$

4. 三种制动方法的比较

为便于比较和综合分析并励（他励）直流电动机的各种运动状态，现将各种状态的机械特性曲线画在同一图上，如图 1-28 所示。机械特性方程 $n=n_0-\frac{R}{C_E C_T\Phi^2}T$ 仍适用于制动状态。

由于保持 R_a 不变，则固有机械特性曲线斜率一定。由于串接制动电阻 R_z，人为机械特性曲线斜率变陡。

在制动换接时，注意条件的不同：①能耗制动时，$U=0$，$n_0=0$，$n>0$，$T<0$，机械特性曲线通过原点（曲线 2）；②再生制动时，U 和 n_0 不变，$n>0$，$T<0$，机械特性曲线平行上移（曲线 1）；③反接制动时，U 和 n_0 均为负，$n>0$，$T<0$，机械特性曲线平行下移（曲线 3）。

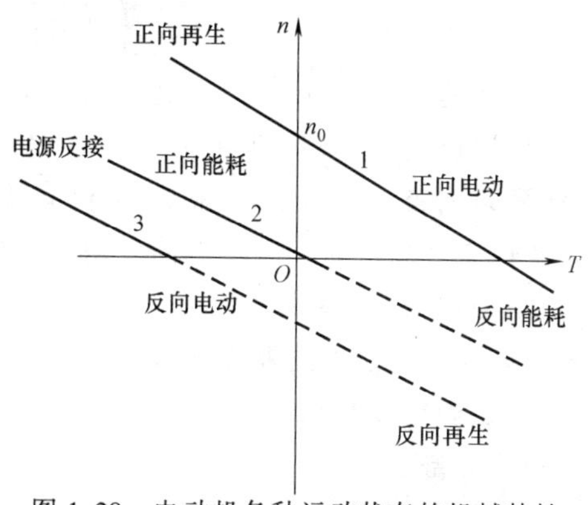

图 1-28　电动机各种运动状态的机械特性

在制动状态下，电磁转矩与转速方向相反，电动机实质上转换为发电机运行，将机械能（旋转系统的动能）转化为电能。能耗制动时，电动机成为独自向电枢电阻供电的发电机；再生制动

时，电动机成为与电网并联的发电机，向电网反馈电能；反接制动时，电动机成为与电网串联的发电机，共同向电枢电阻供电。

三种制动方法的比较见表1-4。

表1-4 三种制动方法比较

制动方法	优 点	缺 点	适用场合
能 耗	1. 控制电路简单，平稳可靠 2. 可实现准确停车	制动效果随转速成反比地减小	适用于要求减速平稳，没有反向而能准确停车的场合
再 生	1. 制动简便可靠，不需改变接线 2. 能量可反馈电网，比较经济	制动只能产生在 $n>n_0$ 时，应用范围较窄	适用于位能负载稳定的高速下降场合，起扼制作用
反 接	1. 制动转矩随转速变化小，较恒定 2. 制动强烈而迅速	1. 有自动反转的可能，转速接近零时应立即切断电源 2. 从电网吸取大量电能	适用于要求迅速制动的场合

四、想一想，练一练

1. 电动机转子从______状态开始______起来，最后达到转速______状态的过程称为起动过程。

2. 对任何电动机来说，在起动时，必须达到下列两个主要要求：一是要有足够大的______转矩，二是要限制过大的______电流。

3. 直流电动机为减小______电流，其起动方法之一是电枢______电阻，这是向______调速。

4. 直流电动机起动方法之二是改变______磁通，这是向______调速。

5. 直流电动机起动方法之三是改变______电压，这是向______调速。

6. 反转是改变电动机的______方向，为此要改变______转矩 T 的方向。有两种方法：一是______电流方向不变，改变______电流 I_f 的方向，二是______电流方向不变，改变______电流 I_a 的方向。

7. 制动是为了使电动机______停止转动。制动的方法有：______的和______的。

8. 对制动的要求有：足够大的______转矩 T_z；______电流 I_z 不应______于______倍的额定电流；不要造成明显的______冲击；制动时间尽可能______。

9. 电磁制动可分为三种：______制动，______制动和______制动。

第八节 技能培训

[技能培训1] 并励直流电动机的起动、调速和反转。

[培训目的] 熟悉直流电动机接线方法；熟悉直流电动机起动、反转和调速的方法。

[预习内容] 直流电动机起动和反转操作方法，直流电动机的调速方法（改变励磁电流，使转速升高；改变电枢电路电阻，使转速降低）。

[培训器材] 并励直流电动机、起动变阻器、滑线变阻器、直流电压表、电流表、转速表和电源开关。上述器件连接的实训电路如图1-29所示。图中点画线框内为起动变阻器。

[培训内容及步骤]

一、准备工作

1）对照铭牌数据，选择各仪表量程。

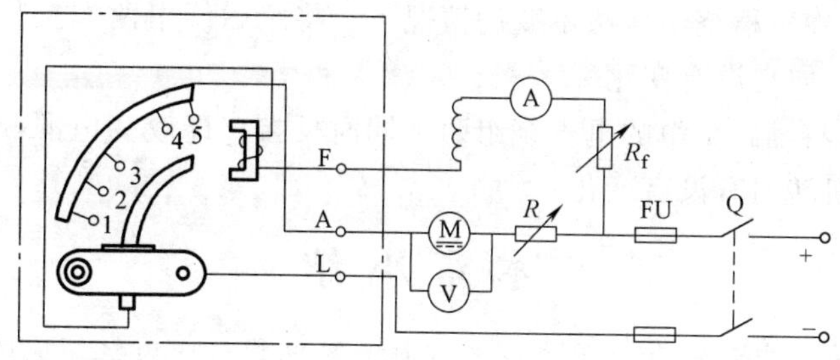

图 1-29 并励直流电动机实训电路

2）在电动机起动前应使起动变阻器的手柄处于零位，即最大阻值的位置；将励磁回路串联的电阻 R_f 短接，以保证起动时励磁磁场最强。

注意： *励磁电路不能错接或断路，以防止起动电动机出现转速过高或电流过大情况。*

二、并励直流电动机的起动

闭合电源开关 Q，然后慢慢地转动起动变阻器手柄，逐步减小起动电阻，使电动机起动，观察电动机转速的变化和电压表的变化情况。

三、并励直流电动机的调速

1. 改变电枢电路电阻调速

起动电动机，在电枢电路所串电阻 $R_{调}=0$ 时，调节励磁电阻 R_f 使电动机的转速 $n=n_N$，然后增加电枢电路所串电阻 $R_{调}$，使转速下降，直至 $n=n_N/3$，测量电枢电路所串电阻、转速、电枢两端电压和电枢电流，记入表 1-5 中。

表 1-5 改变电枢电路电阻调速

$R_{调}$				
U_a				
I_a				
n				

2. 改变励磁电流调速

慢慢增加励磁回路电阻 R_f，因为励磁电流 I_f 的微小变化都将引起 n 较大变化。随着励磁电流的减小，电动机的转速逐步升高，直至 $n=1.2n_N$，测量励磁回路电阻、励磁电流、电枢电流及转速，记录在表 1-6 内。

表 1-6 改变励磁电流调速

R_f				
I_f				
I_a				
n				

四、起动电动机和改变电动机转向

在下列三种情况下起动电动机，观察它的转向有没有变化。

1）切断电源，在励磁绕组接法不变的情况下，将电枢绕组两端反接，然后重新起动电动机，观察电动机转向有没有变化。

2）切断电源，在电枢绕组接法不变的情况下，将励磁绕组两端反接，然后重新起动电动机，观察电动机转向有没有变化。

3）切断电源，将励磁绕组的电枢绕组两端同时反接，即改变电源极性，然后重新起动电动机，观察电动机转向有没有变化。

本章小结

直流电机包括直流电动机和直流发电机，把直流电能转变为机械能的电机称为直流电动机，把机械能转变为直流电能的电机称为直流发电机。

直流电动机和直流发电机在结构上没有什么差别，只是由于外部条件不同，得到相反的能量转变过程。所以电机是一种双向的机电能量转换装置，即电机具有可逆性。

直流电机是由静止的定子和旋转的转子（又称电枢）两大部分组成的。定子的作用是产生磁场和作为电机的支撑；电枢用来产生电动势和电磁转矩，实现能量转换。

换向器是直流电机特有的装置。直流电机作发电机运行时，换向器的作用在于将线圈内的交变电动势转换成电刷之间的极性不变的电动势；作电动机运行时，它的作用是当线圈的有效边从N极（或S极）下转到S极（或N极）下时，改变其中的电流方向，使N极下的有效边中的电流总是一个方向，而S极下的有效边中的电流总是另一个方向，这样才能使两个有效边上受到的电磁力的方向不变，产生同一方向的转矩。

电枢绕组中的感应电动势和电磁转矩是一切旋转电机最主要的电磁物理量，它们是同时存在的，对电机运行特性有着极其重要的影响。$E=C_E\Phi n$ 和 $T=C_T\Phi I_a$ 是两个重要的基本公式。

电动势、电磁转矩在电动机和发电机中的作用是相反的。在电动机中电动势是个反电动势，与电枢电流方向相反。在发电机中电磁转矩是个阻转矩，与电枢旋转方向相反。

本章只讲述并励和他励直流电动机，它们的特性是一样的，只是接法上有所不同，在某些使用问题上有所差别，我们已予指出。

电磁转矩和转速是表征电动机运行状态的两个主要物理量。把转速与电磁转矩的关系称为机械特性 $n=f(T)$。电动机的机械特性可分为固有（自然）机械特性和人为机械特性。

机械特性是研究电动机稳定运行、起动、调速和制动等的基础。

我们用机械特性硬度来评价机械特性变化程度。$\beta=\mathrm{d}T/\mathrm{d}n$ 为机械特性硬度的定义式。机械特性硬度分为绝对硬特性、硬特性和软特性三类。

静差率 S 可用来衡量转速随负载变化的程度，也可以反映出机械特性硬度。

直流电动机的基本方程包括电枢电路电压平衡方程、功率平衡方程和转矩平衡方程等，用来说明直流电动机的能量关系。

任何电机等速运行时，转矩是平衡的，但发电机和电动机的转矩平衡关系是不同的。直流电动机的转速、电动势、电流和电磁转矩都能自动调整，以适应负载的变化，并保持新的转矩平衡。这些是很重要的概念。

机械特性方程是电动机机械特性的表达式，是分析电动机运行状态的重要公式。

并励和他励电动机的调速性能有其独特的优点，能无级调速，调速后机械特性较硬，稳定性较好。通常采用调磁和调压两种方法，后者仅适用于他励电动机。调磁调速是恒功率调速，调压调速是恒转矩调速。

直流电动机不允许直接起动，起动时必须在电枢电路串联起动电阻或变阻器，且电阻值为最大，以后逐渐减小为零。为了获得尽可能大的起动转矩，可将磁场变阻器阻值调到最小。直流电动机在起动或工作时，励磁电路一定要接通，不能断开。

反转即改变电动机的转向。可将电枢绕组两端的接线对换，即改变 I_a 的方向；也可将励磁绕组两端的接线对换，即改变 Φ 的方向。通常采用改变 I_a 的方向来改变电动机的转向。

制动是使电动机迅速停车的措施。直流电动机采用电磁制动，有三种方式：能耗制动、再生制动和反接制动，各有优缺点，应注意其适用场合。

习 题 一

一、填空题

1.1 电机是应用电磁原理实现____能与____能互相转换的____机械。

1.2 电动机是基于电磁____定律工作的，将____能转换为____能。

1.3 电动机中的电磁转矩是____转矩，它必须与机械负载转矩及空载转矩相____。

1.4 电动机电枢中产生的感应电动势的方向与电枢电流的方向相____。

1.5 电机按照规定的工作条件运行的状态叫作____工作状态，各种技术数据称为____值。

1.6 直流电动机按励磁方式分为：____励、____励、____励和____励四种。

1.7 直流电动机电枢电路功率平衡方程式是：电源的输入功率等于电动机轴上的输出功率加上____损耗和____耗。

1.8 电动机的____损耗和____耗合在一起称为空载损耗，因为它们是在电动机____负载时就有的。

1.9 电动机在稳定工作时，____转矩与____转矩和____转矩之和相平衡，大小相等，方向相反。

1.10 并励直流电动机电枢电流____或主磁通____时，电动机的转速将下降。

1.11 电动机的机械特性分为：____特性和____特性。

1.12 表示电动机在额定参数运行条件下的机械特性是____特性。

1.13 表示电动机在一种或几种参数不等于其额定运行条件下值的机械特性是____特性。

1.14 电动机的机械特性是指在端电压等于额定值时，励磁电流和电枢电阻不变的条件下，电动机的____与____之间的关系。

1.15 一般用机械特性硬度来评价电动机机械特性的变化程度。机械特性定义为在机械特性的工作范围内，某一点____对____的微分。

1.16 根据机械特性硬度，将电动机的机械特性分为：____特性、____特性和____特性。特性硬度值____，说明硬度____。

1.17 在并励直流电动机机械特性方程中，n_0 称为____转速，Δn 称为____降落。

1.18 静差率是用来衡量电动机转速随____变化程度的。

1.19 在理想空载转速相同时，若静差率越小，则说明电动机转速变化越____，转速相对稳定性越____。

1.20 调速是在一定生产工艺的要求下，____地改变电动机的转速。

1.21 直流电动机的调速方法有：改变电枢电路____，改变____磁通，改变电源____。

1.22 用改变电枢电路的____和改变电源的____两种方法调速，可实现____转矩调速。

1.23 用改变____的方法调速，可实现恒____调速。

1.24 用改变电枢电路的____和改变电源____两种方法调速，只能在____转速以____调速。

1.25 用改变____方法调速，可在额定转速以上调速。

1.26 电动机起动主要要求有____的起动转矩和____的起动电流。

1.27 电动机的起动有：____起动、____限流起动和____起动。

1.28 改变并励直流电动机转向的方法有：一种是电枢电流方向不变，改变____电流的方向；另一种是励磁电流方向不变，改变____电流方向。

1.29 电磁制动按产生制动转矩的方法不同分为：____制动、____制动和____制动。

1.30 制动时，将电源电压极性反接产生制动转矩的方法，称为____制动。

1.31 制动时，将旋转系统所存储的动能逐渐释放出来变为____能，消耗在制动____上的制动方法称为____制动。

1.32 制动时，将系统的____能再生成为____能反馈给电网，使电磁转矩改变方向，变为制动转矩的方法称为____制动。

二、计算题

1.33 某他励直流电动机的额定功率 $P_N = 17\text{kW}$，额定电压 $U_N = 220\text{V}$，电枢回路总电阻 $R_a = 0.114\Omega$，额定转速 $n_N = 3000\text{r/min}$，额定电流 $I_N = 87.7\text{A}$。试求：（1）电动机额定负载时的输出转矩 T_N；（2）额定效率 η_N；（3）理想空载时的转速 n_0。

1.34 某直流电动机的额定值如下：$P_N = 17\text{kW}$，$U_N = 220\text{V}$，$n_N = 3000\text{r/min}$，$\eta_N = 83\%$。试求：（1）额定电流 I_N；（2）额定负载时的额定输入功率 P_1。

1.35 某直流电动机的额定值如下：$P_N = 7.5\text{kW}$，$U_N = 110\text{V}$，$n_N = 750\text{r/min}$，$I_N = 83.6\text{A}$，空载时测得电流为 10A。试求：（1）空载损耗 P_0（忽略空载铜耗）；（2）空载转矩 T_0；（3）额定负载下的电磁转矩。

1.36 某他励直流电动机的额定值如下：$U_N = 220\text{V}$，$n_N = 1500\text{r/min}$，$I_N = 12\text{A}$，$R_a = 2\Omega$。在额定负载下运行时，励磁绕组接线断开（称为失磁），剩磁磁通为额定磁通的 10%。试求：（1）电枢电流 I'_a 是 I_N 的多少倍？（2）电磁转矩 T' 比 T 小多少（先求正常运行，再求失磁时，并且比较）？

1.37 某直流电动机的额定值如下：$U_N = 220\text{V}$，$n_N = 1450\text{r/min}$，$P_N = 17\text{kW}$，$\eta_N = 85\%$。试求：（1）额定电流 I_N；（2）额定负载时的输入功率 P_{1N}。

1.38 某并励直流电动机的额定值如下：$U_N = 220\text{V}$，$R_a = 0.316\Omega$，理想空载转速 $n_0 = 1600\text{r/min}$。试求：电枢电流为 50A 时，电动机的转速 n 和电磁转矩 T。

1.39 某并励直流电动机的额定值如下：输出（机械）功率 $P_2 = 22\text{kW}$，$U_N = 110\text{V}$，$n_N = 1000\text{r/min}$、$\eta_N = 84\%$，电枢绕组电阻 $R_a = 0.04\Omega$，励磁绕组电阻 $R_f = 27.5\Omega$。试求：（1）额定电流 I_N、额定励磁电流 I_f、额定电枢电流 I_a；（2）电枢电路铜耗 P_{aCu}、励磁电路铜耗 P_{fCu}、总损耗功率 $\sum P$、空载损耗功率 P_0；（3）额定转矩。

1.40 在 1.39 题中，试求：（1）直接起动电流的初始值 I_Q；（2）如果使起动电流不超过额定电流的 1.5 倍，求起动电阻 R_Q。

1.41 某并励直流电动机的额定值如下：$U_N = 220\text{V}$，$E = 90\text{V}$，$R_a = 20\Omega$，$I_a = 1\text{A}$，$n_N = 3000\text{r/min}$。为了提高转速，把励磁调节电阻 R'_f 增大，使磁通减小 10%，负载转矩不变，问转速增加了多少？

1.42 某并励直流电动机的额定值如下：$U_N = 220\text{V}$，$I_N = 53.8\text{A}$，$n_N = 1500\text{r/min}$，$R_a = 0.7\Omega$。今将电枢电压降低一半，而负载转矩和励磁电流都保持不变，问转速降低多少？

第二章 异步电动机

[教学要求]

着重熟悉异步电动机的特点、结构。掌握三相和单相异步电动机的工作原理（旋转磁场的产生及其作用），转子各量与转差率的关系，异步电动机功率平衡、电磁转矩平衡及机械特性，异步电动机的起动、反转、调速和制动等。

第一节 异步电动机概述

本章主要讨论异步电动机的种类、应用、特点和结构以及三相异步电动机的工作原理、机械特性和铭牌等，并对单相异步电动机进行简单介绍。

异步电动机是交流电动机中最常用的一种，它的作用是将交流电能转换成机械能。

交流电机有异步电机和同步电机两大类。异步电机一般都作电动机用，因为异步发电机的性能较差。异步电动机又分为三相和单相两种，而三相异步电动机又分为笼型和绕线转子异步电动机。

三相异步电动机应用最为广泛，因为它具有结构简单、运行可靠、维护方便和效率较高等特点，通常被用在金属切削机床、起重运输机械、中小型鼓风机和水泵等生产机械设备中。单相异步电动机则在实验室和家用电器产品中应用较多。但异步电动机也有一些缺点，最主要的是不能经济地实现范围较广的平滑调速；必须从电网吸取滞后的励磁电流，使电网功率因数降低。但对于一般的生产机械，并不要求大范围的平滑调速，而电网的功率因数又可以采取其他办法来进行补偿。特别是由于现代电子技术迅猛发展，由晶闸管组成的变频电源装置被采用，使异步电动机应用更加广泛。据统计，全国电动机容量中90%左右是异步电动机，而在电网负载中，异步电动机的用量也占有60%以上。

目前，小型异步电动机的基本系列是Y系列，它采用B级绝缘材料和D_{22}、D_{23}硅钢片制成，是20世纪80年代取代JO2系列的更新换代产品。与以往的J2、JO2系列相比较，Y系列具有效率高、节能、起动转矩大、振动小、噪声低和运行可靠等优点。由该系列又派生出各种特殊系列，如具有电磁调速的YCT系列、能变极调速的YD系列和具有高起动转矩的YQ系列等。

第二节 三相异步电动机的结构

三相异步电动机按转子结构的不同分为笼型和绕线转子异步电动机两大类。笼型异步电动机由于构造简单、价格低廉、工作可靠及维护方便，已成为应用最广泛的一种电动机。绕线转子异步电动机由于结构较复杂、价格较高，一般只用在要求调速和起动性能好的场合，如桥式起重机上。异步电动机由两个基本部分组成：定子（固定部分）和转子（旋转部分）。笼型和绕线转子异步电动机的定子结构基本相同，所不同的只是转子部分。笼型异步电动机的主要部件如图2-1所示。

一、定子

三相异步电动机的定子由机座和装在机座中的定子铁心及定子绕组组成。机座一般由铸铁制成。定子铁心由冲有槽的硅钢片（称为冲片）叠成，片与片之间涂有绝缘漆。冲片的形状如图 2-2 所示。三相绕组是用绝缘铜线或铝线绕制成的三相对称的绕组，它们按一定的规则连接嵌放在定子槽中。

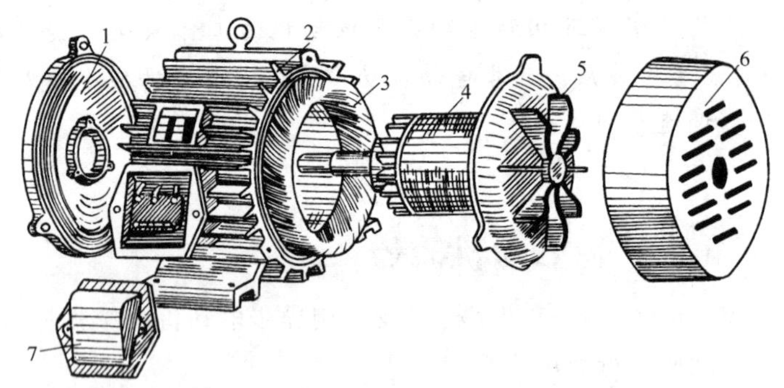

图 2-1 笼型异步电动机的主要部件

1—端盖 2—定子 3—定子绕组 4—转子 5—风扇 6—风扇罩 7—接线盒

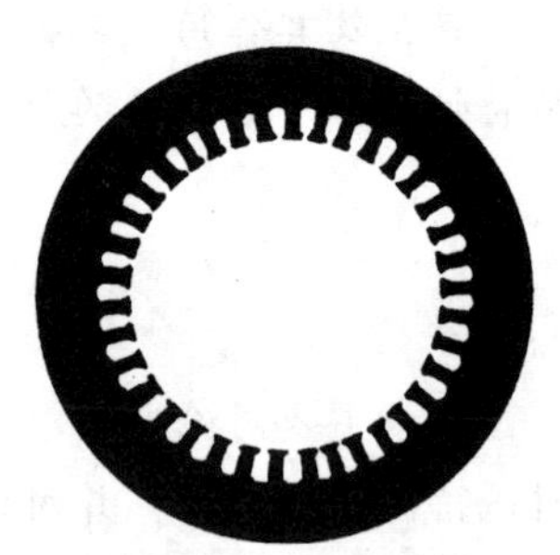

图 2-2 定子冲片

二、转子

转子部分是由转子铁心和转子绕组组成的。转子铁心也是由相互绝缘的硅钢片叠成的。转子冲片如图 2-3a 所示。铁心外圆冲有槽，槽内安装转子绕组。根据转子绕组构造不同可分为两种类型：笼型转子和绕线转子。

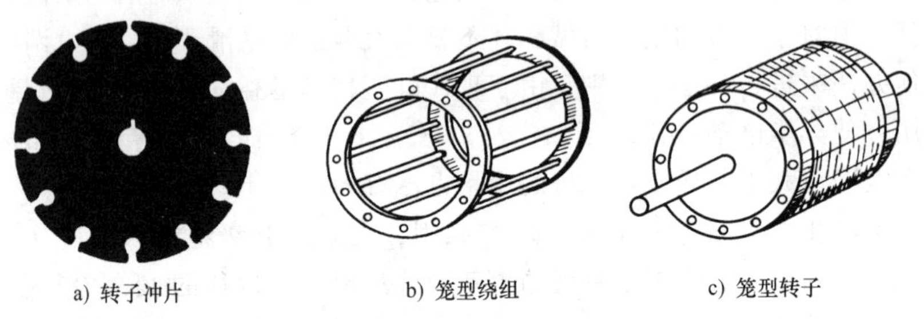

a) 转子冲片 b) 笼型绕组 c) 笼型转子

图 2-3 笼型转子结构

笼型转子的绕组是在铁心槽内放置铜条，铜条的两端用铜的短路环焊接起来，绕组的形状如图 2-3b 所示。它像个鼠笼，故称之为笼型转子，如图 2-3c 所示。为了简化制造工艺，小容量异步电动机的笼型转子都是由熔化的铝浇铸在槽内而成的，称为铸铝转子。在浇铸的同时，把转子的短路环和端部的冷却风扇也一起用铝铸成，如图 2-4 所示。

绕线转子绕组和定子绕组一样，也是一个用绝缘导线绕成的三相对称绕组，被嵌放在转子铁心槽中，接成星形。绕组的三个出线端分别接到转轴端部的三个彼此绝缘的铜质集电环上。绕组通过集电环与支持在端盖上的电刷构成滑动接触，把绕组的三个出线端引到机座上

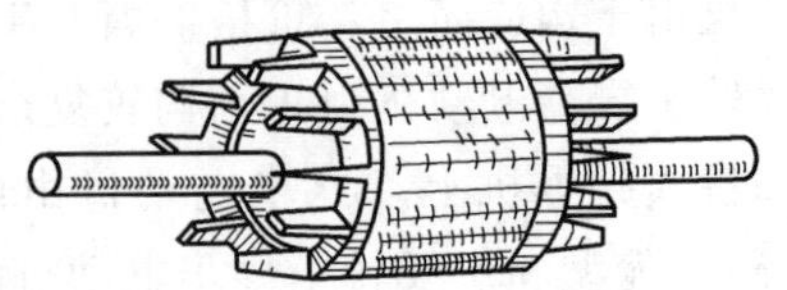

图 2-4 铸铝转子

的接线盒内，以便与外部变阻器连接，故绕线转子俗称集电环式转子，其外形如图 2-5 所示。

三、接线盒

三相绕组的首端标以 U1、V1、W1，末端标以 U2，V2、W2，这六个接线端引出至接线盒。图 2-6 是三相绕组在接线盒中的联结图。

绕组接成星形还是三角形，必须视电源电压和绕组额定电压而定。一般电源线电压为 380V，如果各相绕组的额定电压是 220V，则定子绕组必须接成星形，如图 2-6a 所示；如果各相绕组的额定电压是 380V，则应将各相绕组接成三角形，如图 2-6b 所示。

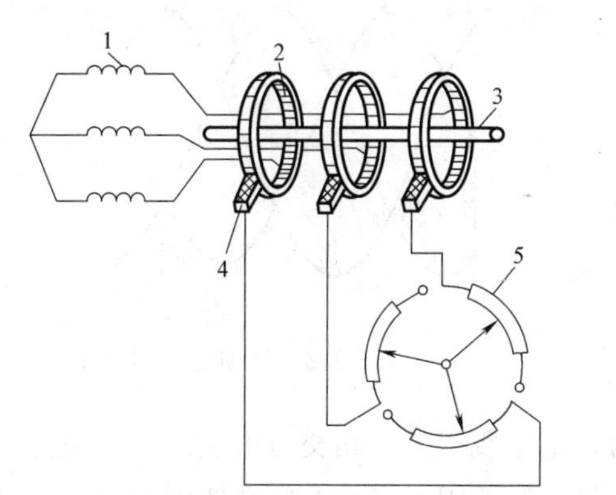

图 2-5 绕线转子与外部变阻器的连接

1—绕组 2—集电环 3—轴 4—电刷 5—变阻器

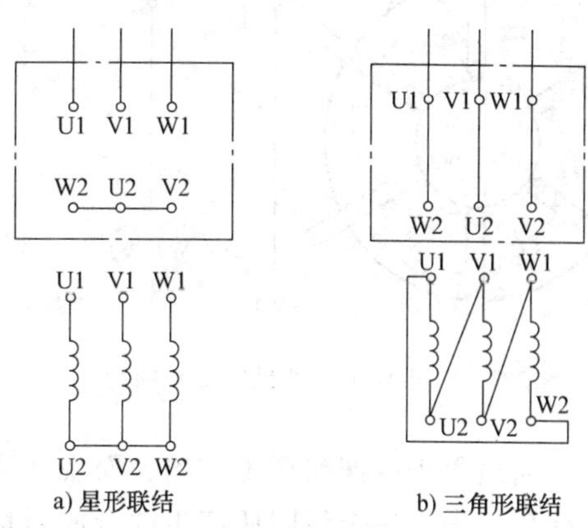

图 2-6 三相绕组的联结

四、想一想，练一练

1. 异步电动机由两个基本部分组成：______（______）部分和______（______）部分。

2. 三相异步电动机的定子的______绕组是______的绕组，按一定的规则连接嵌放在______槽中。

3. 三相绕组的首端标以______、______、______，末端标以______、______、______。

4. 三相定子绕组可接成______形或______形，但必须视______电压和绕组______电压而定。

5. 三相异步电动机转子有两种类型：______转子和______转子。

第三节 三相异步电动机的工作原理

三相异步电动机的定子绕组是一个空间位置对称的三相绕组，如果在定子绕组中通入三相对称的交流电流，就会在电动机内部建立起一个恒速旋转的磁场，称为旋转磁场，它是异步电动机工作的基本条件。因此，有必要先说明旋转磁场是如何产生的、有什么特性，然后再讨论异步电动机的工作原理。

一、旋转磁场

1. 二极旋转磁场

图 2-7 为最简单的三相异步电动机的定子绕组，每相绕组只有一个线圈，三个相同的线圈 U1—U2、V1—V2、W1—W2 在空间的位置彼此互差 120°，分别放在定子铁心槽中。

把三相线圈接成星形，并接通三相对称电源，那么在定子线圈中便产生三个对称电流，即

$$i_U = I_m \sin\omega t$$
$$i_V = I_m \sin(\omega t - 120°)$$
$$i_W = I_m \sin(\omega t + 120°)$$

其波形如图 2-8 所示。

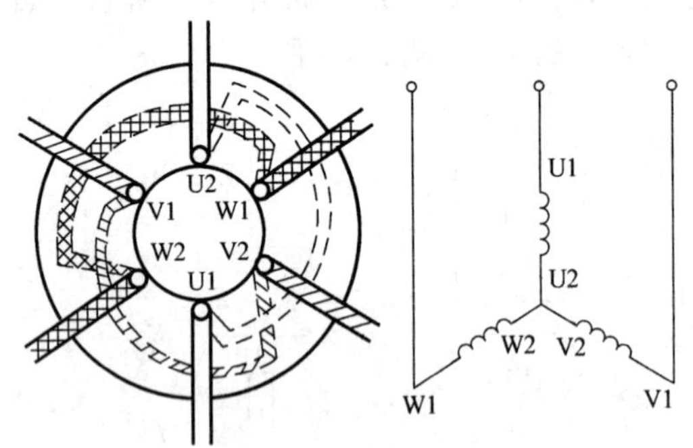

图 2-7 三相异步电动机的定子绕组

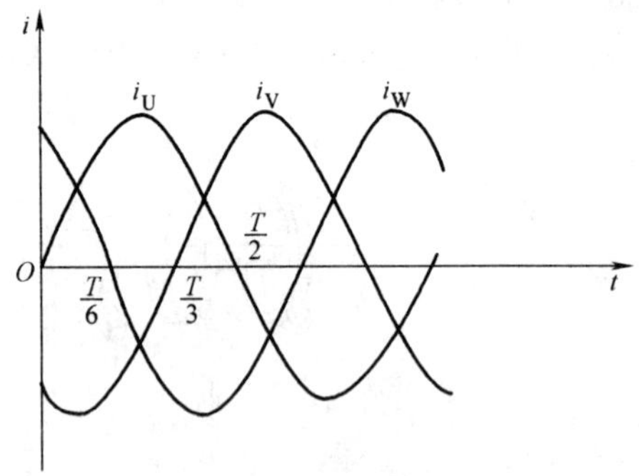

图 2-8 三相电流的波形

电流通过每个线圈要产生磁场，而现在通入定子线圈的三相交流电流的大小及方向均随时间而变化，那么三个线圈所产生的合成磁场是怎样的呢？这可由每个线圈在同一时刻各自产生的磁场进行叠加而得到。

假定电流由线圈的首端流入、末端流出为正，反之则为负。电流流进端用“⊗”表示，流出端用“⊙”表示。下面就分别取 $t=0$、$T/6$、$T/3$ 和 $T/2$ 四个时刻三个线圈所产生的合成磁场作定性分析（其中 T 为三相电流变化的周期）。

当 $t=0$ 时，由三相电流的波形可见，电流瞬时值 $i_U=0$，i_V 为负值，i_W 为正值。这表示 U 相电流为零，V 相电流是从线圈的末端 V2 流向首端 V1，W 相电流是从线圈的首端 W1 流向末端 W2，这一时刻由三个线圈电流所产生的合成磁场如图 2-9a 所示。它在空间形成二极磁场，上为 S 极，下为 N 极（对定子而言）。设此时 N、S 极的轴线（即合成磁场的轴线）为 0°。

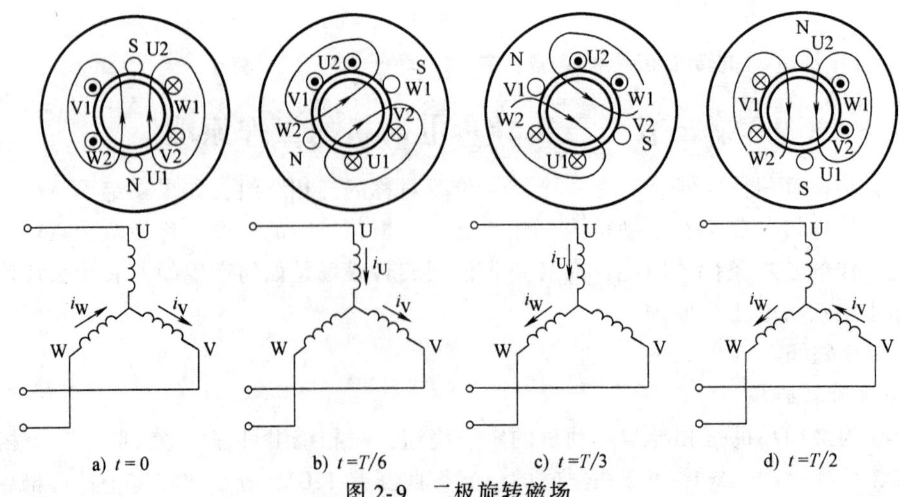

a) $t=0$ b) $t=T/6$ c) $t=T/3$ d) $t=T/2$

图 2-9 二极旋转磁场

当 $t=T/6$ 时，U 相电流为正，U 相电流由首端 U1 流向末端 U2；V 相电流为负，V 相电流由末端 V2 流向首端 V1；W 相电流为零。其合成磁场如图 2-9b 所示，也是一个二极磁场，但 N、S 极的轴线在空间沿顺时针方向转了 60°。

当 $t=T/3$ 时，i_U 为正，U 相电流由首端 U1 流向末端 U2；$i_V=0$，V 相电流为零；i_W 为负，由末端 W2 流向首端 W1，其合成磁场的轴线比上一时刻又向前转过了 60°，如图 2-9c 所示。

用同样的方法可得出当 $t=T/2$ 时，合成磁场的轴线比上一时刻又转过了 60°空间角。由此可见，图 2-9 产生的是一对磁极的旋转磁场。当电流经过一个周期的变化时，磁场也沿着顺时针方向旋转一周，即在空间旋转的角度为 360°（一转）。

上面分析充分说明，当空间互差 120°的线圈通入对称的三相交流电流时，在空间就产生一个旋转磁场。

2. 四极旋转磁场

如果定子绕组的每相都是由两个线圈串联而成，线圈跨距约为四分之一圆周，其布置如图 2-10 所示。图中 U 相绕组由 U1-U2 与 U1′-U2′串联而成，V 相绕组由 V1-V2 与 V1′-V2′串联而成，W 相绕组由 W1-W2 与 W1′-W2′串联而成。按照类似于分析二极旋转磁场的方法，取 $t=0$、$T/6$、$T/3$、$T/2$ 四个点进行分析，其结果如图 2-11 所示。

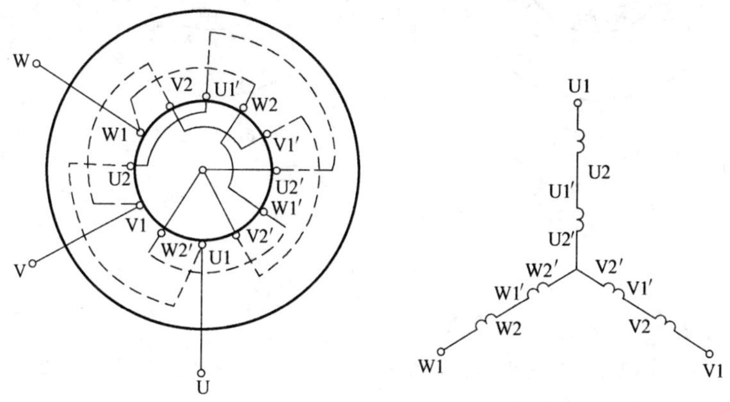

图 2-10 四极定子绕组

当 $t=0$ 时，$i_U=0$，i_V 为负，i_W 为正，即 i_V 由 V2′端流入，V1′端流出，再从 V2 端流入，V1 端流出。此时三相电流在空间形成的合成磁场是两对磁极的磁场，如图 2-11a 所示。

同理，可以画出 $t=T/6$、$T/3$ 和 $T/2$ 时刻的合成磁场，分别如图 2-11b、c、d 所示。

比较图 2-11 中的四个时刻，可以看出，当每相绕组在空间相差 60°时，通入对称三相交流电后，也产生一个旋转磁场，但它是一个四极旋转磁场。与二极旋转磁场相比较，当 $t=T/6$ 时，四极旋转磁场只转过 30°空间角；当 $t=T/2$ 时，只转过 90°空间角，即电流变化一周时，旋转磁场在空间只转过了 180°空间角（半转），速度是二极旋转磁场的 1/2。

由上述分析可见，旋转磁场的转速大小与磁极对数有关，磁极对数越多，旋转磁场的转速就越慢，与其成反比关系。另外，旋转磁场的转速与电流变化的频率（即电源频率）有关，频率越高，电流变化所需的时间越短，旋转磁场的转速就越快，二者成正比关系。若用 p 表示磁极对数，f_1 表示电源频率（Hz），以分（min）为时间单位来计算旋转磁场的转速 n_1（r/min），则可得出下面的关系式

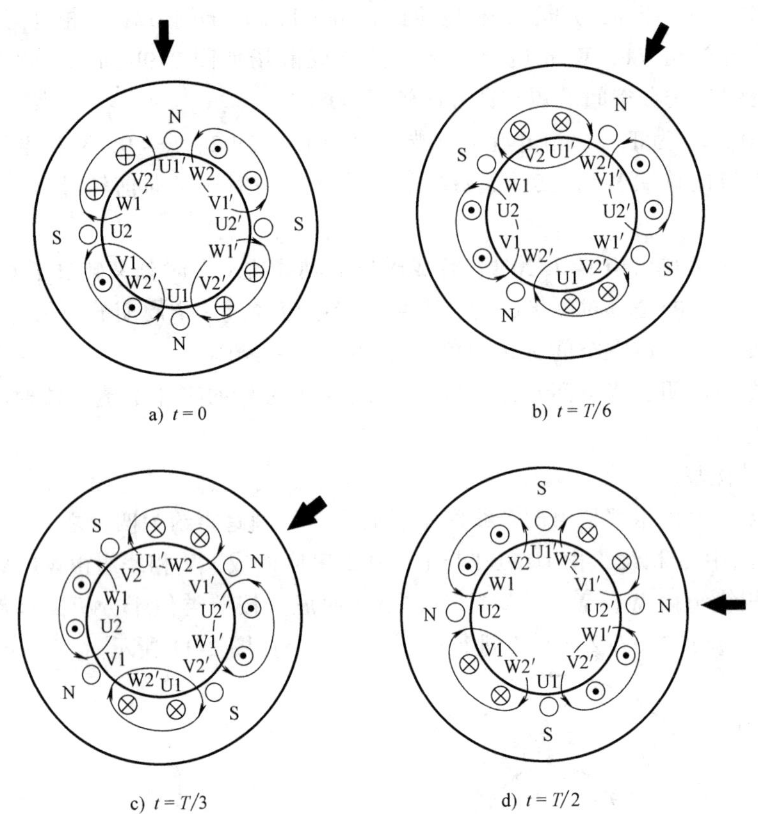

图 2-11 四极旋转磁场

$$n_1=\frac{60f_1}{p} \tag{2-1}$$

旋转磁场的转速 n_1 又称为同步转速。

国产异步电动机的电源频率通常为 50Hz。对于已知磁极对数的异步电动机，可由式（2-1）得出对应的旋转磁场的转速，见表 2-1。

表 2-1 磁极对数与同步转速对应关系

p	1	2	3	4	5	6
n_1/(r/min)	3000	1500	1000	750	600	500

3. 旋转磁场的转向

由图 2-9 和图 2-11 中各时刻磁场变化可以看出，当通入三相绕组中电流的相序为 $i_U \to i_V \to i_W$ 时，旋转磁场在空间是沿 U1→V1→W1 方向旋转的，在图中即沿顺时针方向旋转。如果任意调换两相绕组中的电流相序，例如调换 V、W 两相，此时通入三相绕组电流的相序为 $i_U \to i_W \to i_V$，则旋转磁场沿逆时针方向旋转。由此可见，旋转磁场的转向是由三相电流的相序决定的，即任意调换两相绕组中的电流相序，就可改变旋转磁场的方向。

二、三相异步电动机工作原理

1. “异步”转动原理

由上面分析可知，如果在定子绕组中通入三相对称电流，则定子内部将产生某个方向转

速为 n_1 的旋转磁场。这时转子导体与旋转磁场之间存在着相对运动，切割磁力线而产生感应电动势。电动势的方向可根据右手定则确定。由于转子绕组是闭合的，于是在感应电动势的作用下，绕组内有电流流过，如图 2-12 所示。转子电流与旋转磁场相互作用，便在转子绕组中产生电磁力 F，F 的方向可由左手定则确定。该力对转轴形成了电磁转矩 T，使转子沿旋转磁场方向转动。异步电动机的定子和转子之间能量的传递依靠电磁感应作用，故异步电动机又称感应电动机。

转子的转速 n_2 是否与旋转磁场的转速 n_1 相同呢？回答是不可能的。因为一旦转子的转速和旋转磁场的转速相同，二者便无相对运动，转子也就不能产生感应电动势和感应电流，也就没有电磁转矩了。只有当二者转速有差异时，才能产生电磁转矩，驱使转子转动。可见，转子转速 n_2 总是略小于旋转磁场的转速 n_1。正是由于这个关系，这种电动机被称为异步电动机。

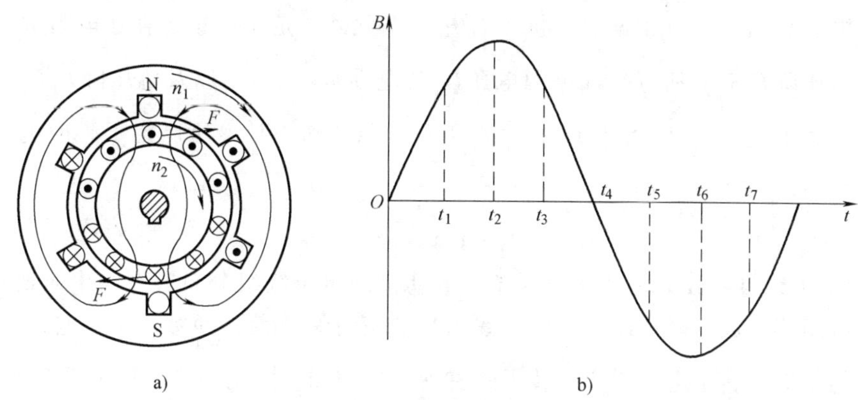

图 2-12　异步电动机工作原理

2. 异步电动机的空载和负载运行

要使异步电动机运行，必须产生足够大的电磁转矩。异步电动机空载运行时，它产生的电磁力必须克服轴与轴套之间的摩擦和转子旋转所受风阻等产生的空载转矩，即 $T=T_0$，异步电动机才能稳定运行。T_0 一般很小，所以电磁转矩也很小，但转子转速很高，几乎接近同步转速。

异步电动机轴上带负载转动时，也必须符合动力学的规律，即只有在异步电动机的电磁转矩与机械负载的反抗力矩（$M_{反}$）相平衡，即 $T=M_{反}$ 时，电动机才能以恒速运行。如果电动机的电磁转矩大于反抗力矩，即 $T>M_{反}$ 时，电动机将加速运行。反之，如果 $T<M_{反}$，则电动机将减速运转。

异步电动机依靠转子转速的变化，来调整电动机的电磁能量，从而使电动机的电磁转矩得到相应的改变，以适应负载变化的需要，来实现新的平衡。当电动机以稳定转速 n_2 运行时，假如由于某种原因，负载反抗力矩突然降低，即变为 $T>M_{反}$，电动机将加速旋转，转子感应电动势和电流减小，从而使电磁转矩减小，直到电磁转矩与新的反抗力矩相平衡，此时电动机在高于原转速 n_2 的情况下稳定运行。反之，当反抗力矩由于某种原因增大时，电动机最终将在低于原转速的情况下稳定运行。

3. 三相异步电动机的电磁关系

三相异步电动机的电磁关系与变压器的很相似。其定子绕组相当于变压器的一次绕组，转子绕组相当于变压器的二次绕组，只不过是短路的绕组。但三相异步电动机的每相绕组不像变压器那样集中地绕在铁心上，而是分布在铁心内壁的槽内，每一相绕组是由许多沿圆周分布的线圈串联而成的。另外，三相异步电动机的磁路中有一个较大的空气隙。三相异步电动机的每相电路如图 2-13 所示。

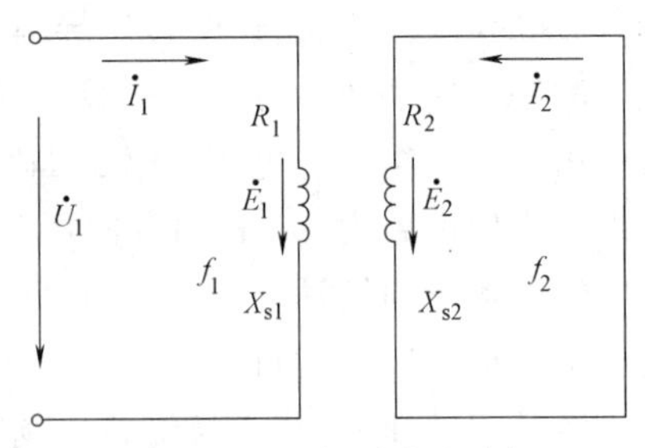

图 2-13 三相异步电动机的每相电路

当定子绕组接上三相电源后，有三相电流流过，并产生旋转磁场。其磁通通过定、转子的铁心闭合，分为两部分：其中绝大部分磁通既交链于定子绕组，又交链于转子绕组，称为主磁通 Φ；另一部分磁通仅交链于定子绕组，而不交链于转子绕组，称为定子漏磁通 Φ_{s1}。主磁通和定子漏磁通分别在定子绕组中产生感应电动势$\dot{E}_1$和$\dot{E}_s$（由漏磁感抗 X_{s1}产生）。此外，定子绕组还存在电阻 R_1，当电流通过时产生电压降$\dot{I}_1R_1$。所以外加电源电压$\dot{U}_1$与电动势$\dot{E}_1$、$\dot{E}_{s1}$以及电压降$\dot{I}_1R_1$ 这三部分之和相平衡。考虑到$\dot{E}_{s1}$、$\dot{I}_1R_1$ 与$\dot{E}_1$相比较小，可以忽略不计，所以定子感应电动势$\dot{E}_1$近似地与电源电压$\dot{U}_1$相平衡，即

$$\dot{U}_1 \approx \dot{E}_1 = 4.44K_1N_1f_1\dot{\Phi} \tag{2-2}$$

式中，K_1 为定子绕组系数，它是为表示异步电动机的定子绕组分布放在槽中时所产生的感应电动势比绕组集中放置时小而引入的系数；N_1 为定子每相绕组匝数；f_1 为电源电压频率。

当负载增加时，转子电流增大，转子的磁动势也增加。由磁动势平衡关系$\dot{I}_0N_1=\dot{I}_1N_1+\dot{I}_2N_2$（该式的推导方法与变压器相似）可知，在外加电源电压保持不变的情况下，要维持此时空载磁动势不变，只有增大定子电流，以此来抵消转子磁动势对旋转磁动势的影响，才能保持其平衡关系。由此可见，异步电动机中定子绕组电流是随负载的变化而变化的，亦即异步电动机向电网取用的电流和功率是由机械负载的大小决定的。它不一定等于电动机铭牌上的额定电流和额定功率，但一般不应大于上述额定值。

三、想一想，练一练

1. 三相异步电动机______的______绕组在空间的位置彼此互差______，如通入三相______的______的交流电，就会建立一个恒速的______磁场。

2. ______磁场的______速与______频率成______比，这个磁场的转速 n_1 称为______转速。

3. 当电源频率 f_1 不变时，______转速 n_1 与______磁场的磁极对数 p 成______比关系。

4. ______转速 n_2 总是略______于______磁场的转速 n_1，这样电动机才能产生______转矩，使电动机转起来，所以这种电动机称为______电动机。

5. 要改变异步电动机的转向，即要改变______磁场的转向，只要任意调换电源相序中的两相即可。

第四节 转子各量与转差率的关系

一、转差率

旋转磁场的转速（n_1）与转子转速（n_2）的差值称为转差或转差速度，用 Δn 表示，即

$\Delta n=n_1-n_2$。转差与同步转速的比值称为异步电动机的转差率，用字母 s 表示，即

$$s=\frac{\Delta n}{n_1}=\frac{n_1-n_2}{n_1} \tag{2-3}$$

异步电动机通过转差率来影响电量的变化，以实现能量的转换和平衡，因此，转差率是分析异步电动机运行特性的一个重要参数。转差率 s 常用百分数来表示。电动机起动瞬时，$n_2=0$，$s=1$；随着 n_2 的上升，s 不断下降。由于异步电动机转子的转速是随着负载而变化的，所以转差率 s 也是随之而变化的。在额定负载情况下，$s=0.03\sim0.06$，这时 $n_2=(0.94\sim0.97)n_1$，与同步转速十分接近。若 $n_2=n_1$，则 $s=0$，为理想空载情况。所以异步电动机的工作范围是 $0<s<1$。

二、转子各电量与转差率的关系

转差率是一个重要参数，它的变化将引起电动机内部许多电量的变化。下面分别分析转子电路的电流频率 f_2、感应电动势 E_2、每相绕组漏感抗 X_{s2}、电流 I_2、功率因数 $\cos\varphi_2$ 与转差率的关系。

1. 转子电流频率 f_2

异步电动机中转子与定子是相对运动的，所以转子电流频率 f_2 随转子转速不同而改变。旋转磁场以 $\Delta n=n_1-n_2$ 的相对转速切割转子绕组磁场，故转子绕组产生感应电流的频率为

$$f_2=\frac{p\Delta n}{60}=\frac{p(n_1-n_2)}{60}=\frac{n_1-n_2}{n_1}\times\frac{pn_1}{60}=sf_1 \tag{2-4}$$

由上式可见，转子电流频率与转差率 s 成正比，与转速 n_2 有关。在电动机起动瞬间，转子不动，$n_2=0$，$s=1$。此时，转子与旋转磁场的相对切割速度最大，转子电流频率 f_2 最高，即 $f_2=f_1$。当电动机在额定状态下运行时，转差率 s 为 $0.015\sim0.06$。如果电源频率 $f_1=50\text{Hz}$，则 f_2 为 $0.75\sim3\text{Hz}$，电动机正常运行时，转子电流的频率很低。

2. 转子感应电动势 E_2

旋转磁场在转子每相绕组中感应电动势的有效值表达式为

$$E_2=4.44f_2N_2K_2\Phi \tag{2-5}$$

式中，K_2 为转子分布绕组系数；N_2 为转子每相绕组匝数。

将式（2-4）代入上式得

$$E_2=4.44f_1N_2K_2\Phi s=sE_{20} \tag{2-6}$$

$$E_{20}=4.44f_1N_2K_2\Phi \tag{2-7}$$

式中，E_{20}为转子不动时的转子感应电动势。

从式（2-6）可见，转子感应电动势与转差率 s 成正比，即转子旋转得越快，s 越小，E_2 也越小。

3. 转子每相绕组漏感抗 X_{s2}

和定子电流一样，转子电流除产生主磁通外，也要产生漏磁通 Φ_{s2}，它在转子每相绕组中产生漏磁电动势的有效值为

$$E_{s2}=I_2X_{s2} \tag{2-8}$$

式中，X_{s2}为转子漏感抗，$X_{s2}=\omega_2L_{s2}=2\pi f_2L_{s2}=2\pi sf_1L_{s2}$，它与转子频率 f_2 有关。

如果用 X_{20}表示转子不动时的漏感抗，则

$$X_{20}=2\pi f_1L_{s2} \tag{2-9}$$

此时 $f_2=f_1$，转子感抗最大。X_{s2}又可写成

$$X_{s2}=sX_{20} \tag{2-10}$$

可见，转子每相绕组的漏感抗也与转差率有关，即转子旋转得越快，转子每相绕组漏感抗越小。

4. 转子电流 I_2 和转子功率因数 $\cos\varphi_2$

转子绕组中除了有漏感抗 X_{s2}外，也存在电阻 R_2，因此，转子每相绕组的阻抗 Z_2 为

$$Z_2=\sqrt{R_2^2+X_{s2}^2}=\sqrt{R_2^2+(sX_{20})^2}$$

转子每相绕组的电流为

$$I_2=\frac{E_2}{Z_2}=\frac{sE_{20}}{\sqrt{R_2^2+(sX_{20})^2}} \tag{2-11}$$

转子功率因数为

$$\cos\varphi_2=\frac{R_2}{\sqrt{R_2^2+(sX_{20})^2}} \tag{2-12}$$

由此可见，转子电流 I_2 和功率因数 $\cos\varphi_2$ 都与转差率 s 有关。当 s 增大时，I_2 增大，而 $\cos\varphi_2$ 减小。它们之间的关系如图 2-14 曲线所示。

由 I_2、$\cos\varphi_2$ 随 s 变化的规律可见，当 $s=0$ 时，$I_2=0$，当 s 值很小时，$R\gg sX_{20}$，式(2-11)简化成 $I_2\approx sE_{20}/R_2$。转子电流 I_2 与转差率近似成正比，当 s 接近 1 时，$sX_{20}\gg R_2$，式（2-11）简化成 $I_2\approx E_{20}/X_{20}$，近似为一个常数。

当 s 很小时，$\cos\varphi_2\approx1$；当 s 接近 1 时，$\cos\varphi_2\approx R_2/(sX_{20})$，$\cos\varphi_2$ 与 s 之间近似成反比的关系。

由上述分析可见，转差率首先影响了转子绕组中感应电动势的频率（转子电流频率）$f_2=sf_1$。当工作电压 U_1 一定，即工作磁通大小一定时，f_2 直接影响转子绕组感应电动势 E_2 的大小（因为 $E_2=sE_{20}$，而 $E_{20}=4.44f_1N_2K_2\Phi$）以及转子每相绕组漏感抗 X_{s2}（$X_{s2}=2\pi f_2L_{s2}=sX_{20}$）。$s$ 对 E_2 及 X_{s2} 的影响，也间接影响了转子电流 I_2 及转子功率因数 $\cos\varphi_2$，从而影响了电动机定子绕组向电网取用电流 I_1 的大小及功率因数 $\cos\varphi_1$。所以转子电流频率、感应电动势、每相绕组漏感抗、转子电流及其功率因数等都与转差率有关，即与转速有关（$s=(n_1-n_2)/n_1$）。这是我们学习三相异步电动机时所应注意的一个特点。

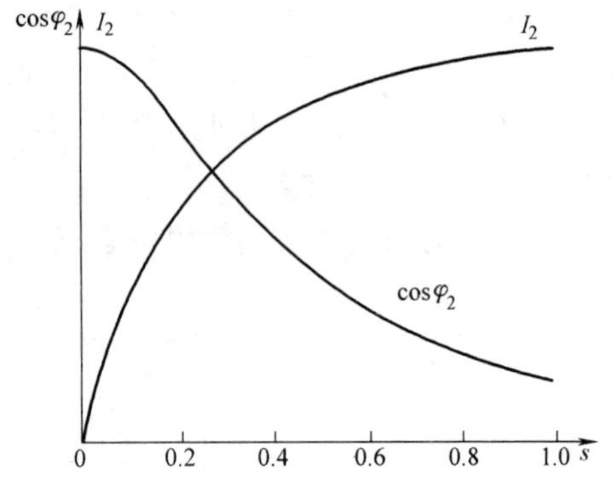

图 2-14 I_2、$\cos\varphi_2$ 与 s 的关系曲线

第五节 异步电动机的功率和电磁转矩

一、功率平衡

和直流电动机一样，异步电动机在运行中也有功率损耗，所以异步电动机轴上输出的机械功率 P_2 总是小于输入的电功率 P_1。而 $P_1=U_1I_1\cos\varphi_1$，U_1、I_1 和 $\cos\varphi_1$ 分别是定子的相电压、相电流和功率因数。

在输入电功率中有小部分功率供给定子铜耗 P_{Cu1}和铁心损耗 P_{Fe}，余下的大部分功率经旋转磁场的电磁作用传送到转子，这部分功率才是电磁功率 P_{em}，即 $P_{em}=P_1-P_{Cu1}-P_{Fe}$。

传送到转子的 P_{em} 有小部分被转子电阻消耗，即转子铜耗 $P_{Cu2}=sP_{em}$。P_{em} 扣除 P_{Cu2} 后成为电动机的总机械功率 P_m，即 $P_m=P_{em}-P_{Cu2}=P_{em}-sP_{em}=P_{em}(1-s)$。

异步电动机在运行时，还有轴承摩擦等机械损耗 P_{mec} 和附加损耗 P_s。P_m 扣除 P_{mec} 和 P_s 后，才是转轴上输出的机械功率 $P_2=P_m-P_{mec}-P_s$。

可见，异步电动机在运行时，从电源输出的功率 P_1 到转轴上的输出功率 P_2，有以下关系

$$P_2=P_1-P_{Cu1}-P_{Fe}-P_{Cu2}-P_{mec}-P_s=P_1-\sum P$$

效率

$$\eta=P_2/P_1$$

二、电磁转矩

电磁转矩是三相异步电动机的最重要的物理量，电磁转矩的存在是异步电动机工作的先决条件，分析异步电动机的机械特性离不开它。

由三相异步电动机的工作原理分析可知，电磁转矩 T 是由转子电流 I_2 与旋转磁场相互作用而产生的，所以电磁转矩 T 的大小与旋转磁通 Φ 及转子电流 I_2 的乘积成正比。转子电路既有电阻又有漏电抗，所以转子电流 I_2 可以分解为有功分量 $I_2\cos\varphi_2$ 和无功分量 $I_2\sin\varphi_2$ 两部分。因为电磁转矩 T 决定了电动机输出的机械功率（有功功率）的大小，所以只有电流的有功分量 $I_2\cos\varphi_2$ 才能产生电磁转矩，故异步电动机的电磁转矩为

$$T=C_T\Phi I_2\cos\varphi_2 \tag{2-13}$$

式中，C_T 称为异步电动机的转矩常数，它与电机结构有关；Φ 为磁极磁通的平均值。

将式（2-11）和式（2-12）代入式（2-13）可得

$$T=C_T\Phi\frac{sE_{20}}{\sqrt{R_2^2+(sX_{20})^2}}\frac{R_2}{\sqrt{R_2^2+(sX_{20})^2}}$$

化简后得

$$T=C_T\Phi E_{20}\frac{sR_2}{R_2^2+(sX_{20})^2} \tag{2-14}$$

将式（2-2）和式（2-7）代入式（2-14）中又可得

$$T=CU_1^2\frac{sR_2}{R_2^2+(sX_{20})^2} \tag{2-15}$$

式中，$C=C_TN_2K_2/(4.44f_1N_1^2K_1^2)$，也是一个与电动机结构有关的常数。

由式（2-15）可以看出：

1）电磁转矩与电源电压 U_1 的二次方成正比，所以电源电压的波动对电磁转矩的影响很大。

2）当外加电源电压 U_1 及其频率一定，转子电阻 R_2 和转子不动时的漏感抗 X_{20} 都是常数时，T 只随转差率 s 而变化。它们的变化关系 $T=f(s)$ 如图 2-15 所示，称为三相异步电动机的转矩特性曲线。

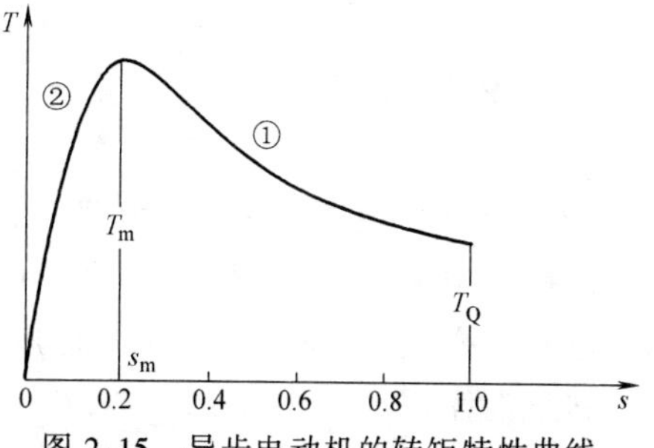

图 2-15 异步电动机的转矩特性曲线

下面对 $T=f(s)$ 曲线作简要的定性分析：

在电压一定的条件下，借助于式（2-14）

$$T=C_T\Phi E_{20}\frac{sR_2}{R_2^2+s^2X_{20}^2}$$

来分析异步电动机转矩特性曲线的形成。

在电动机接通电源，转子尚未转动的瞬间，$s=1$，其对应的转矩 T_Q 称为起动转矩。如果起动转矩大于反抗力矩，则电动机转子将升速，转差率 s 随之减小。

在电动机起动的一段时间里（$s=1\sim s_m$），s 值较大，$R_2^2 \ll s^2X_{20}^2$，上面的转矩关系式可近似为$T\propto 1/s$,所以转矩特性曲线呈双曲线形状。这时转差率越小，转矩反而越大。这是起动时转子频率较高，转子功率因数很低的缘故。随着电动机转子转速的不断升高，电磁转矩将达到一个最大值 T_m，此时的 $s=s_m$（称为临界转差率），随后，因转速升高，s 值很小，此时 $R_2^2 \gg s^2X_{20}^2$，所以转矩关系近似为 $T\propto s$，呈直线关系。当 s 继续减小，T 将趋于零。因此，我们可将转矩特性曲线分成两段：起始段①（$s=1\sim s_m$）和运行段②($s=0\sim s_m$)，电动机正常运行时，一般在运行段工作。

三、转矩平衡

由动力学可知，旋转物体的机械功率等于作用在其上的转矩与其机械角速度 $\Omega=\dfrac{2\pi n}{60}$（$\Omega$ 单位为 rad/s；n 为电动机转速，单位为 r/min，下文同）的乘积。将转轴上输出的机械功率 $P_2=P_m-P_{mec}-P_s$ 的各项除以 Ω，即

$$\frac{P_2}{\Omega}=\frac{P_m}{\Omega}-\frac{P_{mec}}{\Omega}-\frac{P_s}{\Omega}$$

即

$$T_2=T-T_{mec}-T_s=T-T_0$$

可得到稳态时异步电动机的转矩平衡方程式

$$T=T_2+T_0$$

式中，T 是电动机的电磁转矩，$T=P_m/\Omega=9.55P_m/n$；T_2 是电动机的输出转矩，$T_2=P_2/\Omega=9.55P_2/n$，也等于电动机的负载转矩；T_0 是电动机的空载转矩，$T_0=T_{mec}+T_s=P_{mec}/\Omega+P_s/\Omega=9.55(P_{mec}+P_s)/n$。

T_2 和 T_0 都是制动转矩，它们与作为驱动转矩的电磁转矩 T 方向相反。只有满足转矩平衡关系时，电动机才能以一定的转速稳定运转。

例 2-1 一台 $P_N=7.5\text{kW}$、$U_N=380\text{V}$、$n_N=962\text{r/min}$ 的 6 极三相异步电动机，定子△联结，额定负载时 $\cos\varphi_1=0.827$，$P_{Cu1}=470\text{W}$，$P_{Fe}=234\text{W}$，$P_{mec}=45\text{W}$，$P_s=80\text{W}$。试求额定负载时的转差率 s_N、转子频率 f_2、转子铜耗 P_{Cu2}、定子电流 I_1、负载转矩 T_2、空载转矩 T_0 和电磁转矩 T。

解 (1) 求额定转差率。

旋转磁场转速 $n_1=60f_1/p=(60\times50/3)\text{r/min}=1000\text{r/min}$

额定转差率 $s_N=(n_1-n_N)/n_1=(1000-962)/1000=0.038$

(2) 求转子频率。

转子频率 $f_2=s_Nf_1=0.038\times50\text{Hz}=1.9\text{Hz}$

(3) 求转子铜耗。在额定负载时 $P_2=P_N$，所以

总机械功率 $P_m=P_2+P_{mec}+P_s=(7500+45+80)\text{W}=7625\text{W}$

电磁功率 $P_{em}=P_m/(1-s_N)=[7625/(1-0.038)]\text{W}=7926.2\text{W}$

转子铜耗 $P_{Cu2}=s_NP_{em}=0.038\times7926.2\text{W}=301.2\text{W}$

(4) 求定子电流。

输入功率 $P_1=P_2+\sum P=[7500+(470+234+45+80+301.2)]\text{W}=8630.2\text{W}$

定子电流 $I_1=P_1/(\sqrt{3}U_1\cos\varphi_1)=[8630.2/(1.732\times380\times0.827)]\text{A}=15.86\text{A}$

(5) 求负载转矩 T_2、空载转矩 T_0 和电磁转矩 T。

负载转矩 $T_2=P_2/\Omega_N=[7500/(2\pi\times962/60)]\text{N}\cdot\text{m}=74.45\text{N}\cdot\text{m}$

空载转矩 $T_0=(P_{mec}+P_s)/\Omega_N=[(45+80)/(2\pi\times962/60)]\text{N}\cdot\text{m}=1.24\text{N}\cdot\text{m}$

电磁转矩 $T=T_2+T_0=(74.45+1.24)\text{N}\cdot\text{m}=75.69\text{N}\cdot\text{m}$

四、想一想，练一练

1. 异步电动机和______电动机一样，在运行中也有功率______的问题。所以异步电动机轴上输出的机械功率 P_2 总是______于输入的电功率 P_1。而 $P_1=$______。

2. 在输入电功率中有小部分功率供给______铜耗 P_{Cu1} 和______损耗 P_{Fe}，余下的大部分功率经旋转磁场的______作用送到转子，这部分功率才是______功率 P_{em}，即 $P_{em}=$______。

3. T_2 和 T_0 都是______转矩，它们与作为驱动转矩的______转矩 T 的方向相______，只有满足转矩______关系时，电动机才能以一定的______稳定运转。

第六节 异步电动机的机械特性

一、机械特性概述

机械特性是异步电动机的重要特性，它是指电动机的转速 n_2 与电磁转矩 T 之间的关系，即 $n_2=f(T)$。将图 2-15 顺时针旋转 90°，再把 s 坐标换成转速 n_2 的坐标就成图2-16 所示的三相异步电动机的机械特性曲线。

机械特性曲线被 T_m 分成两个性质不同的区段，即 AB 段和 BC 段。

当电动机起动时，只要起动转矩 T_Q 大于反抗力矩 $M_反$，电动机便转动起来。电磁转矩 T 的变化沿曲线 CB 段运行。随着转速的上升，CB 段中的 T 一直增大，所以转子一直被加速，使电动机很快越过 CB 段而进入 BA 段，在 BA 段随着转速上升，电磁转矩下降。当转速上升为某一定值时，电磁转矩 T 与反抗力矩相等，此时，转速不再上升，电动机就稳定运行在 AB 段，所以 BC 段称为不稳定区，AB 段称为稳定区。

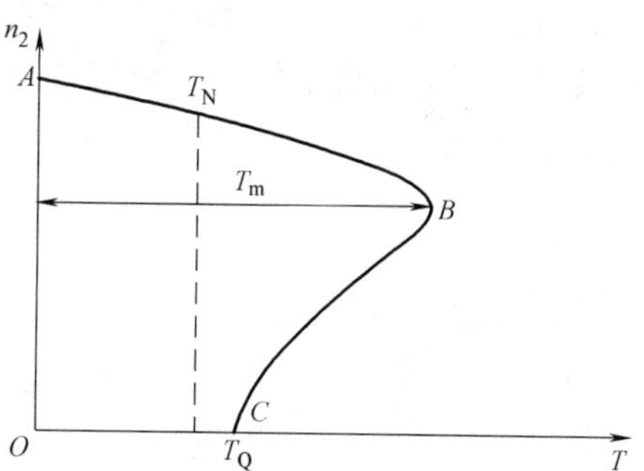

图 2-16 三相异步电动机机械特性曲线

电动机一般都工作在 AB 段上，在这个区域里，负载转矩变化时，异步电动机的转速变化不大，电动机转速随转矩的增加而略有下降，这种机械特性称为硬特性。三相异步电动机的这种硬特性很适用于一般金属切削机床。

下面分析反映异步电动机机械特性的三个特殊转矩。

二、额定转矩 T_N

电动机在额定负载下稳定运行时的输出转矩称为额定转矩 T_N，对应的转速为额定转速 n_N，转差率为额定转差率 s_N。由于在等速转动时，$T=M_反$，而 $M_反=T_2+T_0$，空载转矩 T_0 一般很小，常可忽略不计，所以电动机的额定转矩可以根据铭牌上的额定转速和额定功率（输出机械功率）按下式求出

$$T_N = M_{反} = T_2 = \frac{P_N \times 10^3}{\Omega} = \frac{P_N \times 10^3}{\frac{2\pi n_N}{60}} = 9550\frac{P_N}{n_N} \tag{2-16}$$

式中，P_N 的单位为 kW；n_N 的单位为 r/min。

三、最大转矩 T_m

电动机转矩的最大值，称为最大转矩 T_m（或称为临界转矩，对应于图 2-16 机械特性曲线上 B 点）。此时转差率 s_m 称为临界转差率。临界转差率可用式（2-15）对转差率 s 求导，并令其值为零求得，即

$$\frac{dT}{ds} = 0$$

可求得临界转差率

$$s_m = \frac{R_2}{X_{20}} \tag{2-17}$$

将式（2-17）代入式（2-15）中，可得最大转矩为

$$T_m = C\frac{U_1^2}{2X_{20}} \tag{2-18}$$

由式（2-17）和式（2-18）可看出：

1）当电源电压为定值时，临界转差率 s_m 与转子电阻 R_2 成正比，R_2 越大，s_m 就越大，但 T_m 不变。在转子电路中串入不同的附加电阻，便可使 s_m 向 $s=1$ 的方向移动，如图 2-17 所示，在相同的负载转矩 T_N 下，电动机的工作点就沿图 2-17a、b、c 移动，转差率 s 就逐渐变大，转速 n_2 变小，故异步电动机可以通过在转子电路中串接不同的电阻来实现调速。

2）最大转矩 T_m 与电源电压 U_1^2 成正比，与转子电阻 R_2 的大小无关。显然，当电源电压有波动时，电动机最大转矩也随之变化。图 2-18 所示是不同电源电压 U_1 时的 $n=f(T)$ 曲线（R_2 是常数）。

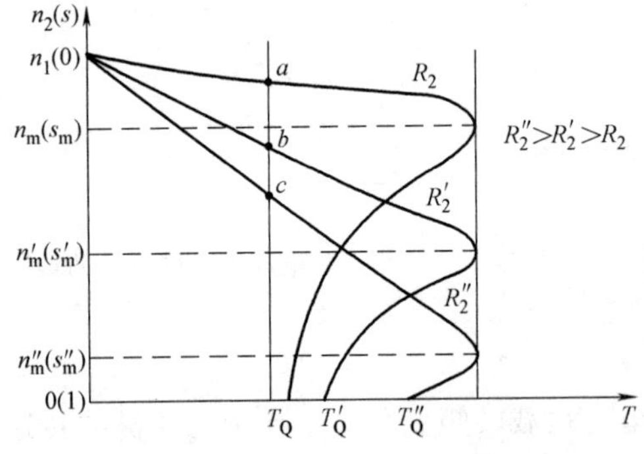

图 2-17 不同 R_2 时的 $n_2(s)=f(T)$ 曲线

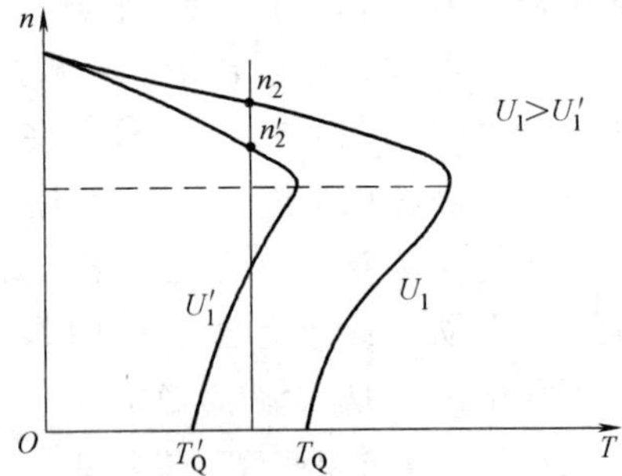

图 2-18 不同电源电压 U_1 时的 $n=f(T)$ 曲线（R_2 是常数）

当负载转矩超过最大转矩时，电动机将因带不动负载而发生停车，俗称“闷车”。此时电动机的电流立即增大到额定值的 6~7 倍，将引起电动机严重过热，甚至烧毁。如果负载转矩只是短时间接近最大转矩而使电动机过载，这是允许的，因为时间很短，电动机不会立即过热。

为了保证电动机在电源电压波动时能正常工作，规定电动机的最大转矩 T_m 要比额定

转矩 T_N 大，通常用过载系数 $\lambda=T_m/T_N$ 来衡量电动机的过载能力。一般情况下，$\lambda=1.8\sim2.5$。λ 的数值可在电动机产品目录中查到。

四、起动转矩 T_Q

电动机刚接入电源开始起动时的转矩称为起动转矩 T_Q。把起动瞬间的 $s=1$（$n_2=0$）代入式（2-15），可得起动转矩为

$$T_Q=C\frac{R_2U_1^2}{R_2^2+X_{20}^2} \tag{2-19}$$

起动时，f_2 很高，$X_{20}\gg R_2$，上式可近似写成

$$T_Q=C\frac{R_2U_1^2}{X_{20}^2} \tag{2-20}$$

由上式可见，T_Q 与电源电压的二次方成正比，与转子电阻 R_2 亦成正比。当增加转子电阻（对绕线转子异步电动机而言）时，起动转矩会增大；当降低电源电压时，起动转矩将减小。

起动转矩与额定转矩的比值 $\lambda_Q=T_Q/T_N$ 反映了异步电动机的起动能力。一般 $\lambda_Q=0.9\sim1.8$。笼型异步电动机取值较小，绕线转子异步电动机取值较大。

例 2-2　有一台三角形联结的三相异步电动机，其额定数据如下：$P_N=40\text{kW}$，$n_N=1470\text{r/min}$，$U_N=380\text{V}$，$\eta=0.9$，$\cos\varphi=0.9$，$\lambda=2$，$\lambda_Q=1.2$。试求：(1) 额定电流；(2) 额定转差率；(3) 额定转矩、最大转矩、起动转矩。

解　(1) 40kW 以上的电动机通常是额定电压 380V、三角形联结。额定电流

$$I_N=\frac{P_N\times10^3}{\sqrt{3}U_N\cos\varphi\eta}=\frac{40\times10^3}{\sqrt{3}\times380\times0.9\times0.9}\text{A}=75\text{A}$$

(2) 根据表 2-1，由 $n_N=1470\text{r/min}$ 可知，电动机是四极的，$p=2$，$n_1=1500\text{r/min}$，所以额定转差率

$$s_N=\frac{n_1-n_N}{n_1}=\frac{1500-1470}{1500}=0.02$$

(3) 额定转矩　$T_N=9550\dfrac{P_N}{n_N}=9550\times\dfrac{40}{1470}\text{N}\cdot\text{m}=259.9\text{N}\cdot\text{m}$

最大转矩　$T_m=\lambda T_N=2\times259.9\text{N}\cdot\text{m}=519.8\text{N}\cdot\text{m}$

起动转矩　$T_Q=\lambda_Q T_N=1.2\times259.9\text{N}\cdot\text{m}=311.88\text{N}\cdot\text{m}$

五、想一想，练一练

1. 异步电动机的机械特性是指电动机的______ n_2 与______转矩 T 之间的关系，即 $n_2=$______。

2. 反映异步电动机机械特性的三个特殊转矩是______转矩 T_N，______转矩 T_m 和______转矩 T_Q。

3. 电动机在______负载下稳定运行时的______转矩称为______转矩 T_N。它可根据铭牌上的______转速 n_N 和______功率 P_N 求出。

4. 电动机转矩的______值，称为______转矩 T_m 或称______转矩，T_m 与电源电压的______成______比。

5. 电动机刚接入电源开始起动时的转矩称为______转矩 T_Q，它与电源电压的______成

______比，与转子电阻亦成______比。

6. ______转矩 T_Q 与______转矩 T_N 的比值 λ_Q 称为______，反映了异步电动机的______能力，一般 λ_Q = ______。

第七节 三相异步电动机的起动

一、异步电动机起动概述

异步电动机在接通电源后，从静止状态到稳定运行状态的过渡过程，称为起动过程。在起动瞬间，由于转子尚未加速，此时 $n_2=0$，$s=1$，旋转磁场以最大的相对速度切割转子导体，转子感应电动势和电流最大，致使定子起动电流 I_{1Q} 也很大，其值约为额定电流的 4~7 倍。尽管起动电流很大，但因功率因数甚低，所以起动转矩 T_Q 较小。

过大的起动电流会引起电网电压的明显降低，还会影响接在同一电网上的其他用电设备的正常运行，严重时连电动机本身也转不起来。如果是频繁起动，不仅使电动机温度升高，还会产生过大的电磁冲击，影响电动机的寿命。起动转矩小会使电动机起动时间拖长，既影响生产效率又会使电动机温度升高，如果小于负载转矩，电动机就根本不能起动。

根据异步电动机存在着起动电流很大、起动转矩却较小的问题，必须在起动瞬间限制起动电流，并应尽可能地提高起动转矩，以加快起动过程。

对于容量和结构不同的异步电动机，考虑到大小与性质不同的负载以及电网的容量，解决起动电流大、起动转矩小的问题，要采取不同的起动方式。下面对笼型异步电动机常用的几种起动方式进行讨论。

二、笼型异步电动机的起动

（一）直接起动

所谓直接起动，就是利用刀开关或接触器将电动机定子绕组直接接到额定电压的电源上，故又称全压起动。直接起动的优点是起动设备与操作都比较简单，其缺点就是起动电流大、起动转矩小。对于小容量的笼型异步电动机，因电动机起动电流较小，且体积小、惯性小、起动快，一般说来，对电网、对电动机本身都不会造成影响。因此，可以直接起动，但必须根据电源的容量来限制直接起动电动机的容量。

在工程实践中，直接起动可按下列经验公式核定：

$$\frac{I_Q}{I_N} \leqslant \frac{3}{4} + \frac{P_H}{4P_N} \tag{2-21}$$

式中，I_Q 为电动机的起动电流；I_N 为电动机的额定电流；P_N 为电动机的额定功率（kW）；P_H 为电源的总容量（kV · A）。

如果不能满足上式的要求，则必须采取限制起动电流的方式进行起动。

（二）减压起动

对中、大型笼型异步电动机，可采用减压起动方法，以限制起动电流。待电动机起动完毕，再恢复全压工作。但是减压起动会使起动转矩下降较多，因为 T_Q 与电源电压 U_1 的二次方成正比。所以，减压起动只适用于在空载或轻载情况下起动电动机。下面介绍几种常用的减压起动方法。

1. 定子电路串接电阻减压起动

在定子电路中串接电阻减压起动电路如图 2-19 所示。起动时，先合上电源隔离开关

Q1，将 Q2 扳向“起动”位置，电动机即串入电阻 R_Q 起动。待转速接近稳定值时，将 Q2 扳向“运行”位置，R_Q 被切除，电动机恢复正常工作。由于起动时，起动电流在 R_Q 上产生一定电压降，使得加在定子绕组端的电压降低了，因此限制了起动电流。调节电阻 R_Q 的大小可以将起动电流限制在允许的范围内。

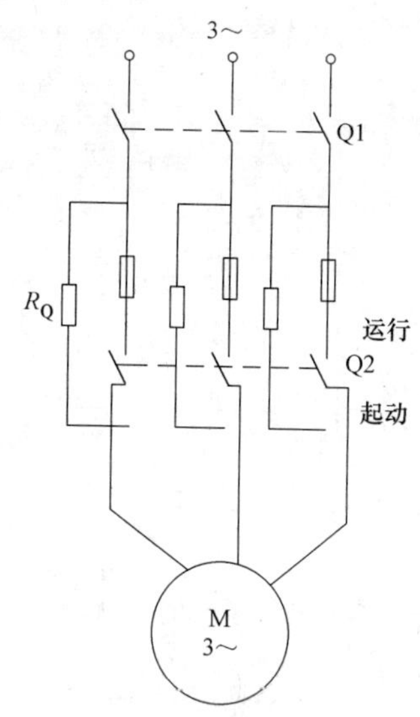

图 2-19 定子电路串接电阻减压起动电路

采用定子电路串接电阻减压起动时，虽然起动电流降低了，但起动转矩也大大减小。

假设定子电路串接电阻减压起动后，定子端电压由 U_1 降低到 U_1'，若电动机参数保持不变，则起动电流与定子绕组端电压成正比，于是有

$$\frac{U_1}{U_1'}=\frac{I_{1Q}}{I_{1Q}'}=K_u$$

式中，I_{1Q} 为直接起动电流；I'_{1Q} 为减压后的起动电流；K_u 为起动电压降低的倍数，即电压比，$K_u>1$。

由式（2-19）可知，在电动机参数不变的情况下，起动转矩与定子端电压二次方成正比，故有

$$\frac{T_Q}{T_Q'}=\left(\frac{U_1}{U_1'}\right)^2=K_u^2$$

式中，T_Q 为直接起动转矩；T_Q' 为减压后的起动转矩。显然起动转矩将大大减小。定子电路串接电阻减压起动只适用于空载或轻载起动。由于采用定子电路串接电阻减压起动时损耗较大，它一般用于低压电动机起动中。

2. 星-三角减压起动

对于正常运行时定子绕组规定是三角形联结的三相异步电动机，起动时可以采用星形联结，使电动机每相所承受的电压降低，因而降低了起动电流，待电动机起动完毕，再接成三角形，故称这种起动方式为星-三角减压起动，其原理电路如图 2-20 所示。

起动时，先将控制开关 SA2 投向星形位置，将定子绕组接成星形，然后合上电源控制开关 SA1。当转速上升后，再将 SA2 切换到三角形运行的位置上，电动机便接成三角形联结在全压下正常工作。

下面分析星-三角减压起动时的起动电流与起动转矩。由图 2-21a 可知，如果三角形联结直接起动，则电动机相电压为 $U_\triangle=U_N$

电网供给电动机的线电流为 $I_{1Q}=\sqrt{3}I_\triangle$

如果采用星形联结减压起动，由图 2-21b 可知，电动机相电压为

$$U_Y=\frac{U_N}{\sqrt{3}}$$

电网供给电动机的线电流为 $I_{1Q}'=I_Y$

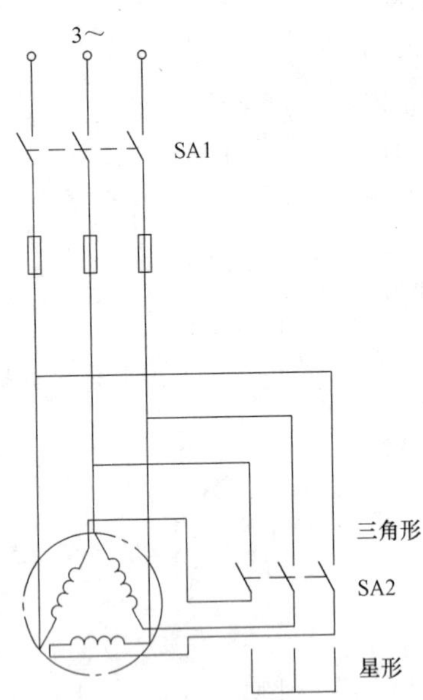

图 2-20 星-三角减压起动的原理电路图

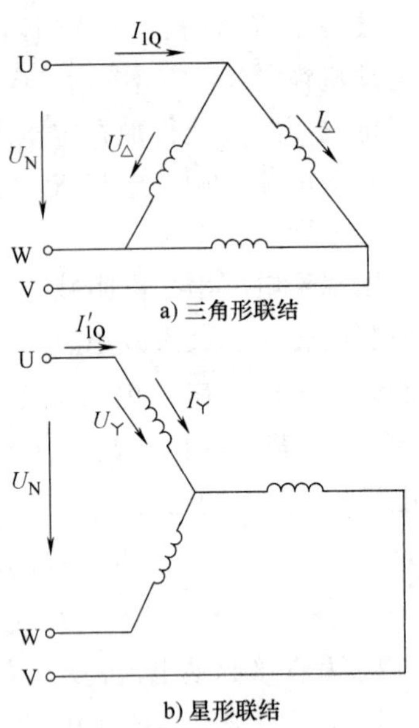

图 2-21 三角形与星形联结时的电压

可见两种情况下的线电流之比为 $\dfrac{I'_{1Q}}{I_{1Q}}=\dfrac{I_Y}{\sqrt{3}I_\triangle}$

考虑到起动时相电流与相电压成正比，则上式变为

$$\frac{I'_{1Q}}{I_{1Q}}=\frac{U_Y}{\sqrt{3}U_\triangle}=\frac{U_N}{\sqrt{3}\times\sqrt{3}U_N}=\frac{1}{3} \tag{2-22}$$

由该式可见，采用星-三角减压起动，电网供给的电流下降为三角形联结直接起动时的1/3。

根据起动转矩与电压二次方成正比的关系，两种情况下的起动转矩比为

$$\frac{T_Q'}{T_Q}=\frac{U_Y^2}{U_\triangle^2}=\frac{\left(\dfrac{U_N}{\sqrt{3}}\right)^2}{U_N^2}=\frac{1}{3} \tag{2-23}$$

式（2-22）与式（2-23）说明：星-三角减压起动转矩降低的倍数与电流降低的倍数相同。由于高压电动机引出六个出线端子有困难，故星-三角减压起动一般仅用于500V以下的低压电动机，且又限于正常运行时定子绕组作三角形联结。常见的额定电压标为380/220V的电动机，其意思是：当电源线电压为380V时用星形联结，线电压为220V时用三角形联结。显然，当电源线电压为380V时，这一类电动机就不能采用星-三角减压起动。

星-三角减压起动的优点是起动设备简单，成本低，运行比较可靠，维护方便，所以广为应用。

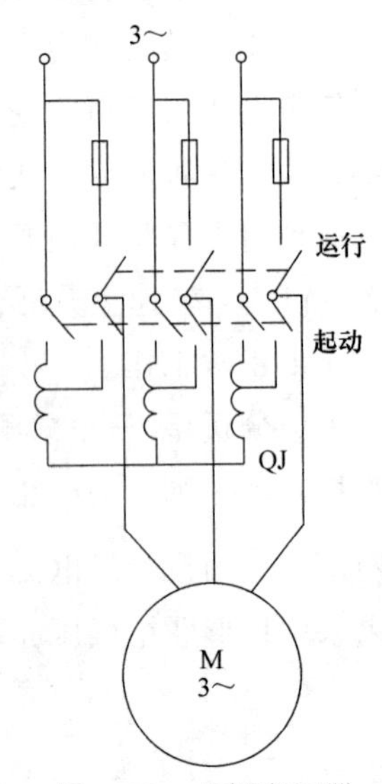

图 2-22 自耦变压器减压起动原理图

3. 自耦变压器减压起动

自耦变压器减压起动是指起动时利用自耦变压器将电网电压

降低后再加到电动机定子绕组上，待转速接近稳定值时再将电动机直接接到电网上。原理图如图 2-22 所示。

起动时，将开关扳到“起动”位置，自耦变压器一次侧接电网，二次侧接电动机定子绕组，实现减压起动。当转速接近额定值时，将开关扳向“运行”位置，切除自耦变压器，使电动机直接接入电网全压运行。

为说明采用自耦变压器减压起动对起动电流的限制和对起动转矩的影响，取自耦变压器一相电路分析即可，如图 2-23 所示。已知自耦变压器的电压比

$$K_u = \frac{N_1}{N_2} = \frac{U_1}{U_2} = \frac{I'_{2Q}}{I'_{1Q}} \tag{2-24}$$

式中，U_1 为电网相电压；U_2 为加到电动机一相定子绕组上的自耦变压器输出电压；I'_{1Q} 为电网向自耦变压器一次侧提供的减压起动电流；I'_{2Q} 为自耦变压器二次侧提供给电动机的减压起动电流。

设直接起动时，电网提供给电动机的全压起动电流为 I_{1Q}，加给定子绕组的相电压为 U_1。则根据起动电流与定子绕组电压成正比的关系，电动机定子绕组减压前后的电流比为

$$\frac{I'_{2Q}}{I_{1Q}} = \frac{U_2}{U_1} = \frac{1}{K_u} \tag{2-25}$$

由式（2-24）可知，$I'_{2Q} = K_u I'_{1Q}$，代入式（2-25）后得

$$\frac{I'_{1Q}}{I_{1Q}} = \frac{1}{K_u^2} \tag{2-26}$$

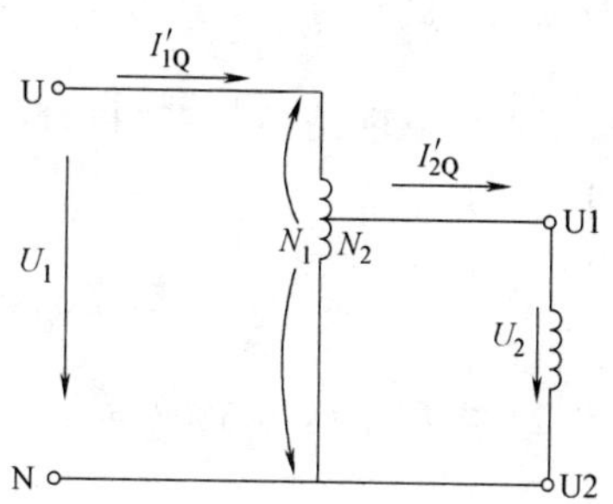

图 2-23 自耦变压器一相绕组

式（2-26）说明，采用自耦变压器减压起动，当定子端电压降低为直接起动时的 $1/K_u$（$U_2 = U_1/K_u$）时，电网供给的起动电流为直接起动时的 $1/K_u^2$。起动转矩降低了多少呢？由起动转矩与电压二次方成正比的关系可知

$$\frac{T'_Q}{T_Q} = \frac{U_2^2}{U_1^2} = \frac{1}{K_u^2}$$

或

$$T'_Q = \frac{T_Q}{K_u^2} \tag{2-27}$$

式（2-27）说明，起动转矩降低的倍数与起动电流降低的倍数相同。

自耦变压器的二次侧上备有几个不同电压的抽头，以供用户选择电压。例如，QJ 型有三个抽头，其输出电压分别是电源电压的 55%、64% 和 73%，相应的电压比分别为 1.82、1.56 和 1.37；QJ3 型也有三个抽头，其输出电压分别为电源电压的 40%、60% 和 80%，K_u 分别为 2.5、1.67 和 1.25。

在电动机容量较大或正常运行时为星形联结，并带一定负载起动时，宜采用自耦变压器减压起动，它可根据负载的情况，选用合适的变压器抽头，以获得需要的起动电压和起动转矩。此时，起动转矩仍有削弱，但不致降低为直接起动时的 1/3（与星-三角减压起动相比较）。

自耦变压器体积大、重量大，价格较高，维修麻烦，且不允许频繁起动。选取的自耦变

压器容量一般等于电动机的容量。每小时内允许连续起动的次数和每次起动的时间，在产品说明书上都有明确的规定，选配时应注意。

例 2-3 现有一台异步电动机，铭牌数据如下：$P_N = 10\text{kW}$，$n_N = 1460\text{r/min}$，$U_N = 380/220\text{V}$，星/三角联结，$\eta_N = 0.868$，$\cos\varphi_N = 0.88$，$I_Q/I_N = 6.5$，$T_Q/T_N = 1.5$，试求：（1）额定电流和额定转矩；（2）电源电压为 380V 时，电动机的接法及直接起动的起动电流和起动转矩；（3）电源电压为 220V 时，电动机的接法及直接起动的起动电流和起动转矩；（4）要求采用星-三角减压起动，其起动电流和起动转矩。此时能否带 60%和 25%额定负载转矩？

解 （1）额定电流
$$I_N = \frac{P_N}{\sqrt{3}U_N\cos\varphi_N\eta_N}$$

星形联结时，$U_N = 380\text{V}$，故相应额定电流
$$I_{N\curlyvee} = \frac{10\times10^3}{\sqrt{3}\times380\times0.88\times0.868}\text{A} = 19.9\text{A}$$

三角形联结时，$U_N = 220\text{V}$，则相应额定电流
$$I_{N\triangle} = \frac{10\times10^3}{\sqrt{3}\times220\times0.88\times0.868}\text{A} = 34.4\text{A}$$

不管星形联结还是三角形联结，定子绕组相电压相同（等于其额定相电压），则额定转矩
$$T_N = 9550\frac{P_N}{n_N} = 9550\times\frac{10}{1460}\text{N}\cdot\text{m} = 65.4\text{N}\cdot\text{m}$$

（2）电源电压为 380V 时，电动机正常运行应为星形联结，直接起动时
$$I_{Q\curlyvee} = 6.5I_{N\curlyvee} = 6.5\times19.9\text{A} = 129.35\text{A}$$
$$T_{Q\curlyvee} = 1.5T_N = 1.5\times65.4\text{N}\cdot\text{m} = 98.1\text{N}\cdot\text{m}$$

（3）电源电压为 220V 时，电动机正常运行应为三角形联结，直接起动时
$$I_{Q\triangle} = 6.5I_{N\triangle} = 6.5\times34.4\text{A} = 223.6\text{A}$$
$$T_{Q\triangle} = 1.5T_N = 1.5\times65.4\text{N}\cdot\text{m} = 98.1\text{N}\cdot\text{m}$$

（4）星-三角减压起动只适用于正常运行时为三角形联结的电动机，故正常运行时应为三角形联结，相应电源电压为 220V。起动时为星形联结，定子绕组相电压等于其额定相电压的 $1/\sqrt{3}$，即 127V。所以
$$I_{Q\curlyvee} = \frac{1}{3}I_{Q\triangle} = \frac{1}{3}\times223.6\text{A} = 74.5\text{A}$$
$$T_{Q\curlyvee} = \frac{1}{3}T_{Q\triangle} = \frac{1}{3}\times98.1\text{N}\cdot\text{m} = 32.7\text{N}\cdot\text{m}$$

负载转矩为 $60\%T_N$，起动时的反抗转矩
$$M_{2Q} = 0.6T_N = 0.6\times65.4\text{N}\cdot\text{m} = 39.2\text{N}\cdot\text{m}$$
$M_{2Q} > T_{Q\curlyvee}$，故不能起动。

负载转矩为 $25\%T_N$，起动时的反抗转矩
$$M_{2Q} = 0.25T_N = 0.25\times65.4\text{N}\cdot\text{m} = 16.4\text{N}\cdot\text{m}$$
$M_{2Q} < T_{Q\curlyvee}$，故能起动。

通过以上计算可知，采用不同的起动方法时，其起动电流及起动转矩的大小是不同的。要使电动机带负载起动，必须使起动转矩大于反抗转矩。

三、想一想，练一练

1. 异步电动机在接通电源后，从静止状态到______运行状态的______过程，称为______过程。

2. 异步电动机在起动瞬间必须限制______电流并尽可能地提高______转矩。

3. 笼型异步电动机的起动方式有：______起动和______起动两种方式。

4. 笼型异步电动机的减压起动方式有：定子电路______电阻起动；______减压起动；______变压器减压起动。

5. 星-三角减压起动只适用于正常运行时，______绕组是______联结的三相异步电动机。起动时采用______联结，待电动机起动完毕，再换成______联结。这种起动方式，电网供给的电流下降为三角形联结直接起动的______。

第八节　异步电动机的调速

在工业生产中，为了获得最高的生产率和保证产品加工质量，常要求生产机械能在不同的转速下进行工作。如果采用电气调速，就可以大大简化机械变速机构。

由异步电动机的转速表达式

$$n_2=n_1(1-s)=\frac{60f_1}{p}(1-s) \tag{2-28}$$

可知：要调节异步电动机的转速，可采用改变电源频率 f_1、极对数 p 以及转差率 s 三种基本方法来实现。

一、改变电源频率 f_1 调速

由式（2-28）可见，当连续改变电源频率时，异步电动机的转速可以平滑地调节，即调频调速。这种调速方法可以实现异步电动机的无级调速。由于电网的交流电频率为 50Hz，因此改变电源频率 f_1 调速需要专门的变频装置。近年来，电力电子器件变流技术的发展为获得变频电源提供了新的途径，使异步电动机的调频调速方法逐渐被采用。

二、改变极对数 p 调速

当电源频率恒定时，电动机的同步转速 n_1 与极对数 p 成反比。所以改变旋转磁场的极对数可以改变电动机的转速，即变极调速。

变极调速的电动机转子一般都是笼型的。笼型转子的极对数能自动地随定子极对数改变而改变，使定子和转子磁场的极对数总是相等的，这样才能产生平均电磁转矩。这种方法一般只适用于笼型异步电动机。

变极调速有两种常用的变极方式。

（一）Y/YY变极调速

Y/YY变极调速的接法如图 2-24 所示。

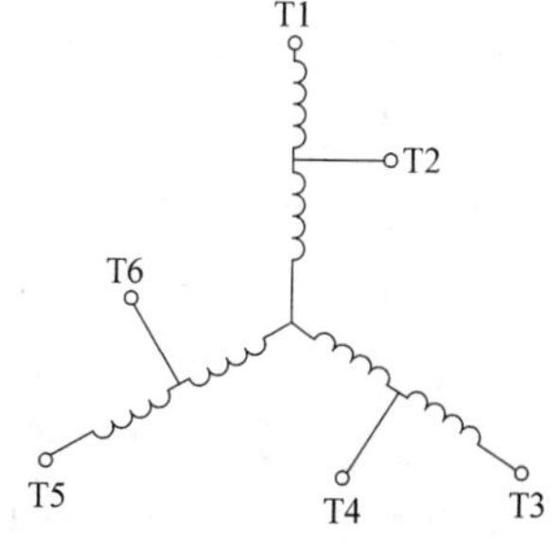

图 2-24　Y/YY变极调速接法

电动机定子每相两个半相绕组相串联，三相为Y联结，每相有两个出线端。当出线端 T1、T3、T5 接三相电源，出线端 T2、T4、T6 悬空时，定子绕组为Y联结，此时每相两个半相绕组都是顺串的，电动机极对数 $p=2$，其同步转速为 1500r/min。

当出线端 T1、T3、T5 被短接，出线端 T2、T4、T6 端接三相电源时，定子绕组便为YY联结，此时，每相两个半相绕组是反接并联的，所以电动机极对数 $p=1$，其同步转速为 3000r/min。

Y/YY变极调速基本上是恒转矩调速方式。

（二）△/YY变极调速

△/YY变极调速的接法如图 2-25 所示。

△/YY变极调速的电动机定子每相两个半相绕组相串联，三相为△联结。每相有两个出线端。

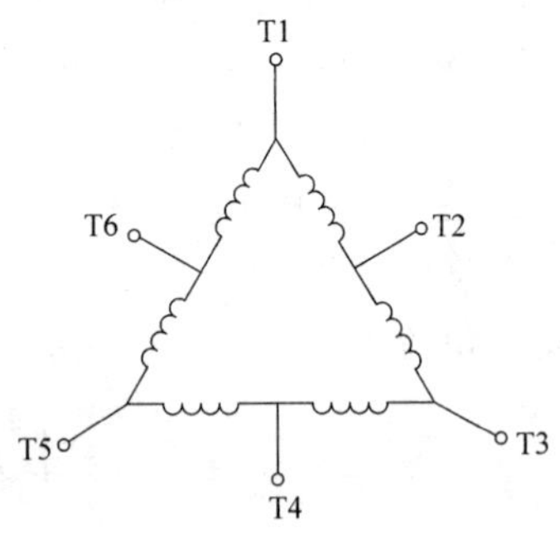

图 2-25 △/YY变极调速接法

当出线端 T1、T3、T5 接三相电源，T2、T4、T6 悬空时，定子绕组为△联结，此时，每相两个半相绕组顺串，电动机极对数 $p=2$，其同步转速为 1500r/min。

当出线端 T1、T3、T5 短接，而出线端 T2、T4、T6 接三相电源时，定子绕组便为YY联结，此时，每相两个半相绕组是反并联的，所以电动机的极对数 $p=1$，其同步转速为 3000r/min。

△/YY变极调速近似为恒功率调速。

（三）变极调速的优缺点

变极调速设备简单，运行可靠，机械特性较硬，效率高，既可适用于恒转矩调速也可适用于近似恒功率调速。其缺点是转速只能成倍变化。

在应用中要注意的是，由于绕组极对数改变后，绕组相序发生了变化，因此若要在变极前后保持转向不变，应将三相电源中任意两相对调。

三、改变转差率 *s* 调速

改变转差率 s 调速方法有改变电源电压调速、改变转子电阻调速和电磁转差离合器调速等。

（一）改变电源电压调速

当改变电源电压（U_1）时，由于 $T_m \propto U_1^2$，所以最大转矩随 U_1^2 改变而改变，对应不同的机械特性如图 2-18 所示。若负载转矩 T_2 不变，电源电压由 U_1 下降至 U_1'，转速将由 n 降为 n'（转差率由 s 上升至 s'）。所以通过改变电源电压 U_1 可实现调速。这种调速方法，当转子电阻较小时，调节范围不大；当转子电阻较大时，可以有较大的调节范围，但又增大了损耗。

（二）改变转子电阻调速

如图 2-17 所示，改变异步电动机转子电路电阻（在转子电路中接入一变阻器），电阻越大，曲线越偏向下方。在一定的负载转矩 T_2 下，电阻越大，转速越低。这种调速方法损耗较大，调整范围有限，主要应用于小型电动机调速中（例如起重机的提升设备）。

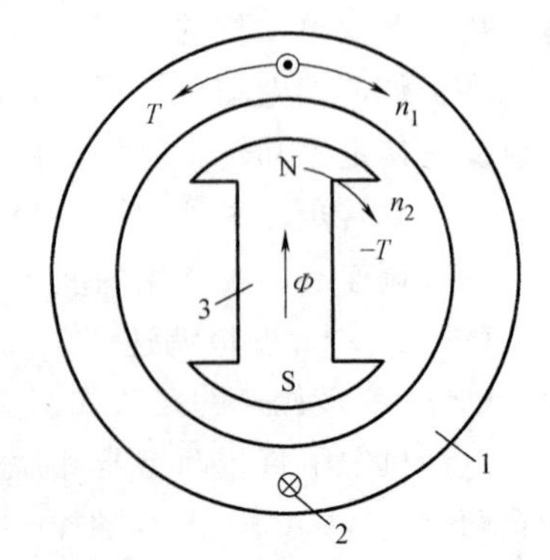

图 2-26 电枢和磁极作用原理图
1—电枢 2—笼型绕组 3—感应子

（三）电磁转差离合器调速

电动机和生产机械之间一般通过机械联轴器硬轴联接。前面讲述的调速方法都是调节电动机本身的转速，显然调速比较麻烦。能否不去调节电动机的转速，而在联轴器上想办法呢？电磁转差离合器就是一种利用电磁方法来实现调速的联轴器。

电磁离合器由电枢和感应子（励磁线圈与磁场）两个基本部分所组成，这两部分没有机械上的连接，都能自由地围绕同一轴心转动，彼此间的圆周气隙为0.5mm。

一般情况下，电枢与异步电动机采用硬轴联接，由电动机带动它旋转，称为主动部分，其转速由异步电动机决定，是不可调的；感应子则通过联轴器与生产机械固定联接，称为从动部分。

当感应子上的励磁线圈没有电流通过时，由于主动与从动部分之间无任何联系，显然主动轴以转速 n_1 旋转，但从动轴却不动，相当于电磁离合器脱开。当通入励磁电流以后，磁场建立，形成图2-26所示的磁极，使得电枢与感应子之间有了电磁联系。当二者之间有相对运动时，便在电枢铁心中产生涡流，电流方向由右手定则确定。根据载流导体在磁场中受力作用原理，电枢受力方向由左手定则确定。但由于电枢已由异步电动机拖动旋转，根据作用与反作用力大小相等、方向相反的原理，该电磁力形成的转矩 T 要迫使感应子连同负载沿着电枢同方向旋转，将异步电动机的转矩传给生产机械（负载）。

由上述电磁离合器工作原理可知，感应子的转速要小于电枢转速，即 $n_2<n_1$，这一点完全与异步电动机的工作原理相同，故称这种电磁离合器为电磁转差离合器。由于电磁转差离合器本身不产生转矩与功率，只能与异步电动机配合使用，起着传递转矩的作用，通常将异步电动机和电磁转差离合器装成一体，故又统称为转差电动机或电磁调速异步电动机。

图2-27所示是电磁转差离合器调速系统的结构原理框图，主要包括异步电动机、电磁转差离合器、直流电源和负载等。

电磁调速异步电动机具有结构简单、可靠性好和维护方便等优点，而且通过控制励磁电流的大小可实现无级平滑调速，所以广泛应用于机床、起重和冶金等生产机械上。

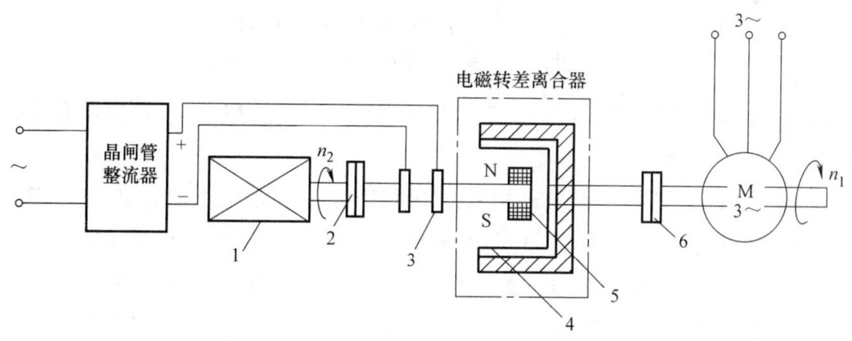

图2-27 电磁转差离合器调速系统

1—负载 2—联轴器 3—集电环 4—电枢 5—磁极 6—联轴器

四、想一想，练一练

1. 调节异步电动机的转速可采用改变______频率 f_1、______数 p 及______ s 三种基本方法来实现。

2. 改变______ s 调速可通过改变电源______调速、改变转子回路______调速和采用电磁______离合器调速三种方法实现。

3. 变极调速的电动机转子一般都是______型的。笼型转子的极对数能______地随定子极对数改变而改变，使定子和转子磁场的极对数总是______的，才能产生平均电磁转矩。

4. 变极调速两种常用的变极方式：______变极调速和______变极调速。

第九节 异步电动机的铭牌数据

每台异步电动机的机座上都有一个铭牌，它标记着电动机的型号、各种额定值和联结方式等（如图 2-28 所示）。按电动机铭牌所规定的条件和额定值运行的状态，称作额定运行状态。下面以三相异步电动机 Y112M-6 铭牌为例来说明各数据的含义。

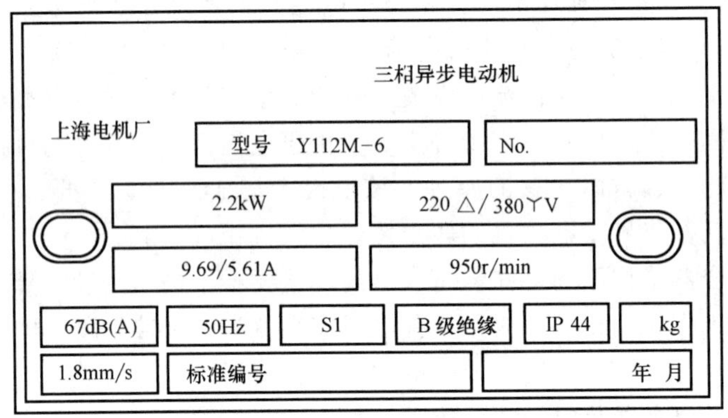

图 2-28 三相异步电动机的铭牌

(1) 型号 指电动机的产品代号、规格代号和特殊环境代号。

国产异步电动机的型号一般用汉语拼音字母和一些阿拉伯数字组成。

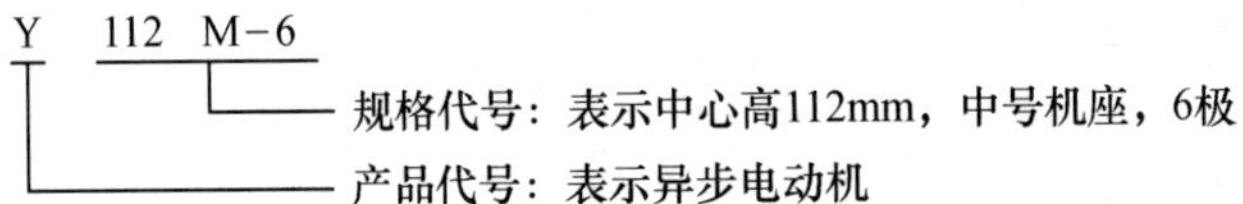

(2) 额定功率 P_N 指电动机在额定运行时轴上输出的机械功率，单位为 kW，本例 $P_N=2.2$kW。

(3) 额定电压 U_N 和接法 指电动机额定运行时定子绕组应加的线电压，单位为 V。有时铭牌上给出两个电压值，这是对应于定子绕组三角形和星形两种不同联结方式。铭牌标为“220△/380YV”，表明当电源电压为 220V 时，电动机定子绕组三角形联结；而电源电压为 380V 时，电动机定子绕组星形联结。两种方式都能保证每相定子绕组在额定电压下运行。为了使电动机正常运行，一般规定电源电压波动不应超过额定值的 5%。

(4) 额定电流 I_N 指电动机在额定电压下运行，输出功率达到额定值时，流入定子绕组的线电流，单位为 A。如本例电动机接成三角形时，$I_N=9.69$A；接成星形时，$I_N=5.61$A。

(5) 额定频率 f_N 指加在电动机定子绕组上的允许频率。我国电力网的频率规定为 50Hz。

(6) 额定转速 n_N 指电动机在额定电压、额定频率和额定输出功率情况下电动机的转速，单位为 r/min。本例电动机额定转速 $n_N=950$r/min。

(7) 绝缘等级 指电动机内部所用绝缘材料允许的最高温度等级，它决定了电动机工作时允许的温升。各种等级所对应的允许最高温度、允许最高温升见表 2-2。

表 2-2 电动机允许最高温度、允许最高温升与绝缘耐热等级关系

绝缘耐热等级	A	E	B	F	H	C
允许最高温度/℃	105	120	130	155	180	180 以上
允许最高温升/℃	60	75	80	100	125	125 以上

本例电动机为 B 级绝缘，定子绕组的允许温度不能超过 130℃。

(8) 工作制　根据电动机在定额运行时的持续时间，工作制分为连续——S1、短时——S2 及断续——S3 三种。“连续”表示该电动机可以按铭牌的各项定额长期运行。“短时”表示只能按照铭牌规定的工作时间短时使用。“断续”表示该电动机短时运行，但可多次周期性断续使用。本例电动机为 S1 连续工作方式。

(9) 防护等级　是指电动机防止杂物与水进入的能力。它是由外壳防护标志字母 IP 后跟两位具有特定含义的数字代号进行标定的。例如本例电动机防护等级为

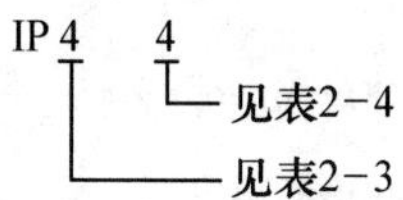

表 2-3 防护等级代号 (1)

防护等级（第一位数字）	定　义	防护等级（第一位数字）	定　义
0	有专门的防护装置	4	能防止直径大于 1mm 的固体侵入
1	能防止直径大于 50mm 的固体侵入	5	防尘
2	能防止直径大于 12.5mm 的固体侵入	6	完全防止灰尘进入壳内
3	能防止直径大于 2.5mm 的固体侵入		

表 2-4 防护等级代号 (2)

防护等级（第二位数字）	定　义
0	无防护
1	防垂直滴水
2	防 15°滴水
3	防淋水
4	防止任何方向溅水
5	防止任何方向喷水
6	防止猛烈喷水
7	简称浸水级 } 在规定压力下长时间浸在水中，进水量应无有害的影响
8	简称潜水级 }

(10) 噪声量　为了降低电动机运转时带来的噪声，目前电动机都规定噪声指标，该指标随电动机容量及转速的不同而不同（容量及转速相同的电动机，噪声指标又分“1”、“2”两段）。中小型电动机噪声量的大致范围为 50~100dB，本例电动机噪声量为 67dB。

(11) 振动量　表示电动机振动的情况，本例电动机振动为每秒轴向移动不超过 1.8mm。

在铭牌上除了给出以上主要数据外，有的电动机还标有额定功率因数 $\cos\varphi_N$。电动机是感性负载，定子相电流滞后定子相电压一个 φ 角，所以额定功率因数 $\cos\varphi_N$ 是指额定负载下定子电路的相电压与相电流之间相位差的余弦。异步电动机的 $\cos\varphi$ 随负载的变化而变化，满载时 $\cos\varphi$ 约为 0.7~0.9，轻载时 $\cos\varphi$ 较低，空载时只有 0.2~0.3。实际使用时要根据负载的大小来合理选择电动机容量，防止“大马拉小车”。

例 2-4 已知 JO2-52-4 型异步电动机铭牌数据如下：$P_N = 10\text{kW}$，$U_N = 380\text{V}$，三角形联结，$n_N = 1450\text{r/min}$，$\eta_N = 87.5\%$，$\cos\varphi_N = 0.87$，$T_m/T_N = 2$，$T_Q/T_N = 1.4$，$I_Q/I_N = 6.5$，$f_{1N} = 50\text{Hz}$。试求：(1) 极对数 p；(2) 额定转差率和转子电路额定频率 f_{2N}；(3) 额定转矩 T_N；(4) 最大转矩 T_m；(5) 直接起动的起动转矩 T_Q；(6) 额定电流 I_N；(7) 直接起动的起动电流 I_Q。

解 JO2-52-4 型是异步电动机的老型号，其中各符号的含义为

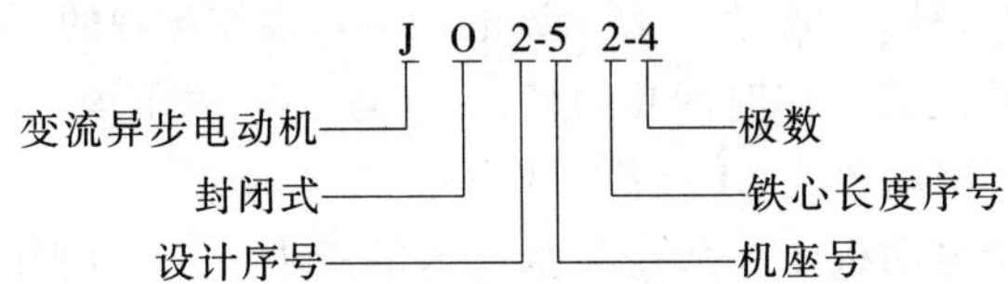

(1) “型号”中最后一个数字表示极数，故 $p = 2$，而 $n_1 = \dfrac{60f_{1N}}{p} = \dfrac{60\times50}{2}\text{r/min} = 1500\text{r/min}$。或由 $n_N \approx n_1$，可得 $n_1 = 1500\text{r/min}$，$p = 2$。

(2) 额定转差率 $$s_N = \frac{n_1 - n_N}{n_1} = \frac{1500-1450}{1500} \approx 0.0333 \text{ 或 } 3.33\%$$

转子电路额定频率 $$f_{2N} = s_N f_{1N} = \frac{3.33}{100}\times 50\text{Hz} = 1.67\text{Hz}$$

(3) 额定转矩 $$T_N = 9550\frac{P_N}{n_N} = 9550\times\frac{10}{1450}\text{N}\cdot\text{m} = 65.86\text{N}\cdot\text{m}$$

(4) 最大转矩 $$T_m = 2T_N = 2\times 65.86\text{N}\cdot\text{m} = 131.72\text{N}\cdot\text{m}$$

(5) 直接起动的起动转矩 $$T_Q = 1.4T_N = 1.4\times 65.86\text{N}\cdot\text{m} = 92.20\text{N}\cdot\text{m}$$

(6) 因为额定输入功率 $$P_{1N} = \frac{P_N}{\eta_N} = \sqrt{3}U_N I_N \cos\varphi_N$$

所以额定电流 $$I_N = \frac{P_N}{\sqrt{3}U_N \cos\varphi_N \eta_N} = \frac{10\times10^3}{1.73\times380\times0.87\times0.875}\text{A} \approx 19.98\text{A}$$

(7) 直接起动的起动电流 $$I_Q = 6.5I_N = 6.5\times19.98\text{A} = 129.87\text{A}$$

额定值是正确选用电动机的依据，因此通过上面例子的讨论要求掌握异步电动机额定值的换算方法。而关键是搞清楚额定电压 U_N 和额定电流 I_N 为相应接法下的线电压和线电流，并会运用以下主要的换算公式：

$$P_{1N} = \frac{P_N}{\eta_N} = \sqrt{3}U_N I_N \cos\varphi_N \quad T_N = 9550\frac{P_N}{n_N}$$

第十节 单相异步电动机

由单相交流电源供电的异步电动机，我们称之为单相异步电动机，它常被用于小功率鼓风机、电动工具、搅拌器、砂轮、电风扇及家用电器等。单相异步电动机与同容量的三相异步电动机相比较，体积较大，功率因数、效率及过载能力都比较低，故单相异步电动机只制成小容量，一般小于 750W。单相异步电动机的转子大多是笼型的，定子铁心也是采用硅钢片冲压而成，定子绕组有分布在定子铁心槽内的（称为隐极式）和集中放置在铁心上的

(称为凸极式) 两种。与三相异步电动机的工作情况相比，单相异步电动机有许多不同之处。下面讨论其工作原理、起动方法及运行情况。

一、脉动磁场

单相异步电动机定子绕组接上交流电源之后，将会产生一个随时间交变的脉动磁场。根据右手定则，可以画出该磁场的分布，如图 2-29a 所示。该磁场的轴线即为定子绕组的轴线，在空间保持固定位置。每一瞬时空气隙中各点的磁感应强度按正弦规律分布，同时随电流在时间上作正弦交变，如图 2-29b 所示。可见，单相异步电动机中磁场与三相异步电动机

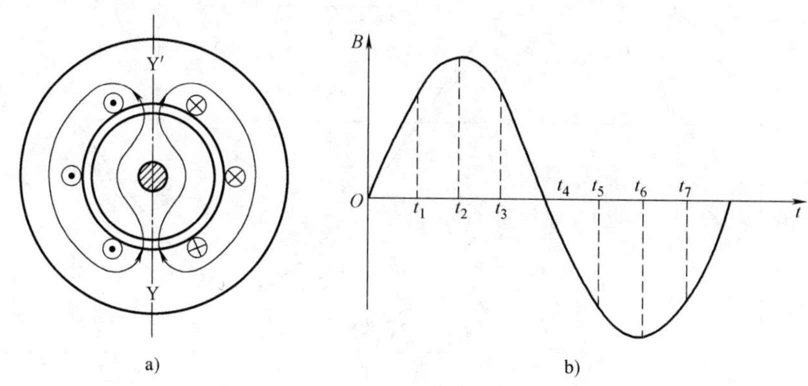

图 2-29 单相异步电动机中的脉动磁场

是不同的。但是一个脉动磁场可以分解成两个大小相等、旋转速度相同（$n_1 = 60f_1/p$）而转向相反的旋转磁场，每个旋转磁场的磁通为幅值的一半，即

$$\Phi_{1m} = \Phi_{2m} = \frac{1}{2}\Phi_m$$

假设 Φ_{1m} 与电动机旋转方向一致，称为正向旋转磁场；Φ_{2m} 与电动机旋转方向相反，称为逆向旋转磁场。其原理如图 2-30 所示。图中表明了在不同瞬时两个转向相反的旋转磁场的幅值在空间的位置以及由它们合成的脉动磁场 Φ 随时间而交变的情况。

在 $t=0$ 时，两个旋转磁场的矢量 Φ_1 和 Φ_2 大小相等，方向相反，故其合成磁场 $\Phi=0$；到 $t=t_1$ 时，Φ_1 和 Φ_2 按相反的方向各在空间转过 ωt_1，故其合成磁通

$$\Phi = \Phi_{1m}\sin\omega t_1 + \Phi_{2m}\sin\omega t_1 = 2\times\frac{\Phi_m}{2}\sin\omega t_1 = \Phi_m\sin\omega t_1$$

由此可见，在任何时刻 t，合成磁场为

$$\Phi = \Phi_m\sin\omega t$$

分析了单相异步电动机的脉动磁场，就可以分别研究电动机的转子对每一个旋转磁场的反应，然后把它们的效果叠加起来。这样就把三相异步电动机旋转磁场的理论应用到了单相异步电动机上。

二、电磁转矩

正向与逆向旋转磁场切割转子导体之后，在转子导体绕组中感应出相应的电动势和电流。正向旋转磁场与转子导体正向电流作用产生电磁转矩 T_+，它企图使转子顺着正向旋转磁场的方向转动。逆向旋转磁场与转子逆向电流作用产生电磁转矩 T_-，它力图使转子沿着反向旋转磁场转动的方向旋转。当单相异步电动机的转子静止不动时，两旋转磁场的转差率

都等于1（s_+、s_-），即转子绕组在此时的正向和逆向旋转磁场感应大小相同的电动势和电流，产生的转矩T_+和T_-大小相等，方向相反，合成的电磁转矩为零。也就是说，单相异步电动机的起动转矩为零，它不能自行起动，这是单相异步电动机的特点。

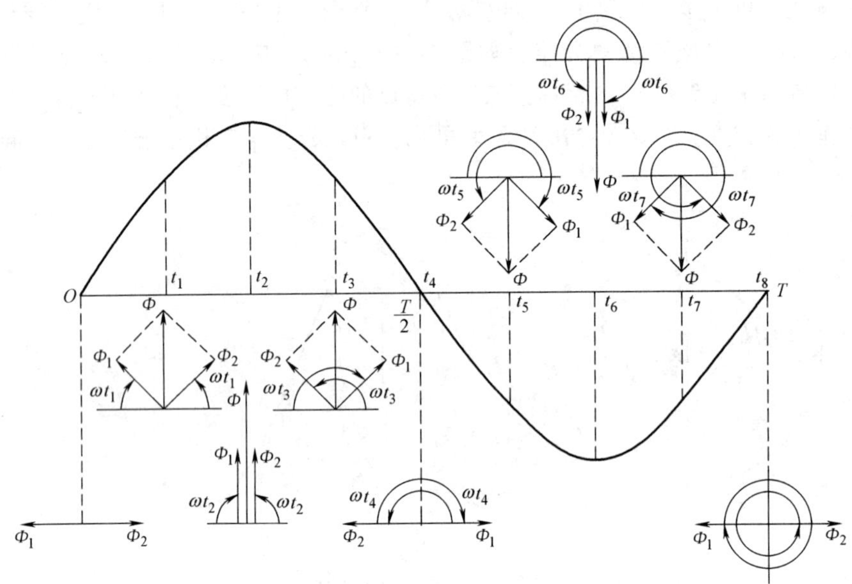

图2-30 脉动磁场的分解

假设用某种方法使单相异步电动机的转子朝着正方向转动一下，那么正向和逆向旋转磁场切割转子导体的速度就不相同了，在转子中感应的电动势和电流也不相同，转子此时对两个旋转磁场的反应也不同。设转子的转速为n_2，对正向旋转磁场而言，转子转差率s_+为

$$s_+=\frac{n_1-n_2}{n_1}=s<1$$

对逆向旋转磁场，由于它的转速为$-n_1$，转子的转差率s_-为

$$s_-=\frac{-n_1-n_2}{-n_1}=\frac{-2n_1+n_1-n_2}{-n_1}=2-\frac{n_1-n_2}{n_1}=2-s_+>1$$

即逆向旋转磁场与转子间的相对转速较大，因此，逆向旋转磁场使转子中产生的感应电动势大。转子电流频率

$$f_2=s-f_1=(2-s_+)f_1\approx 2f_1$$

近似为电源频率的2倍。由此可见，在此频率下，转子电抗比较大，而决定电磁转矩大小的$I_2\cos\varphi_2$则较小。因此，逆向旋转磁场产生的电磁转矩T_-较小。故正向和逆向两旋转磁场与转子电流作用产生的电磁转矩$T_+>T_-$，二者方向相反，将正向电磁转矩和逆向电磁转矩合成得合成转矩

$$T=T_+-T_-$$

在这个合成转矩T的作用下，转子可以继续转下去。如果该电动机是带某恒定负载，则其转速将上升至负载转矩与电磁转矩相平衡，使该电动机进入稳定运行状态。这里T_+是驱动转矩，T_-则为阻转矩。

若使电动机反向起动，则$s_-<1$，$s_+>1$，这时$T_->T_+$，$T\neq0$，转子按反方向加速直到负

载转矩与电磁转矩相平衡，电动机进入稳定运行状态。

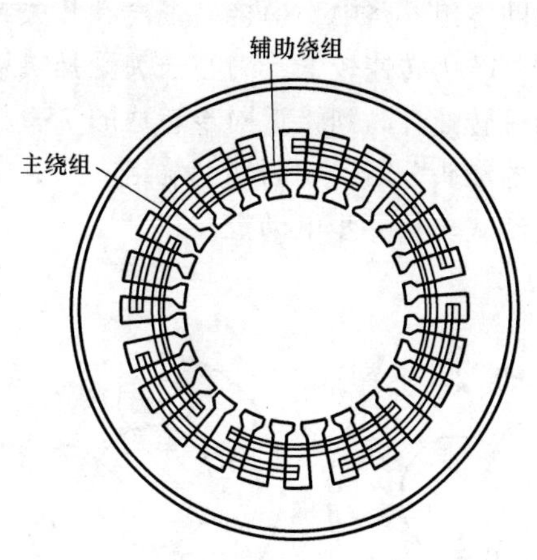

图 2-31　电容分相单相异步电动机定子示意图

三、起动

从单相异步电动机的电磁转矩的分析可知，它的起动转矩为零。要想在合上电源时，能够自动起动，必须设法产生一个旋转磁场，解决起动转矩为零的问题。单相异步电动机起动方法与电动机的类型有关，下面介绍电容分相单相异步电动机和罩极式单相异步电动机的起动方法。

（一）电容分相单相异步电动机

为了产生一个旋转磁场，在单相异步电动机的定子上绕制了两个在空间相差 90°的绕组。一个是主绕组 U1—U2（又称工作绕组），匝数多。另一个是辅助绕组 Z1—Z2（又称起动绕组），匝数少，与一个大小适当的电容器 C 串联。图 2-31 是定子示意图，图 2-32 是电容分相单相异步电动机的原理图。

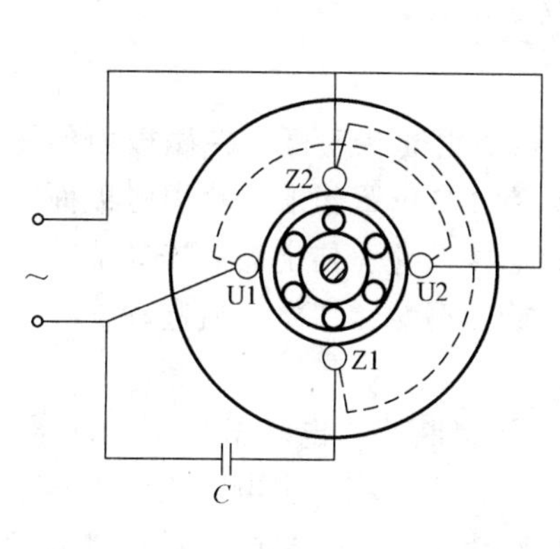

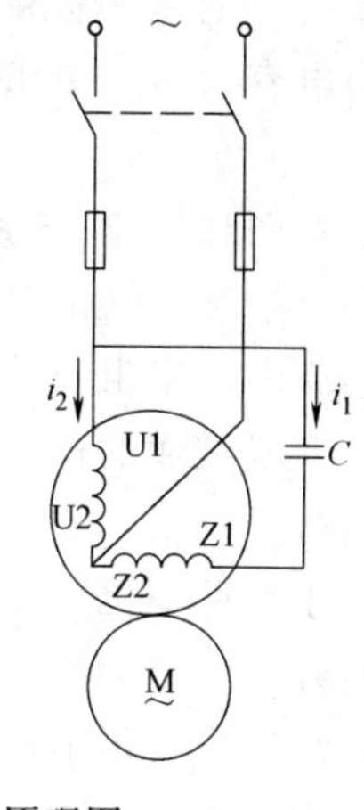

图 2-32　电容分相单相异步电动机原理图

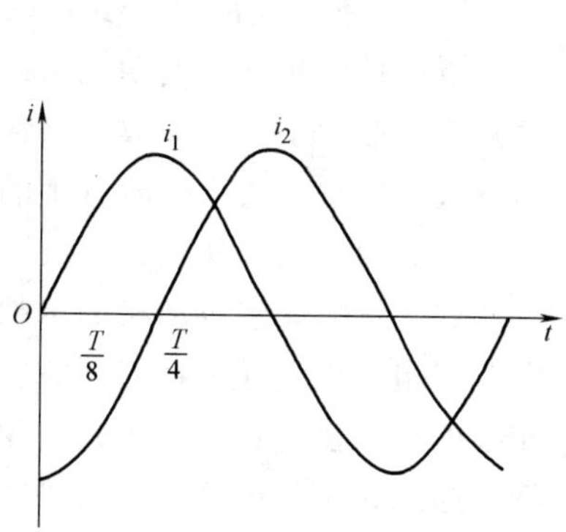

图 2-33　两绕组支路的电流

两个绕组支路并联接于同一单相交流电源上，各支路分别流过一交流电流，但电流 i_2 较电压滞后，电流 i_1 比电压超前，两电流约有 $\pi/2$ 电角的相位差，如图 2-33 所示。此时电动机的定子电流就可产生一个旋转磁场，使电动机转动。

当 $t=0$ 时，$i_1=0$，i_2 为负，即电流由 U2 流进，由 U1 流出，此时的磁场方向如图 2-34a 所示。图2-34b、c 分别表示 $t=T/8$ 和 $t=T/4$ 时的磁场情况。由图 2-34 可见，电流不断随时间变化，其磁场也就在空间不断地旋转。

笼型转子在旋转磁场的作用下，就跟着旋转磁场沿同一方向转动起来。

我们看到，单相异步电动机在起动之前，必须使辅助绕组支路接通，否则电动机不能起动。但在起动后，即使把辅助绕组支路断开，电动机仍可继续转动。也就是说，电动机在起动以后，辅助绕组支路可合也可断。因此，电容分相单相异步电动机有两种类型。一种是在辅助绕组支路中，串接一个离心开关 S（也称甩子开关），它与电动机装在同一轴上。起动时，转子转速较低，离心开关受弹簧压力的作用是闭合的，即辅助绕组支路是接通的。当电动机转速升高到接近同步转速的75%~80%时，离心开关所受的离心力大于弹簧的压力，开关的触头分断，切断辅助绕组支路，电动机靠主绕组的作用正常运行。这种电动机称为电容起动式单相异步电动机。

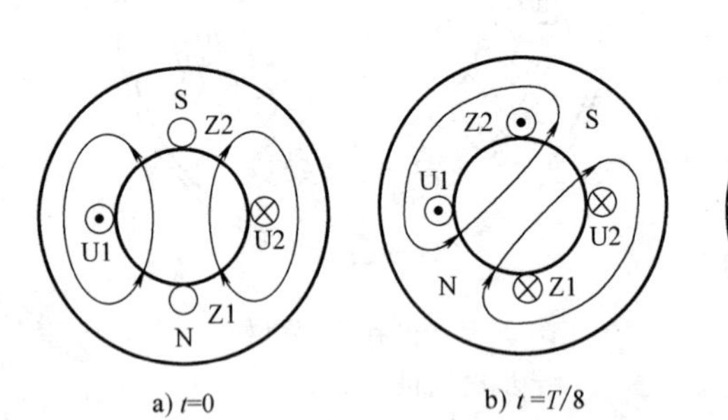

图 2-34 单相异步电动机的旋转磁场

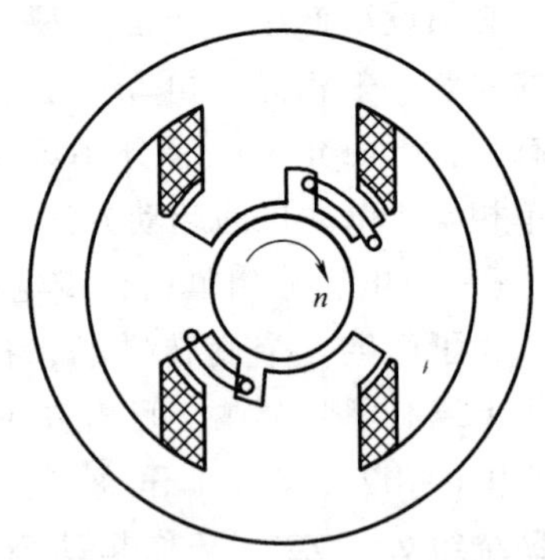

图 2-35 罩极式单相异步电动机结构示意图

另一种电容分相单相异步电动机，则是没有装置离心开关，辅助绕组支路在起动时和起动后都是接通的。这种电动机称为电容运转式单相异步电动机。

（二）罩极式单相异步电动机

罩极式单相异步电动机结构示意图如图 2-35 所示。单相绕组套在磁极上，磁极面的一边开有小槽，小槽中安放短路铜环，把磁极的部分面积（约有 1/3）罩起来。利用磁极面上的罩极短环在磁通变化时产生的感应电流来阻止被罩部分磁通的变化，使之滞后于其他部分工作磁通的变化，从而在磁极面上形成磁通的位移，即形成旋转磁场，使电动机起动。

四、三相异步电动机的单相运行

三相异步电动机在起动时，由于某种原因，定子的一相绕组断路，电动机将不能起动。如果电动机在运行过程中其一相断开，则电动机继续旋转，这称为三相异步电动机的单相运行。如果此时负载轻，电动机能继续工作，但能听出电动机噪声加大。如果电动机还带有额定负载，这势必导致其他两相电路中的电流剧增，超过额定电流，时间长了，将导致电动机绕组过热，甚至烧毁。为了防止这一现象的产生，在使用三相异步电动机时，三相定子绕组要分别串接熔断器并加以过载保护，要特别注意异步电动机在运转时有无一相熔丝烧断的现象。

五、想一想，练一练

1. 电动机的铭牌上标记着电动机的________、各种________值和________方式等，按它上面所规定的条件和额定值运行的状态称作________运行状态。

2. ________交流电源供电的异步电动机，称之为单相异步电动机。

3. 单相异步电动机________绕组接上________相电源后，将产生一个随时间交变的________磁场，这个________磁场可分成两个________相等、方向相________的磁场，其合磁场为 0，它的________转矩为 0，不能________起动。

4. 为使单相异步电动机加上电源后能自行起动转动，可使用电容________电动机和

________式单相异步电动机。

5. 三相异步电动机在起动时由于某种原因，定子的一相绕组断路，电动机将________起动；如在运行中其一相断开，电动机________转动，这称为三相异步电动机的________运行。

第十一节　技能培训

一、[技能培训 2]　三相交流电路负载Y联结和△联结电压及电流的测量

[培训目的]　熟悉三相负载Y联结和△联结时电压、电流之间的关系；理解中性线在不对称负载Y联结中的作用。

[预习内容]　异步电动机的接线盒中的联结如图 2-6 所示，搞清楚每相的首末端、星形及三角形接法；掌握三相异步电动机的工作原理。

[培训器材]　三相交流电源，交流电压表和电流表，功率相同的白炽灯，开关。

[培训内容及步骤]

（一）三相负载Y联结

1）测量电路如图 2-36 所示。

2）接入三相对称负载，闭合电源开关 Q1 和中性线开关 Q2，观察白炽灯亮度，测量三相对称负载（每相都是相同的白炽灯）的电压和电流，将结果记入表2-5中。

3）断开中性线开关 Q2，每相仍为相同的白炽灯，观察各白炽灯亮度有何变化，测量电压和电流，将其结果记入表 2-5 内。

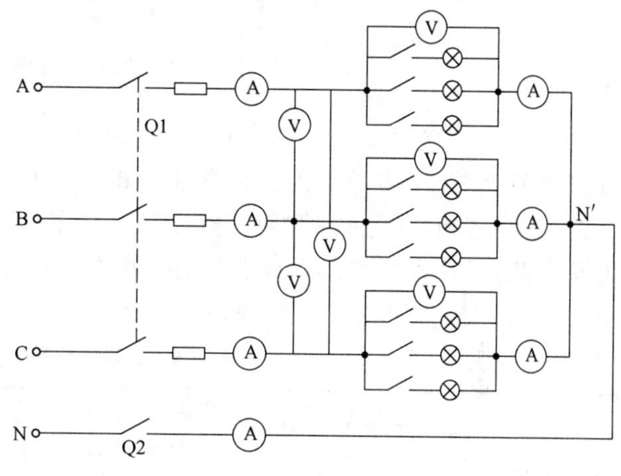

图 2-36　负载Y联结测量电路

4）改变各相负载：A 相为一个白炽灯、B 相为两个白炽灯、C 相为三个白炽灯（形成不对称负载），分别闭合和断开中性线开关 S2，观察各相白炽灯亮度有何变化，测量各相的电压和电流，将结果记入表 2-5 中。

表 2-5　Y联结电路测量结果

负载情况	中性线	白炽灯亮度			线电压			相电压		
		A	B	C	U_{AB}	U_{BC}	U_{CA}	$U_{AN'}$	$U_{BN'}$	$U_{CN'}$
三相对称	有									
	无									
三相不对称	有									
	无									

负载情况	中性线	线电流			相电流			中性线电流 I_N
		I_A	I_B	I_C	$I_{AN'}$	$I_{BN'}$	$I_{CN'}$	
三相对称	有							
	无							
三相不对称	有							
	无							

（二）三相负载Δ联结

1）测量电路如图 2-37 所示。

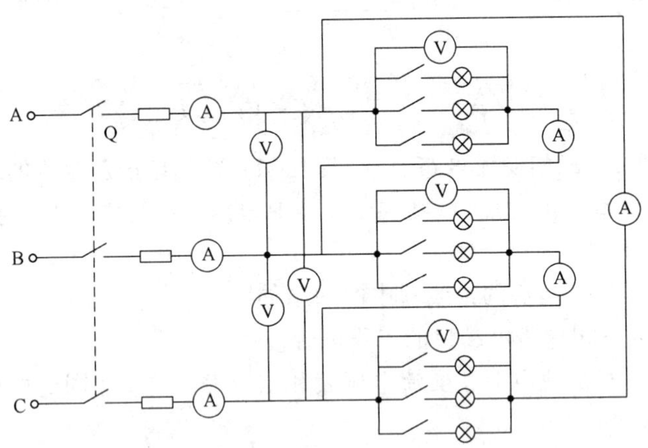

图 2-37　负载Δ联结测试电路

2）接入三相对称负载，闭合开关 Q，测量三相对称负载（每相都是相同的白炽灯）的电压和电流，观察白炽灯亮度，将测量结果记入表 2-6 内。

3）改变各相负载：A 相为一个白炽灯、B 相为两个白炽灯、C 相为三个白炽灯（形成不对称负载），观察各相白炽灯亮度有何变化，测量各相电压和电流，将测量结果记入表 2-6内。

表 2-6　Δ联结电路测试结果

负载情况	相电压			线电压			线电流			相电流			白炽灯亮度		
	U_A	U_B	U_C	U_{AB}	U_{BC}	U_{CA}	I_A	I_B	I_C	I_{AB}	I_{BC}	I_{CA}	A	B	C
三相对称															
三相不对称															

二、[技能培训 3] 笼型异步电动机空载运行情况的检查

[培训目的]　会对空载运行的笼型异步电动机进行检查。

[预习内容]　笼型异步电动机的工作原理。

[培训器材]　笼型异步电动机，三相交流电源，交流电压表和电流表（或万用表），钳形电流表。

[培训内容及步骤]

1）按铭牌要求在接线盒中接好连线。

2）按表 2-7 的项目检查笼型异步电动机。

3）将结果记入表 2-7 中。

表 2-7　笼型异步电动机运行情况记录

钳形电流表		起动电流		空载电流		断相运行电流			
型号	规格	量程/A	读数/A	量程/A	读数/A	量程/A	读数/A		
							U 相	V 相	W 相

三、[技能培训4] 三相异步电动机直接起动电流、空载电流和断相运行电流的测量

[培训目的] 会测量三相异步电动机的直接起动电流、空载电流和断相运行电流。

[预习内容] 三相异步电动机的工作原理。

[培训器材] 三相异步电动机，三相交流电源，钳形电流表。

[培训内容及步骤]

1）用钳形电流表测量三相异步电动机的直接起动电流和空载电流。

2）电动机运行时，人为地断开一相电源（如取下某相熔断器），用钳形电流表测量断相运行的电流。测量时间要尽量短，测量完立即断开电源。

3）将测量结果记入表2-8内。

表2-8　电动机直接起动电流、空载电流和断相运行电流

钳形电流表		直接起动电流		空载电流		断相运行电流			
型号	规格	量程/A	读数/A	量程/A	读数/A	量程/A	读数/A		
							U相	V相	W相

四、[技能培训5] 电容分相单相异步电动机的检测

[培训目的] 会对单相异步电动机进行检测。

[预习内容] 电容分相单相异步电动机的结构和工作原理。

[培训器材] 万用表，绝缘电阻表，电容分相单相异步电动机及配套起动电容，转换开关。

[培训内容及步骤]

1）按图2-38连好线路。

2）检测绕组外壳的绝缘电阻是否大于1MΩ。

3）用万用表检测电容的好坏。

4）接通电源，电动机运转，观察电动机运行情况，观察是否正常。

5）切换开关位置，观察电动机反转情况，若有不正常情况应立即切断电源。

6）将测量结果记入表2-9内。

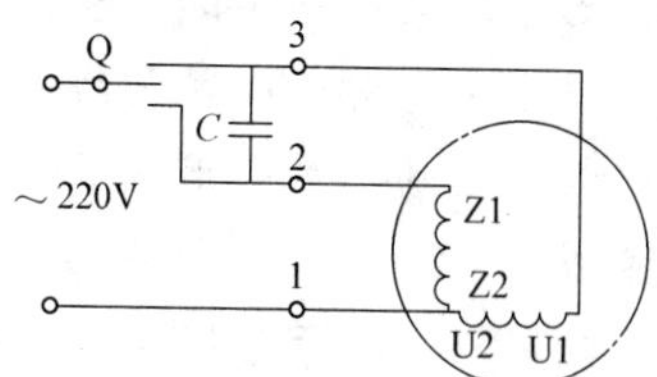

图2-38　电容分相单相异步电动机电路

表2-9　电容分相单相异步电动机的检测

绝缘电阻/MΩ			
引出线间直流电阻/Ω	1—2之间	2—3之间	3—1之间
起动电容充放电情况是否良好	正向		
	反向		

本章小结

1）三相异步电动机定子绕组通以对称三相交流电，在定子中产生旋转磁场。单相异步电动机由于只加单相交流电，定子绕组中产生脉动磁场。要使单相异步电动机自行起动，就要利用起动绕组来产生一个旋转磁场。

2）对于三相异步电动机，旋转磁场的同步转速为

$$n_1 = \frac{60f_1}{p}$$

转子转速为

$$n_2 = (1 - s)\frac{60f_1}{p}$$

正常运行时转差率 s 很小，可以忽略不计。这样由转子转速及电源的频率即可求出电动机的磁极对数 p。

3）电磁转矩有两个表达式

$$T = C_T \Phi I_2 \cos\varphi_2$$

$$T = C\frac{R_2 s U_1^2}{R_2^2 + (sX_{20})^2}$$

要了解 I_2、$\cos\varphi_2$、U_1 及 R_2 对电磁转矩的影响。

4）三相异步电动机的机械特性曲线分为两段，一段为稳定区又称工作区域，其特性硬，能自动调整电动机的工作状态；另一段为不稳定区，只在电动机的起动和制动过程中出现。由异步电动机的机械特性曲线可得出三个特殊的转矩：额定转矩、最大转矩和起动转矩。

5）异步电动机起动时，应具有足够大的起动转矩，以满足生产机械的要求。但希望起动电流不要过大，以免电网遭受过大的电流冲击影响同一电网上的其他用电设备的正常运行。为了满足这一实际需求，人们在工程实践中，根据电网容量大小、负载轻重，设计了各种起动方法。对于小容量的电动机轻载起动，可采用直接起动的方法；如果是大中容量的电动机轻载起动，可采用减压起动方法，但由于 $T_Q \propto U_1^2$，减压后应校验起动转矩能否满足负载要求；对大中容量电动机重载起动，可采用绕线转子异步电动机转子串电阻或频敏变阻器的方法起动；对于小容量的电动机重载起动，则需要采用本身起动转矩大的特殊电动机，如深槽或双笼型异步电动机。

6）笼型异步电动机的调速方法有很多种。①变极调速——通过改变定子绕组的连接方法可得到不同的极数和转速，只有采用特殊绕组结构的多速笼型异步电动机，才能实现变极调速。②变频调速——采用变频装置，改变电源电压 U_1 的频率来实现调速。该调速方法主要用于笼型异步电动机，性能优良，调速范围大，平滑性好，但设备费用较高。③变转差率调速——笼型异步电动机采用改变电源电压、电磁转差离合器等来实现调速。但其有一共同点：发热严重，效率不高，只能用在功率不高的生产机械上。

7）三相异步电动机的铭牌数据对正确和合理使用电动机具有实际意义，必须看懂电动机的铭牌，理解各个数据的意义。特别要注意的是，电动机的额定功率不是输入的电功率，而是指该电动机在额定运行时输出的机械功率。

8）单相异步电动机中的磁场是一个交变的脉动磁场。为了利用三相异步电动机的原理来分析，将脉动磁场分为两个方向相反的旋转磁场。由此得出，在静止时正向和逆向两个转矩相等（$T_+ = T_-$），因此起动转矩为零，不能自行起动。必须设置起动绕组产生两相旋转磁场，使电动机的转子转动起来。一旦转子转动后，$T_+ \gg T_-$，转子得以继续转动。当转速接近额定值时，起动绕组可自行切除。

习 题 二

一、填空题

2.1 三相异步电动机的定子绕组是一个________位置对称的________绕组，如果其中通入________对称的交流电流，可建立一个________旋转的旋转磁场。

2.2 由于旋转磁场在空间旋转的角度与电流在时间上变化的角度是相等的，因此，将旋转磁场的转速称为________转速，以 n_1 表示。

2.3 三相异步电动机的转子转速 n_2 略________于旋转磁场的转速 n_1，这种电动机称为异步电动机，n_2 称为________转速，n_1 与 n_2 的差称为________________。

2.4 异步电动机又称感应电动机，是因为定子与转子之间的能量传递是靠__________作用的。

2.5 异步电动机旋转磁场的转速 n_1 与电源的频率成__________比。

2.6 异步电动机旋转磁场的转速 n_1 与磁极对数成__________比。

2.7 转差与同步转速的比值称为__________。

2.8 转子电动势 E_2 与转差率 s 成______比，转子旋转得越快，转差率 s 越______。

2.9 转子电流 I_2 和功率因数 $\cos\varphi_2$ 都与转差率 s 有关，当转差率 s 增大时，I_2 ____，$\cos\varphi_2$ ____。

2.10 异步电动机的转差率 s 随着____变化而变化，其工作范围是__________。

2.11 异步电动机转子电流频率 f_2 与转差率 s 成____比。

2.12 异步电动机每相绕组中的漏感抗 X_{s2} 与转差率 s 成____比。

2.13 三相异步电动机，若定子绕组的额定电压为 220V，则应为____联结，若为 380V，则应为____联结。

2.14 三相异步电动机定子绕组电流是随____的增加而增大的。

2.15 异步电动机向电网取用的电流和功率，由机械负载的______决定。

2.16 机械特性是异步电动机的主要特性，它表明电动机____与____之间的关系。

2.17 异步电动机输出的功率总是____于输入的电功率，是因为在运行中总会有功率______。

2.18 所谓功率平衡，是指输出功率应______输入功率______总损耗。

2.19 电动机的电磁转矩 T 为______性质转矩，而其轴上输出的机械负载转矩 T_2 与对应机械损耗和附加损耗的空载转矩 T_0 为______性质转矩。

2.20 所谓转矩平衡是 T 应______ T_2 与 T_0 之____。

2.21 异步电动机的______过程是指从静止状态到稳定运行状态的过渡过程。

2.22 异步电动机存在起动电流过______，而起动转矩过______的问题。

2.23 异步电动机直接起动时，定子起动电流 I_Q 是额定电流 I_N 的______倍。

2.24 异步电动机直接起动时，尽管起动电流很______，但功率因数很______，所以起动转矩 T_Q 较______。

2.25 笼型异步电动机的减压起动的方法有：定子电路______起动，______减压起动和______减压起动。

2.26 采取丫-△减压起动的电动机，正常运行时其定子绕组应是______联结，减压起动时的电流可下降为直接起动电流的______，起动转矩可下降为直接起动转矩的______。

2.27 异步电动机旋转磁场的转向，可以通过调换任意______电流的相序来改变。

2.28 异步电动机可采用改变______、改变______和改变______进行调速。

2.29 通过改变旋转磁场的极对数可以调速，是因为当电源频率______时，电动机的同步转速 n_1 与极对数成______比。

2.30 异步电动机采用改变______或改变______或采用______调速，这些都属于改变转差率调速。

2.31 电气设备的额定状态，是指按其______所规定的条件和额定值运行的状态。

二、计算题

2.32 一台三相异步电动机的额定转速 $n_N=720r/min$。试求：该电动机的极对数和额定转差率。另一台四极三相异步电动机的额定转差率 $s_N=0.5$，试求：该电动机的额定转速 n_N。

2.33 三相电动机的额定数据如下：$P_N=15kW$，$U_N=380V$，$\cos\varphi_N=0.88$，$\eta_N=88.2\%$，定子绕组△联结。试求：额定电流和对应的相电流。

2.34 三相异步电动机的额定电压为220V，频率为60Hz，转速为1140r/min。试求：电动机的极对数 p，转差率 s 和转子电流的频率 f_2。

2.35 三相异步电动机△联结，其额定数据如下：$P_N=20kW$，$n_N=3930r/min$，$\eta_N=87.5\%$，$\cos\varphi_N=0.89$，$U_N=380V$，$T_Q/T_N=1.3$，$I_Q/I_N=7$。试求：电动机的起动转矩 T_Q 和起动电流 I_Q。

2.36 三相异步电动机△联结，其额定数据如下：$P_N=40kW$，$n_N=1470r/min$，$\eta_N=87.5\%$，$\cos\varphi_N=0.89$，$U_N=380V$，$T_Q/T_N=1.2$，$I_Q/I_N=6.5$，$T_m/T_N=2.0$。试求：额定电流 I_N，额定转差率 s_N，额定转矩 T_N，最大转矩 T_m，起动转矩 T_Q。

2.37 在题2.36中：1）如果负载转矩 $T_L=274.4N\cdot m$，试问在 $U=U_N$ 和 $U'=0.9U_N$ 两种情况下，电动机能否起动？2）采用Y-△起动时，求：起动电流 I_Q 和起动转矩 T_Q。3）若负载转矩 T_L 为额定转矩 T_N 的50%和30%，电动机能否起动？

2.38 在题2.36中的电动机采用自耦变压器起动，设起动时，电动机的端电压降至电源电压的64%。求：减压起动时线路的起动电流 I_Q 和电动机的起动转矩 T_Q。

2.39 四极异步电动机，其额定数据如下：$P_N=4kW$，$n_N=1440r/min$，过载系数 $\lambda=2$。试求：额定转矩 T_N 和最大转矩 T_m。

2.40 四极异步电动机，其额定数据如下：$P_N=2.2kW$，$n_N=1430r/min$，$U_N=380V$，$\cos\varphi_N=0.83$，$\eta_N=82\%$，Y联结。试求：相电流 I_ϕ 和线电流 I_L 的额定值，额定负载时的转矩 T_N。

2.41 某异步电动机铭牌数据如下：2.8kW，△/Y，220V/380V，10.9A/6.3A，1370r/min，50Hz，$\cos\varphi_N=0.84$，转子84V，Y22.5A。试求：1）额定负载时的效率 η_N；2）额定转矩 T_N；3）额定转差率 s_N。

2.42 三相异步电动机定子输入功率为60W，定子铜耗为600W，铁耗为400W，转差率为0.03。试求：电磁功率 P_{em}、总机械功率 P_m 和转子铜耗 P_{Cu2}。

第三章 同步电动机

[教学要求]

了解同步电动机的分类，熟悉同步电动机的结构，掌握同步电动机的工作原理。

同步电机是交流电机中的一种，其转速恒等于同步转速，因转子的转速 n_2 始终与定子旋转磁场的转速 n_1 相同而得名。

按功率转换方式，同步电机可分为：同步发电机——将机械能转换为电能，是现代发电厂（站）的主要设备；同步电动机——将电能转换为机械能；同步调相机——实际上是一台空载运转的同步电动机，专用于调节电网的无功功率，改善电网的功率因数。

按结构形式，同步电机可分为：旋转电枢式同步电机——在小容量同步电机中得到应用；旋转磁极式同步电机——按磁极形状又分为隐极式和凸极式两种，应用比较广泛，并成为同步电机的基本结构形式；微型同步电机——其同步运行特性较好，在控制领域中得到广泛应用。

同步发电机和同步电动机只不过是电机的两种运行方式，它们本身是可逆的。它们的区别在于有功功率的传递方向不同，同步发电机向电网输送有功功率，功率角为正值；同步电动机则从电网吸取有功功率，其功率角为负值。本章只讨论同步电动机。

第一节 同步电动机的基本工作原理和结构

一、同步电动机的基本工作原理

一般同步电动机的定子和异步电动机的定子相同，即在定子铁心内均匀分布三相对称绕组，如图 3-1 所示（图中只画出一相绕组）。

定子又称电枢，是电动机中产生感应电动势的部分。转子主要由磁极铁心和励磁绕组组成。当励磁绕组通以直流电后，转子即建立恒定磁场。作为电动机，需要在三相定子绕组施加三相交流电压，以使电动机内部产生一个旋转磁场，旋转速度为同步转速 n_1，此刻在转子绕组上加上直流励磁电流，转子将在定子旋转磁场的带动下，带动负载沿旋转磁场的方向以相同的转速旋转，转子的转速 n_2 为

$$n_2 = n_1 = \frac{60f}{p}$$

式中，p 为电动机的极对数；n_2 为转子每分钟转数；f 为交流电源频率。

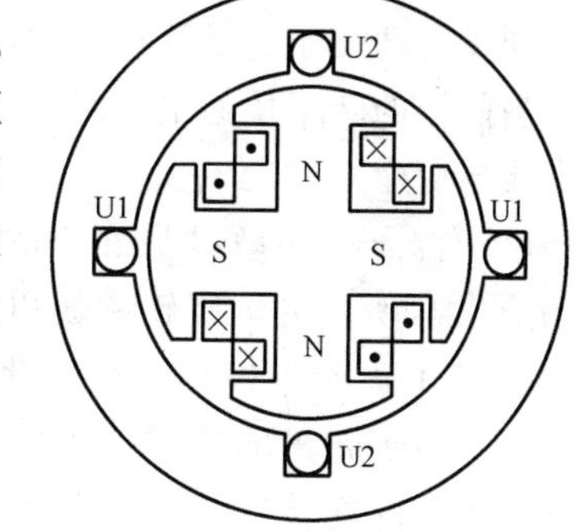

图 3-1 同步电动机的构造原理图

我国电力系统的标准频率为 50Hz，电动机的磁极对数为整数，所以同步电动机的转速为一固定值。例如，2 极电动机的转速为 3000r/min，4 极电动机的转速为 1500r/min，依此类推。

三相同步电动机的工作原理将在第二节详细介绍。

二、旋转磁极式同步电动机的基本结构

图3-2是旋转磁极式同步电动机的基本结构示意图。

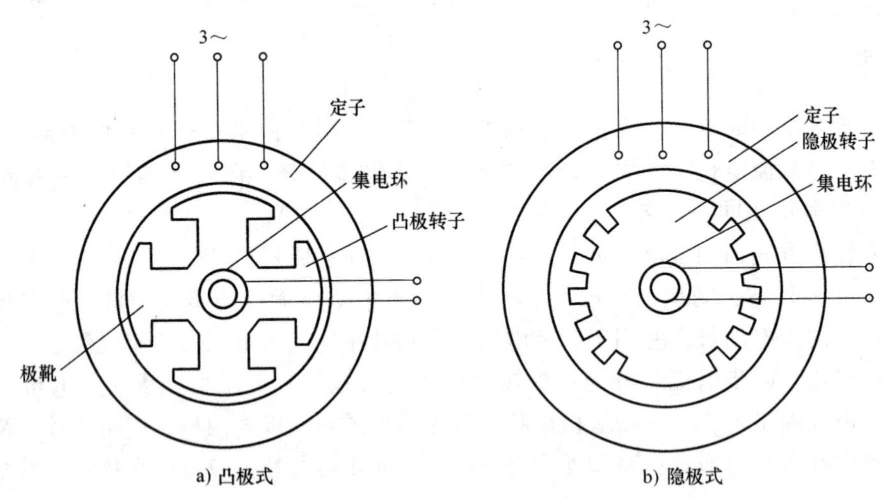

图3-2 旋转磁极式同步电动机基本结构示意图

其定子又称电枢，与异步电动机结构相同，在定子内槽内嵌放三相对称绕组。凸极式的转子有明显凸出的磁极，气隙是不均匀的，极靴下的气隙较小，极间部分的气隙较大，励磁绕组为集中绕组，一般用于4极以上的电动机。而隐极式的转子做成圆柱形，转子上没有明显凸出的磁极，气隙是均匀的，励磁绕组是分布绕组，转子铁心上有大小齿分开，一般用于2极或4极的电动机。

三、同步电动机的起动

（一）同步电动机不能自行起动

同步电动机本身是没有起动转矩的，通电以后，转子不能自行起动。

当静止的转子接通电源时，定子绕组通过三相交流电，建立旋转磁场，转子励磁绕组通过直流电而建立固定磁场。

由于转子在起动时是静止的，转子磁场静止不动，定子旋转磁场以同步转速 n_1 对转子磁场作相对运动。设通电瞬间，定、转子磁极的相对位置如图3-3a所示，定子的旋转磁场以 n_1 同步转速逆时针方向旋转，此时转子上将产生一个逆时针方向的转矩，欲拖动转子逆时针旋转，由于转子所具有的转动惯量，还来不及转动，而同步转速很快，旋转磁场就已转过去180°，到了图3-3b的位置，定子旋转磁场将吸引转子磁场，顺时针转动。由此可见，在一个周期内，作用在同步电动机转子上的平均转矩为零，因此同步电动机不能自行起动，需要借助其他方

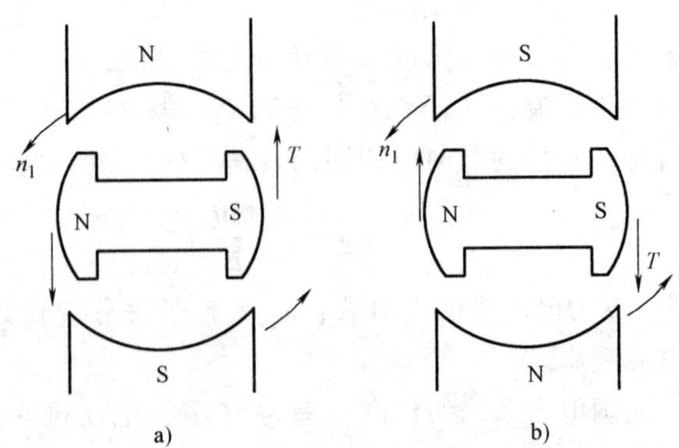

图3-3 同步电动机起动时定子磁场对转子磁场的作用

法起动。

（二）同步电动机的起动过程

同步电动机常用的起动方法有三种：辅助电动机起动法、变频起动法和异步起动法。本节主要介绍应用广泛的异步起动法。

异步起动法是通过在同步电动机的转子上安装阻尼绕组来获得起动转矩的。阻尼绕组与异步电动机的笼型绕组相似，只是它装在转子磁极的极靴上，在图 3-4 中用一连串的○表示，这个阻尼绕组称为起动绕组。其原理图如图 3-4 所示。

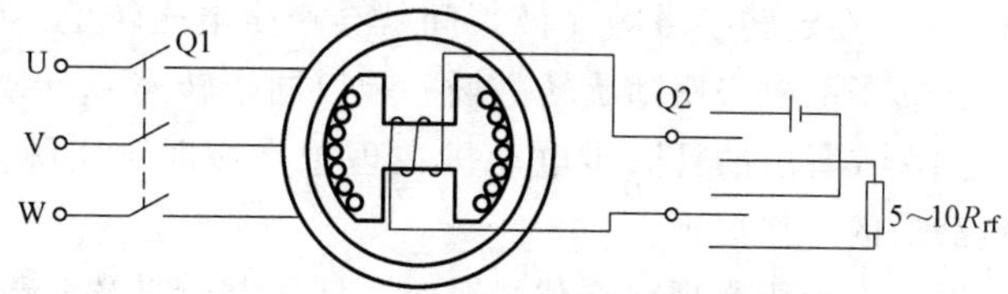

图 3-4 异步起动法接线原理图

起动步骤如下：

第一步，将励磁绕组通过一个双刀双掷开关 Q2（在图 3-4 的右侧）合向下面，将励磁绕组通过附加电阻短接，附加电阻的大小约为励磁绕组本身电阻 R_{rf}的 5～10 倍。串电阻的作用主要是削弱由转子绕组产生的对起动不利的单轴转矩。而起动时励磁绕组开路是很危险的，因为励磁绕组匝数很多，定子旋转磁场将在该绕组产生很高的电压，可能击穿该绕组的绝缘。

第二步，合上开关 Q1（在图 3-4 的左侧），将同步电动机的定子绕组接通三相交流电源。这时定子绕组将在阻尼绕组中产生感应电动势和电流，这个电流与定子旋转磁场相互作用产生异步电磁转矩，同步电动机便当作异步电动机而起动。

第三步，当同步电动机的转速接近同步转速（约为 $0.95n_1$）时，将开关 Q2 合向上，切除附加电阻，将励磁绕组改接至直流励磁电源，转子磁极有了确定的极性。这时转子上增加了一个频率很低的交变转矩，依靠定子旋转磁场与转子磁极之间的吸引力产生同步转矩，将同步电动机带入同步转速运行。

在同步是动机异步起动时，为了限制过大的起动电流，可以采用减压起动方法，通常采用电抗器或自耦变压器来降压，当电动机接近同步转速时再恢复全压，然后才给予直流励磁，电动机即可进入同步运行。

四、同步电动机的额定值

额定值是制造厂对电机正常工作给出的使用规定。同步电动机的额定值有：

（1）额定容量 S_N或额定功率 P_N 指电动机在额定状态下运行时，输出功率的保证值。同步电动机的额定容量一般都用 kW 表示。同步调相机则用 kV · A 或 kvar 表示。

（2）额定电压 U_N 指电动机在额定运行时的三相定子绕组的线电压，常以 kV 表示。

（3）额定电流 I_N 指电动机在额定运行时的三相定子绕组的线电流，常以 A 或 kA 表示。

（4）额定频率 f_N 我国标准工频为 50Hz。

（5）额定功率因数 $\cos\varphi_N$ 指电动机在额定运行时的功率因数。

除上述额定值外，铭牌上还列出电动机的额定效率 η_N、额定转速 n_N、额定励磁电压 U_{fN}、额定励磁电流 I_{fN}和额定温升等。

第二节 三相同步电动机

一、三相同步电动机的工作原理

三相同步电动机采用旋转磁极式的结构（参见图 3-2）。

当定子绕组加上三相交流电源时，三相对称绕组中便有了三相对称电流流过，产生旋转速度为 n_1 的旋转磁场。如果以某种起动方法（例如异步起动法）使转子以接近于同步转速 n_1 起动，这时在转子励磁绕组中通以直流励磁电流，将产生极性和大小都不变的磁场，其磁极数与定子的相同。

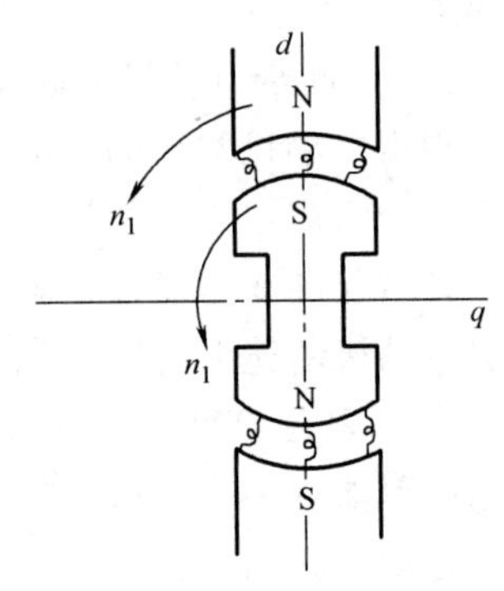

图 3-5 同步电动机运行的物理模型

当转子的 S、N 极分别与旋转磁场的 N、S 对齐时，如图 3-5所示，在定转子磁场（极）间就会产生电磁转矩，即同步转矩，使转子的磁极跟随旋转磁场一起以同步转速 n_1 转动。

图 3-6 所示的是同步电动机在理想空载时、实际空载时和有负载时的工作原理。

同步电动机在理想空载情况时，转子与旋转磁场同步转动，如图 3-6a 所示。在实际空载情况时，由于电动机空载运转总存在阻力，因此转子磁极的轴线总要滞后磁场轴线一个很小的角度 θ，如图 3-6b 所示，以增大电磁转矩。在有负载情况时，则 θ 角随之增大，电动机的电磁转矩也随之增大，使电动机仍保持同步状态，如图 3-6c 所示。若负载力矩超过电磁转矩，旋转磁场就无法拖着转子一起旋转，这种现象称为失步，电动机不能正常工作。

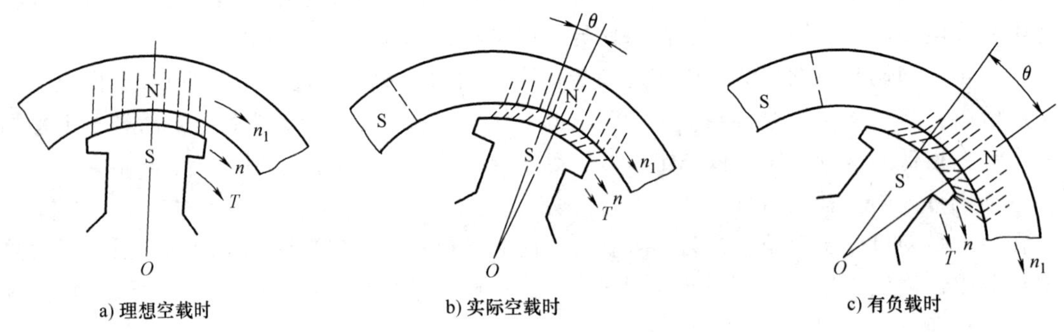

图 3-6 同步电动机的工作原理

二、同步电动机的电动势平衡方程

下面以隐极式同步电动机为例，分析同步电动机的电动势平衡方程。由于三相对称，所以在此只分析其中一相。三相同步电动机在稳定运行时，存在两个旋转磁场：一个是励磁磁场，另一个是电枢磁场（即定子磁场）。这两个磁场作用在同一磁路上，当有负载时，电枢磁场对励磁磁场有一定的影响，称为电枢反应。当不考虑磁路饱和时，由两个磁场共同作用（即气隙合成磁场）产生的每相绕组的合成电动势，可以看成是各个磁场产生的电动势之和。即

励磁磁通势→Φ_f→$\dot{E}_0$空载电动势（对电动机而言，$\dot{E}_0$为反电动势）

电枢磁通势→Φ_a→$\dot{E}_a$电枢反应电动势

电枢磁通势→Φ_L→$\dot{E}_L$漏磁电动势

由于不考虑磁路饱和，故电流 $I \propto F_a \propto \Phi_a \propto E_a$，而$\dot{E}_a$滞后 Φ_a90°，即$\dot{E}_a$滞后 $\dot{I}$ 90°。用

电抗压降形式可表示为

$$\dot{E}_a = -j\dot{I}X_a \tag{3-1}$$

式中，X_a是电枢反应电抗。

由漏磁通产生的漏磁电动势为

$$\dot{E}_L = -j\dot{I}X_L \tag{3-2}$$

式中，X_L是定子绕组漏电抗。

由此可画出隐极式同步电动机的等效电路，如图 3-7 所示。

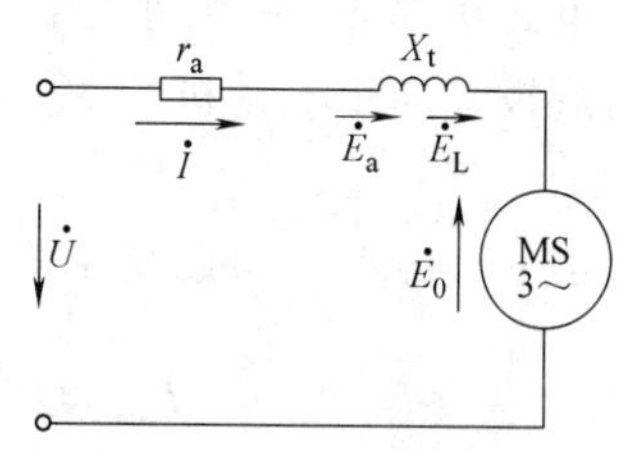

图 3-7　隐极式同步电动机的等效电路

从而可得，三相同步电动机一相定子回路的电动势平衡方程为

$$\dot{U} = \dot{E}_0 - \dot{E}_a - \dot{E}_L + \dot{I}r_a \tag{3-3}$$

将式（3-1）和式（3-2）代入式（3-3）后，得

$$\dot{U} = \dot{E}_0 + \dot{I}r_a + j\dot{I}(X_a + X_L) = \dot{E}_0 + \dot{I}r_a + j\dot{I}X_t \tag{3-4}$$

式中，X_t为同步电抗，$X_t = X_a + X_L$，式（3-4）即为隐极式同步电动机的电动势平衡方程。由此可画出隐极式同步电动机的相量图，如图 3-8 所示。

图 3-8a 是考虑定子绕组电阻 r_a的影响；图 3-8b 是忽略 r_a影响所得到的简化相量图。图中 $\dot{U}$ 与$\dot{E}_0$之间的夹角 θ 称为功率角，当负载变化时，功率角相应发生变化，电磁转矩也会变化，由电网输入的电功率和相应的电磁功率也发生变化，以平衡电动机的输出功率。

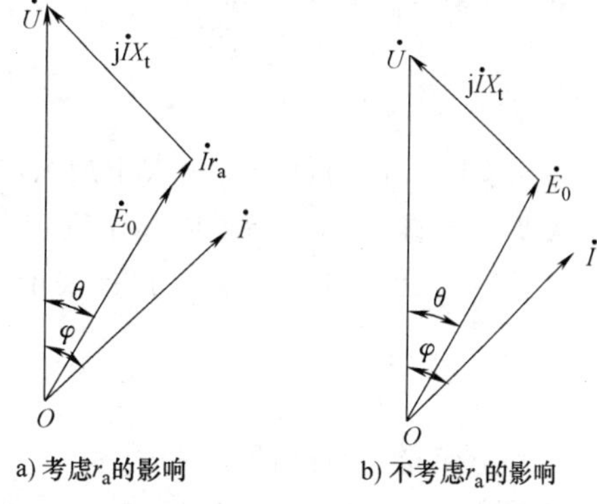

图 3-8　隐极式同步电动机的相量图

三、三相同步电动机的运行特性

（一）功率平衡关系

三相同步电动机的定子绕组由电网输入电功率 P_1，扣除定子绕组铜耗 P_{Cu}及铁耗 P_{Fe}外，余下的作为电磁功率 P_{em} 通过气隙传入定子，即

$$P_1 = P_{Cu} + P_{Fe} + P_{em} \tag{3-5}$$

P_{em}扣除机械损耗 P_m和附加损耗 P_s，剩下的就是电动机轴上的机械输出功率 P_2，即

$$P_2 = P_{em} - (P_m + P_s) \tag{3-6}$$

（二）电磁功率与功率角之间的关系

三相同步电动机接在恒定的电网上稳定运行时，电磁功率 P_{em}与功率角 θ 之间的关系称为功角特性，即 $P_{em} = f(\theta)$。

由于同步电动机的绕组电阻远小于同步电抗，因此可以把 r_a忽略不计，同时忽略铁耗 P_{Fe}，则由式（3-5）可得

$$P_{em} \approx 3UI\cos\varphi \tag{3-7}$$

由图 3-8b 可以推导出

$$\cos\varphi=\frac{E_0}{IX_t}\sin\theta \tag{3-8}$$

将式（3-8）代入式（3-7），则可求得三相同步电动机的电磁功率 P_{em} 为

$$P_{em}=3\frac{UE_0}{X_t}\sin\theta \tag{3-9}$$

式（3-9）表明，在恒定励磁（E_0=常值）、U=常值时，电磁功率 P_{em} 的大小取决于功率角 θ 的大小。由此可作出隐极式同步电动机的 $P_{em}=f(\theta)$ 功角特性曲线，如图 3-9 所示。

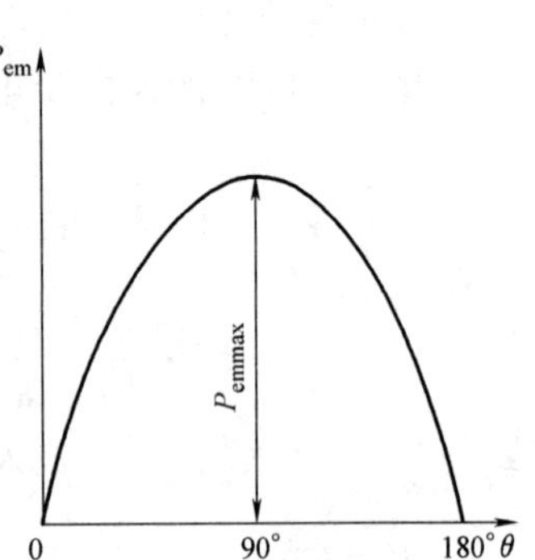

图 3-9 隐极式同步电动机的功角特性

当 $\theta=90°$时，电磁功率为最大

$$P_{emmax}=3\frac{UE_0}{X_t} \tag{3-10}$$

式（3-9）除以同步角速度 Ω_1，即可得到同步电动机的电磁转矩 T 为

$$T=3\frac{UE_0}{\Omega_1 X_t}\sin\theta \tag{3-11}$$

最大电磁转矩 $T_{max}(\theta=90°$时）为

$$T_{max}=3\frac{UE_0}{\Omega_1 X_t} \tag{3-12}$$

当同步电动机的负载转矩大于最大电磁转矩时，电动机将不能保持同步运转状态，即产生“失步”现象。为了衡量同步电动机的过载能力，通常以最大电磁转矩与额定电磁转矩之比值（称为“过载系数 λ_m”）来表示

$$\lambda_m=\frac{T_{max}}{T_N}=\frac{1}{\sin\theta_N} \tag{3-13}$$

式中，θ_N是额定运行时的功率角。

同步电动机稳定运行时，一般 $\theta_N=20°\sim30°$，$\lambda_m=2\sim3$。

（三）V 形曲线

同步电动机的 V 形曲线是指在电网电压、频率和电动机输出功率恒定的情况下，电枢电流 I（定子输入相电流）和励磁电流 I_f之间的关系曲线，即 $I=f(I_f)$。

由于假定电网是无穷大的，故频率 f 和电压 U 均保持不变。忽略励磁电流变化时，附加损耗将微弱变化，可认为输入功率等于电磁功率 P_{em}。则当电动机的输出功率不变时，从式（3-6）可知电磁功率 P_{em}保持不变。则有

$$P_{em}=3\frac{UE_0}{X_t}\sin\theta=3UI\cos\varphi=\text{常数} \tag{3-14}$$

即 $E_0\sin\theta$=常数，$I\cos\varphi$=常数。

在式（3-4）中忽略电阻压降 $\dot{I}r_a$，由 $\dot{U}=\dot{E}_0+\mathrm{j}\dot{I}X_t$画出恒功率、变励磁时隐极式同步电动机的相量图，如图 3-10 所示。

由图可见，当改变励磁电流 I_f 时，相量 $\dot{E}_0$ 的端点在垂直线 AB 上移动，即总是落在垂直线 AB 上，以使 $E_0\sin\theta=$ 常数；相量 $\dot{I}$ 的端点在水平线 CD 上移动，即总是落在水平线 CD 上，以使 $I\cos\varphi=$ 常数。

正常励磁时，电动机的功率因数 $\cos\varphi=1$，电枢电流 $\dot{I}$ 全部为有功电流 $\dot{I}_P$，其无功分量为零，故 $\dot{I}$ 的数值最小，为纯阻性的。

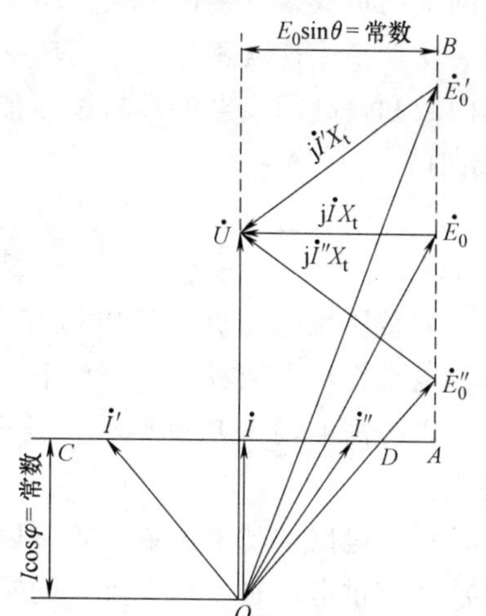

图 3-10　恒功率、变励磁时隐极式同步电动机的相量图

当过励时，即励磁电流大于正常励磁电流时，$\dot{E}_0$ 将增大（例如沿 AB 线上移到图上的 $\dot{E}_0'$ 处），此时电枢电流 $\dot{I}$ 比正常励磁时的大（例如沿 CD 线左移到 $\dot{I}'$ 处），且 $\dot{I}'$ 超前 $\dot{U}$，它除了包含原有的有功电流 $\dot{I}_P$ 以外，还增加一个超前的无功电流分量 $\dot{I}_Q'$（图上没画出），这个超前的无功电流分量使电动机对电网呈电容性质，可向电网输送滞后的无功电流和感性的无功功率，能补偿电网感性负载所需的无功功率，提高电网的功率因数。

当欠励时，即励磁电流小于正常励磁电流时，$\dot{E}_0$ 减小（例如沿 AB 线下移到图上的 $\dot{E}_0''$ 处），此时电枢电流 $\dot{I}$ 比正常励磁时的大（例如沿 CD 线右移到 $\dot{I}''$ 处），且 $\dot{I}''$ 滞后 $\dot{U}$，它除了包含原有的有功电流 $\dot{I}_P$ 以外，还增加一个滞后的无功分量 $\dot{I}_Q''$（图上没画出），这个滞后的无功电流分量使电动机对电网呈电感性质，自电网吸取滞后的无功电流和感性的无功功率。

综上所述，改变励磁电流 I_f 可画出同步电动机电枢电流 I 随 I_f 变化的曲线，此曲线呈 V 字形，故称为同步电动机的 V 形曲线，如图 3-11 所示。

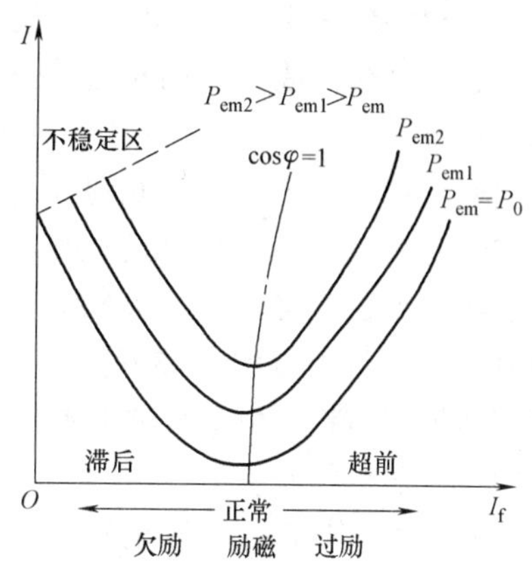

图 3-11　同步电动机的 V 形曲线

不同的输出可得到不同的曲线。由图可见，正常励磁点即 $\cos\varphi=1$ 的电枢电流最小，为纯阻性的；其右边处于过励状态，功率因数是超前性质的，电枢电流为容性电流；其左边处于欠励状态，功率因数是滞后性质的，电枢电流为感性电流。

由于同步电动机的最大电磁功率 P_{emmax} 与 E_0 成正比，如果励磁电流 I_f 减得太小，会使功率角过大，从而使电动机的过载能力下降很多。在某一负载下，当励磁电流减少到一定数值时，功率角 θ 将超过 90°，将会因过载能力太小而不能稳定工作。图中虚线表示出电动机不稳定区的极限位置。

改变励磁电流可调节同步电动机的功率因数，这是同步电动机最重要的特点之一。由于电网上的负载多为感性负载，同步电动机在过励时，可以向电网提供滞后的无功电流和感性的无功功率，这就避免了无功功率的远程输送，提高了电网的功率因数。为了改善电网的功率因数和提高同步电动机的过载能力，现代同步电动机的额定功率因数一般设计为1～0.8（超前）。

第三节 同步调相机

通常所说的电机（发电机和电动机），仅指有功功率而言，发电机向电网输出有功功率，电动机从电网吸收有功功率。同步电动机可用来专门提供无功功率，特别是感性无功功率，以提高电网的功率因数。这种专供无功功率的同步电动机称为同步调相机或同步补偿机。

提高电网的功率因数，既可以提高发电设备的利用率和效率，也能显著提高电力系统的经济性与供电质量，具有重大的实际经济意义。在电网的受电端接上一些同步调相机，是提高电网的功率因数的重要方法之一。

同步调相机实际上是一台空载运行的同步电动机。它从电网吸收的有功功率仅供给电机本身的损耗，因此同步调相机总是在接近零电磁功率和零功率因数的情况下运行。

忽略同步调相机的全部损耗，则电枢电流全是无功分量，其电动势方程为

$$\dot{U} = \dot{E}_0 + \mathrm{j}\dot{I}X_t \tag{3-15}$$

依据式（3-15）可画出过励和欠励时同步调相机的相量图，如图3-12所示。

从图可见，过励时，电流$\dot{I}$超前$\dot{U}$ 90°，而欠励时，电流$\dot{I}$滞后$\dot{U}$ 90°。所以只需调节励磁电流，就能灵活地调节它的无功功率的性质和大小。同步调相机的V形曲线参见图3-11中的$P_{em}=P_0$的一条。由于电力系统大多数情况下带感性负载，故同步调相机通常是在过励状态下运行。

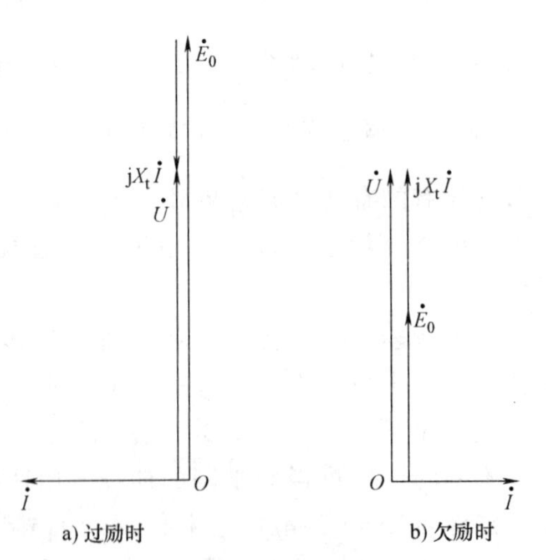

图3-12 同步调相机的相量图

同步调相机的额定容量是指它在过励时的视在功率，这时的励磁电流称为额定励磁电流。考虑到稳定等因素，欠励时的容量约为过励时额定容量的50%～65%。同步调相机一般采用凸极式结构，由于转轴上不带机械负载，在机械结构上要求较低，转轴较细。起动方法与同步电动机相同。

例3-1 某工厂电源电压为6000V，厂内使用了多台异步电动机，其总输出功率为1500kW，平均效率为70%，功率因数为0.7（滞后），现增添了一台同步电动机，该同步电动机的功率因数为0.8（超前）时，已将全厂的功率因数调整到1。求此同步电动机承担多少视在功率（kV·A）和有功功率（kW）。

解 多台异步电动机总的视在功率为

$$S=\frac{P_2}{\eta\cos\varphi}=\frac{1500}{0.7\times0.7}\text{kV}\cdot\text{A}=3061\text{kV}\cdot\text{A}$$

由于 $\cos\varphi=0.7$，所以 $\sin\varphi=0.714$。

多台异步电动机总的无功功率为

$$Q=S\sin\varphi=3061\times0.714\text{kvar}=2186\text{kvar}$$

同步电动机运行后 $\cos\varphi=1$，故全部的感性无功全由该同步电动机提供，即有

$$Q'=Q=2186\text{kvar}$$

因 $\cos\varphi'=0.8$，$\sin\varphi'=0.6$，故同步电动机的视在功率为

$$S'=\frac{Q'}{\sin\varphi'}=\frac{2186}{0.6}\text{kV}\cdot\text{A}=3643.3\text{kV}\cdot\text{A}$$

有功功率为

$$P'=S'\cos\varphi'=3643.3\times0.8\text{kW}=2915\text{kW}$$

第四节　微型同步电动机

微型同步电动机根据其转子结构形式，可分为三种类型，即永磁式同步电动机、反应式同步电动机和磁滞式同步电动机。这些电动机的定子结构都是相同的，或者是通以三相电源，或者是通以单相电源（由于单相电源来源方便，单相同步电动机应用较普遍），或者是单相罩极式，其主要作用都是产生一个旋转磁场。但其转子的结构形式与材料有很大的差别，因而其运行原理也就不同。

由于它们的转子上没有励磁绕组，也就不像一般直流电动机那样需要有电刷和集电环，因而具有结构简单、运行可靠、维护方便且转速恒定等优点。当前，功率从零点几瓦到数百瓦的各种微型同步电动机广泛应用于需要恒速运转的自动控制和遥控装置、无线电设备、仪器仪表和同步随动系统中。

一、永磁式同步电动机

永磁式同步电动机的转子由永久磁钢制成。它可以是两极的，也可以是多极的，现以两极电动机为例说明其工作原理。图 3-13 是永磁式同步电动机的工作原理。

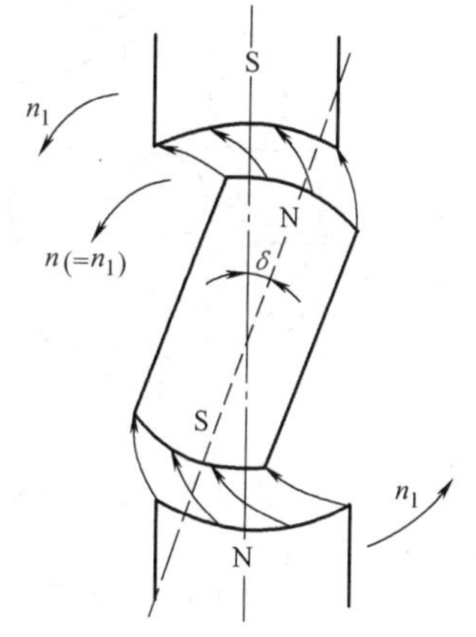

图 3-13　永磁式同步电动机工作原理

当定子绕组通入三相交流电后，气隙中即产生旋转磁场（图示逆时针方向旋转），定子磁极牢牢地吸住转子磁极，并带动转子一起以同步转速 n_1 旋转。电动机的极数已定，当电源频率不变时，电动机的转速 n_1 为固定值，该电动机的转速恒定不变。

当转子上的负载转矩增大时，定子磁极轴线与转子磁极轴线的夹角 δ 就会随之增大，当负载转矩减小时，夹角又会自动减小。两对磁极中的磁力线如同弹性橡皮筋一样，有伸有缩。只要负载不超过一定限度，转子始终跟着定子旋转磁场以同步转速 n_1 转动。

永磁式同步电动机与其他同步电动机一样，也存在起动困难的问题。对于低转速的电动机，可以自行起动；对于高转速的电动机，则需采用其他办法来起动。一般的永磁式同步电

动机需附加起动装置。

1）转子上附加笼型绕组的称为异步起动永磁式同步电动机，如图 3-14 所示。

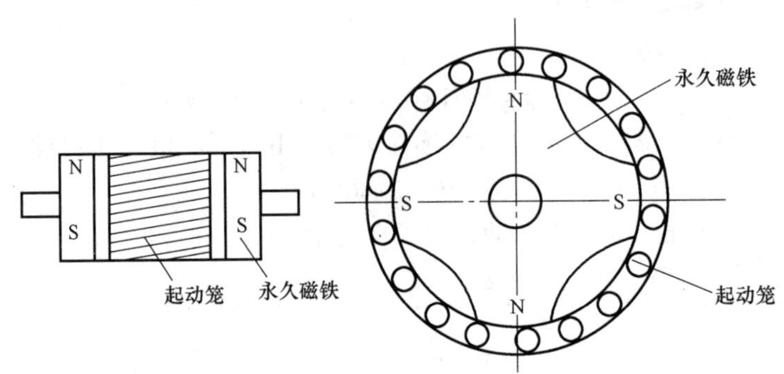

图 3-14 异步起动永磁式同步电动机的转子

2）转子上附加磁滞环帮助起动的称为磁滞起动永磁式同步电动机，如图 3-15 所示。

二、单相反应式（又称磁阻式）同步电动机

这类电动机的定子一般采用罩极式结构，没有直流励磁绕组；定子铁心由硅钢片叠成，转子用软磁材料制成凸极式结构，没有磁性。当定子绕组通入单相交流电后，由于短路环的电磁感应作用，在气隙中产生旋转磁场，定子磁场的磁力线经由转子的凸极而成闭合回路，由此在转子上反应产生与定子磁极相反的极性，从而促使转子跟随定子磁场一起同步旋转。单相反应式同步电动机为了改善其起动性能，有时在转子极靴上还装有笼型结构的起动绕组；或在定子上装配短路环，利用短路环的电磁感应作用，在气隙中产生旋转磁场，如图 3-16 所示。

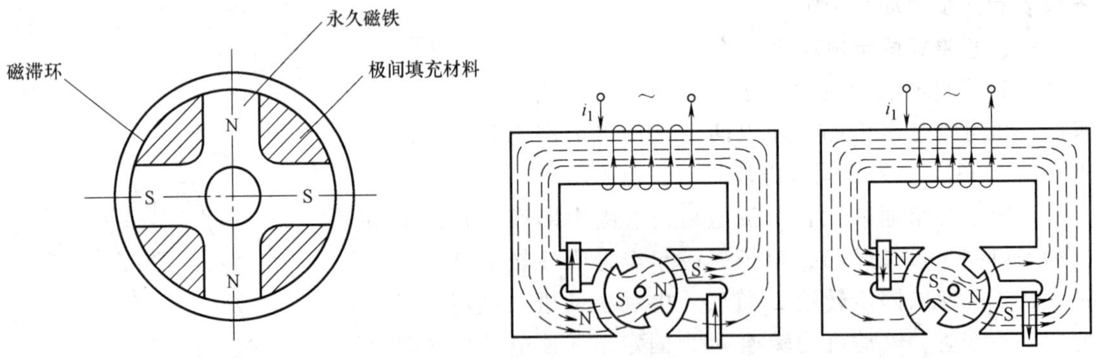

图 3-15 磁滞起动永磁式同步电动机转子

图 3-16 单相反应式同步电动机

由于没有励磁，即主磁通为零，由主磁通在定子绕组上产生的感应电动势 E_0 为零，这类电动机的电磁功率中就不存在基本电磁功率，只有由于直轴和交轴（参见图 3-17b，dd 为直轴，qq 为交轴）磁路磁滞不等而产生的附加电磁功率 P_{em} 和相应的电磁转矩 T_{em}，即

$$P_{em}=\frac{mU^2}{2}\left(\frac{1}{X_q}-\frac{1}{X_d}\right)\sin2\delta \tag{3-16}$$

$$T_{em}=\frac{mU^2}{2\Omega_1}\left(\frac{1}{X_q}-\frac{1}{X_d}\right)\sin 2\delta \tag{3-17}$$

式中，U 是电源电压；X_d 是直轴电抗；X_q 是交轴电抗。

这种只依靠转子自身直、交轴两个方向磁阻不同而产生的转矩，称为“反应转矩”，也称为“磁阻转矩”，所以这种电动机称为“反应式同步电动机”，又称为“磁阻式同步电动机”。

反应式同步电动机的工作原理可用图 3-17 的简单模型来进行进一步的说明。

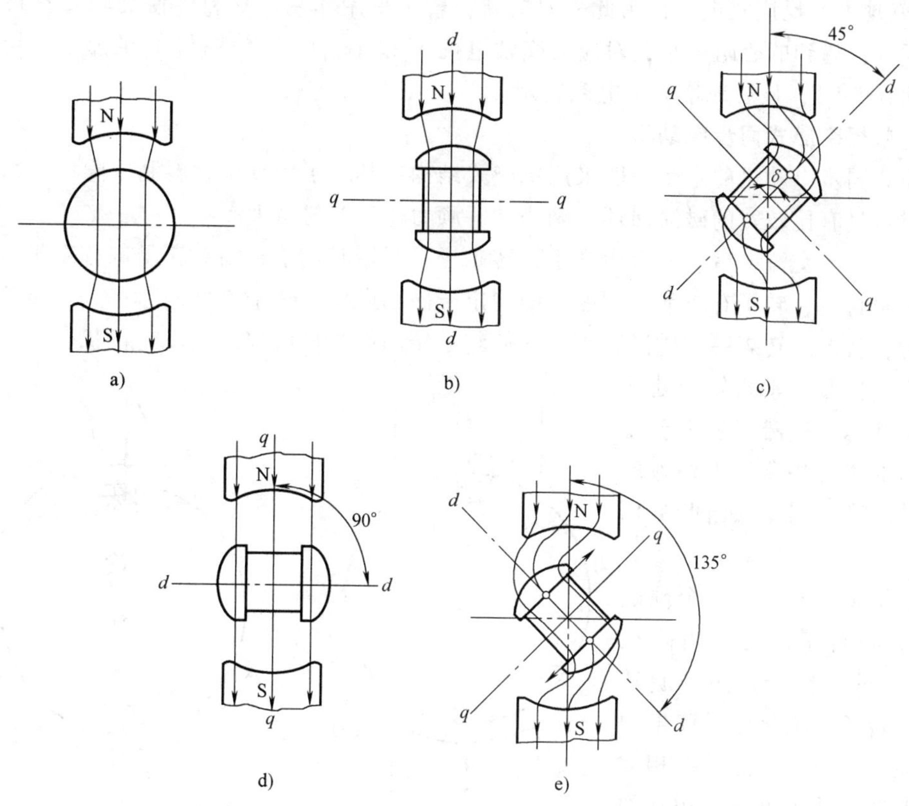

图 3-17　反应式同步电动机的工作原理模型

图 3-17a 是一个圆柱形隐极转子，它自身是没有磁性的，不论其直轴与旋转磁场的轴线相差多大角度，磁通都不发生扭斜，所以不会产生切向电磁力和电磁转矩。

图 3-17b 是凸极的反应式同步电动机的空转情况，电动机的空载损耗很小可略去不计，故电动机产生的电磁转矩 $T_{em}\approx 0$，于是定子旋转磁场轴线与转子磁极轴线相重合，此时磁力线也不发生扭斜。

当电动机轴上加机械负载时，由于转矩不平衡，转子将发生瞬时减速，于是转子的直轴将落后旋转磁场的磁极轴线一个 δ 角度，如图 3-17c 所示（$\delta=45°$）。由于磁力线仍然力求沿磁阻最小的路径（沿转子直轴方向）通过转子，而被迫变弯，于是磁场发生扭斜。这时候磁力线所经路径增长，磁阻增大。被拉长的磁力线力图缩短所经路径以减小磁阻，而产生与电枢磁场转向相同方向的磁阻转矩以与负载转矩相平衡，因而转子直轴与旋转磁场轴线保持这一角度，以与定子旋转磁场转速相同的同步转速同向运转。

如果负载再增大，则 δ 角继续增大，由于部分磁通开始直接沿转子交轴方向通过，使磁场的畸变反而开始减小。当转子偏转角 $\delta=90°$时，全部磁力线都沿转子交轴通过，转子磁力线却未被扭斜，如图 3-17d 所示，电磁转矩又变为零。

当 $\delta>90°$时，转矩将改变方向，如图 3-17e 所示。$\delta=180°$时，转矩又等于零。

反应式同步电动机的最大同步转矩是发生在 $\delta=45°$时。如负载转矩大于最大同步转矩，即 $\delta>45°$时，电动机失步而进入异步运行状态。

由式（3-17），若不计磁路饱和的影响，则 X_d 和 X_q 都为常数。X_d/X_q 的比值越大，则 T_{em} 的值就越大。反应式电动机为此采取措施，转子采用非磁性材料，使交轴磁路跨入非磁性材料区域，遇到的磁阻很小，对应的交轴电抗 X_q 很小，增大了 X_d 与 X_q 的差别，目前已使其比值达到 5∶1，显著地增大了电磁转矩。

三、单相磁滞式同步电动机

磁滞式同步电动机的定子一般采用罩极式结构；其转子用硬磁材料制成隐极式结构，这种硬磁材料具有比较宽的磁滞回环，剩磁和矫顽力比软磁材料大。

当定子通入交流电后，气隙中产生旋转磁场，开始时定子磁场对转子进行磁化，由于转子采用硬磁材料，转子有较强的剩磁，即使定子磁场撤离，转子磁性还存在。定转子之间产生吸引力，就形成转矩——磁滞转矩，促使转子转动，并最后进入同步运行状态。

磁滞式同步电动机转子处于旋转磁化状态，磁滞现象表现在铁磁材料的磁动势滞后于外磁动势一个空间角度，如图 3-18 所示。

图 3-18a 中转子是一个硬磁材料的实心转子，处在用磁极 S、N 表示的由定子产生的旋转磁场中。转子被磁化后所产生的磁场轴线与定子磁场的轴线相重合。这时定、转子磁场的相互作用力是径向方向的，不会产生转矩。

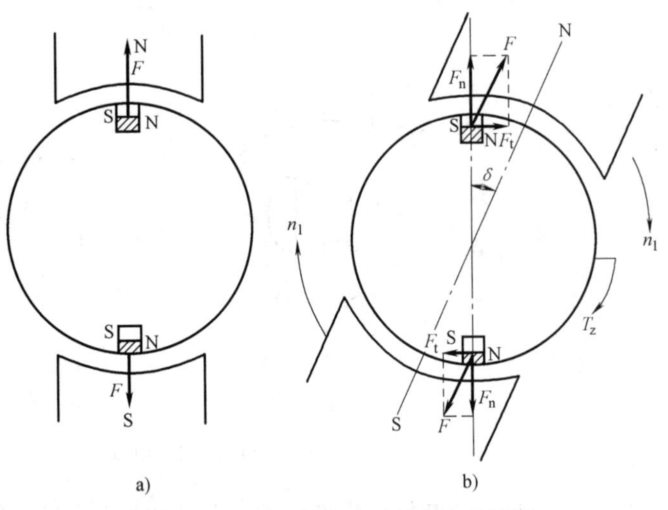

图 3-18 磁滞式同步电动机的工作原理

当旋转磁场相对于转子转动后，转子磁分子也要跟随旋转磁场方向转动。由于硬磁材料中的磁分子之间有较大的摩擦力，磁分子在转动时便不能立即随着旋转磁场方向转过相同的角度，而始终落后一个角度 δ。由所有磁分子产生的合成磁通即转子磁通也就落后定子旋转磁场一个 δ 角，称为“磁滞角”，如图 3-18b 所示。

定、转子之间相互作用将产生切向力 F_t，并引起磁滞转矩，使转子朝着定子旋转磁场方向转动。磁滞角 δ 的大小与旋转磁场相对转子的速度无关，它决定于铁磁材料的性质。在转子转速低于同步转速 n_1（异步运行状态）时，不管转子转速是多少，在旋转磁场反复磁化下，转子的磁滞角 δ 总是相同的，所以产生的磁滞转矩 T_z 也与转子转速无关。

磁滞式同步电动机在磁滞转矩起动后并达到同步转速运行时，转子相对旋转磁场静止不动，也就不再被交变磁化，而是恒定磁化。这时转子类似一永磁转子。转子磁通的轴线与定子磁场的轴线之间的夹角不是固定不变，而是可以变化的。

当电动机轴上负载转矩为零时，被磁化的转子产生的磁通的轴线与定子磁场的轴线相重合，电动机不产生转矩。当负载转矩增大时，电动机就要瞬时减速，定、转子两个磁场夹角就会增大，磁滞转矩也会增大，与负载转矩相平衡而以同步转速运转。这种转矩平衡情况与永磁式同步电动机运行时完全相同。

磁滞式同步电动机还可以与其他类型的同步电动机组合，形成组合式电动机。它既可以保持磁滞式电动机良好的起动性能，又可使电动机同步运行时性能指标有较大的提高。目前已有磁滞-反应式同步电动机、磁滞-永磁式同步电动机和磁滞-励磁式同步电动机等。磁滞起动永磁式同步电动机的转子结构如图 3-19 所示。

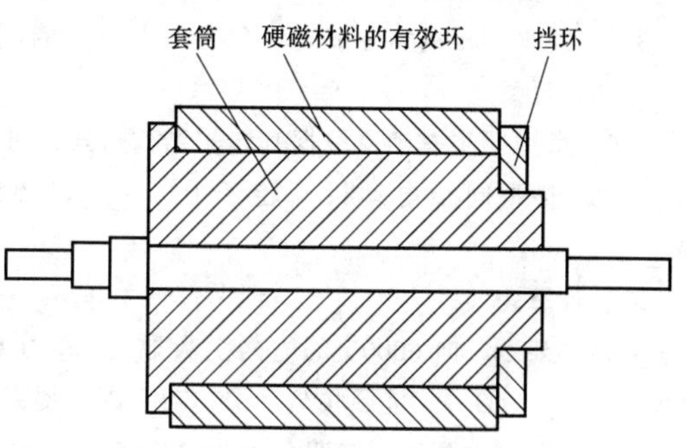

图 3-19　磁滞起动永磁式同步电动机的转子结构

磁滞式同步电动机转子的转速不论是否同步，都能产生磁滞转矩，因此它不需要任何起动装置就可以自行起动；它可以同步运行，在某些条件下也可以异步运行；它结构简单，工作可靠，运行噪声小。它广泛应用于自动控制和需要恒定转速的设备上，如遥控装置、程序控制系统、复印机、传真机和自动记录仪等。

本章小结

同步电动机最基本的特点是电枢电流的频率和极对数与转速有着严格的关系。在结构上一般采用旋转磁极式。一般用途的同步电动机和同步调相机多数采用凸极式结构。

同步电动机最突出的优点是功率因数可以根据需要在一定范围内调节。但同步电动机不能自行起动是其主要问题，现广泛应用异步起动法。

同步调相机实际上是空载运行的同步电动机。作为无功功率电源，对改善电网的功率因数、保持电压稳定及电力系统的经济运行起着重要的作用。

微型同步电动机有永磁式同步电动机、反应式同步电动机和磁滞式同步电动机。这些电动机的定子结构是相同的，但转子的结构和材料有所不同，其运行原理也就不相同。由于它们的转子没有励磁绕组、电刷和集电环装置，故结构简单、运行可靠，广泛应用于需要恒速运行的各种自动控制、无线电通信和同步随动等系统中。

习　题　三

一、填空题

3.1　同步电动机是一种______流电机，其______的转速始终与______旋转磁场的转速______同。

3.2　同步电机，按功率转换方式可分为同步______机、同步______机和同步______；按结构形式可分为______式同步电机和______式同步电机及______同步电机。

3.3　同步发电机和同步电动机两者是可______的。它们的区别在于前者______电网______有功功率，功率角为______值；后者______电网______有功功率，功率角为______值。

3.4 同步电动机本身______起动转矩，转子______自行起动。

3.5 常用的同步电动机的起动方法有：______电动机起动法、______起动法和______起动法，应用广泛的是______起动法。

3.6 三相同步电动机当______的S、N极分别与______磁场的S、N极______时，其在定转子______间会产生______转矩，即______转矩。

3.7 同步调相机是专供______功率的同步电动机，以提高______的功率______。

3.8 同步调相机实际上是一台______运行的同步电动机，它从电网______的有功功率，仅供给电机______的损耗。

3.9 微型同步电动机根据其转子结构形式，可分为三种类型，即______式、______式和______式。

3.10 微型同步电动机其转子上______励磁绕组，因而不像一般直流电动机那样需要有______和______。

二、计算题

3.11 某工厂向6000V的电网上吸取 $\cos\varphi = 0.6$ 的电功率为2000kW。今装一台同步电动机，容量为720kW，效率为0.9，星形联结。求：功率因数提高到0.8时的额定电流 I_N 和 $\cos\varphi$。

3.12 有一水泵站原有四台 $P_N = 200\text{kW}$、$\cos\varphi_N = 0.75$（滞后）的异步电动机，如果将其中两台换为 $P_N = 200\text{kW}$、$\cos\varphi_N = 0.8$（超前）的同步电动机，假定电动机都处于额定运行状态。问：(1) 换机前，水泵站需从电网吸取的视在功率和功率因数是多少？(2) 换机后，水泵站需从电网吸取的视在功率和功率因数又是多少？(3) 如果不换电动机，而装设一台同步调相机，使水泵站的功率因数提高到0.9（滞后），则同步调相机的无功功率为多大？（设两种电动机的额定效率都为0.9）。

第四章 控制电机

[教学要求]

了解控制电机的作用，熟悉各种控制电机的结构，掌握各种控制电机的工作原理，会应用和测试这些电机。

第一节 控制电机概述

本章在一般旋转电机的理论基础上，简要地介绍几种在数控装置中常用于转换和传递控制信号的控制电机——交直流伺服电动机、步进电动机、自整角机、直线电动机及测速发电机的基本结构、工作原理和应用。

随着自动控制系统和计算装置的不断发展，在一般旋转电机的基础上产生出多种具有特殊性能的小功率电机。它们在自动控制系统和计算装置中作为执行元件、检测元件和解算元件，这类电机统称为控制电机。

在伺服进给系统中，伺服驱动装置是关键部件，它接收数控系统的进给指令信号，并将其转变为角位移或直线位移，从而实现所要求的运动。伺服驱动装置应满足以下要求：

1）输出要有足够的精度，即实际位移与指令要求的位移之差要小。

2）具有较长时间的大过载能力，以满足低速大转矩的要求，一般直流伺服电动机要求数分钟内过载4~6倍而不损坏。

3）调速范围宽，且从最低速到最高速时，均能平滑运转，转矩波动小，特别是在低速（如0.1r/min或更低）时，速度平稳无爬行现象。

4）能频繁起动、制动和反转。

第二节 伺服电动机

伺服电动机又称为执行电动机，在自动控制系统中作为执行元件。它将输入的电压信号变换成转矩和速度输出，以驱动控制对象。输入的电压信号称为控制信号或控制电压，改变控制电压可以改变伺服电动机的转速和转向。

伺服电动机按使用的电源性质不同，可分为交流伺服电动机和直流伺服电动机两种。交流伺服电动机的输出功率一般是0.1~100W，直流伺服电动机则是1~600W。

一、交流伺服电动机

为了满足自动控制系统对交流伺服电动机的要求，伺服电动机必须满足：

1）在控制电压作用下，电动机轴上输出转矩。

2）当控制电压改变时，电动机能在宽广的调速范围内运行。

3）电动机的转速随控制电压大小而改变，其方向随控制电压的相位（或极性）而改变，其改变是非常灵敏和准确的。

4）当控制电压为零时，电动机应迅速停转，即无“自转”现象。

后两点合称为伺服电动机的“可控制性”。

（一）结构

从图 4-1 所示的交流伺服电动机的结构来看，它是一两相异步电动机。其定子结构有凸极式和隐极式两种。定子上装有两组绕组：一个是励磁绕组 W_f，匝数为 N_f，由给定的交流电压 U_f 励磁；另一个是控制绕组 W_c，匝数为 N_c，输入交流控制电压 U_c。两组绕组在空间相差 90°电角度，它们可以有相同或不同的匝数。常用的转子结构也有两种类型：一种和普通三相异步电动机相同，为笼型转子，但为了减小转子的转动惯量而做成细而长的形状。导条和端环可采用高电阻值材料（例如青铜）制成，也可采用铸铝转子，如图 4-1a 所示。另一种是用铝合金或纯铜等非磁性材料制成空心杯转子，这种结构类型如图 4-1b 所示。交流伺服电动机中除了具有与一般异步电动机同样的定子外，还有一个内定子。内定子上一般不放绕组，仅作为磁路的一部分（相当于笼型转子铁心）。杯形转子装在内外定子之间的转轴上，它可以在内外定子之间的气隙中自由旋转，当杯形转子内感应的涡流与气隙磁场相互作用时，将产生电磁转矩。当前主要应用的是笼型转子的交流伺服电动机。

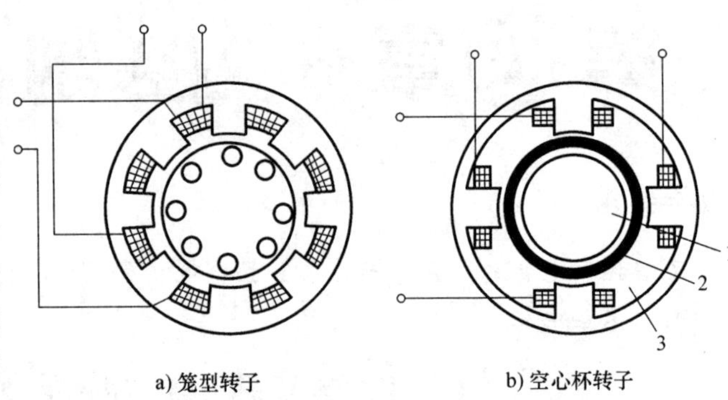

a) 笼型转子　　b) 空心杯转子

图 4-1　交流伺服电动机的结构示意图

1—内定子　2—杯形转子　3—外定子

（二）工作原理及运行特点

交流伺服电动机的工作原理与具有起动绕组的单相异步电动机相似。励磁绕组 W_f 所在电路中串入电容 C 用来移相，如图 4-2 所示，使励磁电流 I_f 和控制绕组 W_c 中的电流 I_c 在相位上近似相差 90°，它们产生的磁通 Φ_f 和 Φ_c 在相位上也近似相差 90°，结果在空间产生一个两相旋转磁场，从而使转子转动起来，电动机轴上输出转矩，但是一旦控制电压被取消，仅有励磁电压作用时，伺服电动机便成为单相异步电动机继续按原转向转动，这种现象称为“自转”。显然“自转”不符合交流伺服电动机的可控制性要求。为了防止“自转”现象的发生，必须增大转子电阻。

交流伺服电动机的机械特性曲线如图 4-3 所示，图中 T^* 为输出转矩对起动转矩的相对值，v 为转速对同步转速的相对值。

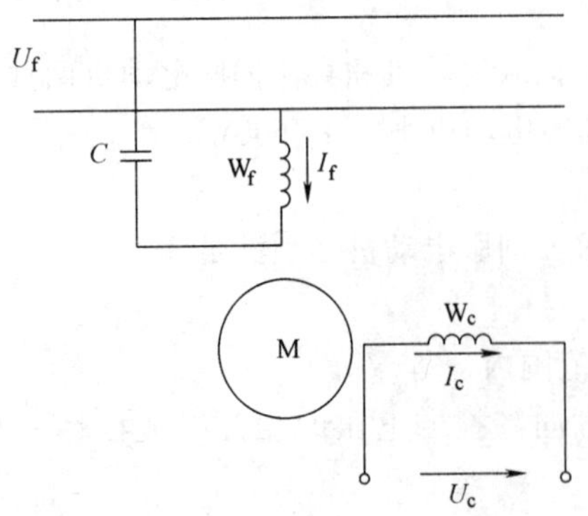

图 4-2　交流伺服电动机原理图

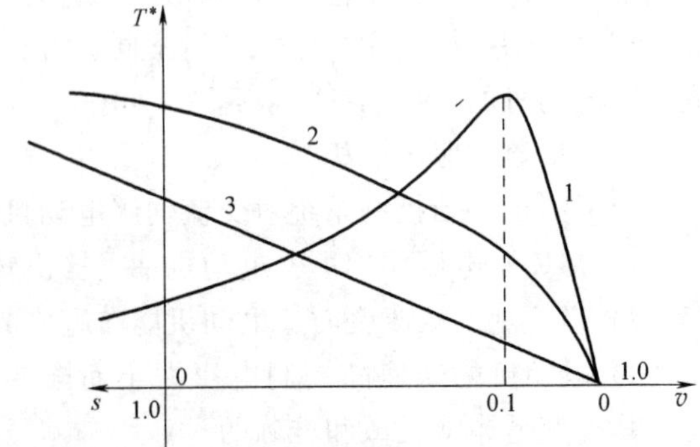

图 4-3　交流伺服电动机的机械特性曲线

1—$s_m=0.1$　2—$s_m=1$　3—$s_m>1$

（三）控制方式

交流伺服电动机运行时，控制绕组上所加的控制电压 U_c 是变化的，改变它的大小或者改变它与励磁电压之间的相位角，都能使电动机气隙中的旋转磁场椭圆度发生变化，从而影响电磁转矩。当负载转矩一定时，可以通过调节控制电压的大小或相位来达到改变电动机转速或转向的目的。其控制方式通常有：幅值控制、相位控制和幅值-相位控制三种。

二、直流伺服电动机

直流伺服电动机就是一台微型的他励直流电动机，其结构和原理都与他励直流电动机相同，按励磁的种类可分为他励式和永磁式两种。

工程中采用直流电压信号控制伺服电动机的转速和转向，其控制方式有两种：改变电枢电压的大小和方向的称为电枢控制；改变励磁电压大小和方向的称为磁场控制（只适用于他励式直流伺服电动机）。后者控制性能不如前者，因此很少采用。下面介绍电枢控制时的工作原理。

直流伺服电动机电枢控制接线如图 4-4 所示，此时电枢绕组（即控制绕组）的控制电压为 U_c，不考虑电枢反应的影响，磁通为常数（对于他励式直流伺服电动机，励磁电流不变）。在这种条件下，电枢控制直流伺服电动机的机械特性方程为

$$n = \frac{U_c}{C_E \Phi} - \frac{R_a}{C_E C_T \Phi^2} T$$

当 U_c 为不同值时，机械特性为一族平行直线，如图 4-5 所示。可以看出：在 U_c 一定的情况下，转矩 T 大时转速 n 低，转矩的增加与转速的下降成正比，在负载转矩一定、磁通不变时，控制电压高，转速也高，控制电压的增加与转速 n 的增加成正比；当 $U_c = 0$ 时，$n = 0$，电动机停转。要改变电动机转向，可改变控制电压的极性。由此可见，直流伺服电动机是可控制的。与交流伺服电动机相比较，直流伺服电动机的机械特性呈线性，特性较硬。可见，在同一转速下对于不同的 T，需要的 U_c 也不同。

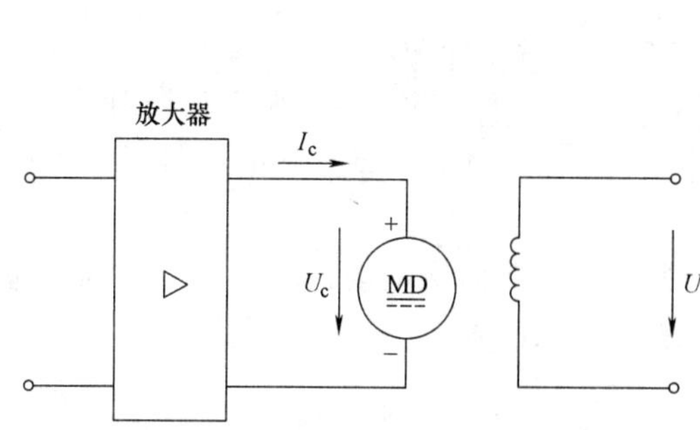

图 4-4　直流伺服电动机电枢控制接线图

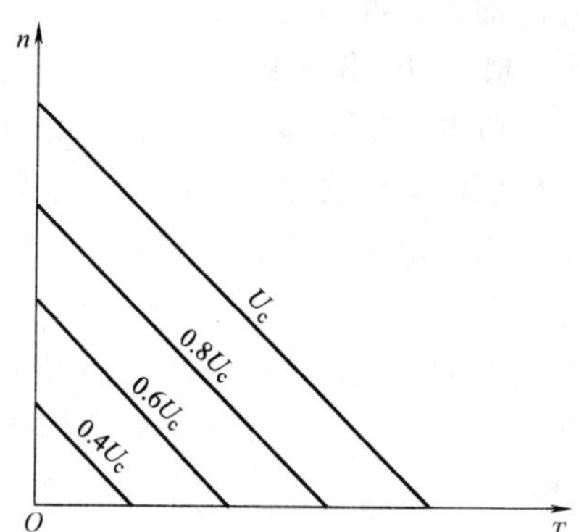

图 4-5　直流伺服电动机的 $n=f(T)$ 曲线（U_c = 常数）

三、伺服电动机的应用

伺服电动机在自动控制系统中作为执行元件使用。当输入控制电压后，电动机能按照控制信号的要求驱动工作机械。伺服电动机的应用非常广泛。下面介绍交流伺服电动机在测温仪表——电子电位差计中的应用。图 4-6 是它的原理图。该系统主要由热电偶、电桥电路、

变流器、电子放大器及交流伺服电动机组成。在测量温度时，将开关投向 b 点。热电偶将被测的温度转换成热电动势 E_t，而桥路上滑线电阻 R_2 上的电压降（I_0R_2）是用以平衡 E_t 的，当两者不相等时将产生不平衡电压 ΔU。ΔU 经过变流器变换为交流电压，而后经过电子放大器放大驱动伺服电动机，经减速后带动测温仪指针偏转，同时使滑线电阻的滑动端移动。当滑线电阻 R_2 达到一定值时，电桥平衡，电动机停转，指针停留在一个转角为 θ 处。测温仪的指针被伺服电动机所带动而使偏转角度 θ 与被测温度 t 之间存在着对应的关系，因此，在刻度盘上可直接读得被测温度 t 的值。

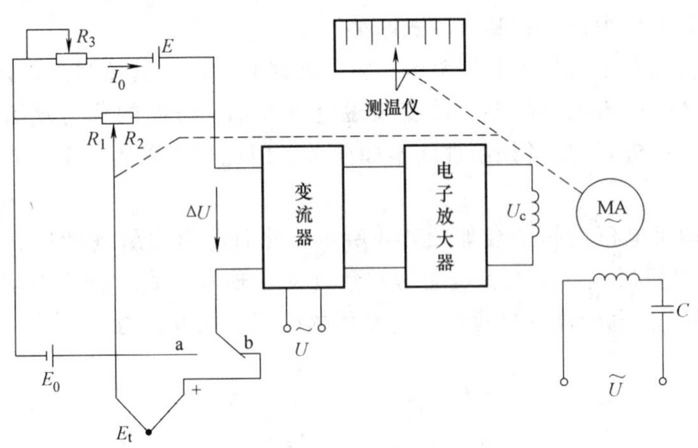

图 4-6　电子电位差计原理图

一旦被测温度发生变化，这时 ΔU 的极性不同，亦即控制电压的相位不同，从而使得伺服电动机正向或反向运转，电桥电路再重新达到平衡，并测得相应的温度。

必须指出，在测温度时，要保持 I_0 为恒定的标准值。其方法是：测量前，将开关扳向 a 点，使标准电池（其电动势为 E_0）接入；然后调节 R_3，使 $I_0(R_1+R_2)=E_0$，$\Delta U=0$，此时的电流 I_0 即为标准值。

四、想一想，练一练

1. 伺服电动机又称为________电动机，在自动控制系统中作为________元件。

2. 伺服电动机将输入的电压信号变换成________或________输出，以驱动控制对象。

3. 输入的电压信号称为________信号或________电压，改变________电压可以改变伺服电动机的________和________。

4. 伺服电动机按使用的电源性质不同，可分为________伺服电动机和________伺服电动机两种。________伺服电动机的输出功率一般是 0.1～100W，________伺服电动机则是 1～600W。

5. ________伺服电动机的工作原理与具有________绕组的________异步电动机相似。励磁绕组 W_f 所在电路中串入________用来移相。

6. ________伺服电动机是一台微型________直流电动机，其结构和原理都与________直流电动机相同。按励磁的方式可分为________式和________式两种直流伺服电动机。

7. 工程中采用________电压信号控制伺服电动机的________和________，其控制方式有两种：改变电枢电压的________和________的称为________控制；改变励磁电压的________和________的称为________控制（只适用于________伺服电动机）。

第三节 步进电动机

步进电动机是利用电磁铁原理将电脉冲信号转换成相应角位移或线位移的控制电机。在数字控制系统中步进电动机作为执行元件，每输入一个脉冲，电动机就转动一定的角度或前进一步。因此，步进电动机又称为脉冲电动机。

步进电动机种类繁多，按运行方式可分为旋转型和直线型两类。通常使用的旋转型步进电动机又有反应式、永磁式和感应式三种。其中反应式步进电动机在我国使用广泛，它具有惯性小、反应快和速度高的特点。

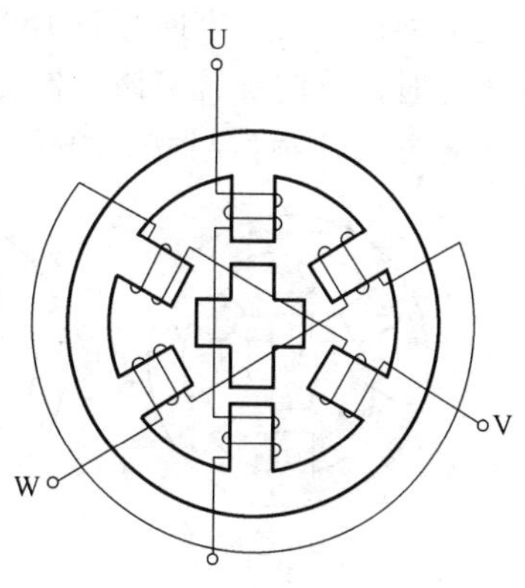

图 4-7 反应式步进电动机的结构示意图

图 4-7 是反应式步进电动机的结构示意图。定子具有均匀分布的六个磁极，磁极上绕有控制（励磁）绕组。两个相对磁极组成一相，绕组的接法如图所示。步进电动机的转子上没有绕组，为了分析方便起见，假定转子具有均匀分布的四个齿。下面介绍单三拍、六拍和双三拍控制的基本工作原理。

一、单三拍控制

图 4-8 为三相反应式步进电动机单三拍控制方式时的工作原理图。当 U 相控制绕组先通入电脉冲时，U、U′成为电磁铁的 N、S 极。由于磁通要沿着磁阻最小的路径闭合，这将使转子齿 1、3 和定子极 U、U′对齐，即产生 U、U′轴线方向的磁通，如图 4-8a 所示。U 相脉冲结束后，接着 V 相通入脉冲，由于同样的原因，转子齿 2、4 和定子磁极 V、V′对齐，如图 4-8b 所示，转子顺时针方向转过 30°。V 相脉冲结束，随后 W 相控制绕组通电，使转子齿 1、3 和定子磁极 W、W′对齐，转子又在空间顺时针转过 30°，如图 4-8c 所示。如果按照 U→V→W→U→…的顺序通电，则转子按顺时针方向一步一步转动，每步转过 30°，该角度称为步距角。电动机的转速取决于电脉冲的频率，频率越高，转速越高。若按 U→W→V→U→…的顺序通电，则电动机反向转动。三相控制绕组的通电顺序及频率的大小通常由电子逻辑电路来实现。

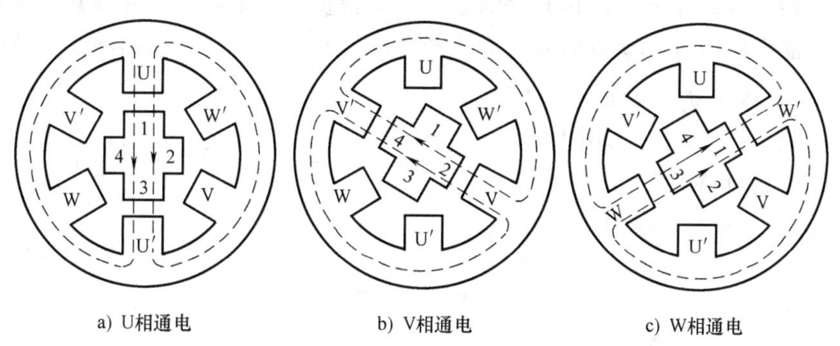

a) U相通电 b) V相通电 c) W相通电

图 4-8 单三拍控制方式时三相反应式步进电动机工作原理图

上述通电方式称为三相单三拍。“单”是指每次只有一相控制绕组通电；“三拍”是指经过三次切换控制绕组的电脉冲为一个循环。由于这种控制方式是在一相绕组断电瞬间另一相绕组刚开始通电，容易造成失步。而且由于单一控制绕组吸引转子，也容易使转子在平衡位置附近产生振荡，所以运行稳定性较差，很少采用。

二、六拍控制

六拍控制方式中按 U→UV→V→VW→W→WU→U→…顺序进行通电，即先 U 相控制绕组通电，而后 U、V 两相控制绕组同时通电，然后断开 U 相控制绕组，由 V 相控制绕组单独通电，再使 V、W 两相控制绕组同时通电，依次进行下去，如图 4-9 所示。每转换一次，步进电动机顺时针方向旋转 15°，即步距角为 15°。若改变通电顺序（即反过来），步进电动机将逆时针方向旋转。该控制方式，定子三相绕组经六次换接完成一个循环，故称为“六拍”控制。这种控制方式因转换时始终有一相绕组通电，故工作比较稳定。

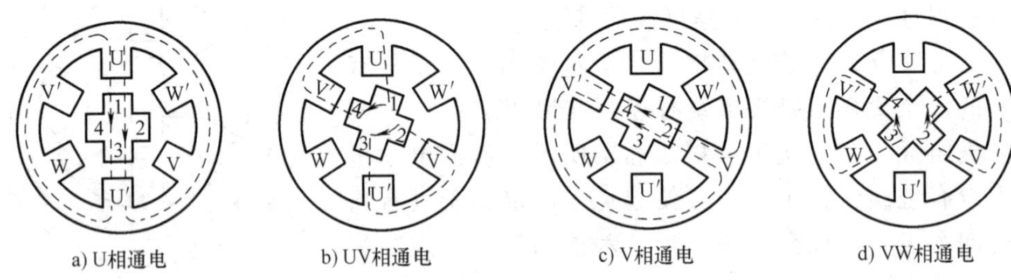

a) U相通电　b) UV相通电　c) V相通电　d) VW相通电

图 4-9　三相六拍控制方式时步进电动机的工作原理图

三相六拍控制方式通电顺序如图 4-10 所示。

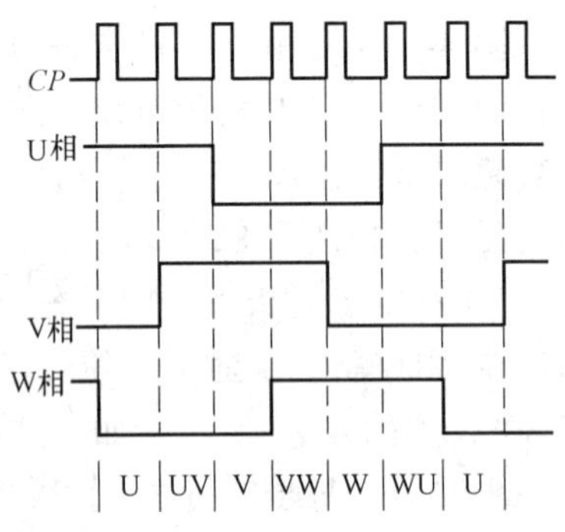

图 4-10　三相六拍控制方式通电顺序

步进电动机使用时须配备专用的驱动电路。图 4-11 是三相六拍步进电动机驱动电路原理图，它由脉冲分配器和功率放大电路组成。

图 4-11 中的输入脉冲来自控制装置（根据工作机械的动作要求产生相应的脉冲输出），输出端 A、B、C 经功率放大电路与步进电动机三相绕组 U、V、W 相连。某一输出端为高电平，对应的功率晶体管导通，电动机绕组通电；若两个输出端为高电平，则对应的两相绕组同时通电。电路中接入二极管 VD1、VD2、VD3（称为续流二极管）的作用是在绕组断电时出现瞬时过电压，提供电流通路，以免损坏晶体管。

脉冲分配器根据步进电动机的通电方式产生所需要的信号波形，如图 4-10 所示。

在图 4-11 中脉冲分配器由三个 D 触发器组成。只要在开始时利用 D 触发器的置 1 端或置 0 端将三个 D 触发器的初始状态预置成六种通电状态中的一种，输入脉冲后，该脉冲分配器的输出波形就按照图 4-10 所示的规律变化（其状态方程、状态转换表读者可自行列写），使步进电动机按照控制装置输出的控制脉冲而运转。

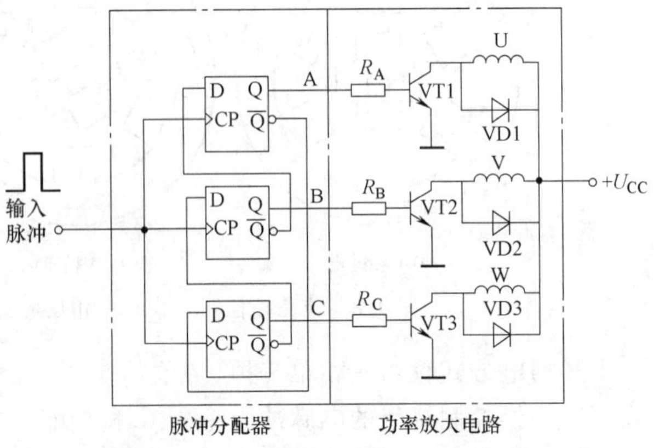

图 4-11　三相六拍步进电动机驱动电路原理图

三、双三拍控制

双三拍控制方式中每次有两相绕

组同时通电，即按照 UV→VW→WU→UV→…的顺序进行通电。在双三拍控制方式下步进电动机的转子位置与六拍控制方式时两相绕组同时通电时的情况一样，如图 4-9b、d 所示。所以，按双三拍控制方式通电运行时，其步距角和单三拍控制方式相同，仍然是 30°。

在实际应用中，为了保证加工精度，一般步进电动机的步距角不是 30°或 15°，而是 3°或 1.5°。为此把转子做成许多齿（如 40 个），并在定子每个磁极上还做几个小齿，如图 4-12 所示。

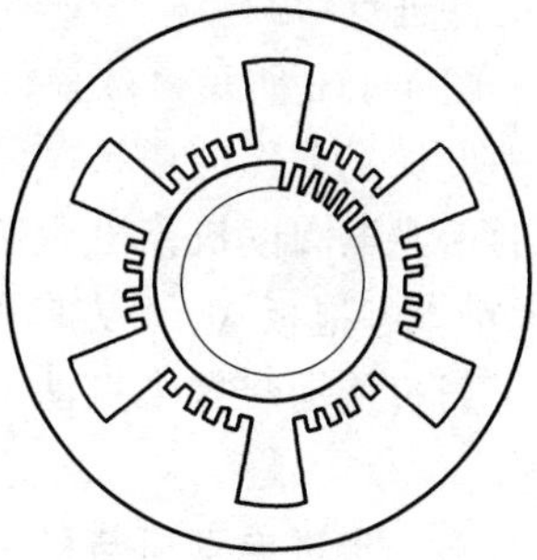

图 4-12 三相反应式步进电动机结构

步进电动机的步距角 Θ 还可按下式计算

$$\Theta = \frac{360°}{z_r m} \tag{4-1}$$

式中，z_r 为转子齿数；m 为运行拍数。

如果脉冲频率为 f（单位为 Hz），步距角 Θ 的单位为弧度（rad），则连续通入控制脉冲时步进电动机的转速为

$$n = \frac{\Theta f}{2\pi} \times 60 = \frac{60f}{z_r m} \tag{4-2}$$

由此可见，步进电动机的转速与脉冲频率成正比，并与频率同步。步进电动机除了做成三相外，也可以做成四相、六相或更多的相数。由式（4-1）和式（4-2）可知，电动机的相数及转子齿数越多，步距角也就越小，脉冲频率一定时转速也越低。但相数越多，相应脉冲电源越复杂，造价也越高，所以步进电动机一般最多做到六相，只有个别电动机才做成更多相数。

四、步进电动机的应用

由于步进电动机具有结构简单，维护方便，精度高，调速范围大，起动、制动、反转灵敏等优点，所以被广泛应用于数字控制系统，如数控机床、绘图机、自动记录仪表、检测仪表和数模转换装置中。图 4-13 是步进电动机在数控线切割机中的应用。

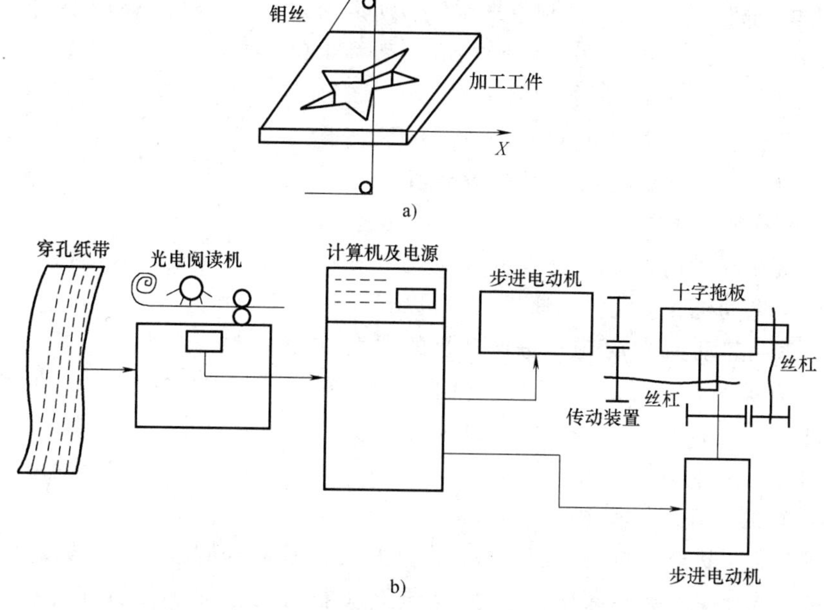

图 4-13 数控线切割机的工作示意图

数控线切割机是采用专门计算机进行控制，并利用钼丝与被加工工件之间电火花放电所产生的电蚀现象来加工复杂形状的金属冲模或零件的一种机床。在加工过程中钼丝的位置是固定的，而加工工件固定在十字拖板上，如图 4-13a 所示，通过十字拖板的纵横运动，对加工工件进行切割。

图 4-13b 所示是数控线切割机的工作原理示意图。数控线切割机在加工工件时，先根据图样上加工工件的形状、尺寸和加工工序编制计算机程序，并将该程序记录在穿孔纸带上，而后由光电阅读机读出后送入计算机，计算机就对每一方向的步进电动机给出控制电脉冲（这里十字拖板 X、Y 方向的两根丝杆分别由两台步进电动机拖动），指令两台步进电动机运转，通过传动装置来拖动十字拖板按加工要求连续移动进行加工，从而切割出符合要求的零件。

五、步进电动机与数控系统的连接

图 4-14 为步进电动机与数控系统的连接框图，其中控制脉冲由数控系统发出。

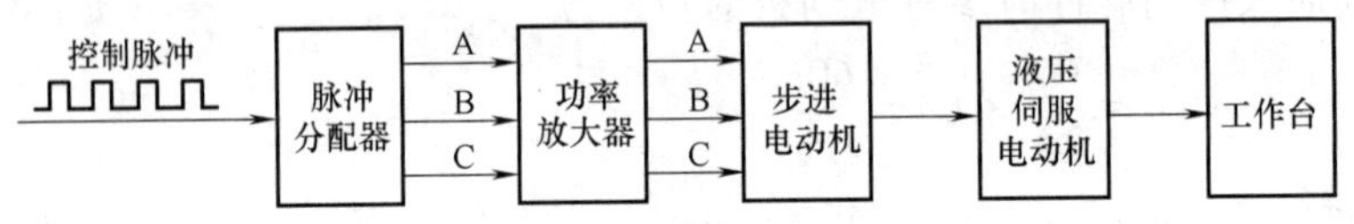

图 4-14　步进电动机与数控系统的连接框图

六、步进电动机的主要特性

1. 步距角 Θ

步进电动机的定子和转子都是多齿结构，绕组相数越多，齿数越多，步距角 Θ 越小，位置精度越高。

2. 步距误差 $\Delta\alpha$

步距误差是指理论的步距角与实际的步距角之差 $\Delta\alpha$，它直接影响执行部件的定位精度。这种误差主要由齿距制造误差、定子与转子间气隙不均匀以及各相电磁转矩不均匀等因素造成。由于步进电动机每转一圈又回到原来位置，所以误差不会无限积累。伺服步进电动机的 $\Delta\alpha$ 一般为 $\pm10'\sim\pm15'$，功率步进电动机的 $\Delta\alpha$ 一般为 $\pm20'\sim\pm25'$。

3. 最高起动频率 f_Q 及起动惯频特性

空载时，步进电动机由静止突然起动，并不失步地进入稳速运行，所允许的起动频率的最高值称为最高起动频率，又称突跳频率。

步进电动机在起动时，既要克服负载转矩，又要克服惯性转矩（电动机和负载的总惯量），所以起动频率不能太高。最高起动频率 f_Q 与步进电动机的惯性负载转动惯量 J 有关，J 增大则 f_Q 下降，如图 4-15 所示。伺服步进电动机的 f_Q 最大为 1000～2000Hz，功率步进电动机的 f_Q 一般为 500～800Hz。

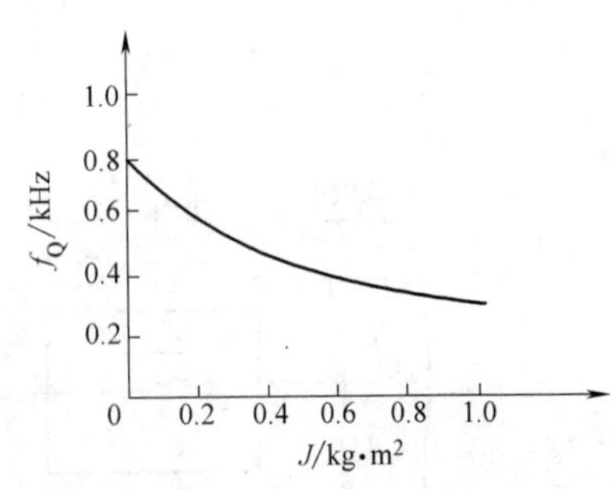

图 4-15　步进电动机的起动惯频特性

4. 连续运行的最高工作频率 f_{max}

这个频率是指步进电动机连续运行时，所能接受的最高控制频率，又称最高工作频率。最高工作频率远大于最高起动频率，它对应步进电动机所能达到的最高速度。

5. 转矩-频率特性

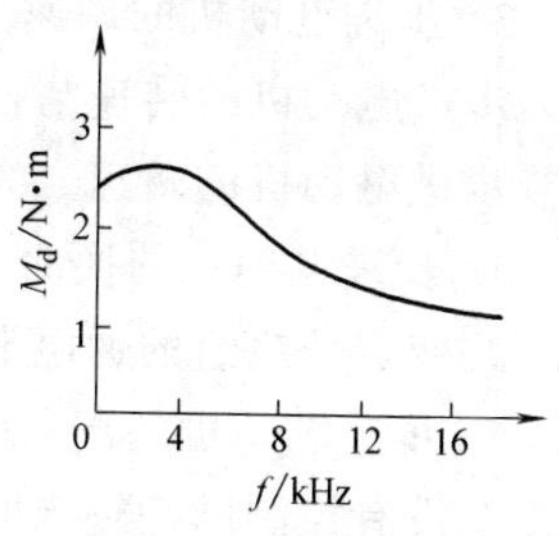

图 4-16 步进电动机转矩-频率特性

步进电动机的定子绕组是电感负载，输入频率升高，励磁电流减小，磁通量的变化加剧，铁心的涡流损失就加大。因此，输出转矩 M_d 要降低。图 4-16 表示了步进电动机的转矩-频率特性。

七、步进电动机的驱动电路

这个电路完成由弱电到强电的转换和放大，即将逻辑电平信号变换成电动机绕组所需的具有一定功率的脉冲信号。驱动电路性能的好坏在很大程度上决定了电动机潜力是否能充分发挥。图 4-17 是步进电动机的驱动电路。

对于该驱动电路，有如下几个主要要求：

1）能提供具有足够的幅值、前后沿较好的励磁电流。

2）本身功耗小，变换效率高。

3）能长时间稳定可靠地运行。

4）成本低且易于维护。

八、步进电动机的脉冲分配

步进电动机的脉冲分配器完成电动机绕组中电流通断的顺序控制。在数控系统中，脉冲分配器是将插补输出脉冲，按步进电动机所要求的规律，分配给步进电动机的各相输入端，用以控制绕组中电流的开通和关断。同时由于电动机有正反转要求，所以脉冲分配器的输出既是周期性的，又是可逆的。因此，脉冲分配器也可称为环形分配器。图 4-18 是三相六拍脉冲分配器的结构图。

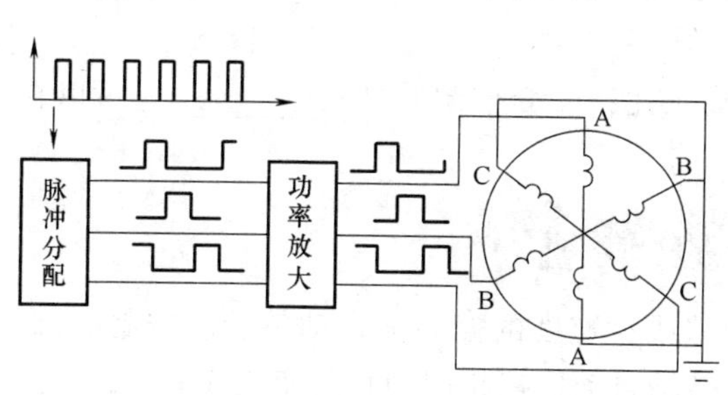

图 4-17 步进电动机驱动电路

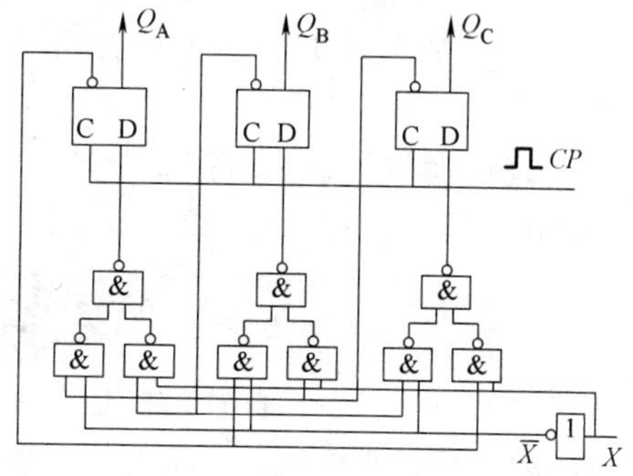

图 4-18 三相六拍脉冲分配器结构图

插补输出脉冲是数控系统中的一种脉冲输出方式：脉冲分配有硬件和软件两种形式，详细内容请参阅有关资料。

九、步进电动机的使用

1. 步进电动机无积累误差

步进电动机驱动装置接受脉冲指令，控制其通电顺序，将脉冲信号转换为角位移，角位移与脉冲成严格的比例关系，无积累误差。

2. 步进电动机的起动

其起动频率不能超过其最高工作频率。

3. 步进电动机的调速

步进电动机的转速与控制脉冲频率成正比，改变控制脉冲的频率，可以在很宽的范围内调节步进电动机的转速。

4. 步进电动机的换向

改变定子绕组的通电顺序，可以方便地控制电动机的正反转。

5. 步进电动机的制动

在没有控制脉冲输入时，只要维持绕组电流不变，电动机即可有电磁力矩维持其定位位置，不需要附加机械制动装置。

十、想一想，练一练

1. 步进电动机是利用________原理将电脉冲信号转换成________的控制电机。

2. 在数字控制系统中，步进电动机作为________元件，每输入一个脉冲，电动机就转动一定的________或前进________。因此，步进电动机又称为________电动机。

3. 步进电动机按运行方式可分为________型和________型两类。通常使用的旋转型步进电动机又有________式、________式和________式三种。其中________式步进电动机在我国使用广泛，它具有________小、________快和________高的特点。

4. 步进电动机的转子上________绕组。它有________拍、________拍和________拍控制的工作方式。

5. 步进电动机的工作方式中，“单”是指每次只有________绕组通电，“几拍”是指经过几次________控制绕组的脉冲为一个________。

6. 步进电动机每步转过的角度称为________角。步进电动机的定子和转子都是________结构，绕组相数越________，齿数越________，步距角 Θ 越________，位置精度越________。实际应用中，为了保证加工精度，一般步进电动机的步距角________是30°或15°，________是3°或1.5°。为此把转子做成许多齿，并在定子每个________上还做几个小齿。

7. 步进电动机的转速与控制脉冲________成正比，改变控制脉冲的________，可以在很宽的范围内调节步进电动机的________。

第四节 自 整 角 机

在转角随动系统中，自整角机是一种对角位移或角速度的偏差能自动整步的控制电机。它通过电的联系，使机械上不相连的两根或多根转轴自动保持相同的转角变化或同步旋转。

自整角机有三相对称的绕组W1W4、W2W5和W3W6，它们的匝数相等，轴线在空间互相差120°，连接成星形；还有一个单相绕组Z1Z2，如图4-19所示。三相对称绕组在定子上，单相绕组在转子上；或者相反，两者原理都一样。

自整角机常成对使用，一个作为发送机，一个作为接收机。根据在使用上的不同，分为控制式和力矩式两种。

一、控制式自整角机

图4-19中，左边是发送机，右边是接收机，两者结构完全一样。三相绕组放在定子上，两边的三相绕组用三根导线对应地连接。

发送机的单相绕组作为励磁绕组，接在交流电源上，其电压 U_1 为定值。接收机的单相绕组作为输出绕组，其输出电压 U_2 由定子磁通感应产生。此时，接收机是在变压器状态下工作，所以控制式自整角机系统中的接收机又称为自整角变压器。

图 4-19 中，发送机的转子励磁绕组的轴线与定子 W1 相绕组轴线相重合的位置作为它的基准电气零电位，其转子的偏转角为 θ，即两轴线间的夹角为 θ。自整角变压器的基准电气零电位是转子输出绕组轴线与定子 W1′相绕组轴线相垂直的位置，其转子的偏转角为 θ'。图 4-20 是发送机和自整角变压器的示意图。

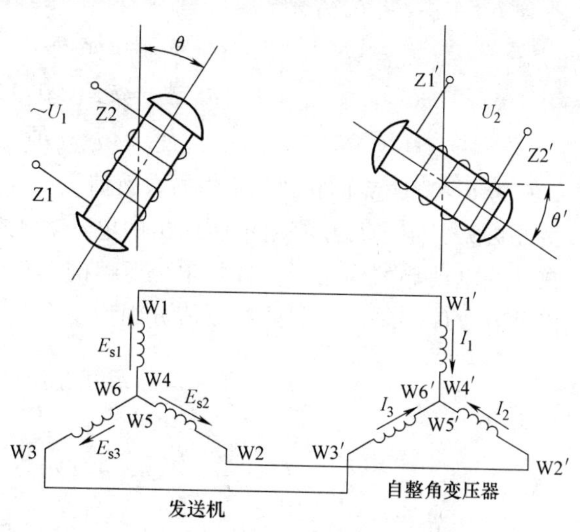

图 4-19 控制式自整角机的接线图

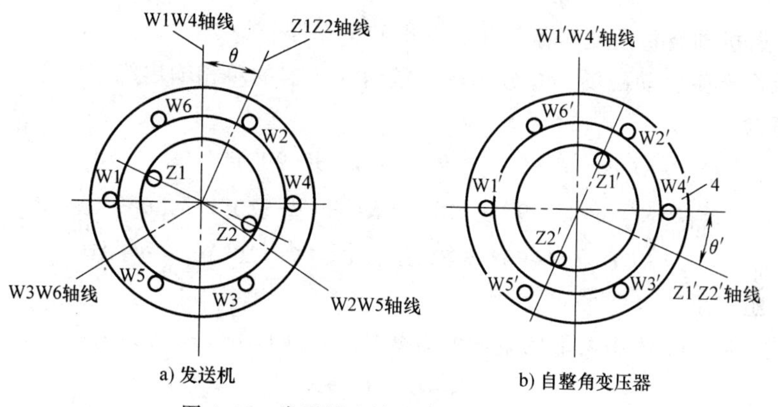

图 4-20 发送机和自整角变压器示意图

当发送机的励磁绕组通入励磁电流后，产生交变脉动磁通，其幅值为 Φ_m。设转子偏转角为 θ（如图 4-20a 所示），即励磁绕组轴线与 W1 相绕组轴线的夹角为 θ，则通过 W1 相绕组的磁通幅值为

$$\Phi_{1m}=\Phi_m\cos\theta$$

因为定子三相绕组是对称的，励磁绕组轴线与 W2 相绕组轴线的夹角为 $\theta+240°$，与 W3 相绕组轴线的夹角为 $\theta+120°$，于是通过 W2 相绕组和 W3 相绕组的磁通幅值分别为

$$\Phi_{2m}=\Phi_m\cos(\theta+240°)=\Phi_m\cos(\theta-120°)$$

$$\Phi_{3m}=\Phi_m\cos(\theta+120°)$$

因此，在定子每相绕组中感应出电动势，其有效值为

$$E_{s1}=4.44fN_s\Phi_{1m}=4.44fN_s\Phi_m\cos\theta$$

$$E_{s2}=4.44fN_s\Phi_{2m}=4.44fN_s\Phi_m\cos(\theta-120°)$$

$$E_{s3}=4.44fN_s\Phi_{3m}=4.44fN_s\Phi_m\cos(\theta+120°)$$

式中，N_s 为定子每相绕组的匝数。

若令 $E=4.44fN_s\Phi_m$，则

$$E_{s1}=E\cos\theta$$
$$E_{s2}=E\cos(\theta-120^\circ)$$
$$E_{s3}=E\cos(\theta+120^\circ)$$

式中，E 为 $\theta=0^\circ$时 W1 相中电动势的有效值。

由此可见，定子每相绕组中感应出的电动势是不同相的，但它们的有效值是相等的。

在这些电动势的作用下，自整角变压器的三相绕组的每个绕组中流过的电流也是不同相的，但是有效值相等。它们的有效值分别为

$$I_1=\frac{E_{s1}}{Z}=\frac{E}{Z}\cos\theta=I\cos\theta$$

$$I_2=\frac{E_{s2}}{Z}=\frac{E}{Z}\cos(\theta-120^\circ)=I\cos(\theta-120^\circ)$$

$$I_3=\frac{E_{s3}}{Z}=\frac{E}{Z}\cos(\theta+120^\circ)=I\cos(\theta+120^\circ)$$

式中，Z 为发送机和自整角变压器每相定子电路的总阻抗。

这些电流都产生脉动磁场，并分别在自整角变压器的单相输出绕组中感应出不同相电动势，其有效值为

$$E'_{r1}=KI_1\cos(\theta'+90^\circ)=KI\cos\theta\cos(\theta'+90^\circ)$$
$$E'_{r2}=KI_2\cos(\theta'+90^\circ-120^\circ)=KI\cos(\theta-120^\circ)\cos(\theta'-30^\circ)$$
$$E'_{r3}=KI_3\cos(\theta'+90^\circ+120^\circ)=KI\cos(\theta+120^\circ)\cos(\theta'+210^\circ)$$

式中，K 为一比例系数（Ω）。

自整角变压器输出绕组两端的电压的有效值 U_2 为上述各电动势之和，即

$$U_2=E'_{r1}+E'_{r2}+E'_{r3}$$

经过三角运算后得出

$$U_2=\frac{3}{2}KI\sin(\theta-\theta')=U_{2\max}\sin\delta$$

式中，$U_{2\max}=3KI/2$，是输出绕组的最大输出电压；δ 为失调角，$\delta=\theta-\theta'$。

当失调角增大时，输出电压 U_2 随之增大；当 $\delta=90^\circ$时，达到最大值 $U_{2\max}$；当 $\delta=0$ 时，$U_2=0$。输出电压还随发送机转子转动方向的改变而改变其极性。

二、力矩式自整角机

在控制式自整角机中，转角的随动是通过伺服电动机来实现的。伺服电动机既带动控制对象，也带动自整角变压器的转子。如果负载很轻（例如指示仪表的指针），就不需要用伺服电动机，由自整角机直接实现转角随动。这就是“力矩式自整角机”。

图 4-21 是力矩式自整角机的接线图。和控制式的不同之处在于右边的自整角机称为接收机，其单相绕组和发送机的单相绕组一同接在交流电源上，都作为励磁用。接收机的转子带动负载。

励磁电流通过每个自整角机的励磁绕组时，产生各自的交变脉动磁通，此磁通在三相绕组中产生感应电动势，它们不同相但是有效值相等。各相绕组中电动势的大小和这个绕组相

对于励磁绕组的位置有关。若接收机转子和发送机转子对定子绕组的位置相同（在力矩式自整角机中，发送机与接收机的电气基准零电位是一样的），即如图 4-21 中两边的偏转角 $\theta=\theta'$或者失调角 $\delta=0$ 的情况，那么在两边对应的每相绕组中产生同样的电动势，例如 W1 相和 W1′相绕组中的电动势 $\dot{E}_{s1}=\dot{E}'_{s1}$。从两边组成的每相回路来看，相应的两个电动势互相抵消，因此在两边的三相绕组中没有电流。

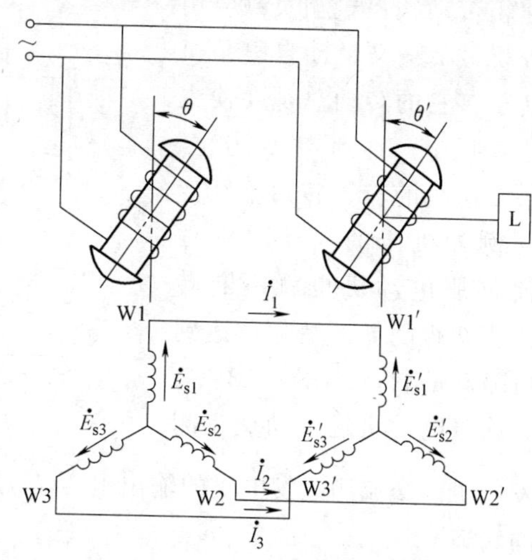

图 4-21　力矩式自整角机的接线图

若在此位置发送机转子转动一个角度，则 $\delta=\theta-\theta'\neq0$，于是发送机和接收机相应的每相定子绕组中的两个电动势就不能互相抵消，定子绕组中就有电流。这个电流和接收机的励磁磁通作用而产生转矩（称为整步转矩），这个转矩将使接收机的转子带动负载转动，使失调角减小，直到 $\delta=0$ 时为止，以实现转角随动。

同样，发送机的转子受转矩的作用，它力图使发送机转子回到原先的位置，但由于发送机转子与主令轴固定联接，不能随动。

三、自整角机的应用

（一）力矩式自整角机的应用

图 4-22 是力矩式自整角机在液位指示器中应用的例子。图中浮子随着液面升降，通过滑轮和平衡锤使自整角发送机转动。因为自整角接收机是随动的，所以它带动的指针能准确地反映发送机所转过的角度，从而实现了液位的传递。

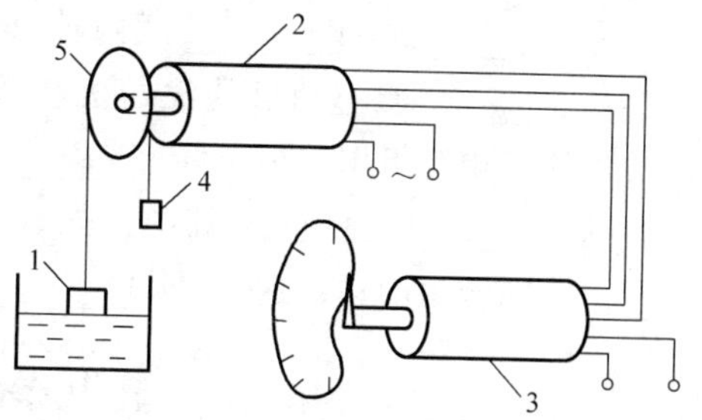

图 4-22　液位指示器的示意图

1—浮子　2—自整角发送机　3—自整角接收机　4—平衡锤　5—滑轮

（二）控制式自整角机的应用

图 4-23 是控制式自整角机在位置随动系统的应用示意图，图 4-24 是图 4-23 的框图。

控制式自整角机的输出电压 $\dot{U}_s$ 经交流放大后去控制交流伺服电动机。交流伺服电动机经过

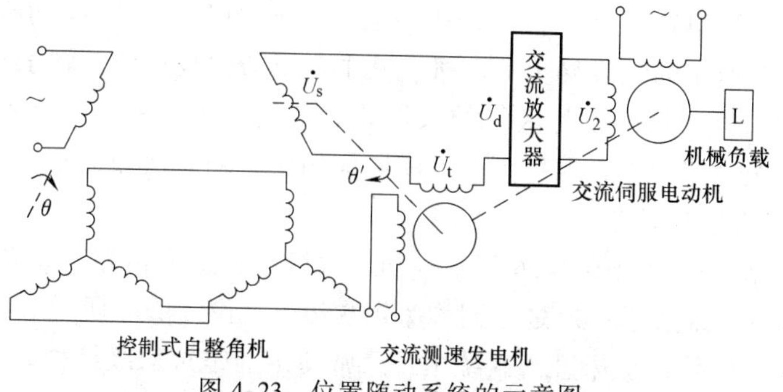

图 4-23　位置随动系统的示意图

变速箱带动被控机械负载，由被控机械负载又带动自整角机的转子，它的转动总是要使失调角 δ 减小，直到 $\delta=0$ 为止。如果发送机的转子转角不断变化（例如机床的摇动手把），交流伺服电动机也就不断转动，使 θ' 跟随 θ 而变化，达到转角随动的目的。图 4-23 中，交流伺服电动机还带动交流测速发电机。交流测速发电机的输出电压 $\dot{U}_t$ 加在放大器的输入端，起负反馈作用，以稳定系统的转速。

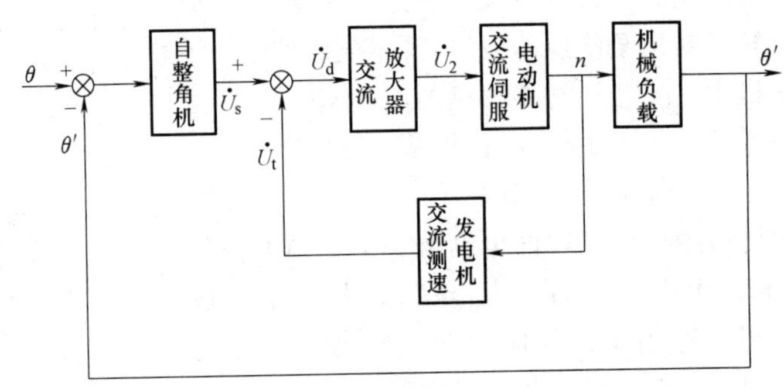

图 4-24 位置随动系统示意图的框图

四、想一想，练一练

1. 在转角随动系统中，自整角机是一种对________或________的________能自动整步的控制电机。它通过电的联系，使机械上________的两根或多根转轴自动保持相同的________变化或同步________。

2. 自整角机有三相对称的绕组，它们的________相同，轴线在空间互相差________，连接成________形。

3. 自整角机常成对使用，一个作为________，一个作为________，由于在使用上的不同，分为________式和________式两种。

4. ________式自整角机的发送机和接收机结构________一样。三相绕组放在________上，两边的三相绕组用三根导线________地连接。

5. 在________式自整角机中，如果负载很轻（例如指示仪表的指针），由自整角机________实现转角随动。这就是“________式自整角机”。

第五节 直线电动机

直线电动机是做直线运动的电动机。直线电动机与执行机构之间没有中间传动机构，使得传动系统结构简单，同时加、减速速度快，可实现快速起动和正反向运动。

一、直线电动机基本结构

1. 直线电动机的演化

图 4-25a 所示的笼型异步电动机，如果将它沿径向剖开，并将电动机的圆周展开成直线，就得到图 4-25b 所示的直线异步电动机，其中定子与初级对应，转子与次级对应。由此演变而来的直线电动机，其初级与次级的长度是相等的。由于初级与次级之间要做相对运动，为保证初、次级之间的耦合保持不变，实际应用中，初、次级的长度是不相等的。

2. 直线电动机的基本结构

直线电动机的基本结构如图 4-26 所示，初、次级的长度不相等。如果初级的长度较短，称为短初级，如图 4-26a 所示；反之，则称为短次级，如图 4-26b 所示。由于短初级结构简单、成本较低，在高速数控机床进给系统中，通常使用的是短初级结构。

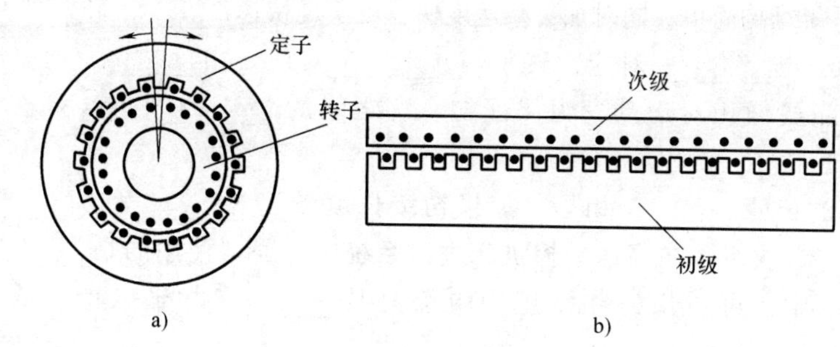

图 4-25　直线电动机的演化

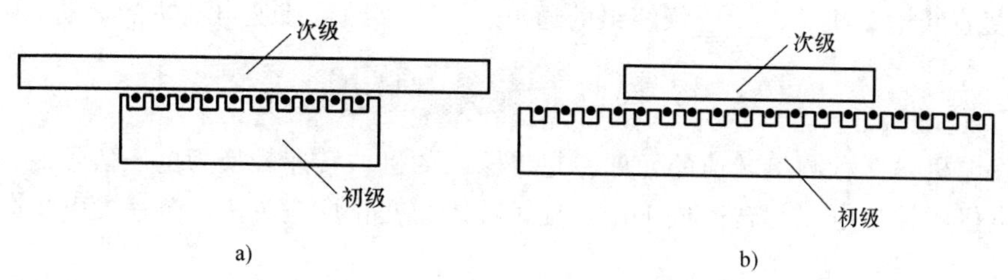

图 4-26　直线电动机的基本结构形式

二、直线电动机的基本工作原理

直线电动机是由旋转电动机演变而来的，因此，当在初级的多相绕组中通入多相电流后，就会产生一个气隙磁场，这个磁场的磁通密度波是直线移动的，称为行波磁场。图 4-27 是直线电动机的基本工作原理。显然，次级移动时，行波的移动速度与旋转磁场在定子内圆表面上的线速度是相同的，称为同步速度，其大小可表示为

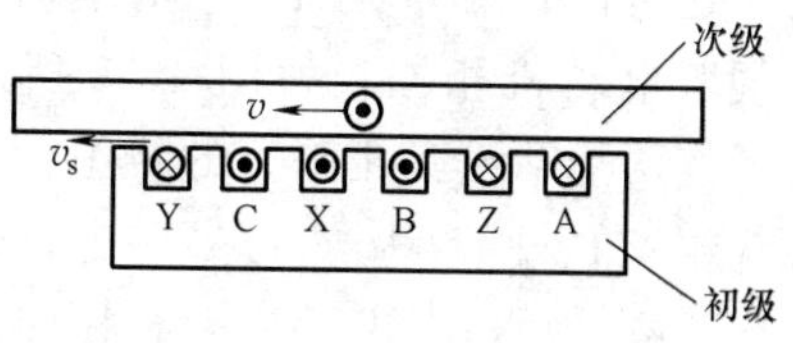

图 4-27　直线电动机基本工作原理

$$v_s = 2f\tau$$

式中，v_s 为同步速度；f 为电源频率；τ 为极距。

在行波的切割下，次级的导体将产生感应电动势和电流，所有导条的电流和气隙磁场相互作用，使次级沿着行波磁场行进的方向作直线运动，若次级移动的速度用 v 表示，则转差率的大小为

$$s = \frac{v_s - v}{v_s}$$

次级速度为

$$v = (1 - s)v_s$$

这表明直线电动机的速度与电源频率及电动机极距成正比，因此，改变极距或电源频率都可改变电动机的速度。

与旋转电动机一样，改变直线电动机初级绕组的通电顺序，可改变电动机的运动方向。在实际应用中，也可将次级固定不动，而让初级运动。

三、想一想，练一练

1. 直线电动机是做________运动的电动机。直线电动机与执行机构之间没有________传动

机构，使得传动系统结构简单，同时加、减速度快，可实现快速________和________向运动。

2. 电动机定子与________对应，转子与________对应。由________而来的直线电动机的初级与次级之间要做相对运动，为保证初、次之间的________保持不变，实际应用中，初、次级的长度是________相等的。

3. 初、次级的长度________相等，如果初级长度较________，称为________初级；反之，则称为________次级。在高速数控机床进给系统中，通常使用的是________级结构。

4. 在图 4-27 中，可看出三相绕组中电流是从________相输入的，从________相输出的。

5. 直线电动机的速度与电源________及电动机________成正比。

6. 改变直线电动机________级绕组的通电________，可改变电动机的运动________。

第六节 测速发电机

测速发电机是一种测量转速的元件，它将输入的机械转速转换为电压信号输出。这就要求测速发电机的输出电压与转速成正比，且对转速的变化反应灵敏。测速发电机分为交流和直流两大类。

一、交流测速发电机

交流测速发电机分为同步式和异步式两类。这里仅介绍异步的，它的结构和杯形转子伺服电动机相同，如图 4-28 所示。它的定子有两个轴线互相垂直的绕组，一个是励磁绕组 W1，匝数为 N_1；另一个是输出绕组 W2，匝数为 N_2。转子是空心杯转子，用电阻率较大的非磁性材料磷青铜制成。在杯形转子内还装有一个由硅钢片叠成的铁心，与杯形转子外部的铁心相对固定，称为内定子，这是为了减小磁路的磁阻。

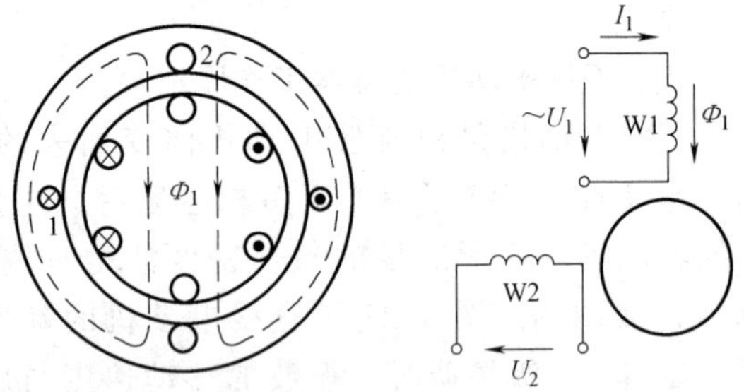

图 4-28 异步测速发电机（静止时）

发电机的励磁绕组接到稳压的交流电源上，励磁电压为 U_1，这时在励磁绕组的轴线方向产生一个交变脉动磁通 Φ_1，由

$$U_1 \approx 4.44 f_1 N_1 \Phi_1$$

可知，Φ_1 正比于 U_1。

当转子静止（$n=0$）时，由于脉动磁通与输出绕组的轴线垂直，Φ_1 与 W2 没有交链，故输出绕组无感应电动势，输出电压 $U_2=0$，如图 4-28 所示。

当转子被主电动机拖动，以转速 n 旋转时，杯形转子切割 Φ_1，在转子中感应出电动势 E_r，其方向由右手定则确定，如图 4-29 所示。由于 Φ_1 是随时间作正弦变化的，所以 E_r 也是正弦电动势，其频率也是 f_1，电动势的有效值为

$$E_r = C_E \Phi_1 n$$

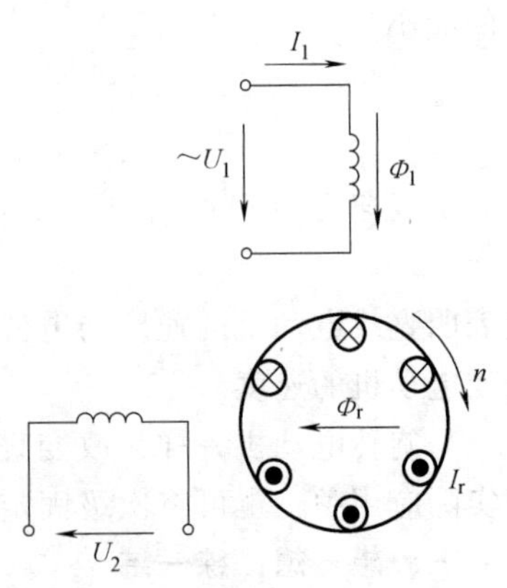

图 4-29 异步测速发电机原理图

杯形转子可看作由无数条并联的导体组成，与笼型转

子一样，E_r 便在其中产生同频率的转子电流 I_r。由于杯形转子为高阻值，漏抗忽略可不计，因此可认为 I_r 与 E_r 同相位。I_r 将产生频率同为 f_1 的脉动磁通 Φ_r。

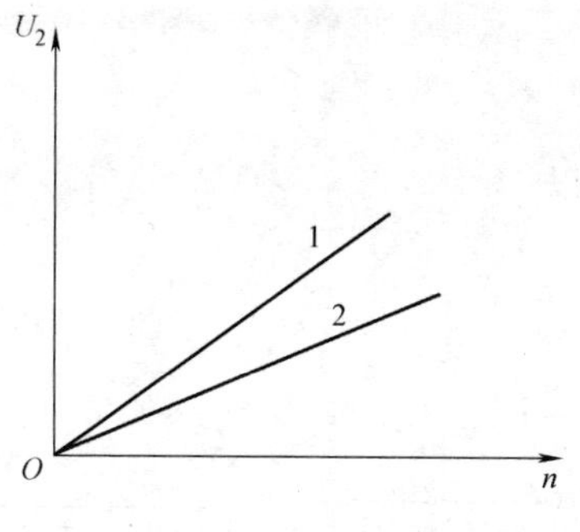

图 4-30　测速发电机理想输出特性

综上所述，当磁路不饱和时，有

$$\Phi_r \propto I_r \propto E_r = C_E \Phi_1 n$$

磁通 Φ_r 与输出绕组的轴线方向一致，因而在输出绕组中感应出频率为 f_1 的电动势，其有效值为

$$E_2 = 4.44 f_1 N_2 \Phi_r$$

输出绕组两端的输出电压为 U_2，有

$$U_2 \propto \Phi_r$$

根据上述关系可得出

$$U_2 \propto \Phi_1 n \propto U_1 n$$

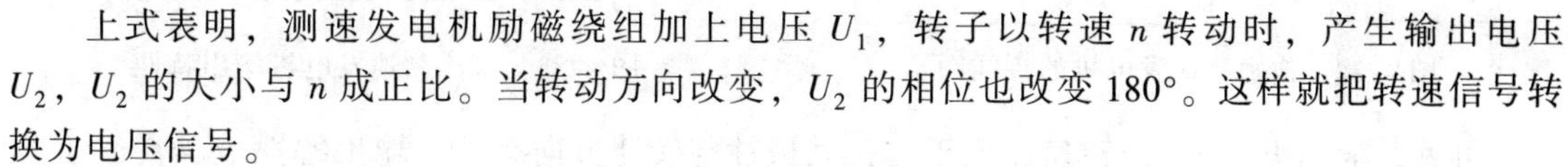

上式表明，测速发电机励磁绕组加上电压 U_1，转子以转速 n 转动时，产生输出电压 U_2，U_2 的大小与 n 成正比。当转动方向改变，U_2 的相位也改变 180°。这样就把转速信号转换为电压信号。

若输出绕组的阻抗为 Z_2，则有

$$U_2 = E_2 - I_2 Z_2$$

当输出绕组接有负载，回路的总阻抗为 Z_L，则 $I_2 = U_2/Z_L$，代入上式得

$$U_2 = \frac{E_2}{1 + \frac{Z_2}{Z_L}} = Kn$$

测速发电机输出电压与转速的关系称为输出特性 $U_2 = f(n)$。图 4-30 为测速发电机理想输出特性。当输出绕组开路（$Z_L = \infty$）时，输出特性为图中的曲线 1；当输出绕组接有负载时，输出特性为图中的曲线 2。

测速发电机在实际工作时，输出特性并非是线性的，而是如图 4-31 所示。这是因为励磁绕组与杯形转子之间的关系如同变压器的一次、二次绕组之间的关系。Φ_1 是励磁电流与转子电流共同产生的。而转子电动势和转子电流与转子转速有关。因此，当转速变化时，励磁电流和磁通 Φ_1 都将发生变化，即 Φ_1 并非常数，这样，就破坏了输出电压 U_2 与转速 n 的线性关系。

二、直流测速发电机

直流测速发电机是一种微型直流发电机，它的定子和转子的结构均与直流发电机基本相同。直流测速发电机按励磁方式分为他励式和永磁式两种。图 4-32 为他励测速发电机的接线图。

当每极磁通 Φ 为常数时，发电机的电动势为

$$E = C_E \Phi n$$

设发电机电枢绕组电阻为 R_a，负载电阻为 R_L，则其输出电压为

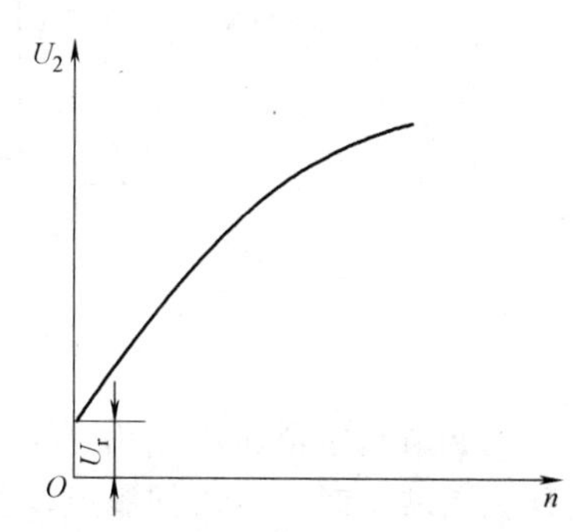

图 4-31　测速发电机实际输出特性

$$U_2 = E - I_2 R_a$$

而

$$I_2 = U_2 / R_L$$

所以

$$U_2 = \frac{E}{1+\frac{R_a}{R_L}} = \frac{C_E \Phi}{1+\frac{R_a}{R_L}} n = Kn$$

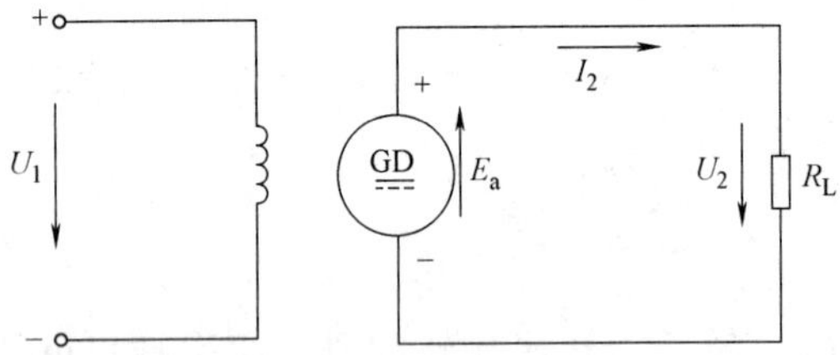

图 4-32 他励测速发电机的接线图

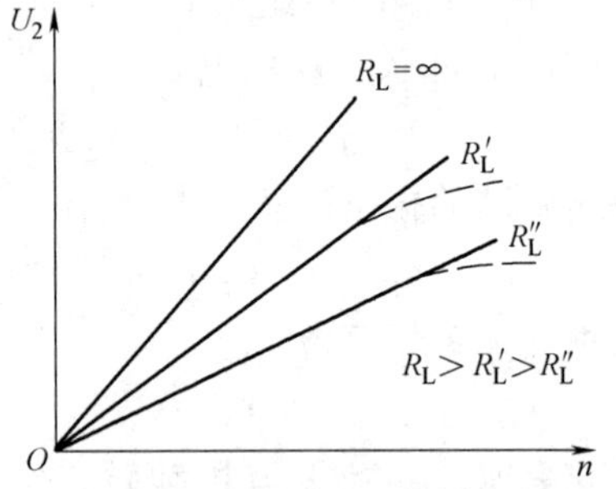

图 4-33 直流测速发电机输出特性

可见，输出电压 U_2 与转速 n 成正比，其极性与转速方向有关。输出特性 $U_2=f(n)$ 在理想情况下是一条直线，如图 4-33 所示的实线。输出电压 U_2 的大小，除了与转速有关外，还与负载电阻 R_L 的大小有关。空载时，$R_L=\infty$，$U_2=C_E\Phi n=E$。R_L 越小，电流 I_2 越大，当转速为一定值时，输出电压下降得也就越多，而且当负载增大（即 R_L 减小）时，线性误差将增加，特别是在高速时（见图 4-33 中虚线部分）。引起该误差的主要原因是电枢电流的去磁作用和发电机温度的变化。要减小由于电枢电流的去磁作用所造成的输出特性的非线性，使用时，要求负载电阻 R_L 尽可能取得大一些。在直流测速发电机的技术数据中提供了“最小负载电阻和最高转速”一项，以确保控制系统的精度。

三、测速发电机的应用

图 4-34 是直流测速发电机在恒速控制系统中的应用原理图。图中直流伺服电动机拖动一个旋转机械负载。当负载转矩有所变动时，要求系统的转速不变。如果单独采用直流伺服电动机来拖动这个机械负载，由于直流伺服电动机的转速是随负载转矩而变化的，所以不能实现负载转速恒定的要求，因此，与伺服电动机同轴联接一个直流测速发电机。

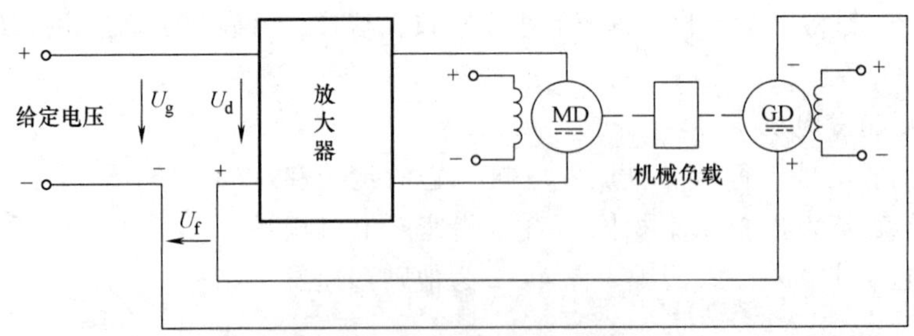

图 4-34 恒速控制系统原理图

先调节给定电压 U_g，使直流伺服电动机的转速恰是负载要求的转速。如负载转矩由于某种原因减小时，直流伺服电动机的转速便上升，直流测速发电机转速也将上升，输出电压 U_f 增加，U_f 将反馈（负反馈）到输入端，与 U_g 比较，使差值电压 $U_d=U_g-U_f$ 减小，经放大以后的输出电压随之减小，因而直流伺服电动机减速，系统转速基本不变。反之当负载转矩由于某原因而略有增加时，系统的转速将下降，直流测速发电机的输出电压减小，因而差值电压 $U_d=U_g-U_f$ 变大，经放大后加在电动机上的电压也增大，电动机转速上升。可见，该系统具有自动调节作用，使系统的转速近似于恒值。

四、想一想，练一练

1. 测速发电机是一种测量________的元件，它将输入的机械________转换成________信号输出。这就要求测速发电机的输出________与________成正比，且对转速的变化反应________。

2. 测速发电机分为________和________两大类。

3. 交流测速发电机分为________和________两类。

4. ________步测速发电机的结构和________转子________电动机相同。

5. ________步测速发电机定子有两个轴线互相________的绕组，一个是________绕组，另一个是________绕组。转子是________杯，在杯形转子内装有一个由硅钢片叠成的铁心，与杯形转子外部的铁心相对固定，称为________。

6. 直流测速发电机是一种________型直流________机，它的定子和转子的结构与直流________机基本相同。

7. 直流测速发电机按励磁方式分为________式和________式两种。

第七节　技能培训

一、[技能培训 6] 直流伺服电动机特性、调速及反转测试

[培训目的]　掌握测定直流伺服电动机在电枢控制时的机械特性和调节特性的方法；了解直流伺服电动机在磁极控制下的调速及反转的方法。

[预习内容]　控制直流伺服电动机转速和转向的两种方式：改变电枢电压的大小和方向（电枢控制）或改变励磁电压的大小和方向（磁极控制），如图 4-35 所示。

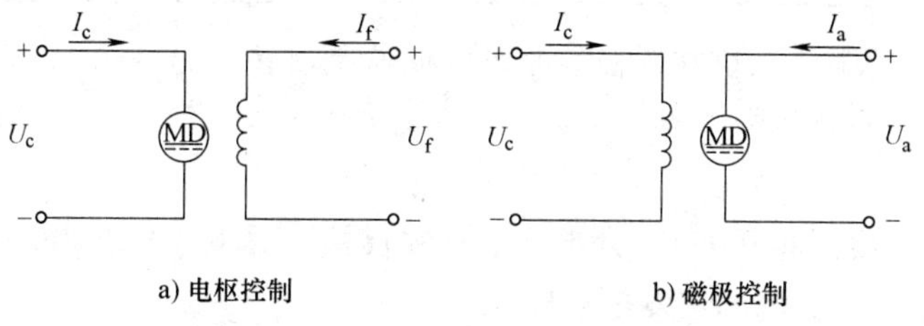

图 4-35　直流伺服电动机的控制方法

[培训器材]　图 4-36 所示电路的器材等。

[培训内容及步骤]

（一）测定直流伺服电动机绕组的电阻

用万用表或电桥测定励磁绕组电阻 R_f 和电枢绕组电阻 R_a，并记录。

（二）测定直流伺服电动机的空载转速 n_0

实训电路如图 4-36 所示，拆除测功机，合上开关 Q1，调节 RP1 使 $U_f=U_{fN0}$（空载

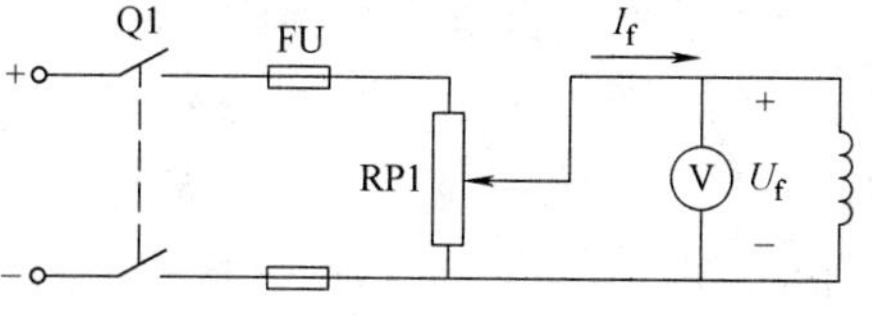

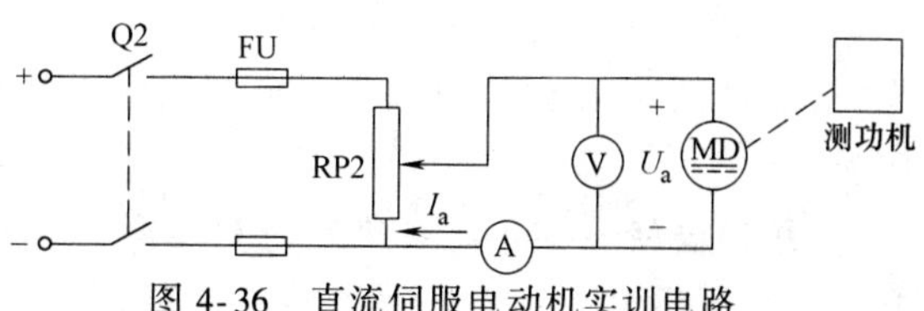

图 4-36　直流伺服电动机实训电路

额定励磁电压）。合上开关 Q2，调节 RP2，测取 U_a、I_a、n，记入表 4-1 中。

表 4-1 空载转速测量数据

序号	测量数据			计算值
	U_a/V	I_a/A	n/r · min^{-1}	n_0/r · min^{-1}

（三）测定电枢控制时的机械特性

实训电路如图 4-36 所示，调节 RP1 和 RP2 使 $U_f = U_{fN}$（额定励磁电压），$U_a = U_N$，然后调节转矩 T，直到电枢电流 $I_a = I_{aN}$（电枢额定电流），测量 I_a、T、n 并记入表 4-2 中。调节可变电阻 RP2 使 $U_a = 60\% U_N$。重复上述步骤，将数据记入表 4-2 中。

表 4-2 机械特性测量数据

序号	$U_a = U_N =$ V			$U_a =$ V		
	I_a/A	T/N · m	n/r · min^{-1}	I_a/A	T/N · m	n/r · min^{-1}

（四）测定电枢控制时的调节特性

1. 空载时的调节特性

在 $U_f = U_{fN}$ 时使电动机处于空载状态。调节 RP2，直到 $U_a = U_N$，测量 U_a、n 数据，记入表 4-3 中。

2. 带负载时的调节特性

保持 $U_f = U_{fN}$，使电动机轴上的转矩为某一定值。重复上述步骤，将数据记入表 4-3 中。

表 4-3 调节特性测量数据

序号	$T=0$ N · m		$T=$ N · m	
	U_a/V	n/r · min^{-1}	U_a/V	n/r · min^{-1}

（五）观察直流伺服电动机在磁极控制下的调速及反转

1）在图 4-36 所示电路中，当 $U_a = U_N$ 时，调节 RP1 改变 U_f，观察电动机转速是否有变化。

2）将 U_f 电源反接，即开关 Q1 处电源的连线反接，看电动机转向是否改变。

二、[技能培训 7] 交流测速发电机实验

[培训目的] 掌握交流测速发电机输出特性的实验测定方法，通过实验了解负载性质和大小对交流测速发电机输出特性的影响。

[预习内容] 交流测速发电机空载时的输出特性及带不同负载的输出特性。

[补充内容] 交流测速发电机的误差。

1）幅值及相位误差：励磁绕组存在漏阻抗，使得励磁绕组的电动势与外加励磁电压有一个相位差，造成输出电压的误差。为减小该误差可增大转子电阻。

2）由于加工中存在机械上的不对称及定子磁性材料性能不一致性，测速发电机转速为零时，实际上输出电压不为零，此时的输出电压称为剩余电压，由此会引起测量上的剩余电压误差。

[培训器材] 交流测速发电机 GA，直流伺服电动机 MD，调压器 T，开关，交流电源等。

[培训内容及步骤]

(一)按图 4-37 连接实训电路

(二)测定交流测速发电机的输出特性

1. 空载时的输出特性 $U_2=f(n)$

合上图 4-37 电路上的开关 Q1，调节调压器 T 使励磁电压 $U_1=U_{1N}$（U_{1N} 为额定励磁电压）。起动原动机（直流伺服电动机）并改变其转速，每次对应测量 U_2 和 n，记录于表 4-4 中。

表 4-4 空载输出特性测量数据

序号	n/r · min^{-1}	U_2/V

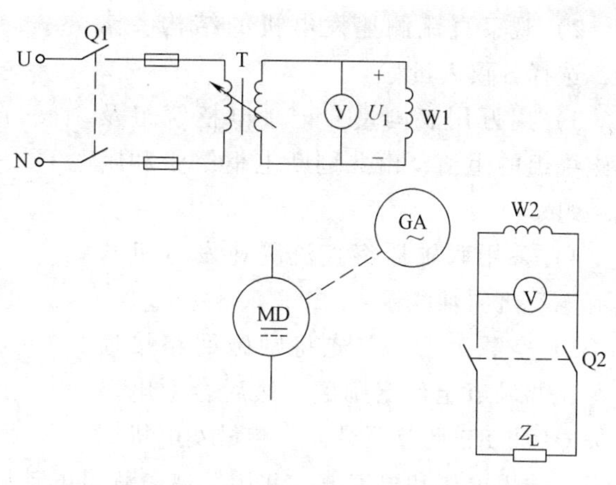

图 4-37 交流测速发电机实训电路

2. 电阻性负载时输出特性 $U_2=f(n)$

保持 $U_1=U_{1N}$，合上开关 Q2，当 Z_L 分别为 1500Ω、750Ω 和 300Ω 时，改变原动机转速，每次对应测出 U_2、n 数据，记录于表 4-5 中。

表 4-5 电阻性负载输出特性测量数据

序号	$Z_L=1500\Omega$		$Z_L=750\Omega$		$Z_L=300\Omega$	
	n/r · min^{-1}	U_2/V	n/r · min^{-1}	U_2/V	n/r · min^{-1}	U_2/V

3. 电容负载时的输出特性 $U_2=f(n)$

当 Z_L 取电容性负载，如 $C=1\mu F$、$2\mu F$ 和 $3\mu F$ 时，改变原动机转速，测出 U_2、n，将所测数据记入表 4-6 中。

表 4-6 电容性负载输出特性测量数据

序号	$C=1\mu F$		$C=2\mu F$		$C=3\mu F$	
	n/r · min^{-1}	U_2/V	n/r · min^{-1}	U_2/V	n/r · min^{-1}	U_2/V

(三)测量交流测速发电机剩余电压 U_r

调节调压器使 $U_1=U_{1N}$，打开开关 Q2，在电机转速 $n=0$ 时，测量测速发电机的输出电压 U_2，此时为一个很小的数值，即为剩余电压 U_r，也可用示波器观察剩余电压的波形。

一般剩余电压只有几十毫伏，可用相敏电压表或其他阻抗小于 100kΩ 的电压表测量。记录下剩余电压值。

三、[技能培训 8] 直流测速发电机输出特性的测定

[培训目的] 熟悉直流测速发电机的输出特性；证实直流测速发电机的输出特性与负载电阻的关系。

[预习内容] 直流测速发电机的工作原理，直流测速发电机输出特性的变化规律。

[培训器材] 直流测速发电机 GD，他励直流电动机 MD，滑动变阻器 RP，直流电流表和电压表，转速表，万用表等。

[培训内容及步骤]

1）按图 4-38 连接好直流测速发电机实训电路。

2）观察直流测速发电机的结构、铭牌，选择各仪表量程。

3）用万用表测量并记录电枢绕组及励磁绕组的阻值，由此判断电枢绕组和励磁绕组。

4）采用联轴器将直流测速发电机与直流电动机同轴联接。

5）空载运行：首先将励磁回路接通电源，并调节至额定励磁，然后合上电源开关 Q1 将 RP 调节至最大，测量发电机回路中的输出电压和电流值，并用转速表测量电动机的对应转速，将测量值记入表 4-7 中。继续调节 RP，将所测数据记入表 4-7 中。

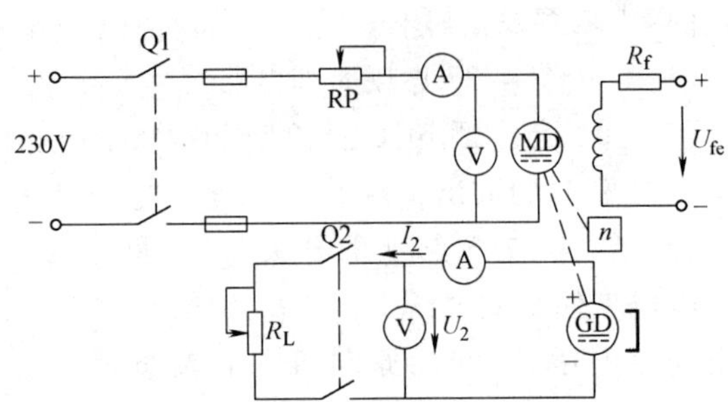

图 4-38 直流测速发电机实训电路

表 4-7 $R_L=\infty$ 时输出特性

R_P/Ω					
$n/r\cdot min^{-1}$					
U_2/V					
I_2/A					

6）负载运行。

① 将 RP 调回到最大值，合上开关 Q2，使 R_L 为最大，测得对应的 U_2、n、I_2，再依次减小 RP，测出四组对应的 U_2、n、I_2 值，分别写入表 4-8 内。

表 4-8 $R_L=R_{Lmax}$ 时输出特性

R_P/Ω					
$n/r\cdot min^{-1}$					
U_2/V					
I_2/A					

② 断开 Q1 并将 RP 调回至最大，再合上 Q1 并改变 R_1 使其减小，通过改变 RP 分别测出 U_2、n、I_2 的值，写入表 4-9 中。

表 4-9 R_L 为某一定值时输出特性

R_P/Ω					
$n/r\cdot min^{-1}$					
U_2/V					
I_2/A					

四、[技能培训 9] 交流伺服电动机测试

[培训目的] 熟悉三相电源变成相位差为 90°电角度的两相电源的方法；观察交流伺服电动机有无“自转”现象及如何改变转向；了解交流伺服电动机的控制方式；掌握测定其机械特性和调节特性的方法。

[预习内容] 什么是“自转”现象，是否允许其存在，采用什么方法可以消除；如何改变电动机的转向；为什么希望电动机控制电压和励磁电压之间的相位差为 90°电角度，有哪些方法可以得到这样的效果。

[培训器材] 交流伺服电动机 MA，调压器，测功机，电压表，双联开关，交流电

源等。

[培训内容及步骤]

（一）观察交流伺服电动机有无“自转”现象

实训电路如图 4-39 所示。

合上开关 Q1、Q2，起动伺服电动机，当电动机空载运转时迅速将控制绕组两端开路即断开 Q2，或将调压器 T2 的输出电压调至零，观察电动机有无自转现象，并比较这两种方法电动机的停转速度。将控制电压相位改变 180°电角度，注意电动机转向有无变化。

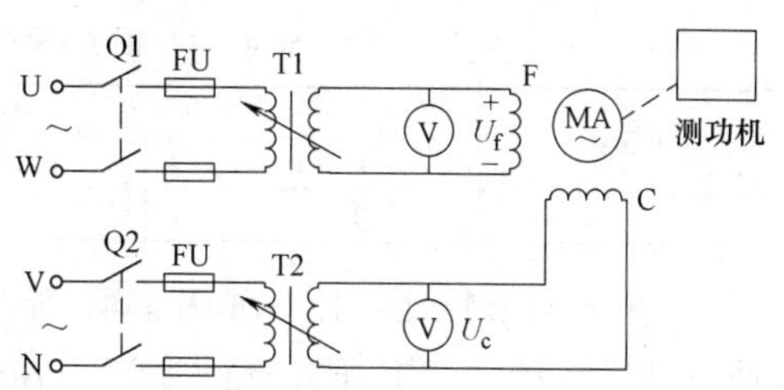

图 4-39 交流伺服电动机实训电路

（二）测定交流伺服电动机采用幅值控制的机械特性和调节特性

1. 测定机械特性

电路如图 4-39 所示，调节调压器 T1、T2 使 $U_f=U_{fN}$，$U_c=U_{cN}$，使伺服电动机空载运行，记录空载转速 n_0，然后调节测功机，逐步增加电动机轴上负载，直至将电动机堵转，读取转速 n 与相应转矩 T，数据记入表 4-10 中。改变控制电压 U_c，使 $U_c=50\%U_{cN}$，重复上述实验，将数据记入表 4-10 中。

表 4-10 机械特性测量数据 $U_f=$______ V

序号	$U_c=U_{cN}=$ V		$U_c=50\%U_{cN}=$ V	
	$n/\text{r}\cdot\text{min}^{-1}$	$T/\text{N}\cdot\text{m}$	$n/\text{r}\cdot\text{min}^{-1}$	$T/\text{N}\cdot\text{m}$

2. 测定调节特性

仍用图 4-39 所示的电路。保持 $U_f=U_{fN}$，电动机轴上不加负载，调节控制电压，从$U_c=U_{cN}$开始，逐渐减小到零，分别读取转速 n 和相应的控制电压 U_c，数据记入表 4-11 中。增加电动机轴上的负载，并保持电动机输出转矩不变，重复上述步骤，将数据记入表4-11中。

表 4-11 调节特性测量数据 $U_f=$______ V

序号	$T=0$ N·m		$T=$ N·m	
	$n/\text{r}\cdot\text{min}^{-1}$	U_c/V	$n/\text{r}\cdot\text{min}^{-1}$	U_c/V

（三）测定交流伺服电动机采用幅值-相位控制的机械特性和调节特性

1）幅值-相位控制原理接线图如图 4-40 所示。实训电路如图 4-41 所示。

2）测定机械特性。

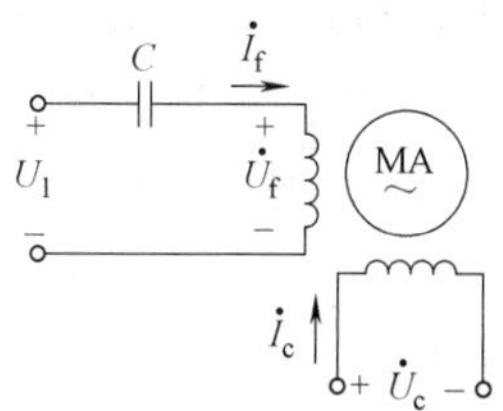

图 4-40 幅值-相位控制接线图

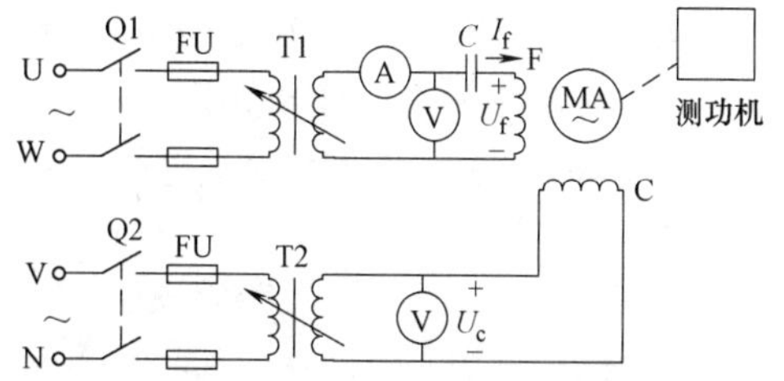

图 4-41 交流伺服电动机幅值-相位控制实训电路

接线如图 4-41 所示。合上开关 Q1，调节调压器 T1，使 $I_f=I_{fN}$ 并保持不变。合上开关 Q2，调节调压器 T2，起动伺服电动机，当 $U_c=U_{cN}$ 时，测量 U_1。调节电动机轴上的转矩 T，读取 T 和 n 的数据，记入表 4-12 中。改变控制电压使 $U_c=50\%U_{cN}$，测 U_1，调节 T，读取 T 和 n 数据，记入表 4-12 中。

表 4-12 幅值-相位控制时机械特性测量数据 $U_1=$________ V

序号	$U_c=U_{cN}$		$U_c=50\%U_{cN}$	
	T/N·m	n/r·min^{-1}	T/N·m	n/r·min^{-1}

3）测定调节特性。接线如图 4-41 所示。合上开关 Q1，调节调压器 T1，使 U_1 为常数，并使电动机空载。合上开关 Q2，调节调压器 T2，在电动机开始转动时读取 n 和 U_c 的数值，记录于表 4-13 中。保持 U_1 为常数，使 $T=25\%T_N$，重复上述步骤，将数据记入表 4-13 中。

表 4-13 幅值-相位控制时调节特性测量数据 $U_1=$________ V

序号	$T=0$ N·m		$T=25\%T_N=$ N·m	
	n/r·min^{-1}	U_c/V	n/r·min^{-1}	U_c/V

本章小结

1）伺服电动机是一种执行元件。按电源种类分有直流和交流两种。交流伺服电动机实为两相异步电动机，它的工作原理与单相异步电动机电容分相起动的情况相似。励磁绕组串联电容器的目的是为了使励磁电流 I_1 在相位上超前于控制电流 I_2 近似 90°，这就是两相电流。而定子上的这两个绕组在空间相差 90°，于是产生两相旋转磁场。在旋转磁场的作用下，笼型转子便转动起来。电动机的转速和转向受控制电压 U_2 的控制。但当 $U_2=0$，即变为单相时，和单相异步电动机仍能继续旋转不一样，它立即停转。这是我们所要求的无“自转”现象，亦即要求交流伺服电动机当有给定信号电压时，就迅速转动，而撤除信号电压时即迅速停转。

直流伺服电动机的基本构造和特性与他励直流电动机是一样的。通常采用电枢控制，即改变电枢电压 U_2 来控制电动机的转速和转向；当 $U_2=0$ 时，电动机立即停转。

2）步进电动机是一种把电脉冲信号转换成角位移或直线位移的执行元件，在数字控制系统中被广泛采用。普通电动机是连续旋转的，步进电动机是一步一步转动的，并且是由控制脉冲通过驱动功放电路来控制的。步进电动机对应每个控制脉冲，转子就转动一个固定的角度 Θ，其步距角 $\Theta=360°/(z_r m)$，与运行拍数 m 和转子齿数 z_r 成反比，而转子转速 $n=60f/(z_r m)$，与脉冲频率 f 成正比，与运行拍数 m 和转子齿数 z_r 成反比。

3）在转角随动系统中，自整角机是一种对角位移或角速度的偏差能自动整步的控制电机。它通过电的联系，使机械上不相连的两根或多根转轴自动保持相同的转角变化或同步旋转。

4）直线电动机是一种做直线运动的电动机。和笼型异步电动机一样，改变电源频率可以改变电动机的速度；改变直线电动机初级绕组的通电顺序，可改变电动机的运动方向。

习 题 四

一、填空题

4.1 在伺服进给系统中，伺服驱动装置是____部件，它接收数控系统的____指令信号，并将其转变为

____移或____位移，从而实现所要求的运动。

4.2　伺服电动机又称____电动机，在自动控制系统中作为____元件，它将输入的____信号变换为____和____输出，以驱动控制对象。

4.3　按使用的电源性质不同，伺服电动机可分为交流和直流两种，____伺服电动机输出功率一般在____ W，____伺服电动机输出功率一般在____ W。

4.4　交流伺服电动机的____随控制____的大小而改变，其____随控制电压的____或____而改变。

4.5　当控制电压为____时，交流伺服电动机应____停转，无____现象。

4.6　交流伺服电动机是____电动机，其定子结构有____极式和____极式两种。励磁绕组由____的交流电压励磁，控制绕组输入____电压，两个绕组在空间相差____电角度。

4.7　交流伺服电动机的转子有两种类型，一为____型转子，一为____杯转子。

4.8　当负载转矩一定时，可以通过调节交流伺服电动机的控制电压的____或____，来改变电动机的____或____。其控制方式通常有：____控制、____控制和____控制三种。

4.9　直流伺服电动机是一台____的____直流电动机，按励磁种类可分为____和____两种。

4.10　采用直流____信号控制直流伺服电动机的____和____，其控制方式有：改变____电压的____和____的称为____控制；改变____电压的____和____的称为____控制。

4.11　步进电动机是利用____原理将电脉冲信号转换成相应的____或____的控制电机。

4.12　每当输入一个脉冲，步进电动机就转动一定的____或前进____，故又称____电动机。

4.13　步进电动机按运行方式可分为____型和____型，____型步进电动机又可分为____式、____式和____式三种。其中____在我国使用广泛，它具有____、____和____的特点。

4.14　步进电动机的工作通常有：____拍、____拍和____拍控制 3 种方式。

4.15　步进电动机的几拍控制，是对三相控制（励磁）绕组不同的通电____组合来实现的。所谓“几拍”是指经过几次切换控制绕组的电脉冲为一个____。

4.16　步进电动机在脉冲信号的控制下，按某一方向一步一步地转动，每一步转过的角度称为____角。电动机的转速取决于电脉冲的____，____越高，转速越____，并与____同步。改变电动机的转动方向，只需输入顺序____的脉冲。

4.17　____拍控制，每步转过 30°；____拍控制，每步转过 15°；____拍控制，每步仍然转过 30°。

4.18　步进电动机____及____越多，则____越小。在实际应用中，为保证加工精度，步进电动机的步距角是____或____。

4.19　步进电动机的步距误差是指____的步距角与____的步距角之差 $\Delta\alpha$，它直接影响执行部件的____精度。由于步进电动机每转一圈又回到____位置，所以误差不会无限____。伺服步进电动机的 $\Delta\alpha$ 一般为________，功率步进电动机的 $\Delta\alpha$，一般为________。

4.20　步进电动机在起动时，既要克服____转矩，又要克服____转矩（电动机和负载的总惯量），所以起动频率不能____高。伺服步进电动机的 f_Q 最大为____，功率步进电动机的 f_Q 一般为____。

4.21　步进电动机的驱动电路完成由____电到____电的____和____，即将____电平信号变换成电动机绕组所需的具有一定____的脉冲信号。驱动电路性能的好坏在很大程度上决定了电动机____是否能充分发挥。

4.22　自整角机是一种对____和____的偏差能自动____的控制电机。它通过____联系，使机械上不____的两根或多根转轴能自动保持相同的____变化或____旋转。

4.23　自整角机常____使用，一个作为____机，一个作为____机。根据在使用上的不同，分为____式和____式。如负载较轻，不需用____电动机，由自整角机直接实现____随动，这就是____式自整角机。

4.24　____式自整角机的两个单相绕组一个接在交流电源上，作为____绕组，另一个作为____绕组；而____式自整角机的两单相绕组是接在同一交流电源上，都作为____绕组。

4.25　____式自整角机的输出电压是由____磁通____产生，____机是在变压器状态下工作，所以这种类型的____又称为自整角____器。

4.26 直线电动机是做____运动的电动机。由于直线电动机与执行机构之间没有____传动机构，使得传动系统结构简单，同时加、减速速度快，可实现____起动和____向运动。

4.27 直线电动机是由____异步电动机演变而来的，其中定子与____对应，转子与____对应。由于初级与次级之间要做____运动，为保证初、次级之间的耦合保持不变，实际应用中，初级、次级的长度是____相等的，故有____初级和____次级之称。

4.28 直线电动机的速度与电源____及电动机____成正比，因此，改变这两个参数就可改变电动机的速度。

4.29 与旋转电动机一样，改变直线电动机____绕组的通电____，可改变电动机的运动____。

二、选择题

4.30 下列装置常用来作数控机床的进给驱动元件的是____。

(A) 感应同步器 (B) 旋转变压器 (C) 光电盘 (D) 步进电动机

4.31 下列装置不是用作数控机床的位置检测元件的是____。

(A) 感应同步器 (B) 旋转变压器 (C) 光电盘 (D) 步进电动机

4.32 伺服步进电动机的 f_Q 最大为____Hz。

(A) <1000 (B) >2000 (C) 1000~2000 (D) 不确定

4.33 功率步进电动机的 f_Q 一般为____Hz。

(A) 500~800 (B) 800 以上

(C) 300~600 (D) 比伺服步进电动机的 f_Q 大

4.34 以下____不是旋转型步进电动机所具有的类型。

(A) 反应式 (B) 直线式 (C) 永磁式 (D) 感应式

4.35 以下____参数不影响步进电动机的转速。

(A) 电源频率 (B) 转子齿数 (C) 电源电压 (D) 运行拍数

4.36 步进电动机的步距角的大小与运行拍数____。

(A) 成正比 (B) 成反比 (C) 有关系 (D) 没有关系

4.37 当负载转矩一定时，不可用____来改变交流伺服电动机的转速或转向。

(A) 幅值控制方式 (B) 频率控制方式 (C) 相位控制方式 (D) 幅值-相位控制方式

4.38 直流伺服电动机是一种____电动机。

(A) 他励式 (B) 并励式 (C) 串励式 (D) 复励式

4.39 通过改变直线电动机的____，可以改变电动机的运动方向。

(A) 电源电压 (B) 绕组通电顺序

(C) 电源幅值 (D) A、B、C 三种方法都不行

4.40 在高速数控机床进给系统中，通常使用的直线电动机是____结构。

(A) 初、次级长度相等 (B) 短初级 (C) 短次级 (D) 任意

4.41 测速发电机是测量________的元件，要求其输出________与________成正比。

(A) 功率、功率、电压 (B) 电流、电流、电压

(C) 转速、电压、转速 (D) 电阻、电阻、电压

第五章 低压电器

[教学要求]

熟悉各种常用低压电器的名称、型号、文字和图形符号，掌握其常态及功能。

第一节 低压电器概述

在电能的产生、输送、分配和应用中，起着开关、控制、调节和保护等作用的电气设备称为电器。本章主要介绍在电力拖动和自动控制系统中应用广泛的低压控制和配电电器。

一、电器的分类

电器用途广泛，种类繁多，构造各异，功能多样。

（一）按工作电压分类

（1）低压电器　指工作电压在交流1000V或直流1200V以下的电器。生产机械上大多用低压电器。

（2）高压电器　指工作电压在交流1000V或直流1200V以上的电器。

（二）按动作方式分类

（1）自动电器　指按照信号或某个物理量的变化而自动动作的电器。例如接触器、继电器等。

（2）非自动电器　指通过人力或机械力操作而动作的电器。例如开关、按钮等。

（三）按作用分类

（1）执行电器　用来完成某种动作或传递功率。例如电磁铁、电磁离合器等。

（2）控制电器　用来控制电路的通断。例如开关、继电器等。

（3）主令电器　用来控制其他自动电器的动作，以发出控制“指令”。例如按钮、行程开关和主令开关等。

（4）保护电器　用来保护电源、电路及用电设备，使它们不致在短路、过载状态下运行，使其免遭损坏。例如熔断器、热继电器等。

（四）按动作原理分类

（1）电磁式电器　指根据电磁铁的原理工作的电器。例如接触器、继电器等。

（2）非电量电器　指依靠外力（人力或机械力）或某种非电量的变化而动作的电器。例如行程开关、按钮、速度继电器、热继电器等。

二、电器的基本结构

各类电器的基本结构大都由两个主要部分组成：触头系统和推动机构。

（一）触头系统

触头是电器的执行部分，用来接通和分断电路。

（1）触头的结构形式　图5-1a是点接触的桥式触头，图5-1b是面接触的桥式触头。两个触头串于同一电路中，共同控制电路的通断。点接触形式适用于小电流场合，面接触形式适用于大电流场合。图5-1c是指形触头，其接触区为一直线，适用于通断次数多、电流较大的场合。

（2）触头的分类　固定不动的称为静触头，能由连杆带着移动的称为动触头，如图5-2所示。

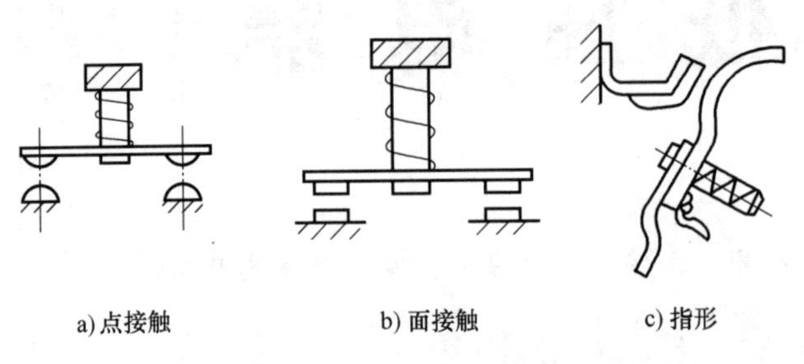

a) 点接触　b) 面接触　c) 指形

图 5-1 触头的结构形式

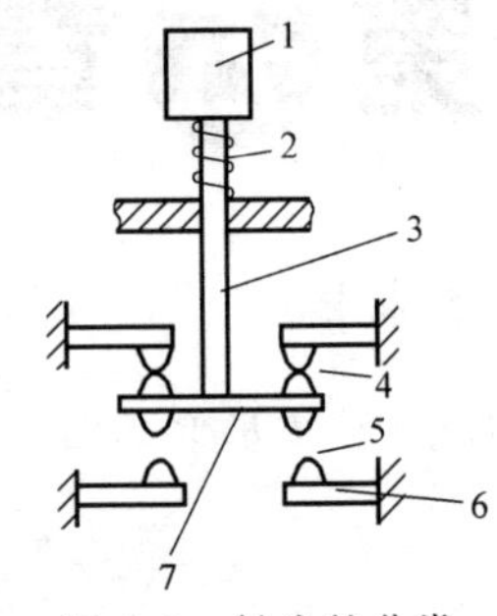

图 5-2 触头的分类

1—按钮帽 2—复位弹簧 3—连杆
4—常闭触头 5—常开触头
6—静触头 7—动触头

触头通常以其初始位置，即“常态”位置来命名。对电磁式电器来说，是电磁铁线圈未通电时的位置；对非电量电器来说，是在没有受外力作用时的位置。

常闭触头（又称动断触头）在常态时动、静触头是相互闭合的。常开触头（又称动合触头）在常态时动、静触头是相互分开的。

（二）推动机构

推动机构与动触头的连杆相接，以推动动触头动作。

对于电磁式电器，推动力是电磁铁的电磁力；对于非电量电器，推动力是人力或机械力。当推动力消失后，依靠复位弹簧的弹力使动触头复位。

（三）灭弧装置

在大气中断开电路，由于电感性负载感应电动势的作用，在触头间隙加有电压，若超过一定值，触头间的空气在强电场作用下会发生放电现象，产生高温并发出强光——电弧，将触头烧坏甚至熔焊在一起。因此大容量电器应采取适当措施，将电弧切短、冷却、隔离，以迅速熄灭电弧。

三、电气元器件的文字符号和图形符号

电气元器件的文字符号和图形符号必须有统一的标准。国家标准化管理委员会颁布了《电气简图用图形符号》系列标准及 GB/T 77159—1987《电气技术中的文字符号制订通则》（已废止）。表 5-1 是部分常见电气元器件的图形符号。

表 5-1 部分常见电气元器件的图形符号

图形符号	名　称	图形符号	名　称	图形符号	名　称	图形符号	名　称
	开关		铁心线圈		电容器		接机壳 接地
	电池		抽头线圈	A	电流表		端子
G	发电机		电阻器	V	电压表		连接导线 不连接导线
	线圈		电位器		扬声器		熔断器 灯

第二节 开 关

一、刀开关

刀开关是结构较简单、应用广泛的一种手动电器。

在低压电路中，刀开关常用作电源引入开关，也可用作不经常起停的小容量电动机或局部照明电路的控制开关。

（一）刀开关的结构

刀开关主要由手柄、刀片（触头）和接线座等组成。按刀片的数目，有单极、双极和三极刀开关。图 5-3 所示 HK 系列刀开关是双极刀开关，图 5-4 是刀开关的图形符号和文字符号。

刀开关安装时，手柄要向上装，不得倒装或平装，否则手柄可能因自动下落而引起误合闸，造成人身和设备安全事故。接线时，电源线接在上端，下端接用电器，这样拉闸后刀片与电源隔离，用电器不带电，保证安全。

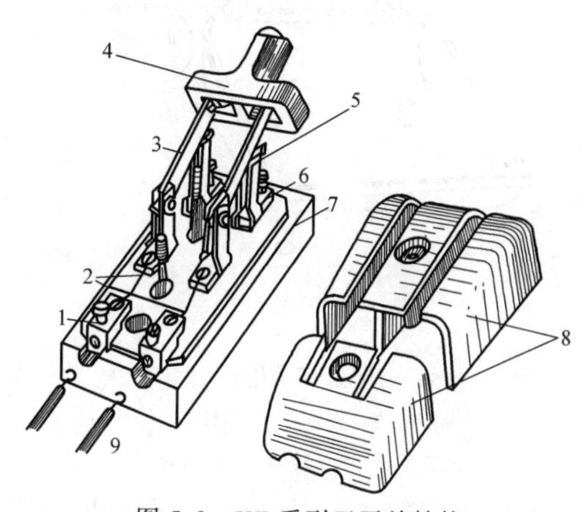

图 5-3 HK 系列刀开关结构

1—出线座 2—熔丝 3—动触头 4—手柄 5—静触头 6—电源进线座 7—瓷座 8—胶盖 9—接用电器

刀开关常用的产品主要系列有：HK 系列瓷底胶盖刀开关（又称开启式负荷开关），其结构如图 5-3 所示；HH 系列封闭式开关熔断器组，其结构如图 5-5 所示。刀开关额定电压为 500V，额定电流分为 10A、15A、30A、60A、100A、200A、400A、600A 和 1000A 等。HH 系列开关附有熔断器。

HK 系列开关没有灭弧装置，合闸、拉闸动作要迅速，使电弧很快熄灭。

HH 系列开关装有速断弹簧，弹力使刀片快速从夹座拉开或嵌入夹座，提高灭弧效果。为了保证用电安全，装有机械联锁装置，必须将壳盖闭合后，手柄才能（向上）合闸；只有用手柄（向下）拉闸后，壳盖才能打开。

（二）刀开关型号含义

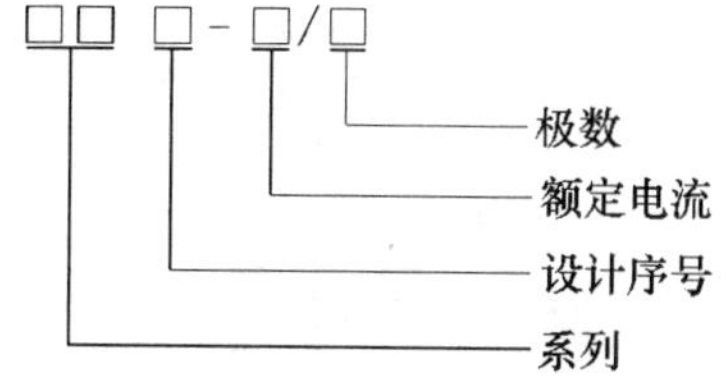

QK 或 QK QK

a) 单极 b) 双极 c) 三极

图 5-4 刀开关符号

二、组合开关

组合开关又称转换开关，它的特点是用动触片的旋转代替闸刀的推合和拉开。图 5-6 是 HZ10-25/3 型组合开关的外形和它的图形与文字符号。

HZ10-25/3 是三极组合开关。当转动手柄时，每层的动触片随方形转轴一起转动，或使动触片插入静触片中，使电路接通；或使动触片离开静触片，使电路分断。各极是同时通断的。

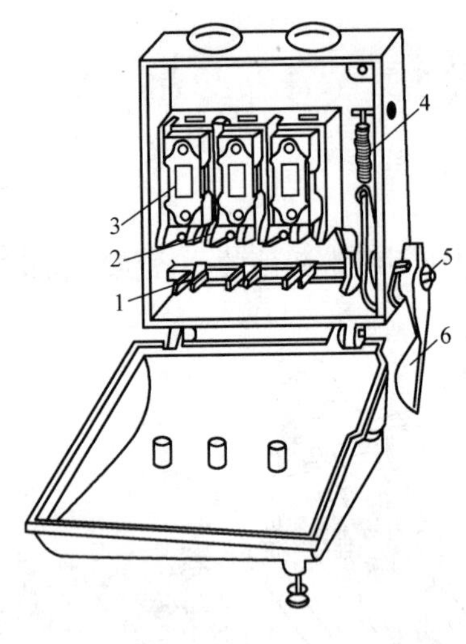

图 5-5 封闭式开关熔断器组

1—闸刀 2—夹座 3—熔断器 4—速断弹簧 5—转轴 6—手柄

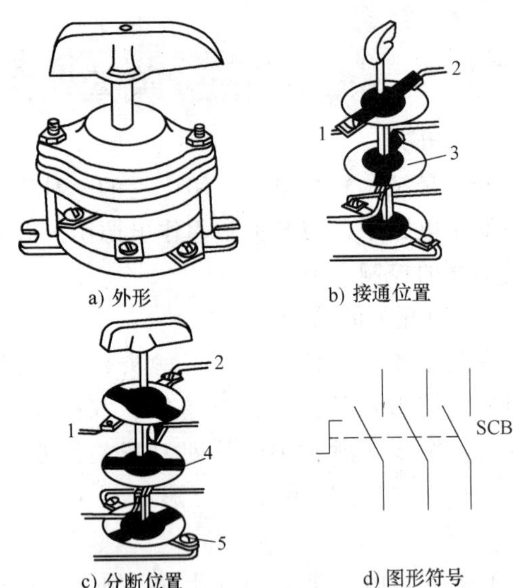

图 5-6 HZ10-25/3 型组合开关

1—电源 2—负载 3—绝缘垫板 4—动触片 5—静触片

组合开关常用作电源引入开关，也可用于不经常起停小容量电动机的控制。

HZ10 系列组合开关额定电压为 500V 以下，额定电流有 10A、25A、60A 和 100A 几个等级，极数有 1~4 极。

三、倒顺开关

倒顺开关属于组合开关类型，是一种手动开关。它不但能接通和分断电源，而且能改变电源输入的相序，用来直接实现对小容量电动机的正、反转控制，故又称可逆转换开关。

图 5-7 是 HZ3-123 型倒顺开关的外形，图 5-8 是它的控制电路图。

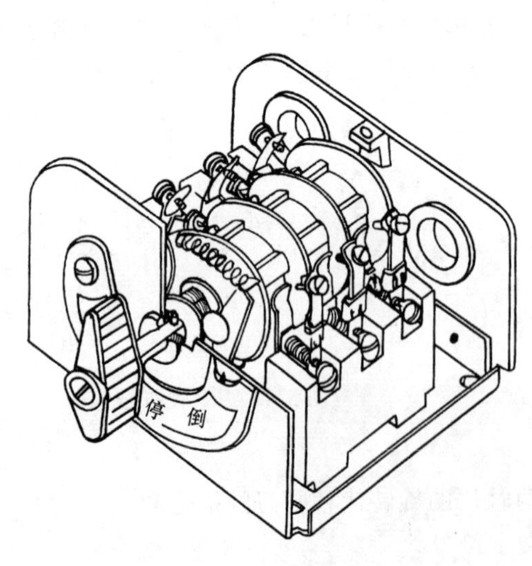

图 5-7 HZ3-123 型倒顺开关

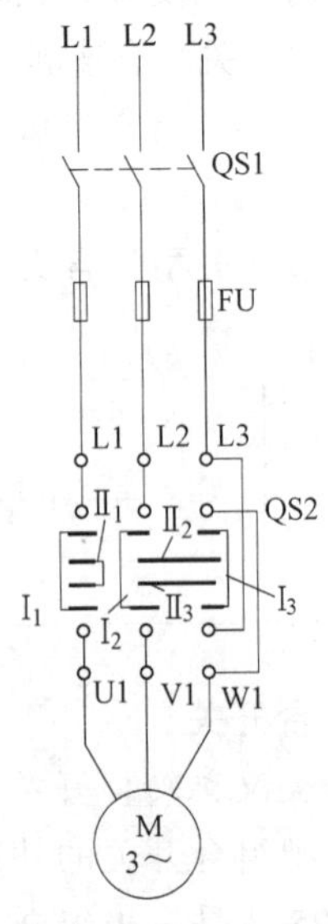

图 5-8 倒顺开关控制电路

倒顺开关有六个动触头分为两组，I_1、I_2、I_3 为一组，II_1、II_2、II_3 为另一组。

有六个静触头（接线柱），L1、L2、L3 接三相电源；U1、V1、W1 接电动机。

倒顺开关手柄有三个位置：“顺”、“停”、“倒”。

当手柄处于“停”位置时，开关的动触头都不与静触头接触，电路不通，电动机不转。

当手柄扳至“顺”位置时，带动转轴，将一组的动触头 I_1、I_2、I_3 与静触头接触，电路接通。其通路如下：

$$U\text{ 相}\rightarrow L1\rightarrow \mathrm{I}_1\rightarrow U1$$
$$V\text{ 相}\rightarrow L2\rightarrow \mathrm{I}_2\rightarrow V1$$
$$W\text{ 相}\rightarrow L3\rightarrow \mathrm{I}_3\rightarrow W1$$

这时，输入到电动机的电源相序为 U→V→W，电动机顺转。

当手柄扳至“倒”位置时，带动转轴，将另一组动触头 II_1、II_2、II_3 与静触头接触，将电源两相相序变换。其通路如下：

$$U\text{ 相}\rightarrow L1\rightarrow \mathrm{II}_1\rightarrow U1$$
$$V\text{ 相}\rightarrow L2\rightarrow \mathrm{II}_2\rightarrow W1$$
$$W\text{ 相}\rightarrow L3\rightarrow \mathrm{II}_3\rightarrow V1$$

这时，输入到电动机的电源相序为 U→W→V，电动机转向改变，变为反转了。

使用时应注意，欲使电动机改变转向，应先将手柄扳在“停”位置，待电动机停转后，再将手柄转向另一方。切不可不停顿地将手柄由一方直接转向另一方，因为电源突然反接，电动机定子绕组中会产生很大的电流，易使定子绕组过热而损坏。

由于倒顺开关可以改变电源相序，即实现电源反接，故也可用来对电动机实行反接制动。

四、想一想，练一练

1. 在电能的______、______、______和应用中，起着______、______、______和______等作用的电气设备称为电器。

2. 低压电器按作用来分，有：______电器，______电器，______电器和______电器。

3. 刀开关安装时，手柄要向______装，不得______装或______装，否则手柄可能因自动______而引起误合闸。

4. 倒顺开关手柄欲使电动机改变转向时，切______不停顿地将手柄由一方______转向另一方。

第三节 主令电器

主令电器属于控制电器，在电路中用来控制其他电器动作，以发送控制“指令”。主令电器应用广泛，种类繁多，本节仅介绍几种常用的主令电器。

一、控制按钮

控制按钮简称按钮，是用来短时间接通或断开小电流（500V，5A）电路的手动主令电器。

按钮由按钮帽、复位弹簧、桥式触头和外壳等组成。通常做成复合式触头，即具有常闭触头和常开触头，这样的按钮为复合式按钮。图 5-9 是 LA19-11 型按钮的外形及结构。图 5-10 是按钮的图形符号和文字符号。

对于复合式按钮来讲，按下按钮时，常闭触头先分断，经极短时间后，常开触头才闭合；松开按钮时，在复位弹簧作用下，常开触头先分断，经极短时间后，常闭触头才闭合。

因此，用复合式按钮实现电路通断的转换，有一定时间的滞后。

按钮在结构上有多种形式，如旋转式——用手动旋钮进行操作；指示灯式——按钮内装有信号灯显示信号；紧急式——装有突起的蘑菇形按钮帽，以便紧急操作。

为了标明各按钮的作用，通常将按钮帽做不同的颜色，以示区别，避免误操作。常以红色表示停止按钮，绿色表示起动按钮。

按钮有 LA18、LA19 和 LA20 等系列，其中 LA18 系列采用积木式结构，触头数目可按需要拼装，一般装成二常开二常闭，也可拼装成一常开一常闭至六常开六常闭。

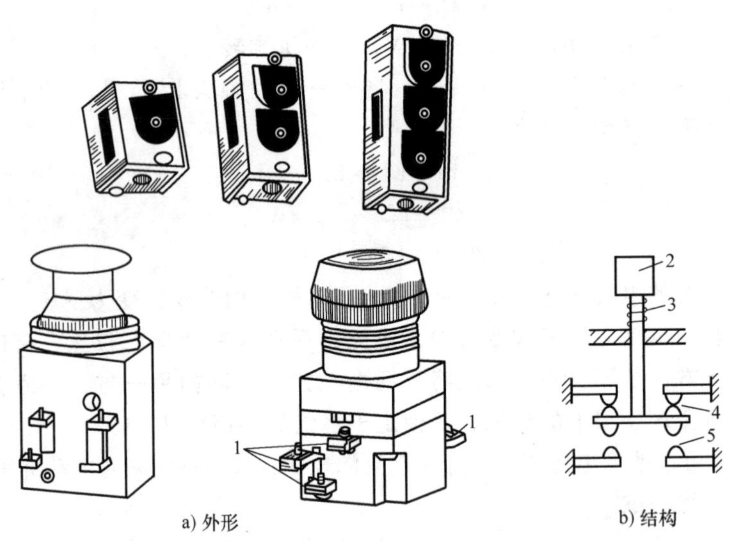

a) 外形　　b) 结构

图 5-9　LA19-11 型按钮

1—接线柱　2—按钮帽　3—复位弹簧　4—常闭触头　5—常开触头

二、行程开关

生产机械中常需要控制某些运动部件的行程：或运动一定行程使其停止，或在一定行程内自动返回或自动循环。这种控制机械行程的方式叫“行程控制”或“限位控制”。

行程开关又称限位开关，是实现行程控制的小电流（5A 以下）主令电器，它是利用生产机械运动部件的碰撞来发出指令，即将机械信号转换为电信号，通过控制其他电器来控制运动部件的行程大小、运动方向或进行限位保护。

行程开关种类很多，其结构可分为三个部分：操作机构、触头系统和外壳。图 5-11 是行程开关图形符号。以下介绍三种常用的系列产品。

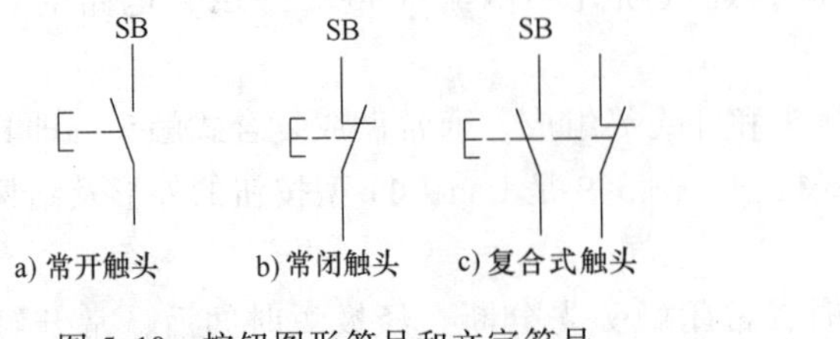

a) 常开触头　b) 常闭触头　c) 复合式触头

图 5-10　按钮图形符号和文字符号

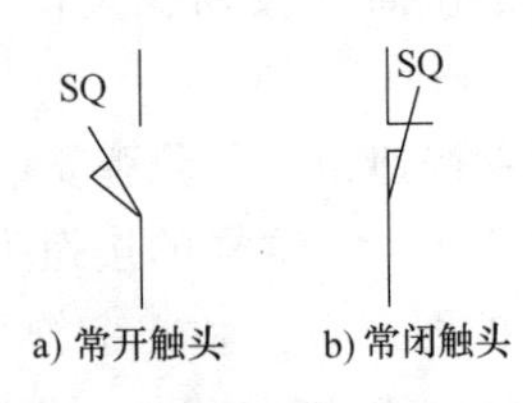

a) 常开触头　b) 常闭触头

图 5-11　行程开关图形符号

（一）微动开关

图 5-12 是 JW 系列微动开关的结构图。

微动开关的结构和动作原理与按钮相似，由于弯形片状弹簧具有放大作用，推杆只需有微小的位移，便可使触头动作，故称为微动开关。

微动开关体积小，动作灵敏，只能承受较小的压力，使用时应对推杆的最大行程在机械上加以保护，以免被压坏。

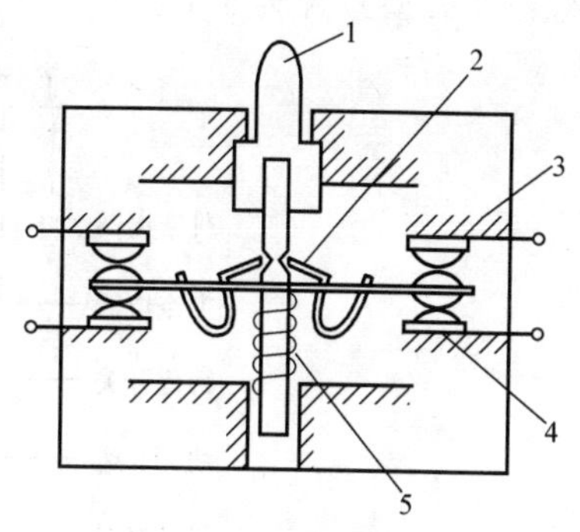

图 5-12 微动开关

1—推杆 2—弯形片状弹簧 3—常开触头 4—常闭触头 5—复位弹簧

（二）JLXK1 系列行程开关

行程开关有 JLXK1 系列和 LX19 系列。图 5-13 是行程开关结构图，图 5-14 是 JLXK1 系列行程开关外形图。

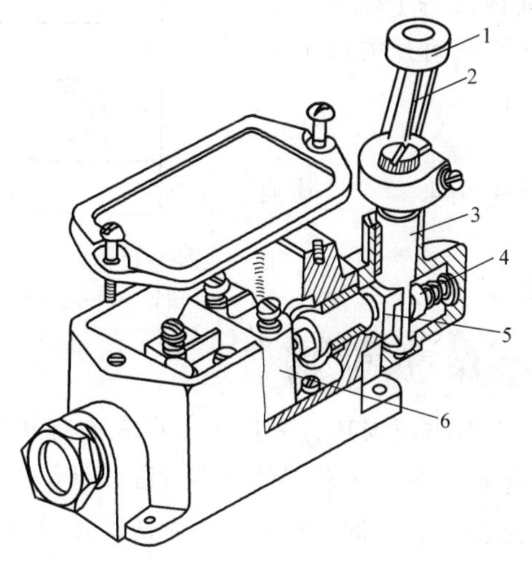

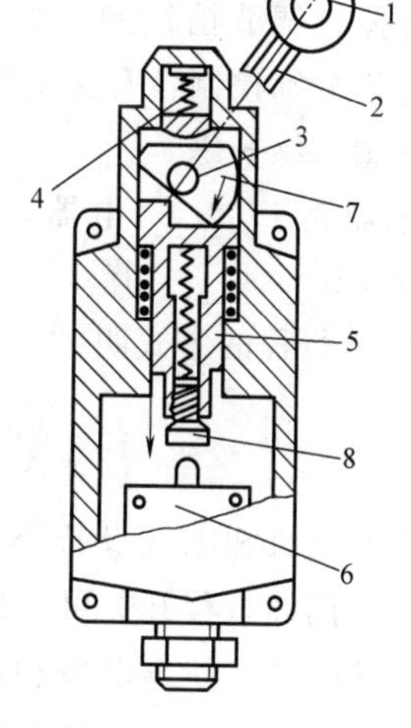

图 5-13 行程开关结构

1—滚轮 2—杠杆 3—转轴 4—复位弹簧 5—撞块 6—微动开关 7—凸轮 8—调节螺钉

其工作原理是：当运动机械的挡铁压到滚轮上时，杠杆连同转轴一起转动，并推动撞块，当撞块被压到一定位置时，推动微动开关的动触头，使常闭触头分断，常开触头闭合。当运动机械的挡铁移开后，复位弹簧使行程开关各部件恢复常态。

按钮式和单轮旋转式行程开关为自动复位式。双轮旋转式行程开关没有复位弹簧，在挡铁离开后不能自动复位，必须由挡铁从反方向碰撞后，开关才能复位。这种非自动复位的开关，具有“记忆”曾被撞击的动作顺序的作用。

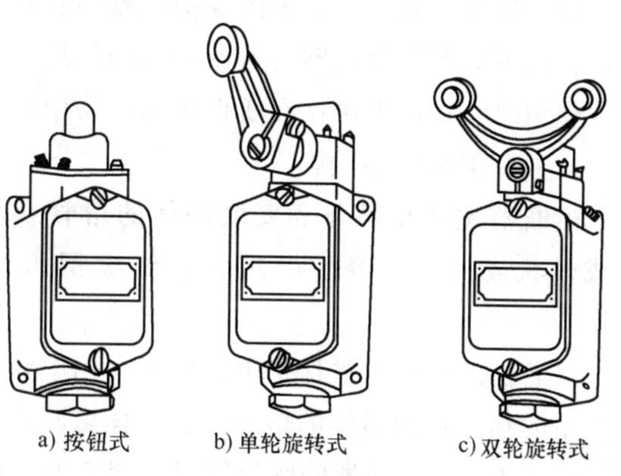

a) 按钮式　b) 单轮旋转式　c) 双轮旋转式

图 5-14 行程开关外形

行程开关型号含义如下：

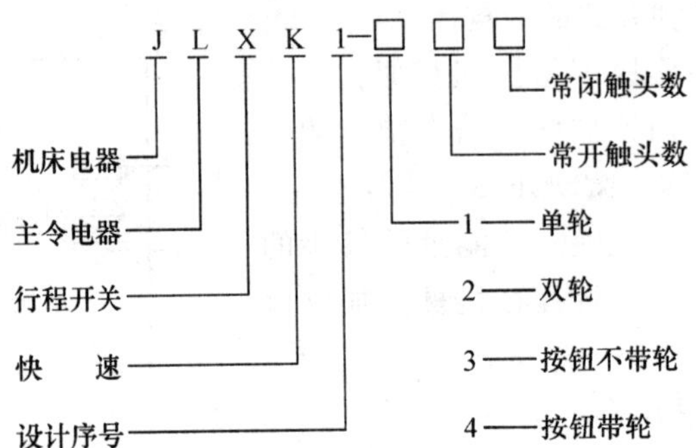

（三）组合型行程开关

图 5-15 是 JW2-11Z/3 型组合型行程开关示意图。

它由三个 JW2-11 型的微动开关组合而成。每个微动开关由一块挡铁碰撞，调节挡铁的位置，可使各微动开关按不同的或相同的行程分别控制各有关电路的通断。

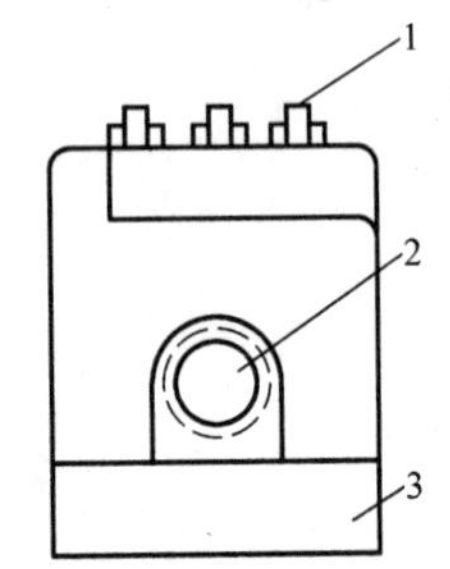

图 5-15 组合型行程开关
1—滚轮 2—进线孔 3—接线盒

三、想一想，练一练

1. 主令电器属于______电器，在电路中用来______其他电器动作，以发送______“指令”。

2. 控制机械行程的方式叫“______控制”或______。

第四节 保护电器

为了保护电动机和电气设备不受故障的影响而损坏，采用了一些具有保护作用的电器——保护电器。例如行程开关可用作限位保护，防止运动部件冲出行程以外。

本节介绍熔断器、热继电器和低压断路器，它们的特点是在发生故障危及电动机及电气设备安全时，能自动及时地切断电源。

一、熔断器

熔断器是一种简单有效的保护电器，它具有分断能力高、安装体积小及使用维护方便等优点，还可以起到使电路与电源隔离的作用。

使用时，熔断器串接在所保护的电路中，作为短路保护。

（一）熔断器的结构

熔断器主要由熔体和安装熔体的熔管或熔座两部分组成。熔体由易熔金属铅锡合金制成丝状或片状。熔管由陶瓷、绝缘钢纸或玻璃纤维制成，在熔体熔断时兼有熄弧作用。

熔断器的熔体与被保护电路串联，当电路发生短路时，熔体中流过很大的短路电流，电流产生的热量达到熔体的熔点时，熔体熔断切断电路，达到保护目的。

图 5-16a 是熔断器的图形符号，图 5-16b 是 RC1 系列瓷插式熔断器，图 5-16c 是 RL1 系列螺旋式熔断器。

表 5-2 和表 5-3 分别列出 RC1 系列和 RL1 系列熔断器技术数据。

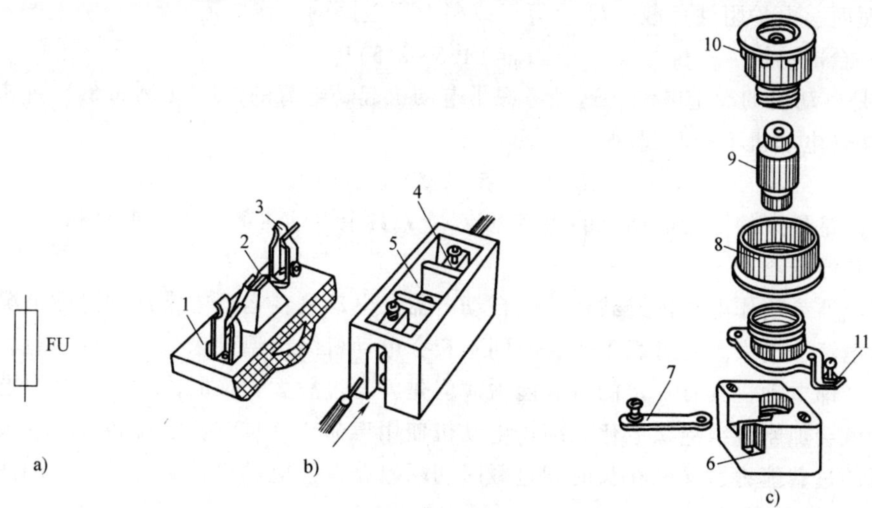

图 5-16　熔断器

1—瓷盖　2—熔丝　3—动触头　4—静触头　5—瓷座　6—座子　7—下接线端
8—瓷套　9—熔断管　10—瓷帽　11—上接线端

表 5-2　RC1 系列熔断器技术数据　　（单位：A）

型　号	熔断器额定电流	可装熔丝的额定电流	型　号	熔断器额定电流	可装熔丝的额定电流
RC1-10	10	1、3、4、5、6、10	RC1-60	60	40、50、60
RC1-15	15	6、10、15	RC1-100	100	80、100
RC1-30	30	20、25、30	RC1-200	200	120、150、200

表 5-3　RL1 系列熔断器技术数据　　（单位：A）

型　号	熔断器额定电流	可装熔丝的额定电流	型　号	熔断器额定电流	可装熔丝的额定电流
RL1-15	15	2、4、5、6、10、15	RL1-100	100	60、80、100
RL1-60	60	20、25、30、35、40、50、60	RL1-200	200	100、125、150、200

此外，还有封闭管式熔断器 RM7、RM10、RT0 系列，用于电力网络；快速熔断器 RS0 系列，用于硅整流设备；玻璃管型熔断器，用于仪器中。

（二）熔断器的选择

在使用中熔断器应选用恰当，才能既保证电路正常工作又能起到保护作用。

熔断器的额定电压应大于或等于被保护电路的工作电压；其额定电流应大于或等于所装熔体的额定电流。

熔体的额定电流是指相当长时间流过熔体而不熔断的电流。额定电流值的大小与熔体线径粗细有关，越粗的熔体额定电流值越大。表 5-4 是熔体熔断时间与熔断电流对应关系。

表 5-4　熔体熔断时间与熔断电流对应关系

熔断电流	$1.25\sim1.3I_N$	$1.6I_N$	$2I_N$	$3I_N$	$4I_N$	$8\sim10I_N$
熔断时间	∞	1h	40s	4.5s	2.5s	瞬时

熔体额定电流 I_N 可按以下几种情况选择：

1）照明、电炉阻性负载，I_N 应等于或稍大于电路的工作电流。

2）一台电动机

$$I_N=(1.5\sim2.5)I'_N \tag{5-1}$$

式中，I'_N是电动机的额定电流。这是考虑了电动机起动电流的短时（例如8s）冲击影响的。

3）多台电动机不同时起动

$$I_N=(1.5\sim2.5)I'_{Nmax}+\Sigma I'_N \tag{5-2}$$

式中，I'_{Nmax}是最大的一台电动机的额定电流，$\Sigma I'_N$其余电动机额定电流的总和。

二、热继电器

热继电器是用作电动机过载保护的自动电器。电动机在运行中常遇到过载情况，过载时定子绕组电流会增大。若过载不大，时间不长，电动机绕组温升未超过允许值时，这种过载是允许的，即电动机具有一定的过载能力。但是，若过载太大或时间过长，绕组温升超过允许值时，就会加剧绕组绝缘老化，缩短电动机使用寿命，严重时甚至烧毁。为了最大限度发挥电动机的过载能力，又能在长时间过载时切断电路，使电动机得到保护，采用热继电器。

（一）热继电器的结构

图5-17是JR10系列热继电器的外形。

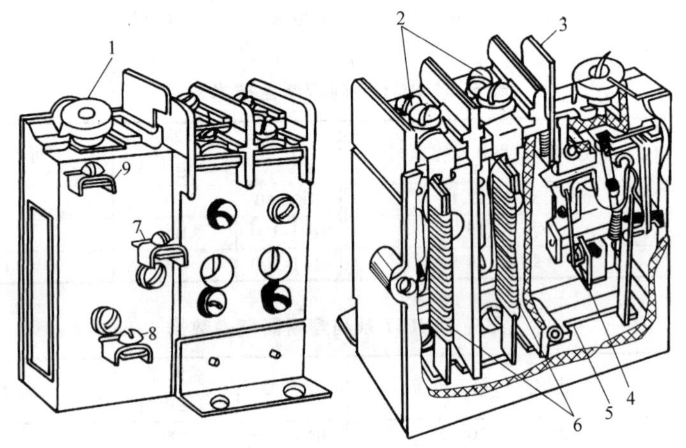

图5-17　JR10系列热继电器

1—整定电流装置　2—主电路接线柱　3—复位按钮　4—常闭触头
5—动作机构　6—热元件　7—常闭触头接线柱
8—公共动触头接线柱　9—常开触头接线柱

热继电器是利用电流的热效应工作的。它由热元件、触头、动作机构、复位按钮和整定电流装置等五部分组成。图5-18为JR16系列热继电器结构原理图，图5-19为热继电器图形符号。

（1）热元件　有三块（JR10系列只有两块），是感测元件，由双金属片及绕在其上的电阻丝组成。图5-18中双金属片5由两种不同线膨胀系数的金属贴压而成。电阻丝（图上未画出）串接在电动机电路中。

（2）触头　图5-18中由动触头9和常闭静触头8组成常闭触头。图5-17中8为公共动触头的接线柱，7为常闭触头的接线柱。常闭触头串接在电动机的控制电路中。9为常开触头的接线柱。

（3）动作机构　图5-18中由外导板6、内导板7、温度补偿双金属片12（补偿环境温度的影响）、杠杆10、推杆14及拉簧15等组成。

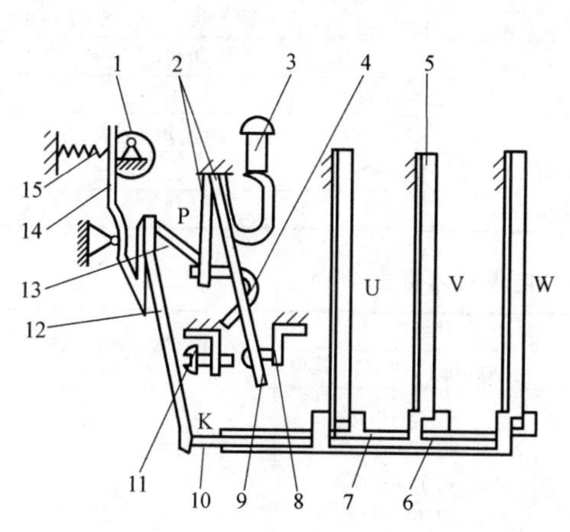

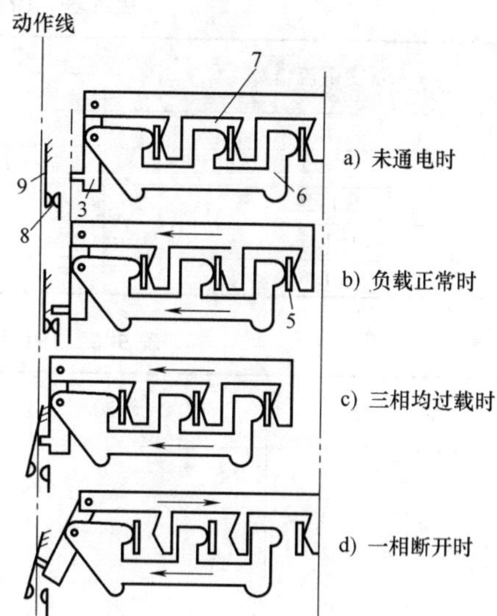

图 5-18 JR16 系列热继电器结构原理图

1—电流调节偏心轮 2—簧片 3—复位按钮 4—弓簧 5—双金属片（U、V、W 三相） 6—外导板 7—内导板 8—常闭静触头 9—动触头 10—杠杆 11—复位调节螺钉 12—温度补偿双金属片 13—连杆 14—推杆 15—拉簧

（4）复位按钮 热继电器动作后，待温度降低后，用此按钮使各部件复位。

（5）整定电流装置 通过旋钮和电流调节偏心轮 1 来调节整定电流。

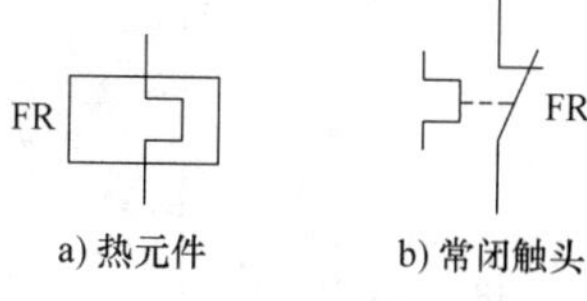

图 5-19 热继电器图形符号

（二）JR16 系列热继电器的工作原理

JR16 系列热继电器是三相结构、D 型（带有断相保护装置）的过载保护电器。

当电动机负载正常时，三个热元件的电流为额定值，双金属片 5 发热正常，内外导板 6、7 同时推动左移，但未达到动作线，常闭触头仍闭合，如图 5-18b 所示。

若电流超过额定值，双金属片 5 弯曲较大，导板 6、7 左移较多，经杠杆 10 推动连杆 13 经由弓簧 4 使动触头 9 移动，常闭触头分断，电动机的控制电路断电，电动机停转，如图 5-18c 所示。

若一相断电，例如 U 相，该相双金属片冷却，使内导板 7 向右移，其余两相双金属片仍受热弯曲，使外导板 6 向左移动。这时在杠杆 10 的推动下，常闭触头分断，如图 5-18d 所示。

热继电器动作后，须查出过载原因，及时排除故障，待一切正常后，按下复位按钮 3 使热继电器复位，常闭触头闭合，电动机才可重新起动。

（三）热继电器的保护特性

表 5-5 是 JR16 系列热继电器的保护特性。表中的“整定电流”是指热继电器长期不动作的最大电流，其值等于电动机的额定电流。由于热元件的额定电流是分成不同的等级制作的，不一定正好等于电动机的额定电流，可以通过电流调节偏心轮 1，在一定范围内调节，JR0、JR16 系列和 JR10 系列热继电器技术数据分别见表 5-6 和表 5-7。表 5-5 中的“整定电流倍数”是指热元件通过的电流与整定电流之比值。

表 5-5 JR16 系列热继电器的保护特性

整定电流倍数	动作时间	
	三相同时过载	一相断电过载
1.0	长期不动作	小于 20min
1.2	小于 20min(热态开始)	
1.25		小于 2min
1.5	小于 2min(热态开始)	
1.6	小于 5s(冷态开始)	

表 5-6 JR0 和 JR16 系列热继电器技术数据

型号	额定电流/A	热元件等级		主要用途
		额定电流/A	刻度电流调节范围/A	
JR0-20/3 JR0-20/3D JR16-20/3 JR16-20/3D	20	0.35 0.50 0.72 1.1 1.6 2.4 3.5 5 7.2 11 16 22	0.25~0.35 0.32~0.50 0.45~0.72 0.68~1.1 1.0~1.6 1.5~2.4 2.2~3.5 3.2~5 4.5~7.2 6.8~11 10~16 14~22	交流 500V 以下的电气回路中,作为电动机的过载保护(D 型表示带有断相保护装置)
JR0-40 JR16-40/3D	40	0.64 1 1.6 2.5 4 6.4 10 16 25 40	0.4~0.64 0.64~1 1~1.6 1.6~2.5 2.5~4 4~6.4 6.4~10 10~16 16~25 25~40	

表 5-7 JR10 系列热继电器技术数据

型号	额定电流/A	热元件编号	热元件等级		主要用途
			出厂时整定电流值/A	整定电流范围/A	
JR10-10	10	OA 0 1 2 3 4 5 6 7 8 9 10 11 12 13 14 15	0.30 0.37 0.47 0.55 0.65 0.80 1.05 1.40 1.60 2.00 2.50 3.10 3.80 5.00 5.50 7.20 9.00	0.25~0.35 0.30~0.40 0.40~0.55 0.50~0.65 0.55~0.75 0.70~0.95 0.90~1.25 1.20~1.60 1.40~1.90 1.80~2.35 2.25~3.00 2.80~3.75 3.40~4.50 4.20~5.60 4.75~6.30 6.00~8.00 7.50~10.00	交流 380V 以下的电气装置中,作为电动机的过载保护

表 5-5 中的“热态开始”是指热元件通电流在 30min 内温升不超过 1°C 的稳定状态。

（四）热继电器型号含义

选用热继电器，主要是根据电动机的额定电流来确定其型号、热元件的电流等级和整定电流。热继电器的型号含义如下：

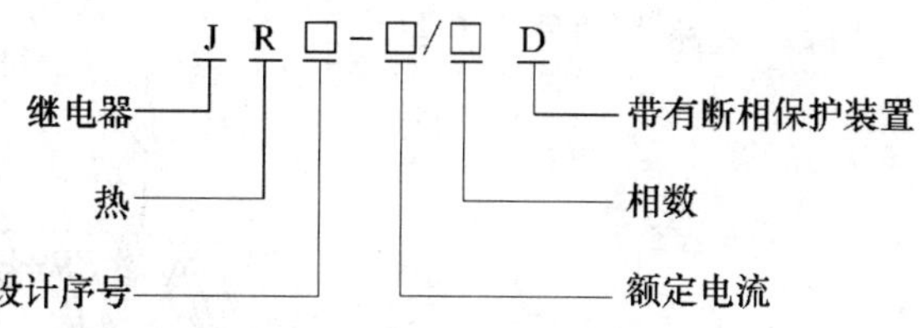

（五）热继电器的使用

热继电器不起短路保护作用。在发生短路时，要求立即断开电路，而热继电器由于热惯性而不能立即动作。但这个热惯性也有好处，在电动机起动或短时过载时，热继电器不会动作，避免电动机不必要的停车。

星形联结的电动机可选两相或三相结构的热继电器。当发生一相断路时，另两相发生过载，由于流过热元件的电流（线电流）就是电动机绕组的电流（相电流），故两相或三相结构都可起保护作用。

对于三角形联结的电动机，其每相绕组的阻抗可认为近似相等。正常时，线电流 I_x 与相电流 I_a 之间有如下关系：

$$I_x=\sqrt{3}I_a$$

在运行中若有一相断电，这时的线电流 I_x' 将近似的等于电流较大的那一相电流 I_a' 的 1.5 倍，如图 5-20 所示，也就是

$$I_x'=I_a'+\frac{1}{2}I_a'=1.5I_a'$$

假设断相时 I_x' 已达到额定电流 I_N，电流较大的那一相电流 I_a' 就将超过其额定相电流 I_a，为

$$I_a'=\frac{I_x'}{1.5}=\frac{I_N}{1.5}=\frac{\sqrt{3}I_a}{1.5}=1.15I_a$$

由于热继电器整定电流为电动机额定电流，若采用两相结构的热继电器，这时热继电器不会动作，但电流较大的那一相电流超过了额定值，就有过热的危险。若采用三相带断相保护装置的热继电器，断相的热元件因断电而冷却，使热继电器动作，电动机停转而得到保护。

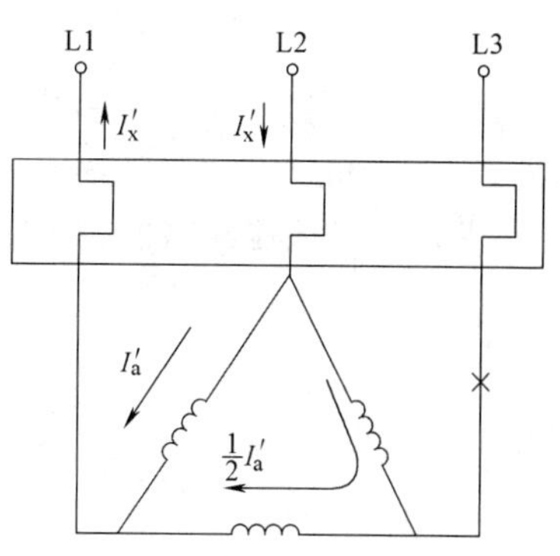

图 5-20 三角形联结的断相运行

三、低压断路器

低压断路器是将控制电器和保护电器的功能合为一体的电器，常作为不频繁接通和断开的电路的总电源开关或部分电路的电源开关。当电路发生过载、短路或欠载时，能自动切断电路，有效地保护接在它后面的电气设备。它的主要参数有：额定电压、额定电流、极数、热脱扣器及其额定电流整定范围、电磁脱扣器整定范围和主触头的分断能力等（其技术参

数请参阅有关资料)。目前数控机床常用的有塑料外壳式（塑壳式）断路器和小型断路器。

低压断路器是既有开关作用又能进行自动保护的电器。正常情况下，它可用于不经常地接通或断开电路；在电路发生短路、过载或失电压（欠电压）时能自动切断电路（俗称跳闸)。

1. 低压断路器的结构

低压断路器有塑壳式（又称装置式，如 DZ 系列）和框架式（又称万能式，如 ZW 系列)。图 5-21 是 DZ5-20 型低压断路器的外形和结构。

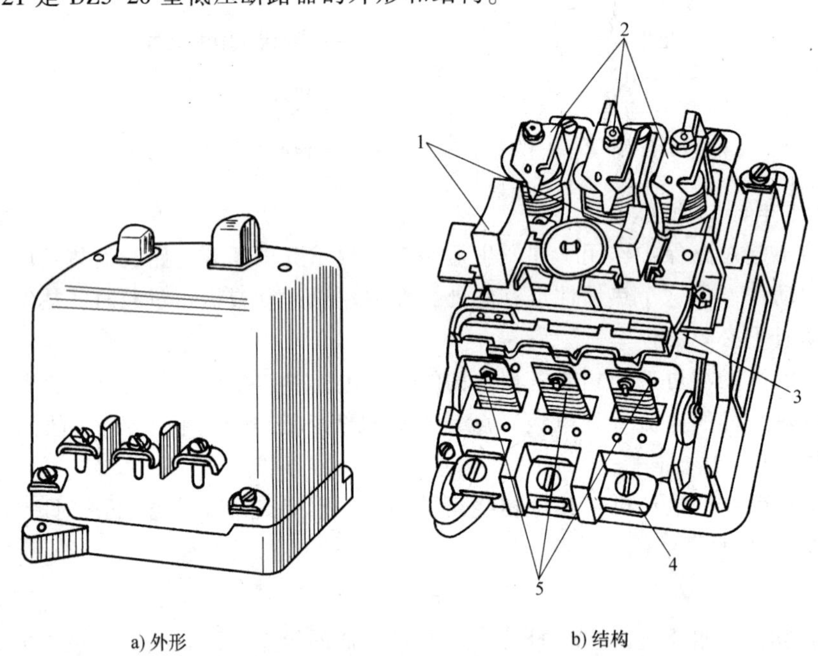

a) 外形　　b) 结构

图 5-21 DZ5-20 型低压断路器

1—按钮 2—电磁脱扣器 3—自由脱扣器 4—接线柱 5—热脱扣器

DZ5-20 型低压断路器主要由三部分组成：触头、各种脱扣器和操作机构。全部机构装在塑料外壳内，外壳上有“分”按钮（红色，稍低）和“合”按钮（绿色，稍高）及触头接线柱。

图 5-22 是低压断路器工作原理图，图 5-23 是低压断路器的图形符号。

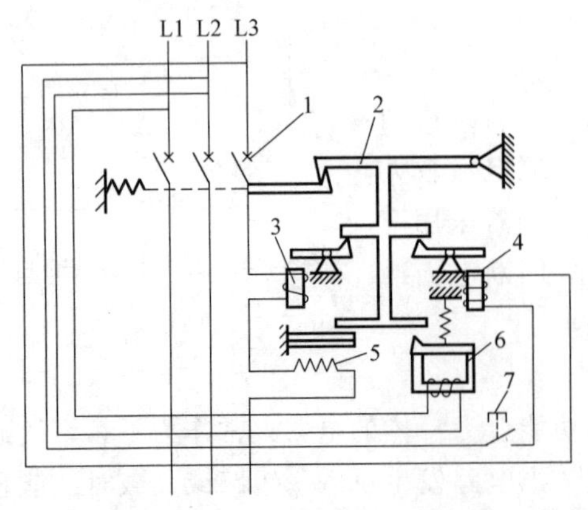

图 5-22 低压断路器工作原理图

1—触头 2—自由脱扣器的搭钩 3—电磁脱扣器 4—分励脱扣器 5—热脱扣器 6—失电压脱扣器 7—按钮

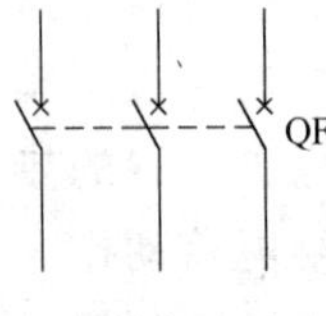

图 5-23 低压断路器图形符号

低压断路器的三个触头 1 串接在被保护的三相电路中，电磁脱扣器 3 的线圈和热脱扣器 5 的热元件电阻丝与电路串联，失电压脱扣器 6 和分励脱扣器 4（用于远距离控制）的线圈与电路并联。

当按下绿色“合”按钮时，三个触头被自由脱扣器的搭钩 2 钩住，保持闭合状态。当按下红色“分”按钮时，搭钩松钩，触头分断；或按下按钮 7，分励脱扣器线圈通电，衔铁被吸合，撞击自由脱扣器杠杆，把搭钩顶上去，触头分断。

2. 低压断路器的工作

电路正常工作时，电磁脱扣器线圈电流所产生的磁力不能将其衔铁吸合。当电路发生短路或较大的过电流时，磁力增加将衔铁吸合，撞击杠杆，搭钩松开，触头分断。

当电路电压下降较多或失去电压时，欠电压脱扣器磁力减小或失去，其衔铁被弹簧拉开，撞击杠杆，顶上搭钩，触头分断。

当电路发生过载时，双金属片弯曲，撞击杠杆，顶开搭钩，触头分断。

低压断路器具有体积小、安装方便和操作安全的特点。脱扣时将三相电源同时切断，可避免电动机断相运行。在短路故障排除以后，可重复使用，不像熔断器那样需更换新熔体。

3. 低压断路器的选择

低压断路器的额定电压和额定电流应不小于电路正常工作电压和电流。

热脱扣器的整定电流应与所控制的电动机额定电流或负载额定电流相等。

电磁脱扣器的瞬时脱扣整定电流应大于负载电路正常工作时的尖峰电流。

图 5-24　塑料外壳式断路器外形

4. 塑料外壳式断路器

由手柄操作机构、脱扣装置及触头系统等组成，均安装在塑料外壳内组成一体。

数控机床常用的除 DZ5-20 以外，还有 DZ10、DZ15、DZ5-50 等系列。塑料外壳式断路器适用于交流 500V、直流 220V 以下的电路，作不频繁地接通和断开电路用。塑料外壳式断路器外形如图 5-24 所示。断路器图形及文字符号如图 5-25 所示。

以 DZ15 系列为例，其适用于交流 50Hz、额定电压为 220V 或 380V、额定电流为 100A 的电路，作为配电、电动机的过载及短路保护，也可作为线路不频繁转换及电动机不频繁起动之用。图 5-26 为 DZ15 系列塑料外壳式断路器型号意义。

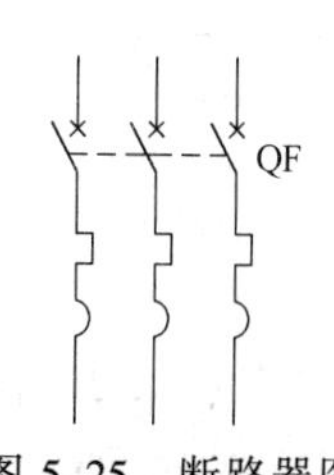

图 5-25　断路器图形及文字符号

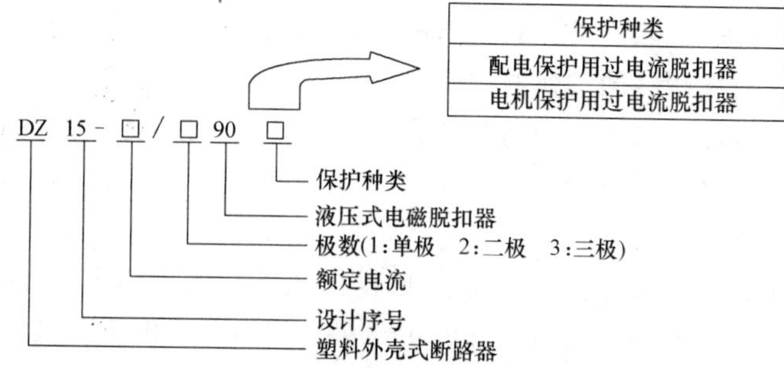

图 5-26　DZ15 系列塑料外壳式断路器型号意义

5. 小型断路器

它主要适用于照明配电系统和控制回路。外形如图 5-27 所示。图 5-28 为其图形文字符号。

数控机床常用的小型断路器有 MB1-63、DZ30-32、DZ47-60 等系列。以 DZ47-60 高分断小型断路器为例，其主要用于交流 50 或 60Hz，单极 230V，二、三、四极 400V 线路的过载、短路保护，适用于照明配电系统（C 型）或电机配电系统（D 型），同时也可以在正常情况下，不频繁地接通或断开电气装备和照明线路。DZ47-60 系列型号意义如图 5-29 所示。

DZ47-60 系列分类：按额定电流 I_N 分，有 1A、2A、3A、4A、5（6）A、10A、15（16）A、20A、25A、32A、40A、50A 和 60A；按极数分，有单极、二极、三极和四极；按断路器瞬时脱扣器的形式分，有 C 型（5~10I_N）、D 型（10~14I_N）。其技术参数可查阅有关资料。

图 5-27 小型断路器外形

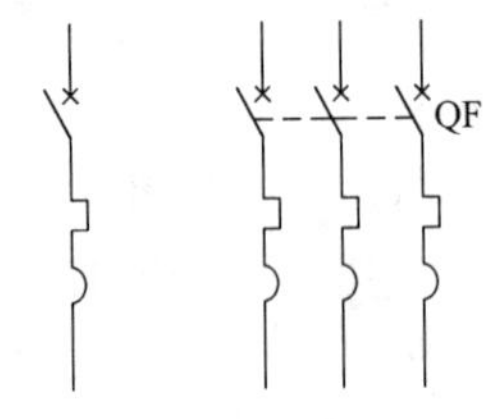

图 5-28 小型断路器图形及文字符号（单极和三极）

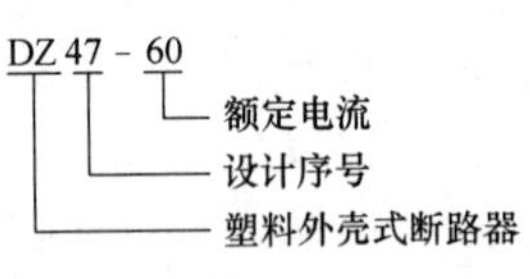

图 5-29 DZ47-60 系列型号意义

四、想一想、练一练

1. 熔断器使用时，熔断器______接在所保护的电路中，作为______保护。

2. 熔断器的额定电压应______于或______于被保护电路的工作电压，其额定电流应______于或______于所装熔体的额定电流。

3. 热继电器______短路保护作用。

4. 采用______相带______相保护装置的热继电器，断相的热元件因断电而______，使热继电器动作，电动机停转而得到保护。

第五节 交流接触器

对于大容量的电动机或负载，或操作频繁的电路，或需要远距离操作和自动控制时，手动电器显然不能满足要求，必须采用自动电器。

接触器是一种自动控制电器，可用来频繁地接通和断开主电路（作用于被控对象如电动机的电路，它直接输出功率，且通过大电流），并具有低电压释放保护功能，能远距离控制。接触器是电力拖动自动控制系统中应用最广泛的电器。

接触器按其线圈通过电流种类不同，分为交流接触器和直流接触器。本节只介绍交流接触器。

一、交流接触器的工作原理

接触器是利用电磁吸力与弹簧弹力配合动作，使触头闭合或分断，以控制电路的通断。图 5-30 是交流接触器外形。图 5-31 是交流接触器结构示意图。

交流接触器有两种工作状态：失电状态（释放状态）和得电状态（动作状态）。

如图 5-31 所示，接触器主触头的动触头装在与衔铁相连的绝缘连杆上，其静触头则固定在壳体上。接触器有三对常开的主触头，它的额定电流较大，用来控制大电流的主电路的通断；有两对常开辅助触头和两对常闭辅助触头，它们的额定电流较小，一般为 5A，用于接通或分断小电流的控制电路——用来控制主电路通断的电路。

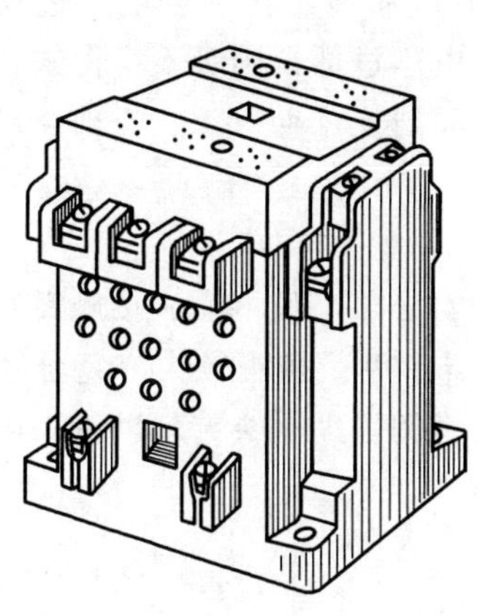

图 5-30 交流接触器外形

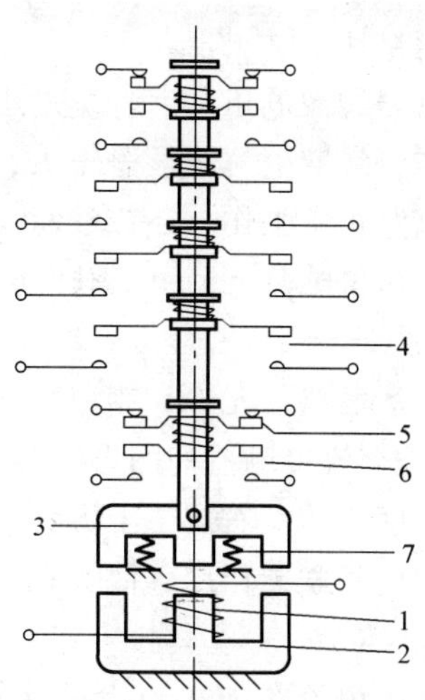

图 5-31 交流接触器结构示意图

1—电磁铁线圈 2—静铁心 3—动铁心（衔铁） 4—主触头 5—常闭辅助触头 6—常开辅助触头 7—复位弹簧

当吸引线圈得电后，衔铁被吸合，使各个常开触头闭合，常闭触头分断，接触器处于得电状态；当吸引线圈失电后，衔铁释放，在复位弹簧的作用下，衔铁和所有触头都恢复常态，接触器处于失电状态。

可见，接触器的常开和常闭触头是联动的，即常开触头分断后常闭触头闭合；或者，常闭触头分断后常开触头闭合。

二、交流接触器的结构

交流接触器主要由电磁系统、触头系统和灭弧装置等部分组成。图 5-32 是 CJ0-20 交流接触器的外形及主要结构。

（一）电磁系统

交流接触器电磁系统由线圈、动铁心和静铁心组成。铁心用相互绝缘的硅钢片叠压铆成，以减少交变磁场在铁心中产生涡流及磁滞损耗，避免铁心过热。铁心上装有短路环，以减少衔铁吸合后的振动和噪声。铁心大多采用衔铁直线运动的双 E 形结构。

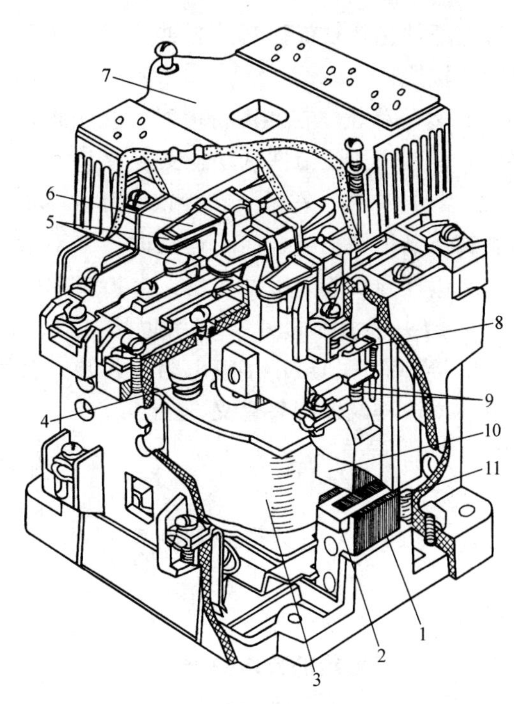

图 5-32 CJ0-20 交流接触器

1—静铁心 2—短路环 3—线圈 4—复位弹簧 5—主触头 6—触头压力弹簧片 7—灭弧罩 8—常闭辅助触头 9—常开辅助触头 10—动铁心 11—缓冲弹簧

线圈一般采用“电压线圈”（线径较小，匝数较多，与电源并联）。交流接触器起动时（线圈得电，衔铁尚未吸合之前），铁心气隙较大，线圈阻抗很小，因此起动电流较大。衔铁吸合后，气隙几乎不存在，磁阻变小，感抗增大，这时的线圈电流（称为维持电流或工作电流）显著减小。

交流接触器线圈电压在其额定电压的85%～105%时，能可靠地工作。若电压过高，则磁路趋于饱和，线圈电流将显著增大，有被烧坏的危险；若电压过低，则吸不牢衔铁，触头跳动，影响电路正常工作。**还应注意**，决不能把交流线圈误接到直流电源上，否则会因线圈直流电阻很小而流过较大的电流使线圈烧坏。

（二）触头系统

它是接触器的执行元件，用以接通或分断所控制的电路，必须工作可靠，接触良好。

图 5-33 是交流接触器的图形符号。三个主触头在接触器中央，触头较大。复合辅助触头分别位于主触头的左右侧，上方为常开辅助触头，下方为常闭辅助触头。辅助触头用于控制电路，常起电气联锁作用，故又称联锁（自保或互锁）触头。

（三）灭弧装置

主触头额定电流在 10A 以上的接触器都有灭弧装置，以熄灭电弧。例如 CJ0-20 型接触器就有灭弧罩，又称灭弧室，用陶瓷或三聚氰胺（耐弧塑料）制成。

（四）其他部件

其他部件包括复位弹簧、缓冲弹簧、触头压力弹簧片、传动机构和接线柱等。

（1）复位弹簧　在线圈得电时，吸引衔铁将它压缩。当线圈失电时，其弹力使衔铁、动触头复位。

（2）缓冲弹簧　它是装在静铁心与胶木底座之间的刚性较强的弹簧。当衔铁被吸合向下运动时，会对静铁心产生较大的冲击力，缓冲弹簧起到缓冲作用，保护胶木底座不受冲击。

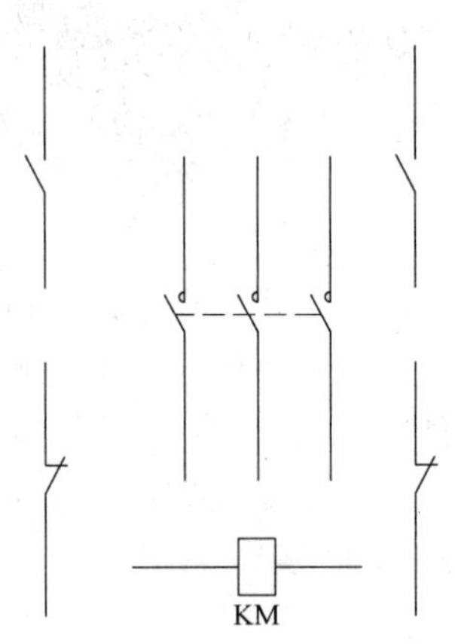

图 5-33　交流接触器图形符号

（3）触头压力弹簧片　它用以增加动、静触头之间的压力，增大接触面积，减小接触电阻。否则，会使触头过热而烧毛，甚至烧坏。

三、交流接触器型号含义

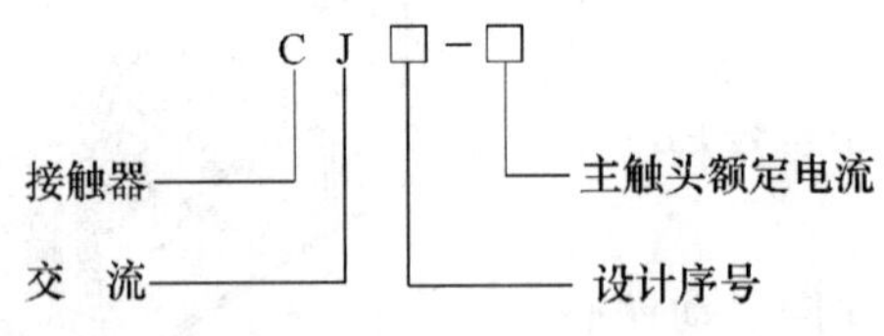

四、交流接触器的技术数据

常用 CJ0、CJ10 系列交流接触器的技术数据见表 5-8。

五、接触器常见故障

（1）触头过热　主要原因有：接触压力不足、表面接触不良、表面被电弧灼伤烧毛等，造成触头接触电阻过大，使触头发热。

（2）触头磨损　有两种原因：一是电气磨损，电弧的高温使触头上的金属氧化和蒸发造成；另一是机械磨损，触头闭合时的撞击使触头表面相对滑动摩擦造成。

（3）线圈失电后触头不能复位　其原因有：触头被电弧熔焊在一起；铁心剩磁太大，复位弹簧弹力不足；活动部分被卡住等。

（4）衔铁振动有噪声　主要原因有：短路环损坏或脱落；衔铁歪斜；铁心端面有锈蚀尘垢，使动、静铁心接触不良；复位弹簧弹力太大；活动部分有卡滞，使衔铁不能完全吸合等。

（5）线圈过热或烧毁　主要原因有：线圈匝间短路；衔铁闭合后有间隙；操作频繁，超过允许操作频率；外加电压高于线圈额定电压等。

表 5-8　常用 CJ0、CJ10 系列交流接触器的技术数据

型　号	触头额定电压/V	主触头额定电流/A	辅助触头额定电流/A	可控制的三相异步电动机最大功率/kW			额定操作频率/(次/h)	吸引线圈电压/V	线圈功率/V·A	
				127V	220V	380V			起动	吸持
CJ0-10	500	10	5	1.5	2.5	4	1200	交流 36；110；127；220 及 380	77	14
CJ0-20	500	20	5	3	5.5	10	1200		156	33
CJ0-40	500	40	5	6	11	20	1200		280	33
CJ0-75	500	75	5	13	22	40	600		660	55
CJ10-10	500	10	5		2.2	4	600		65	11
CJ10-20	500	20	5		5.5	10	600		140	22
CJ10-40	500	40	5		11	20	600		230	32
CJ10-60	500	60	5		17	30	600		495	70
CJ10-100	500	100	5		29	50	600			

六、接触器的选用

应根据控制电路的要求，正确地选用。

（1）选择类型　根据所控制对象电流类型来选用交流或直流接触器。如控制系统中主要是交流对象，而直流对象容量较小，也可全用交流接触器，但触头的额定电流要选大些。

（2）选择触头的额定电压　通常触头的额定电压应大于或等于负载回路的额定电压。

（3）选择主触头的额定电流　主触头的额定电流应大于或等于负载的额定电流。

若负载是电动机，其额定电流可按下式推算，即

$$I_N = \frac{P_N \times 10^3}{\sqrt{3}\,U_N \cos\varphi \cdot \eta} \tag{5-3}$$

式中，I_N 为电动机额定电流（A）；U_N 为电动机额定电压（V）；P_N 为电动机额定功率（kW）；$\cos\varphi$ 为功率因数；η 为电动机效率。

例 5-1　$U_N = 380V$，$P_N = 100kW$ 以下的电动机，其 $\cos\varphi \cdot \eta$ 约为 0.7～0.82，故由式（5-3）得其额定电流为

$$I_N = \frac{P_N \times 10^3}{\sqrt{3} \times 380 \times (0.7 \sim 0.82)} = (1.85 \sim 2.17) P_N \approx 2P_N$$

三相电动机额定电压如为 220V 时，$I_N \approx 3.5P_N$。

在频繁起动、制动和频繁正反转的场合，主触头的额定电流可稍微降低。

（4）选择线圈电压　从人身及设备安全角度考虑，线圈电压可选择低一些，但控制电路简单，为了节省变压器，线圈电压也可选用 380V。

（5）触头数量、种类　应满足控制电路要求。

七、接触器的应用

在电气控制系统中，接触器主要与按钮、行程开关等电器组成控制电路，对电动机的起停、正反转等运行状态进行控制。下面讨论电动机的点动、长动和正反转控制电路的工作原理。

(一) 电动机的点动控制

所谓点动是使电动机极短时间地转动,以适应生产机械进行调整工作的需要。

图 5-34a 是单向点动控制时接触器与电动机、按钮等的接线图,图 5-34b 是单向点动控制电路结构示意图。

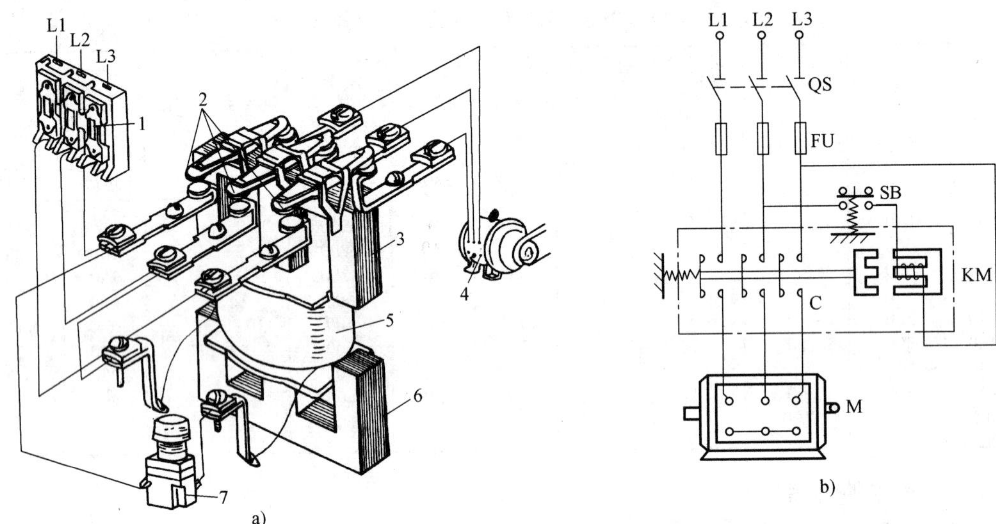

图 5-34 单向点动控制接线图

1—熔断器 2—主触头 3—上铁心 4—电动机 5—线圈 6—下铁心 7—按钮

点动控制电路是用按钮、接触器控制电动机的较简单的控制电路。

需要点动时,先合上开关 QS,此时电动机尚未接上电源;按下按钮 SB,接触器 KM 线圈得电,电磁铁吸合衔铁,带动三个主触头闭合,电动机接通电源转动。

松开按钮 SB 后,接触器线圈失电,在复位弹簧的作用下,衔铁及主触头复位,电动机脱离电源停转。

这种按下按钮电动机就转动,松开按钮电动机就停转的操作称为点动。

图 5-34 是按实物接线的控制电路,比较直观,容易看懂,但画起来太麻烦,不实用,尤其复杂电路所用电器较多时更是难画,所以控制电路一般采用原理图来表示。

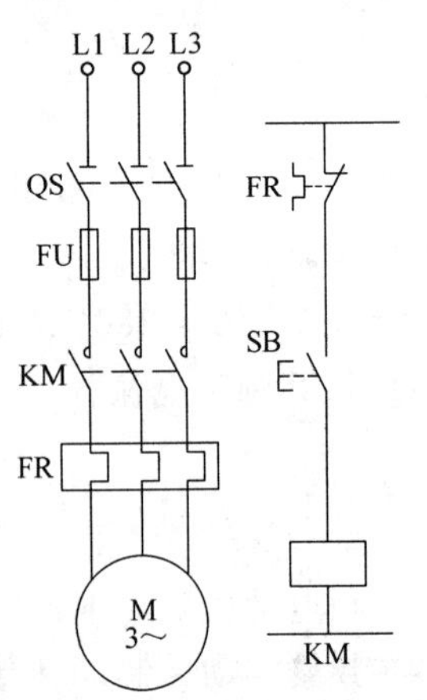

图 5-35 点动控制原理图

图 5-35 是点动控制原理图,图 5-36 是点动控制过程图,以纵坐标表示各电气元件在控制过程中的动作状态,以横坐标表示控制作用对应的时间。它可表示控制过程的全部程序,表示出各电气元件动作状态对时间的关系。

图 5-35 的原理图可分为两部分电路:一部分是从三相交流电源 L1、L2、L3 经过开关 QS、熔断器 FU 和接触器 KM 的三对主触头,再经过热继电器 FR 的三个热元件到电动机 M。这个电路叫主电路,通过的电流是电动机的工作电流,电流较大。另一部分是跨接在两相电源线之间(图上未画出连接线),由热继电器常闭触头 FR、按钮常开触头 SB 和接触器线圈 KM 组成的电路,它控制接触器线圈的得电与否,从而控制主电路的通断,故称控制电路。通过控制电路的电

流较小。

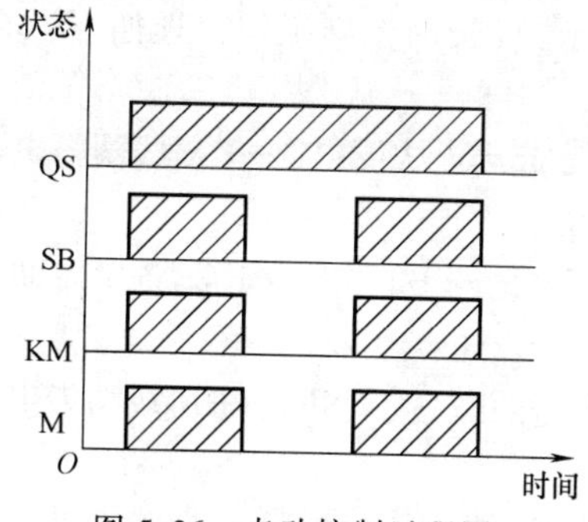

图 5-36　点动控制过程图

通常主电路画在原理图的左边，控制电路画在右边。各电器的元件按其控制作用分别画在有关电路中，同一电器的元件用同一文字符号表示。

接触器点动控制工作原理如下：

起动：按下 SB→KM 线圈得电→KM 主触头闭合→M 运转。

停止：松开 SB→KM 线圈失电→KM 主触头分断→M 停转。

（二）电动机的长动控制

所谓长动，就是电动机较长时间地连续转动。

（1）用开关直接控制　即用开关（刀开关、组合开关或断路器）将三相交流电压加在电动机的定子绕组上，使电动机起动运转，如图 5-37 所示。但这种方法一般只适用于小容量电动机，且不便实现自动控制和不具备欠电压保护功能。

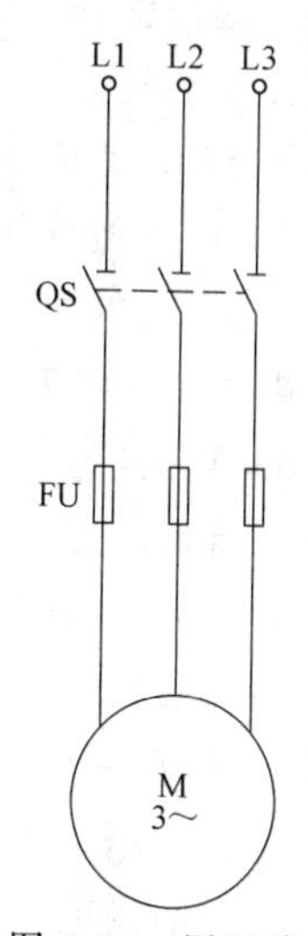

图 5-37　用开关直接控制

（2）用接触器、按钮组成长动控制电路　这是广泛采用的长动控制电路，但要解决两个问题：一是在松开起动按钮后如何维持接触器线圈仍处于得电状态；二是如何在要电动机停转时，使接触器线圈失电。

图 5-38 是长动控制接线图，图 5-39 是长动控制电路原理图。

由图 5-39 可见，长动控制的主电路与点动控制的是一样的，但在控制电路中增加了停止按钮（常闭触头）SB1；在起动按钮（常开触头）SB2 上并联接触器 KM 的常开辅助触头。

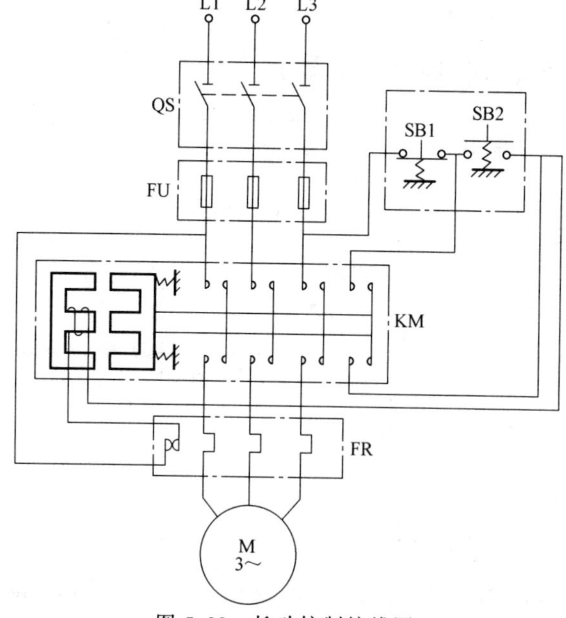

图 5-38　长动控制接线图

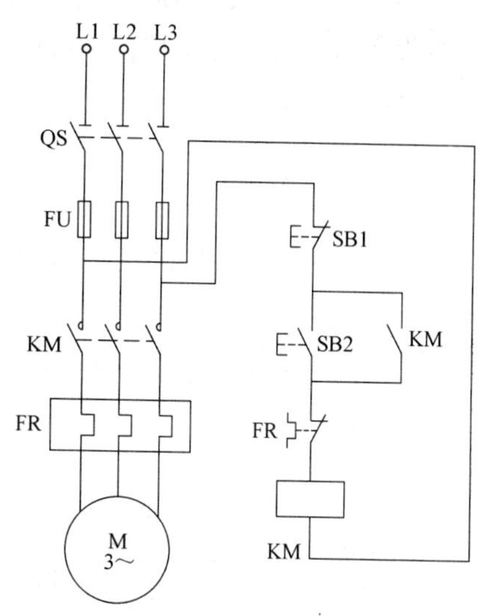

图 5-39　长动控制电路原理图

1）长动控制工作原理如下：合上开关 QS 为电动机起动做准备。

起动：按下SB2→KM线圈得电 ─┬→KM主触头闭合→M运转
　　　　　　　　　　　　　 └→KM常开辅助触头闭合

松开 SB2：由于 KM 常开辅助触头闭合，KM 线圈仍得电，电动机 M 继续运转。

停止：按下SB1→KM线圈失电 ─┬→KM主触头分断→M停转
　　　　　　　　　　　　　 └→KM常开辅助触头分断

这种依靠接触器自身的常开辅助触头而使其线圈保持得电的现象称为自保（或自锁）。因而，起自保作用的常开辅助触头称为自保（或自锁）触头。这样的控制电路称为具有自保的控制电路。

图 5-40 是长动控制过程图。

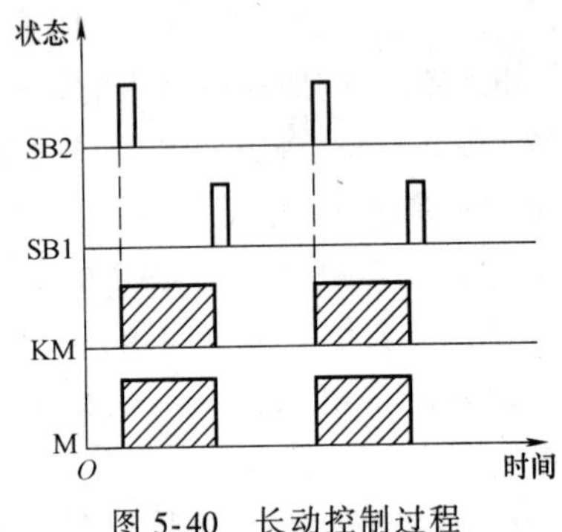

图 5-40 长动控制过程

2）电路的保护环节。这种电路设置有熔断器 FU 作为短路保护，发生短路时，用以切断三相电源；设置有热继电器 FR 作为过载保护，发生过载时，串接在主电路中的热元件弯曲，使串接在接触器线圈控制电路中的热继电器常闭触头 FR 分断，使线圈失电，接触器主触头分断，电动机停转，辅助常开触头分断，撤除自保。

这种电路还具有欠电压（电源电压下降很多）和失电压（又称零压，电源停电）保护。这种保护作用是接触器的电磁系统来实现的。当电源欠电压或失电压时，线圈吸力不足或消失，衔铁自行释放，主触头和自保触头分断，电动机停转。当电源恢复正常时，线圈不能自动得电，只有在操作人员再次按下起动按钮 SB2 后，电动机才会起动。这是采用接触器控制才具有的保护。

（三）具有长动和点动的控制

图 5-41 是三种长动和点动控制的电路图（图中未画出主电路）。

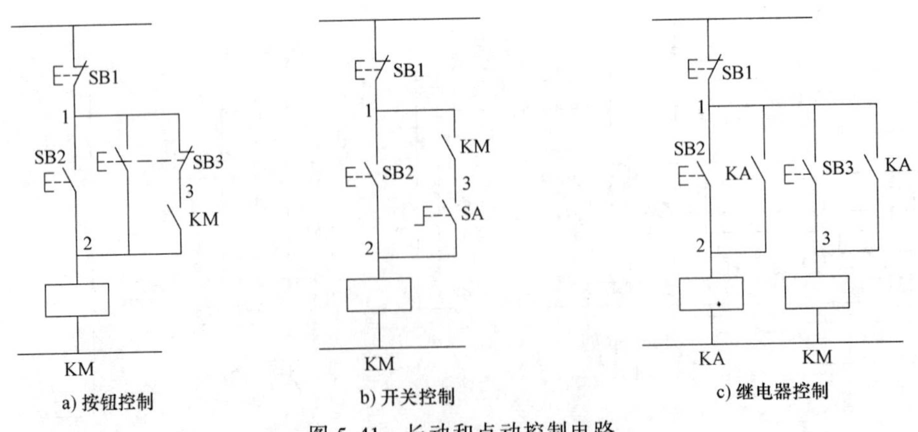

图 5-41 长动和点动控制电路

（1）图 5-41a 为按钮控制　按下起动按钮 SB2，接触器 KM 线圈得电并自保，其主触头闭合，电动机运转，实现长动控制。如按下复合式按钮 SB3，其常开触头 SB3（1—2）闭合，线圈 KM 得电，电动机运转；由于复合式按钮常闭触头 SB3（1—3）分断，虽然 KM 自保触头闭合，但此路不通，失去自保作用；当松开 SB3，电动机停转，实现点动控制。

（2）图 5-41b 为开关控制　长动时，合上开关 SA，按下起动按钮 SB2，接触器 KM 线圈得电并能自保，其主触头闭合，电动机转动。点动时，断开开关 SA，再按 SB2，线圈 KM 得电，主触头闭合，电动机转动；由于 SA 断开，接触器失去自保，所以松开 SB2 时，KM 断电释放，电动机停转。

（3）图 5-41c 为继电器控制　长动时，按下起动按钮 SB2，中间继电器（其工作原理与接触器相同）KA 的线圈得电并自保，其常开触头 KA（1—3）闭合，使接触器 KM 线圈得电动作，电动机转动；松开 SB2，由于 KA（1—3）闭合，KM 线圈仍得电，电动机仍转动。点动时，按下起动按钮 SB3，接触器 KM 线圈得电，电动机转动；由于继电器触头 KA 未闭合，松开 SB3，接触器线圈无另有通路而失电释放，电动机停转。

（四）电动机正反转控制（可逆运行控制）

上面讨论的电动机的点动和长动控制电路，只能按所接电源相序控制电动机作单向转动。然而，许多生产过程要求机械运动部件能改变运行方向。可以有多种方法来改变运动部件的运行方向，但较简便的方法是通过改变电动机的转向来实现，这就需要改变通入电动机的电源相序。一只接触器所连的电源的相序是不变的，因而需要两只接触器才能满足改变电源相序的要求。

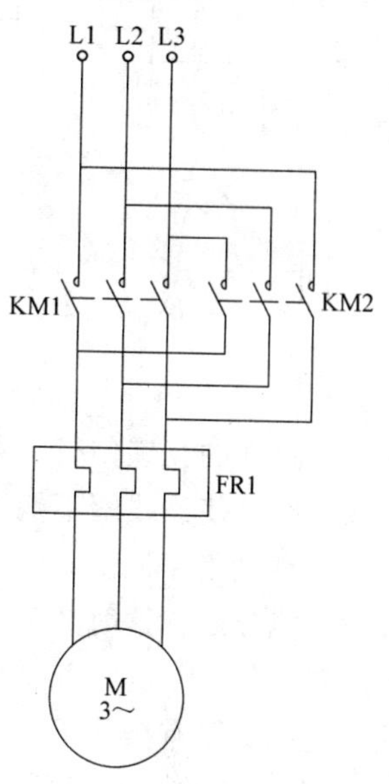

图 5-42　电源相序的改变

图 5-42 所示两个接触器 KM1 和 KM2 的主触头串接在主电路中，它们的出线端接电动机，KM1 的进线端接电源的正相序 L1→L2→L3，KM2 的进线端接电源的反相序 L3→L2→L1，只要 KM1 或 KM2 有一个动作，电动机便可得到不同的电源相序，而有不同的转向。**要注意的是，这两只接触器决不能同时动作，否则将使电源短路。**因此，在控制电路中要采取保护措施——联锁（或互锁）保护，保证两个接触器中只能有一个动作。

下面我们分别讨论几种电动机正反转控制电路。如图 5-43 所示，图 5-43a 是主电路，KM1 是正转接触器，KM2 是反转接触器。

（1）图 5-43b 是无互锁的正反转控制电路　它的控制电路是由两条长动控制支路组合而成。按下起动按钮 SB2，接触器 KM1 动作，电动机通入相序为 L1→L2→L3 的电源，电动机正转；若按下起动按钮 SB3，则接触器 KM2 动作，电动机通入相序为 L3→L2→L1 的电源，电动机反转。

这种控制电路有一个最大缺点，即当正转（或反转）时，若没有先按停止按钮 SB1，使接触器 KM1（或 KM2）释放，就直接按反转按钮 SB3（或 SB2），就会造成 KM1 和 KM2 同时动作，而使电源 L1、L3 两线短路。这种控制电路不能使用。

（2）图 5-43c 是接触器互锁的正反转控制电路　所谓接触器互锁就是将接触器的常闭辅助触头串接在另一只接触器线圈的电路中，使得两只接触器不能同时动作。如图 5-43c 所示，KM1 的常闭辅助触头串接在 KM2 线圈支路，而 KM2 的常闭辅助触头串接在 KM1 线圈

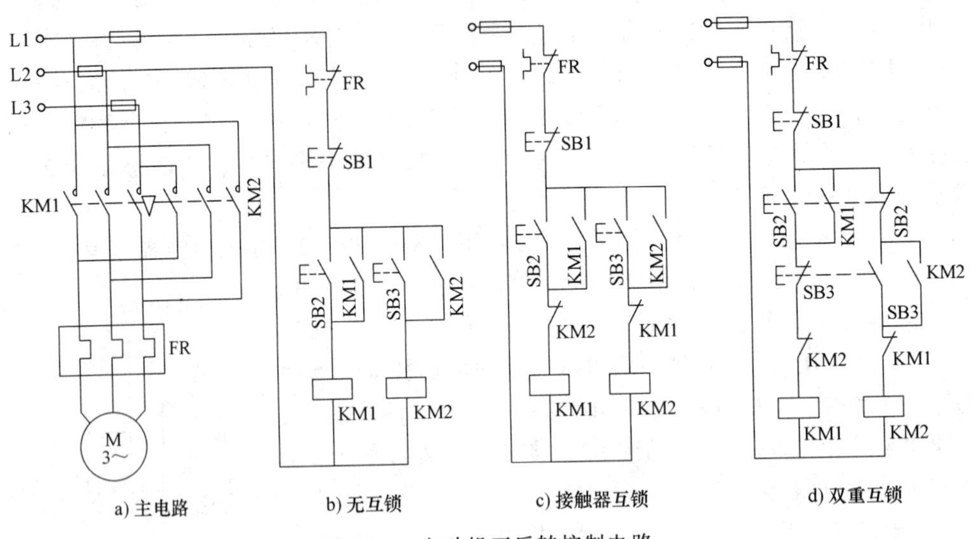

a) 主电路 b) 无互锁 c) 接触器互锁 d) 双重互锁

图 5-43 电动机正反转控制电路

支路。这样的互锁使得一只接触器动作后，其常闭辅助触头分断，从而断开了另一只接触器线圈电路，使该线圈不能得电。起这种作用的常闭辅助触头称为互锁触头。

这种电路保证了即使按错按钮，也不会造成电源短路。另外，当一只接触器的主触头因故障不能分断，这时其常闭辅助触头也不能闭合，另一只接触器就不能得电，也不会造成电源短路。

这种电路有操作不便之处，如电动机正在运转，要改变其运转方向，需先按停止按钮 SB1，使已动作的接触器释放，其互锁触头复位后，再按另一只起动按钮，使电动机改变转向。图 5-44 是这种电路的控制过程。

（3）图 5-43d 为按钮、接触器双重互锁的正反转控制电路 这种电路在接触器互锁的基础上，增加了按钮互锁，以克服接触器互锁操作不便之不足。

所谓按钮互锁，就是将复合式按钮常开触头作为起动按钮，而将其常闭触头作为互锁串接在另一个接触器线圈支路中，这样一来，要使电动机改变转向，只要按反转按钮就可以了。因为，按下复合式按钮 SB2（或 SB3），它的常闭触头先分断，先切断 KM2（或 KM1）线圈电路，使 KM2（或 KM1）触头复位，电动机脱离原来相序电源；复合式按钮的常开触头稍后闭合，使 KM1（或 KM2）线圈得电，主触头闭合，电动机通入反相序的电源，改变转向。

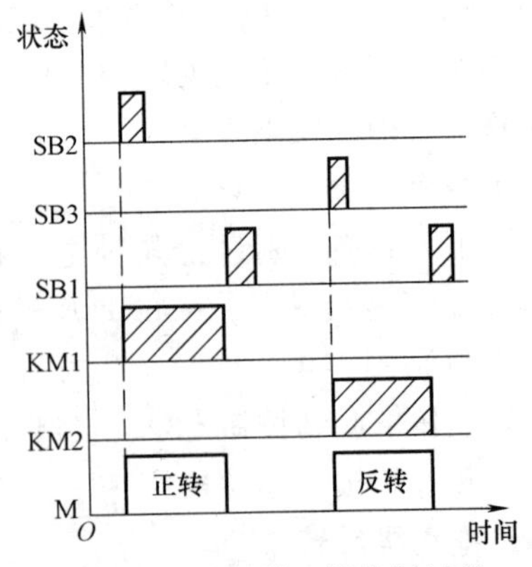

图 5-44 接触器互锁控制过程

这种双重互锁的正反转控制电路安全可靠，操作方便，成为常用的电动机正反转控制电路。

八、接触器控制的优点

利用接触器控制电动机的运行，相比用手动电器控制，有以下优点：

（1）操作省力　被控电动机功率越大，其工作电流越大，若用手动电器，则其体积越大，操作十分费力，而用接触器控制，只需轻按按钮。

（2）使信号得以放大　接触器的输入量是小功率的控制信号，而其输出则是大容量的触头动作，使信号得以放大，或者说是“以小控大”。

（3）便于实现远距离控制　采用接触器控制，可以将按钮放在较远的位置进行远距离控制，按钮与接触器线圈之间，只需用两根较细的导线连接。若用开关控制，则需用六根（三进三出）较粗导线。

（4）具有欠电压保护　电源电压降低，如电动机负载不变，则会使电动机定子绕组电流增大，转速下降。如果电流增加的幅度尚不足以使熔断器或热继电器动作，它们不能起保护作用，时间稍长会引起电动机发热甚至烧坏。采用接触器控制，当发生欠电压时，可使电动机脱离电源而停转。

（5）具有零压保护　电网电源停电，接触器释放。当电源恢复正常后，必须按下起动按钮，电动机才能运转，避免电网恢复供电时电动机自行起动。

（6）可以实现互锁控制　当有多台电动机，或操作要求比较复杂时，为避免误操作或电器失灵造成事故，互锁控制非常必要。利用互锁，还可实现各种自动控制，这些将在以后讨论。

九、想一想，练一练

1. 交流接触器有两种工作状态：______状态（______状态）和______状态（______状态）。

2. 接触器的常开和常闭触头是______动的，即常开触头______后常闭触头______；或者常闭触头______后常开触头______。

3. 接触器互锁就是将接触器的______辅助触头______接在另一只接触器______的电路中，使得两只接触器不能______动作。

4. ______按钮电动机就转动，______按钮电动机就停转的操作称为______动。

第六节　继　电　器

继电器是一种根据某种输入信号（参量）的变化而接通或断开所控制的电路，实现自动控制或保护电动机的自动电器。

电磁式继电器是应用较早、应用较多的一种电器，其工作原理和结构和接触器大致相同。在结构上两者都是由电磁系统和触头系统组成，它们的输出都是触头的动作，控制电路的通或断。两者的区别主要是：继电器可以对多种参量的变化做出反应，而接触器只能对电压变化做出反应；继电器的触头容量较小（5A以下），常用于小电流控制电路，而接触器的主触头容量较大，常用来控制大电流电路。

继电器按输入的参量可分为：电流、电压、时间、速度、温度、压力等继电器。习惯上以这种区分来称呼各种继电器。本节将介绍几种常用的继电器（前面已介绍热继电器）。

一、电流继电器

电流继电器由电磁系统和触头等组成，有JL14系列、JT4系列，图5-45是JT4系列电流继电器的结构。图5-46是电磁式继电器的图形符号。表5-9是JT4系列过电流继电器技术数据。

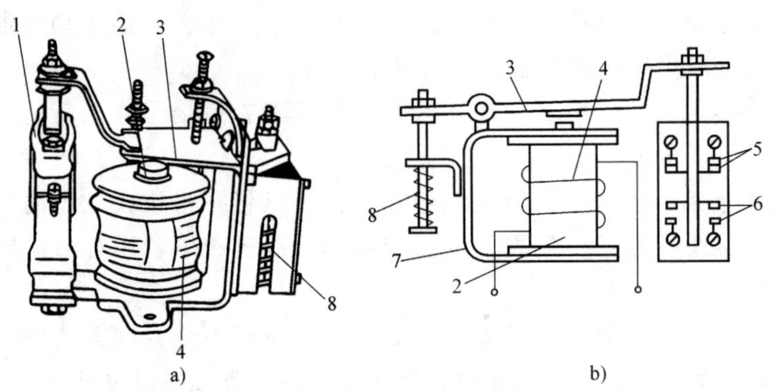

图 5-45 JT4 系列过电流继电器

1—触头 2—静铁心 3—衔铁 4—电流线圈 5—常闭触头

6—常开触头 7—磁轭 8—复位弹簧

表 5-9 JT4 系列过电流继电器技术数据

<table>
<tr><th rowspan="2">型 号</th><th rowspan="2">吸引线圈规格/A</th><th rowspan="2">消耗功率/W</th><th rowspan="2">触头数目</th><th colspan="2">复位方式</th><th rowspan="2">动作电流</th><th rowspan="2">返回系数</th></tr>
<tr><th>自动</th><th>手动</th></tr>
<tr><td>JT4-□□L</td><td rowspan="2">5、10、15、20、40、80、150、300及600</td><td rowspan="2">5</td><td rowspan="2">2常开2常闭或1常开1常闭</td><td>自动</td><td></td><td rowspan="2">吸引电流在线圈额定电流的110%~350%范围内调节</td><td>0.1~0.3</td></tr>
<tr><td>JT4-□□S（手动复位）</td><td></td><td>手动</td><td></td></tr>
</table>

电流继电器的吸引线圈应串接在被测量的电路中，以反映其电流的变化。为了不影响被测电路工作，其匝数少，导线粗，阻抗小。

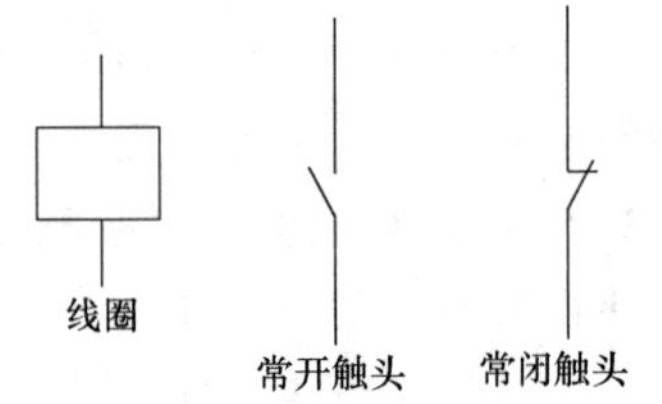

图 5-46 电磁式继电器图形符号

电流继电器有过电流和欠电流两种。过电流继电器KOC在电路正常工作时，衔铁不能吸合，只有当电流超过一定整定值（1.1~4倍额定电流）时才动作。欠电流继电器KUC则是在电路正常工作时，动铁心被吸合，在电流降低到一定整定值（0.1~0.2倍额定电流）时，动铁心被释放。电流整定值可通过调节复位弹簧的弹力来调节。

二、电压继电器

电压继电器的结构与电流继电器相似，但电压继电器的线圈为电压线圈，匝数多，导线细，阻抗大，与被测电路并联。

电压继电器有过电压、欠电压和零电压之分。过电压继电器KOV在电压为额定电压的1.10~1.15倍以上时动作；欠电压继电器KUV在电压为额定电压的0.4~0.7倍时动作；零电压继电器KHV在电压为额定电压的5%~25%时动作。表5-10为JT4P欠电压继电器技术数据。

表 5-10 JT4P 欠电压继电器技术数据

型号	吸引线圈规格/V	消耗功率	触头数目	复位方式	动 作 电 压	返回系数
JT4P	110、127、220及380	75W	2常开2常闭或1常开1常闭	自动	吸引电压在线圈额定电压的60%~85%范围内，调节释放电压在线圈额定电压的10%~35%间	0.2~0.4

三、中间继电器

（一）中间继电器的结构

中间继电器属于电压继电器，其结构和工作原理与接触器类似。图 5-47 是 JZ7 系列中间继电器外形结构。

中间继电器的触头较多，一般有 8 对，没有主、辅之分。每对触头允许通过的电流大小是相同的，额定电流多数为 5A，有的为 10A。

由于其触头多，故动作灵敏。其主要用途是：信号传递和放大，实现多路同时控制，起到中间转换的作用，故称中间继电器。对于额定电流小于 5A 的电动机，也可进行直接控制。

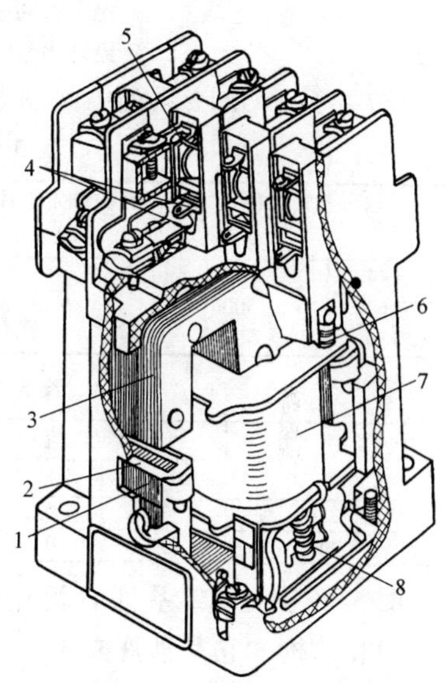

图 5-47 JZ7 系列中间继电器

1—静铁心 2—短路环 3—动铁心 4—常开触头 5—常闭触头 6—复位弹簧 7—线圈 8—缓冲弹簧

（二）中间继电器的应用

图 5-48 列出中间继电器的几种主要应用：

1）其他电器输出功率较小或触头容量较小时，通过中间继电器的转换，可适当增大所能控制的容量。例如将晶体管开关电路所输出的小功率控制信号转换为大容量的触头动作，如图 5-48a 所示。

2）扩充其他电器的触头数量或种类，将一个输入信号变为多个输出信号，实现多路同时控制，如图 5-48b 所示。

3）当中间继电器处于自保状态时，可以将按钮等主令电器的短时动作用继电器的状态长时间“保持”或“记忆”下来，如图 5-48c 所示。

4）用于手动电器控制电路的欠电压和失电压保护及其他保护性电路，如图 5-48d 所示。

5）进行互锁控制，如图 5-48e 所示。

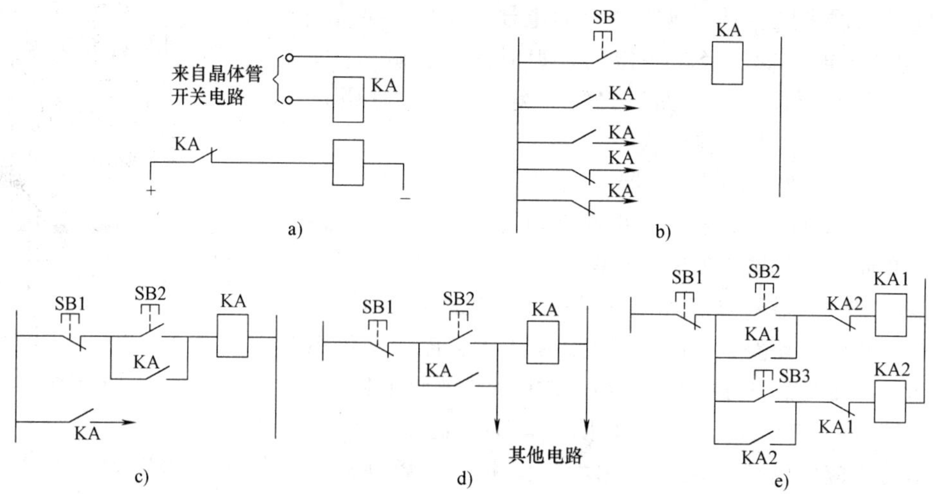

图 5-48 中间继电器的应用

（三）中间继电器型号含义

中间继电器型号含义如下：

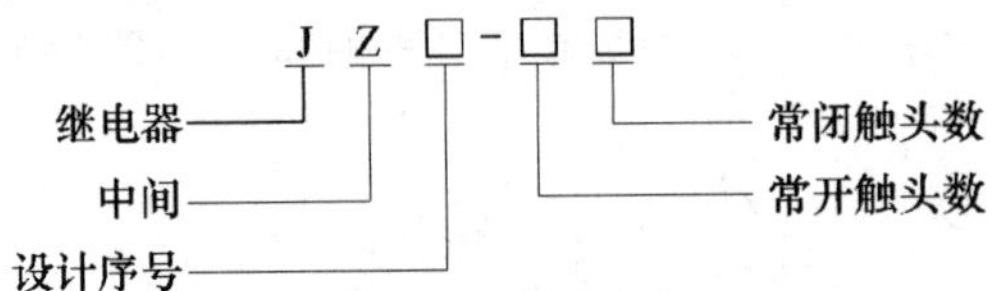

JZ7 系列和 JZ12 系列中间继电器技术数据分别见表 5-11、表 5-12。

表 5-11 JZ7 系列中间继电器技术数据

型号	触头额定电压/V	触头额定电流/A	触头数量		吸引线圈电压/V	操作频率/(次/h)
			常开	常闭		
JZ7-44	500	5	4	4	12、24、36、48	1200
JZ7-62	500	5	6	2	110、127、380	
JZ7-80	500	5	8	0	420、440、500	

表 5-12 JZ12 系列中间继电器技术数据

触头额定电压/V	触头额定电流/A		触头数量	线圈额定电压/V	额定操作频率/(次/h)
	接通	分断			
交流 220	3	0.2	3 组	直流 24、28、110	1200
直流 110	0.2	0.2			

图 5-49 是 JZ12 系列直流中间继电器的外形和结构。它是插座式的，拆换方便，体积小。结构上的特点是：磁轭和衔铁都由整体的导磁材料制成，触头有三组（图中只画出一组）。

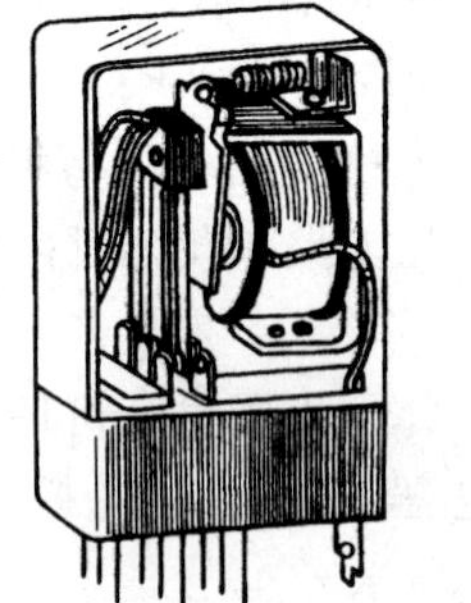

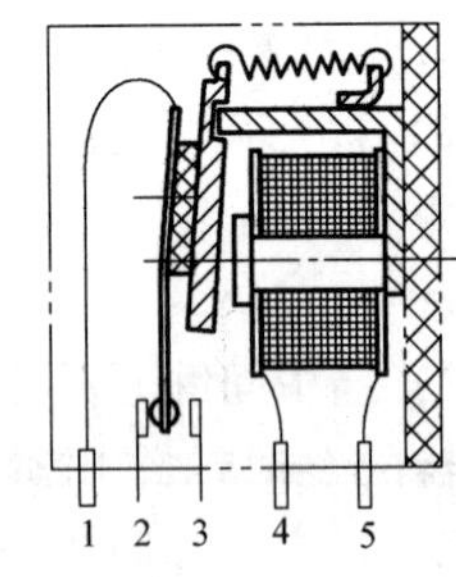

图 5-49 JZ12 系列直流中间继电器

1—动触头 2—常闭触头 3—常开触头 4、5—线圈引线

四、时间继电器

在电气控制系统中，有时需要控制两个电器的动作有一定的时间间隔，或需要延迟一定时间接通和分断某些电路。这种按时间顺序进行的控制，称为时间控制。

时间继电器是提供时间延迟的自动电器。从它接收信号（线圈得电或失电）起，经过一定的延迟时间后，触头才动作，接通或分断所控制的电路。它的种类很多，有电磁式、空气阻尼式、电动式和晶体管式等。

（一）直流电磁式时间继电器

直流电磁式时间继电器是在电压继电器的铁心上增加一个阻尼铜套而成，其结构如图5-50所示。

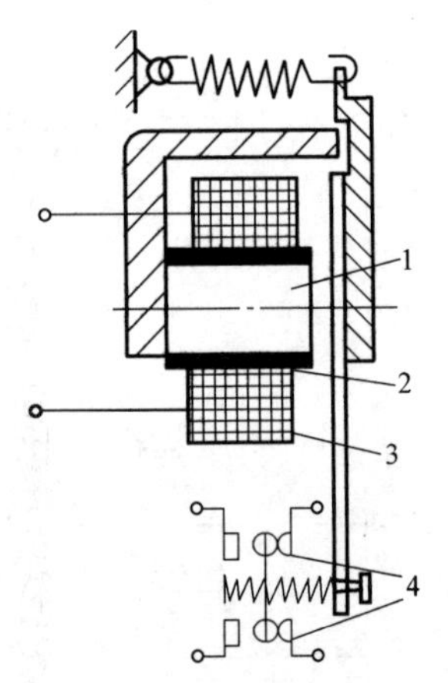

图 5-50 直流电磁式时间继电器

1—铁心 2—阻尼铜套

3—线圈 4—触头

它是利用电磁阻尼原理产生延时的。当线圈得电时，由于衔铁是释放的，动静铁心间气隙大，磁阻大，磁通变化小，阻尼铜套上产生的感应电流小，阻尼作用小，因此衔铁吸合延时不显著（可忽略不计）。当线圈失电时，磁通变化大，阻尼铜套的感应电流大，阻尼作用大，使衔铁的释放延时。这种延时称作断电延时。

这种时间继电器常用在直流控制电路中，它结构简单，使用寿命长，允许操作频率高，但延时时间短，JT3 系列最长延时不超过 5s，且准确度较低。

（二）空气阻尼式时间继电器

空气阻尼式时间继电器是利用空气通过小孔节流原理产生空气阻尼获得延时的。它由电磁系统、延时机构和触头系统三部分组成。电磁系统是直动式双 E 形电磁铁，触头系统是 LX5 系列微动开关，延时机构采用气囊式阻尼器。图 5-51 是 JS7 系列时间继电器的外形及结构。

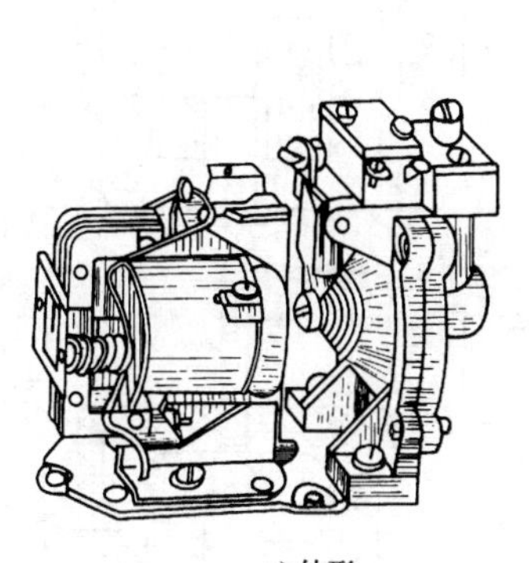

a) 外形

b) 结构

图 5-51 JS7 系列时间继电器

1—线圈 2—复位弹簧 3—衔铁 4—静铁心 5—弹簧片 6—微动开关 7—杠杆 8—微动开关 9—调节螺钉 10—推板 11—活塞杆 12—宝塔弹簧

图 5-52 是它的延时机构。根据触头的延时特点，可分为通电延时和断电延时两种。

1）JS7-1A 型通电延时继电器。这种继电器是在线圈得电后，延迟一定时间，延时触头才动作的。

图 5-53 是通电延时原理图。当线圈 1 得电后，衔铁 3 被铁心 2 吸合，与衔铁相连的推板 5 压下瞬时动作的微动开关 16（其触头称为瞬动触头）；这时在推板 5 与活塞杆 6 之间形成一段空隙，于是原来被压缩的宝塔弹簧 8 得以伸长，带动活塞杆 12 和橡皮膜 10 向上移动；橡皮膜下方气室体积增大，空气稀薄，但外部空气需经进气孔 14 方能缓慢地进入气室，这样在橡皮膜两侧形成向下的压力差（负压），对活塞杆 6 的向上移动起着阻尼作用，活塞杆只能缓缓移动；经过一定延迟时间后，活塞杆 12 才能移到最上端，通过杠杆 7 将延时微动开关 15 压动，达到延时动作的目的。

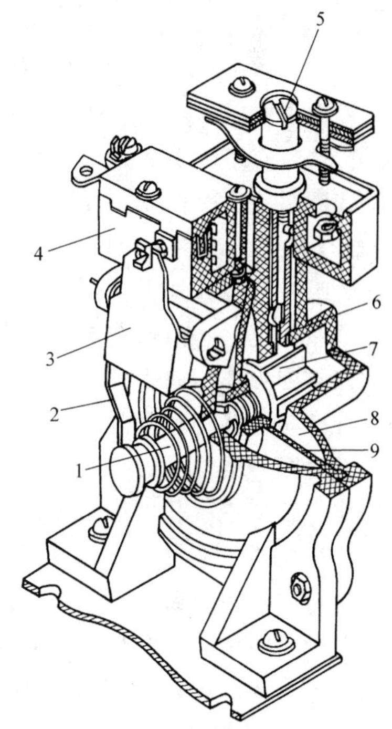

图 5-52 延时机构

1—活塞杆 2—托板 3—撞块 4—微动开关 5—调节螺钉 6—进气孔 7—活塞 8—气室 9—橡皮膜

延时断开常闭触头又称为通电延时常闭触头，延时闭合常开触头又称为通电延时常开触头，延时时间（线圈得电到延时触头完成动作为止）的长短由调节螺钉 13 调节进气孔 14 的大小来改变。进气孔越小，则进气量越少，延时时间越长；反之，则延时时间越短。

JS7-2A 型也是通电延时继电器，但没有装设瞬动微动开关。

2）JS7-4A 型断电延时继电器。这种继电器是在线圈失电后，延迟一定时间，延时触头才动作的。

将通电延时继电器的电磁系统反转 180°安装，即成为断电延时继电器。图 5-54 是断电延时原理图。

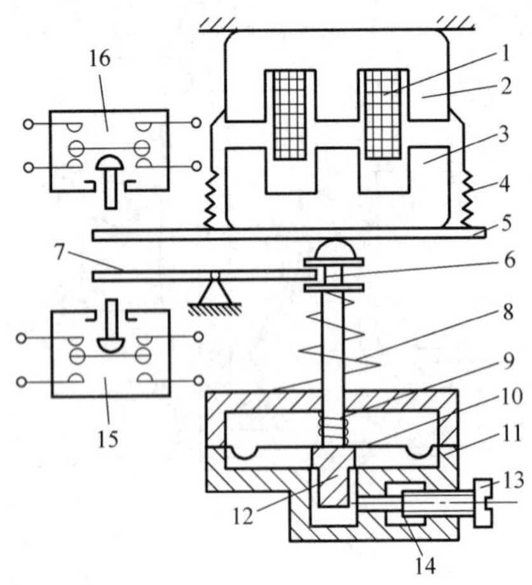

图 5-53 通电延时原理

1—线圈 2—铁心 3—衔铁 4—复位弹簧 5—推板 6、12—活塞杆 7—杠杆 8—宝塔弹簧 9—弹簧 10—橡皮膜 11—气室 13—调节螺钉 14—进气孔 15—延时微动开关 16—微动开关

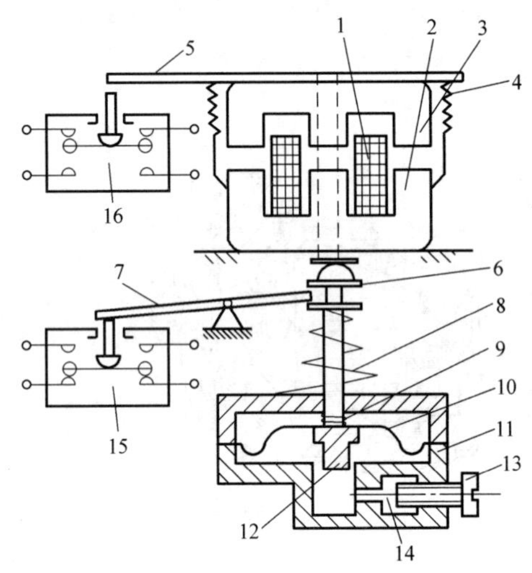

图 5-54 断电延时原理图

1—线圈 2—铁心 3—衔铁 4—复位弹簧 5—推板 6—活塞杆 7—杠杆 8—宝塔弹簧 9—弹簧 10—橡皮膜 11—气室 12—活塞 13—调节螺钉 14—进气孔 15—延时微动开关 16—微动开关

线圈得电前，衔铁 3 在复位弹簧 4 的作用下释放，瞬时动作的微动开关 16 的触头处于常态，这时宝塔弹簧 8 处于自然状态，使杠杆 7 压动延时微动开关 15，延时触头处于动态。

线圈得电后，衔铁 3 被吸合，使推板 5 压动微动开关 16，同时使活塞杆 6 被压下，杠杆 7 绕轴反转，瞬时释放延时微动开关 15 使之复位。虽然活塞杆缓慢下移，但不影响延时微动开关瞬时复位，处于常态。

线圈失电后，衔铁释放，微动开关 16 及时复位。活塞杆 6 不受向下的压力，受宝塔弹簧的恢复弹力作用向上移动，由于橡皮膜的负压，活塞杆 6 只能缓慢上移。经一定延迟时间，杠杆 7 才能压动延时微动开关 15，使之处于动态。

延时断开的常开触头又称为断电延时常开触头，延时闭合的常闭触头又称为断电延时常闭触头。改变进气孔大小，可调节延时时间长短。

JS7-3A 型是断电延时继电器，但没有装设瞬动微动开关。

3）时间继电器的文字符号是 KT。图 5-55 是时间继电器的图形符号。

各种延时触头的图形符号是在一般（瞬时）触头的基础上，加一段圆弧，圆弧向心方向表示触头延时动作的方向，圆弧离心方向表示触头不延时即瞬时动作的方向。例如，图 5-55 中的延时闭合瞬时断开常开触头，即通电延时常开触头，表示向下闭合（通电时）是延时的，而向上断开是瞬时的。

4）时间继电器型号含义：

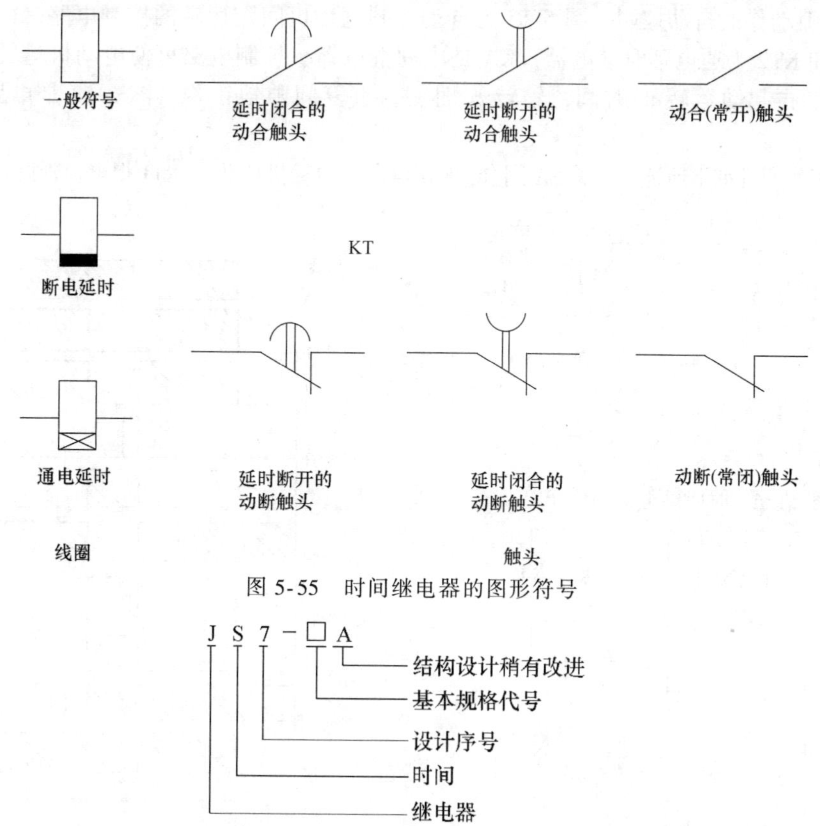

图 5-55 时间继电器的图形符号

5）空气阻尼式时间继电器的优点是：延时范围较大，结构简单，使用寿命长，价格低廉。其缺点是：延时误差较大，无调节刻度难以精确地整定延时值，适用于延时精度要求不高的场合。有关的技术数据见表 5-13。

表 5-13 JS7-A 系列空气阻尼式时间继电器技术数据

型号	触头容量		吸引线圈电压/V	延时触头数				瞬时动作触头数		延时整定范围/s	操作频率/(次/h)
	额定电压/V	额定电流/A		通电延时		断电延时					
				常开	常闭	常开	常闭	常开	常闭		
JS7-1A	380	5		1	1						
JS7-2A	380	5	36 127	1	1			1	1		
JS7-3A	380	5	220 380			1	1			0.4~60 及	
JS7-4A	380	5				1	1	1	1	0.4~180	600

（三）时间继电器的应用

在电气控制系统中，时间继电器主要用于自动控制接触器、继电器的动作或电路的通断的时间间隔。

（1）通电延时　假如某一继电器 KA1 动作后，要求间隔一定时间，另一继电器 KA2 得电和继电器 KA3 失电，可用通电延时继电器 KT 完成，控制电路如图 5-56a 所示。

KA1 常闭触头闭合→KT 线圈得电—延时→KT 延时常开触头闭合→KA2 得电
　　　　　　　　　　　　　　　　　└→KT 延时常闭触头分断→KA3 失电

（2）断电延时　假如某一继电器 KA1 得电后，要求间隔一定时间，接触器 KM1 失电，接触器 KM2 得电，可用断电延时继电器 KT 完成，控制电路如图 5-56b 所示。

KA1 常闭触头分断→KT 线圈失电—延时→KT 延时常开触头分断→KM1 失电
　　　　　　　　　　　　　　　　　└→KT 延时常闭触头闭合→KM2 得电

（3）间隙动作的自动控制　图 5-57 为自动控制电动机间隙运转的控制电路。KM 是起停接触器，KT1 和 KT2 为通电延时继电器，KA 是中间继电器。控制电路可使电动机运转 t_1 时间后，停转 t_2 时间，再起动运转 t_1 时间，停转 t_2 时间，重复间隙地工作。图 5-58 是电路的控制过程图。

电路的工作原理如下所述。开关 SA 闭合，KM 得电（电动机转动），KT1 得电，延迟 t_1 时间后：

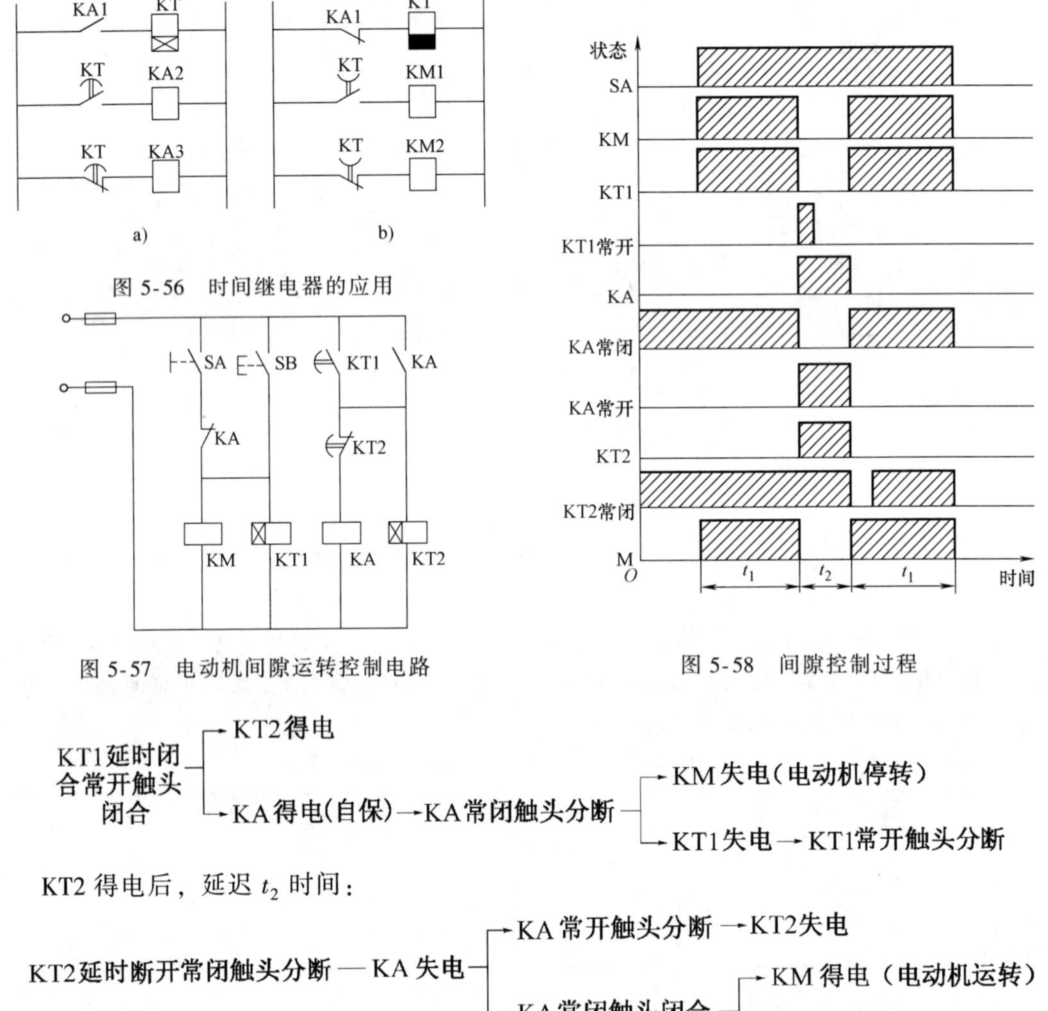

图 5-56　时间继电器的应用

图 5-57　电动机间隙运转控制电路

图 5-58　间隙控制过程

KT1延时闭合常开触头闭合 → KT2得电
KT1延时闭合常开触头闭合 → KA得电（自保）→ KA常闭触头分断 → KM失电（电动机停转）
KA常闭触头分断 → KT1失电 → KT1常开触头分断

KT2 得电后，延迟 t_2 时间：

KT2延时断开常闭触头分断 — KA 失电 → KA 常开触头分断 → KT2失电
KA 失电 → KA常闭触头闭合 → KM 得电（电动机运转）
KA常闭触头闭合 → KT1得电

（4）单向能耗制动控制　在第一章第七节我们已经讨论过对直流电动机的能耗制动控制。在这里我们讨论对交流电动机在某一转动方向上（单向）的能耗制动控制。交、直流电动机能耗制动的原理是一样的，都是利用转子感应电流与静止磁场的作用，在转子上有一个与转动方向相反的转矩，达到制动目的的。但是交流电动机没有直流电动机的励磁磁场来作为静止磁场，所以在控制方法上有所不同。即在电动机脱离三相交流电源后，给定子绕组通入直流电流，以建立静止磁场；另外，当转速下降接近零时，依靠时间继电器的延时作用，将直流电切除。图 5-59 是能耗制动原理图。图 5-60 是应用时间继电器的单向能耗制动控制电路。图 5-61 是能耗制动控制过程。

电路的工作原理如下：

按下起动按钮 SB2，KM1 得电，电动机 M 运转。

若按下停止按钮 SB1，电动机由于 KM1 失电释放而脱离三相电源。

同时接触器 KM2 线圈得电，其主触头闭合，将直流电流通入定子绕组。电动机依其惯性仍按原方向转动，转子切割定子直流磁通而有反转矩，使其降速。通电延时继电器 KT 线圈与 KM2 线圈同时得电，并由 KM2 的常开辅助触头与 KT 的瞬动常开触头共同自保。当转子转速降至接近于零时，KT 通电延时常闭触头分断，KM2 线圈失电其主触头分断，直流电源被切除；KM2 常开辅助触头分断，使 KT 线圈失电。制动结束。

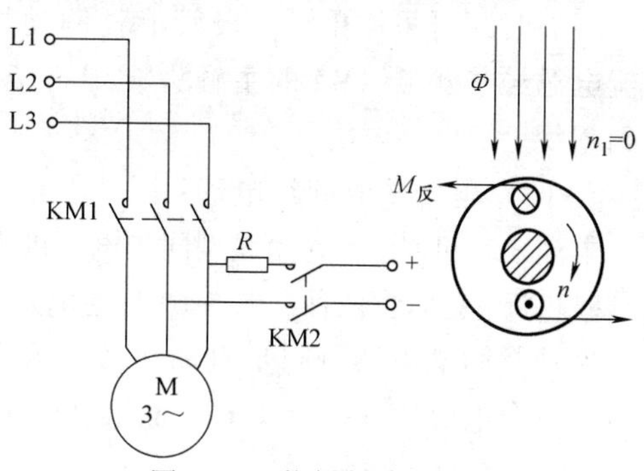

图 5-59　能耗制动原理图

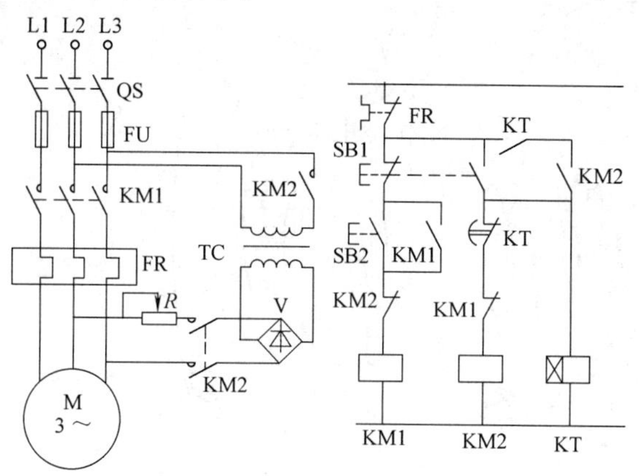

图 5-60　单向能耗制动控制电路

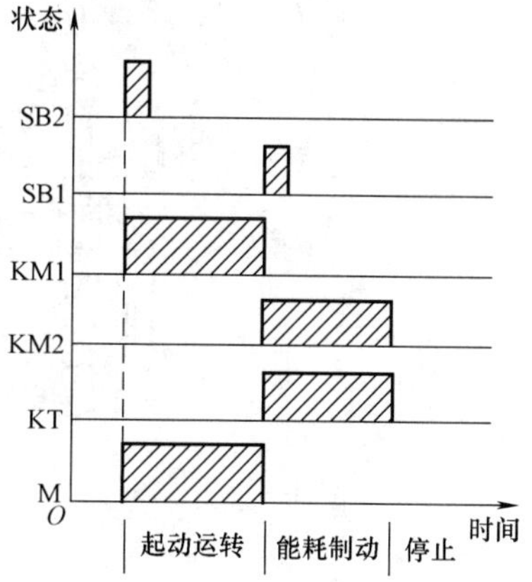

图 5-61　能耗制动控制过程

电路中采用了接触器互锁，以保证 KM1 与 KM2 不能同时得电动作。为什么电路中还要串入 KT 的瞬时常开触头呢？我们从若不串入的情况来分析：设若通电延时继电器 KT 线圈断线或因机械故障卡住而不起作用时，那么 KM2 将不会失电（有其常开触头自保），直流电源不能切除。而串入 KT 瞬动常开触头后，若时间继电器发生故障不起作用，这个常开触头不会闭合，KM2 不能自保。当松开停止按钮 SB1，其常开触头复位，KM2 失电，直流电源切除。

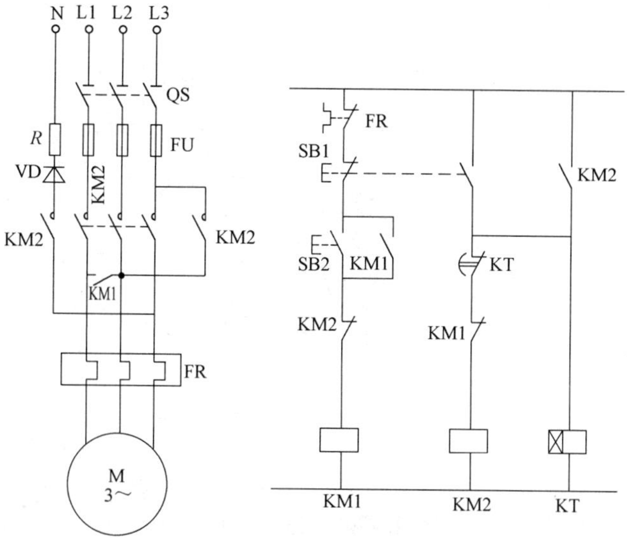

图 5-62　单只二极管能耗制动控制电路

对于 10kW 以下电动机，制动

要求不高时，可采用单只二极管能耗制动控制电路，如图 5-62 所示。其整流电压为 220V。整流电源经接触器 KM2 的主触头接到定子两相绕组，由另一相绕组经二极管 VD 和电阻 R 接到零线上。

*(四) 电动式时间继电器

电动式时间继电器是由微型同步电动机拖动减速齿轮获得延时的时间继电器。它也分为通电延时型和断电延时型两种。图 5-63 是通电延时电动式时间继电器的结构及工作原理。

这种时间继电器由同步电动机 M、减速齿轮 Z、差动齿轮［Z1、Z2、Z3（棘齿）］、棘爪 H、离合电磁铁 Y、触头 C、脱扣机构 T、凸轮 L 和复位游丝 F 等组成。

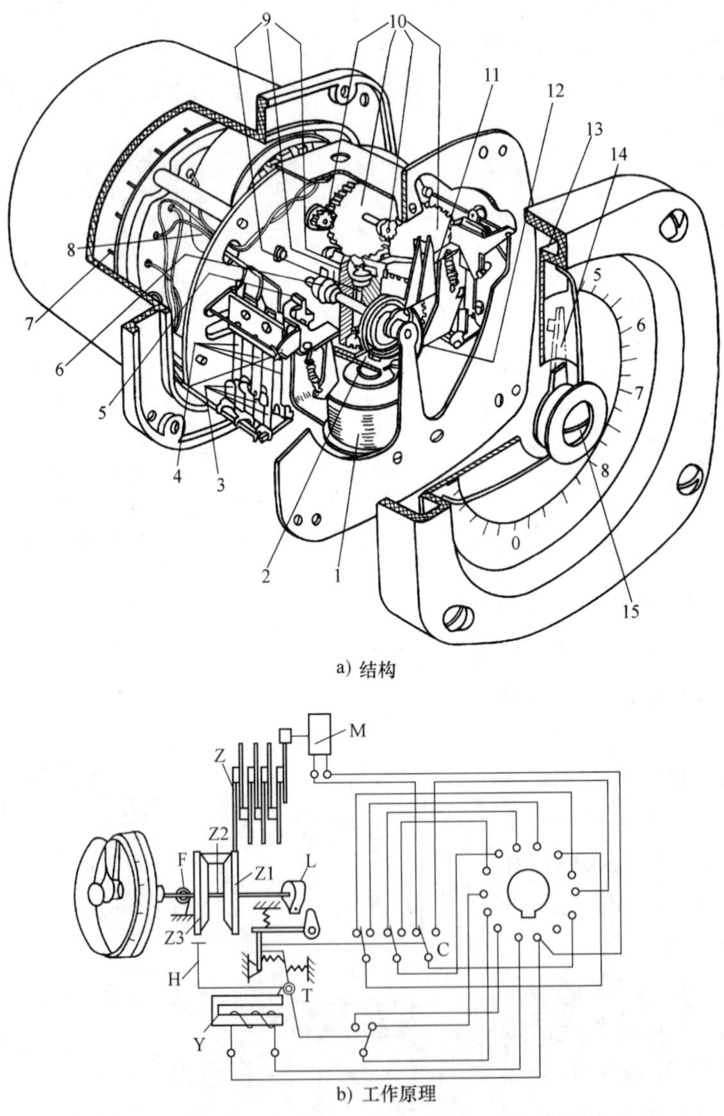

a) 结构

b) 工作原理

图 5-63 通电延时电动式时间继电器

1—线圈 2—衔铁 3—静触头 4—动触头 5—脱扣机构 6—凸轮 7—接线插脚 8—电动机 9—差动齿轮 10—减速齿轮 11—刹板 12—复位游丝 13—刻度盘 14—指针 15—延时调节螺钉

当同步电动机接通电源后，就以恒速旋转，带动减速齿轮 Z 与差动齿轮 Z1、Z2、Z3 一起转动，Z1 与 Z3 在轴上空转且方向相反，Z2 在另一轴上空转，而转轴不动。若要触头延时动作，只要使离合电磁铁 Y 的线圈得电，吸引衔铁（瞬动触头 C 立即动作），通过棘爪 H 将 Z3 刹住不转，而使转轴带动指针和凸轮 L 逆向旋转。当指针转到“0”值时，凸轮 L 正好推动脱扣机构 T，使延时触头 C 动作，同步电动机因常闭触头 C 延时分断而脱离电源停转。

若要复原，只需切断离合电磁铁线圈电源，指针在复位游丝的作用下，顺时针旋转复原。

延时的长短可通过调节指针在刻度盘上的定位位置，即凸轮的起始位置实现。将凸轮调离脱扣机构远一些，凸轮要经过较长的转动时间才能推动脱扣机构动作，触头闭合时间就长一些；反之，就短一些。

这种时间继电器，由于同步电动机的转速是恒定的，不受电源电压波动的影响，所以延时精度较高，且延时调节范围广，可由几秒到几十小时。

电动式时间继电器线圈的交流电压有 110V、127V、220V 及 380V 等几种。

电动式时间继电器型号含义如下：

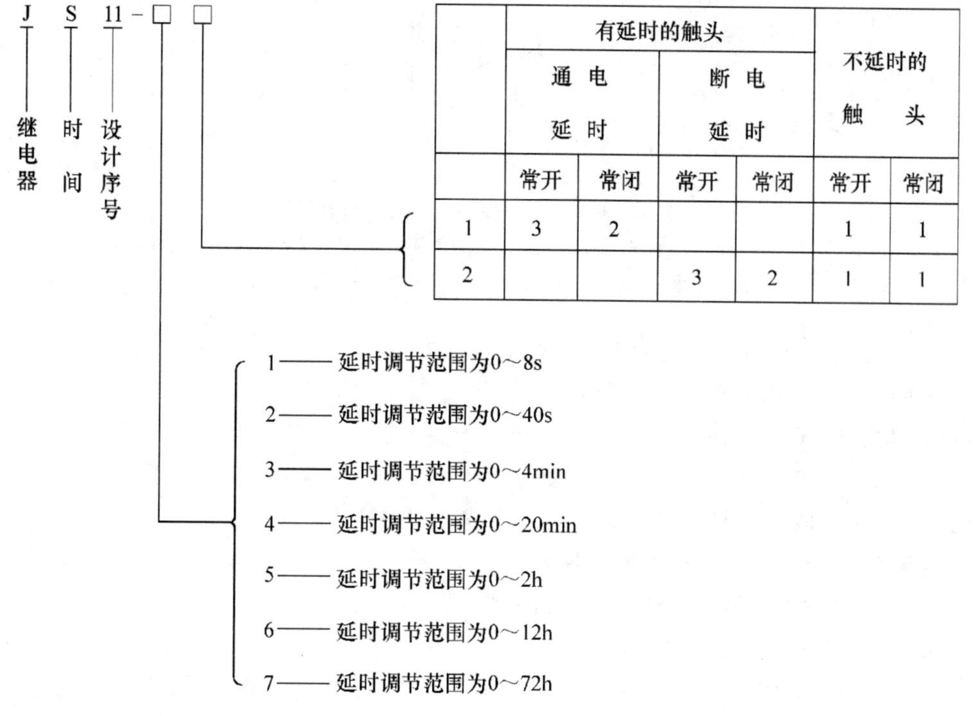

	有延时的触头				不延时的触头	
	通电延时		断电延时			
	常开	常闭	常开	常闭	常开	常闭
1	3	2			1	1
2			3	2	1	1

五、速度继电器

（一）速度继电器的结构和工作原理

速度继电器是用来反映转速和转向变化的自动电器。这种根据转速和转向的变化进行控制的方式，称为速度控制。

图 5-64 是 JY1 系列速度继电器的外形和结构。图 5-65 是速度继电器的文字和图形符号。

速度继电器主要由转子、定子和触头三部分组成。转子是一个圆柱形永久磁铁，它和被控制的电动机轴连在一起，被电动机带动。定子固定在可动支架上，是一个笼型空心圆环，由硅钢片叠成，并装有笼型绕组，定子是套在转子上的，定子上还装有胶木摆杆。触头系统有两组

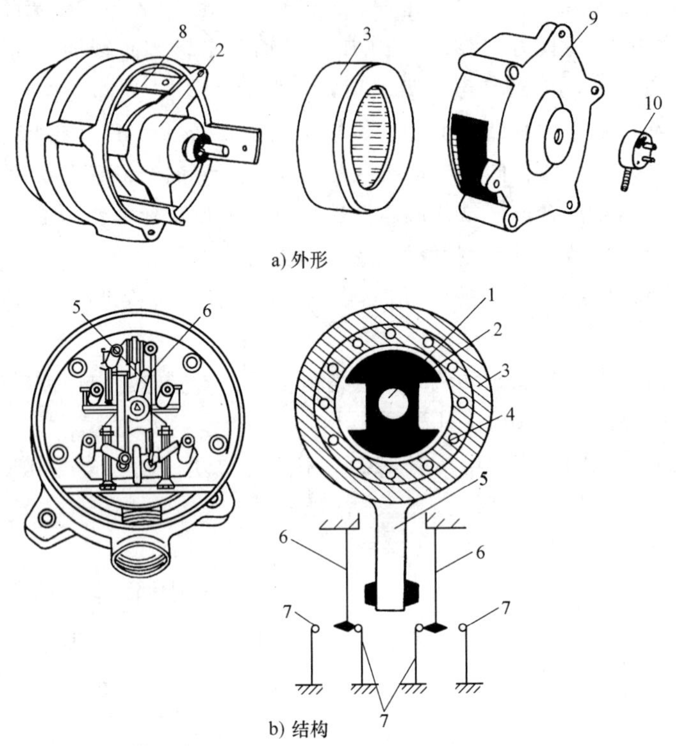

图 5-64 JY1 系列速度继电器的外形和结构

1—电动机轴 2—转子（永久磁铁） 3—定子 4—定子绕组 5—胶木摆杆 6—簧片（动触头） 7—静触头 8—可动支架 9—端盖 10—连接头

复合触头，每组有一个簧片（动触头）和两个静触头。

速度继电器的工作原理与笼型异步电动机类似。当电动机运转时，转子（磁铁）一起转动，相当于一个旋转磁场，在定子绕组里感应出电流来，使定子也和转子同方向转动，于是胶木摆杆也转动，推动簧片离开内侧静触头（常闭触头分断），而与外侧静触头接触（常开触头闭合）。外侧静触头作为挡块使用，限制了摆杆继续转动，因此，定子和摆杆只能转动一定角度。由于簧片具有一定的弹力，所以只有当电动机转速大于一定值时，摆杆才能推动簧片；当转速小于一定值时，定子产生的转矩减小，簧片（动触头）复位。

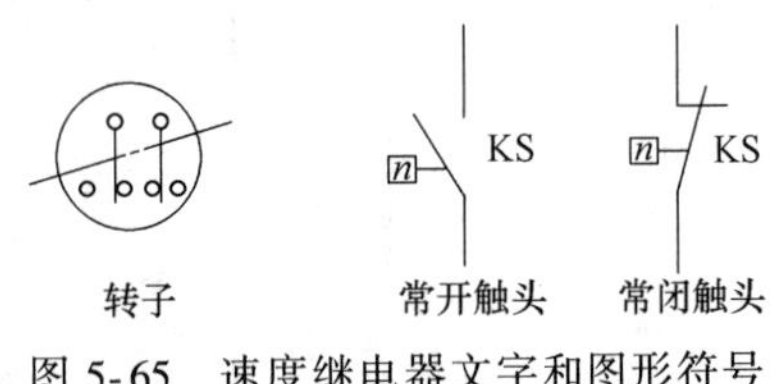

图 5-65 速度继电器文字和图形符号

速度继电器在转速 3000r/min 以下时能可靠工作。簧片的动作转速一般不低于 300r/min，复位转速约在 100r/min 以下。

JY1 型和 JYZ0 型速度继电器的技术数据见表 5-14。

表 5-14 JY1 型和 JYZ0 型速度继电器技术数据

型号	触头额定电压/V	触头额定电流/A	触头数量		额定工作转速/(r/min)	允许操作频率/(次/h)
			正转时动作	反转时动作		
JY1	380	2	一组转换触头	一组转换触头	100～3000	<30
JYZ0					300～3600	

（二）速度继电器的应用

在“时间继电器的应用”部分内容中，我们讲述过用时间继电器控制的单向能耗制动电路。速度继电器也可以用来控制能耗制动电路，即用速度继电器取代时间继电器，在电动机转速接近于零时切除直流电源。

图 5-66 是速度控制的单向能耗制动控制电路。与图 5-60 比较，在这里取消了时间继电器 KT 的线圈及其触头，在电动机轴上安装了速度继电器 KS，用 KS 常开触头取代了 KT 延时分断的常闭触头。采用速度继电器比采用时间继电器控制的准确性要高些，因为延迟时间难以调节适当。

按下停止按钮 SB1，接触器 KM1 失电，电动机脱离三相电源。由于电动机惯性转速仍很高，速度继电器 KS 的常开触头仍然闭合，KM1 互锁常闭触头闭合，所以接触器 KM2 线圈在 SB1 按下时得电自保。KM2 主触头闭合，直流电流送入电动机定子绕组，开始能耗制动。当电动机的惯性转速降低接近零时，KS 常开触头复位，KM2 线圈失电，切除直流电源，制动结束。控制过程如图 5-67 所示。

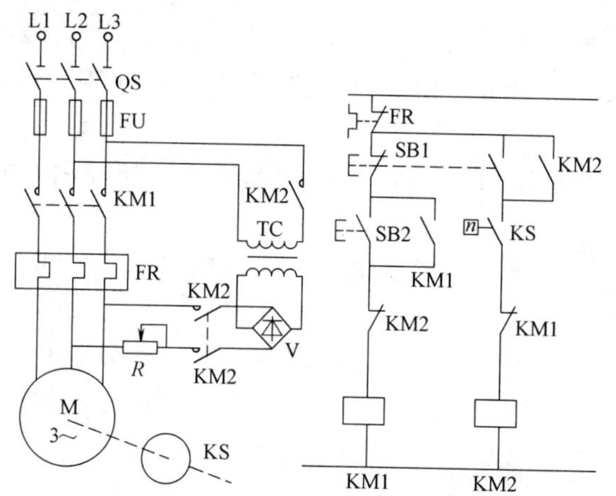

图 5-66　速度控制的单向能耗制动控制电路

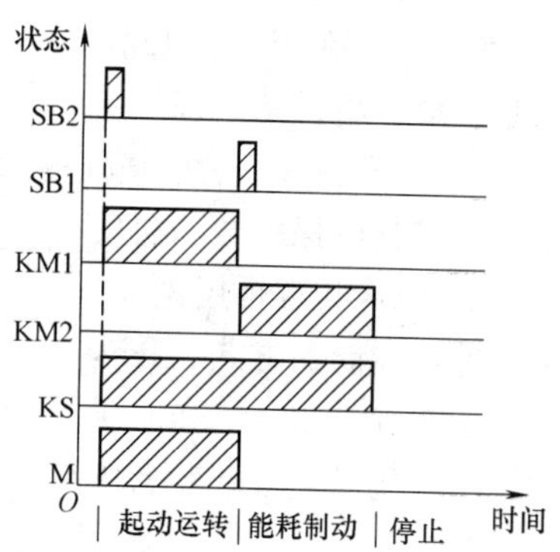

图 5-67　速度控制的单向能耗制动控制过程

六、固态继电器

固态继电器（SSR）是一种全部由固态电子元器件组成的无触头继电器。它是用晶体管或晶闸管代替常规继电器的触头开关，而在前级中与光隔离器融为一体。因此固态继电器实际上是一种带光隔离器的无触头开关。由于可靠性高、开关速度快、工作频率高、使用寿命长、便于小型化、输入控制电流小以及与 TTL、CMOS 等集成电路有较好的兼容性等一系列优点，在数控机床的数控装置中得到了广泛的应用。图 5-68 为固态继电器图形及文字符号。

1. 固态继电器的分类

固态继电器是一种具有两个输入端和两个输出端的四端器件，按输出端负载电源类型可分为直流型和交流型两类。其中直流型是以功率晶体管的集电极和发射极作为输出端负载电路的开关控制；而交流型是以双向三端晶闸管的两个电极作为输出端负载电路的开关控制，如图 5-69 所示。交流型固态继电器按双向三端晶闸管的触发方式，又可分为非过零型和过零型。固态继电器有常开式和常闭式两种，当在其输入端施加控制信号时，其输出端负载电路常开式的被导通，而常闭式的被断开。

2. 固态继电器的使用

固态继电器的输入端要求有几毫安至20mA的驱动电流，最小工作电压为3V，所以MOS逻辑信号通常要经晶体管缓冲级放大后再去控制固态继电器。对于CMOS电路，可利用NPN型晶体管缓冲器。当输出端的负载容量很大时，直流型固态继电器可通过功率晶体管，交流型则通过双向晶闸管，再驱动负载。

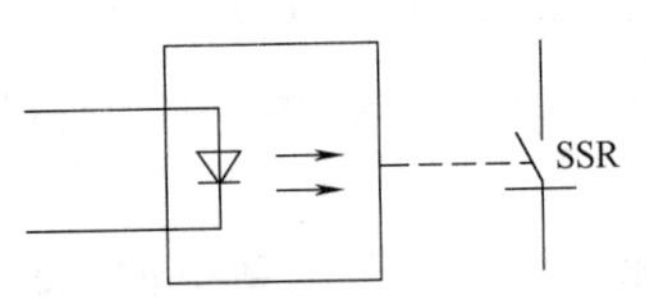

图5-68 固态继电器图形及文字符号

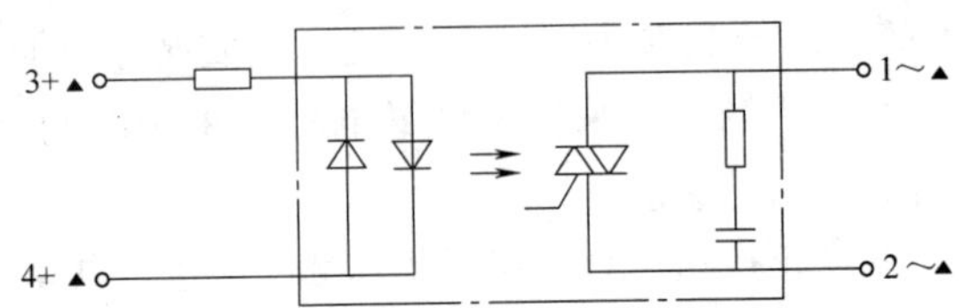

图5-69 交流型固态继电器内部电路原理图

当温度超过35℃后，固态继电器的负载能力（最大负载电流）随温度升高而下降，因此使用时必须注意散热或降低电流使用。

对于容性或电阻负载，应限制其开通瞬间的浪涌电流（一般为负载电流的7倍），对于电感性负载，应限制其瞬时峰值电压，以防止损坏固态继电器，使用时可参照有关资料及手册。

七、想一想，练一练

1. 继电器是一种根据某种输入信号（参量）的______而______或______所控制的电路，实现自动控制或保护电动机的______电器。

2. 速度继电器是用来反映______和______变化的自动电器。这种根据______和______的变化进行控制的方式，称为______控制。

3. 固态继电器（SSR）是一种全部由固态______元器件组成的______触头继电器。它是用晶体管或晶闸管代替常规继电器的______开关，而在前级中与光隔离器隔为一体。

第七节 电 磁 铁

一、电磁铁概述

电磁铁是利用通电的铁心线圈所产生的电磁吸力吸引铁磁物质——衔铁的一种电器。衔铁的动作可使其他机械装置发生联动。当电源断开时，电磁铁的磁性随之消失，衔铁或其他零件即被释放。

由于电磁铁具有动作迅速、灵敏及容易控制等优点，在生产上应用极为普遍，在自动化、半自动化装置中，常用它来实现各种控制。

电磁铁在电气控制系统中是执行元件。自动电器中广泛地应用它的电磁吸力来操纵或牵引某种机械装置。例如，用来启闭液压或气压系统的电磁阀门，用来带动自动电器触头的闭合或分断或用来对转轴抱闸制动等，还可用来吸持工件或钢铁材料。

电磁铁的结构形式多种多样，图5-70是常见的几种。它们都是由线圈、铁心和衔铁三个主要部分组成。线圈通入电流产生磁场，因而线圈又称励磁线圈，通入的电流称为励磁电流。铁心通常固定不动，衔铁是活动的。线圈通电后，衔铁即被吸向铁心。

电磁铁按线圈通入的励磁电流的种类不同，分为直流电磁铁和交流电磁铁两类。

二、直流电磁铁

直流电磁铁的励磁电流是大小和方向不随时间变化的恒稳电流，因而，在一定的空气隙

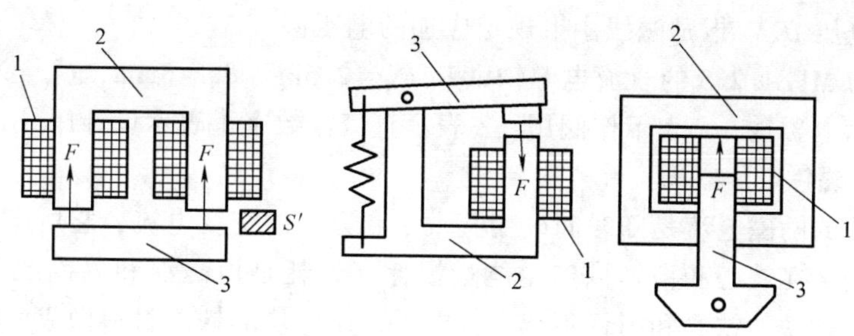

图 5-70　几种电磁铁

1—线圈　2—铁心　3—衔铁

下，它所产生的磁通也是大小和方向都不随时间变化的恒稳磁通。因此，直流电磁铁的铁心用整块的铸钢、软钢等制成，为加工方便，套有线圈部分的铁心常做成圆柱形，线圈也绕成圆形。

线圈通电后，衔铁将受到电磁吸力的作用。故电磁吸力是电磁铁的主要参数之一，那么这个电磁吸力有多大呢？与哪些因素有关呢？

电磁铁电磁吸力的大小与两个磁极磁性强弱有关，而每个磁极的磁性强弱则和磁极间的磁感应强度成正比，因此衔铁所受到的电磁吸力 F 的大小和磁极间的磁感应强度 B 的二次方成正比，另外，在 B 为定值的情况下，还与磁极的截面积 S 成正比，所以 $F \propto B^2 S$。

经过计算，作用在衔铁上的电磁吸力为

$$F = \frac{10^7}{8\pi} B^2 S \tag{5-4}$$

式中，F 的单位为 N；B 的单位为 T；S 的单位是 m^2。

直流电磁铁的电磁吸力 F 与空气隙的关系，即 $F = f_1(\delta)$，以及电磁铁的励磁电流 I 与空气隙的关系，即 $I = f_2(\delta)$，称为直流电磁铁的工作特性，它可由实验得出，如图 5-71 所示。

由图可见，直流电磁铁的励磁电流 I 的大小与空气隙的大小无关，即与衔铁的运动过程无关。这是因为励磁电流 I 仅取决于线圈的电阻 R 及加在线圈上的电压 U。

而作用在衔铁上的电磁吸力 F 却与空气隙 δ 有关，即与衔铁的位置有关。当电磁铁刚起动时，衔铁与铁心之间的空气隙最大，此时磁路中磁阻最大，因磁动势不变，磁通小，$\Phi = IN/(R_{m气} + R_{m铁})$，磁感应强度亦小，故电磁吸力最小。当衔铁完全吸合后，$\delta = 0$，$R_{m气} = 0$，磁路中磁阻最小，此时电磁吸力最大。

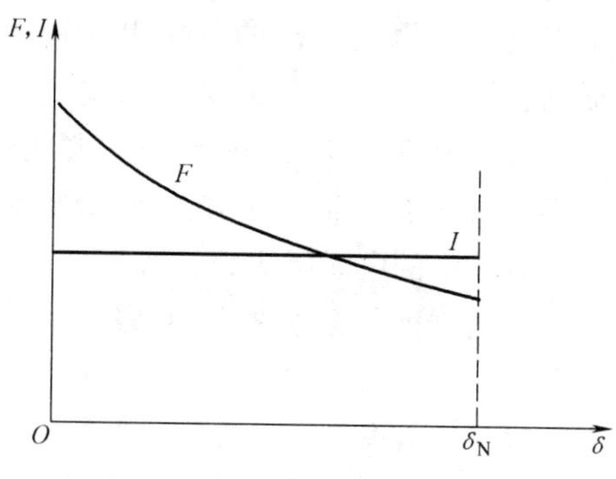

图 5-71　直流电磁铁工作特性

电磁铁的主要技术数据有：

（1）额定行程 δ_N　指刚起动时衔铁与铁心之间的距离。

（2）额定吸力 F_N　指衔铁处在额定行程时受到的电磁吸力。

（3）额定电压 U_N　指励磁线圈上规定应加的电压值。

例如型号为 MFZ1-2.5 的直流电磁铁，其 $F_N=2.5\text{kg}$，$\delta_N=5\text{mm}$，$U_N=24\text{V}$ 或 110V 等。型号中：M 表示电磁铁，F 表示作阀用，Z 表示直流，数字 1 表示设计序号。

三、交流电磁铁

交流电磁铁的励磁电流是随时间改变其大小和方向的交变电流，它所产生的磁场是交变磁场。交变磁场会在铁心和衔铁内产生能量损耗（铁耗是由磁滞和涡流产生的）而使之发热。因而交流电磁铁的铁心和衔铁不像直流电磁铁用整块的铁磁材料做成，而是用彼此绝缘的硅钢片叠成的，以减小铁耗。

（一）交流电磁铁的电磁吸力

交流电磁铁由于磁通是交变的，因此，电磁吸力的大小是随时间而变化的。设主磁通为

$$\Phi=\Phi_m\sin\omega t$$

则磁感应强度为

$$B_0=B_m\sin\omega t$$

由式（5-4）得电磁吸力的瞬时值为

$$\begin{aligned}f&=\frac{10^7}{8\pi}B_m^2S_0\sin^2\omega t=\frac{10^7}{8\pi}B_m^2S_0\left(\frac{1-\cos2\omega t}{2}\right)\\&=F_m\left(\frac{1-\cos2\omega t}{2}\right)=\frac{1}{2}F_m-\frac{1}{2}F_m\cos2\omega t\end{aligned}\tag{5-5}$$

式中，S_0 为磁极截面积；$F_m=\frac{10^7}{8\pi}B_m^2S_0$，是电磁吸力的最大值。我们在计算时只考虑电磁吸力的平均值。

$$F=\frac{1}{2}F_m=\frac{10^7}{16\pi}B_m^2S_0\tag{5-6}$$

由式（5-5）及图 5-72 可见，交流电磁铁的电磁吸力是在零与最大值之间脉动的。

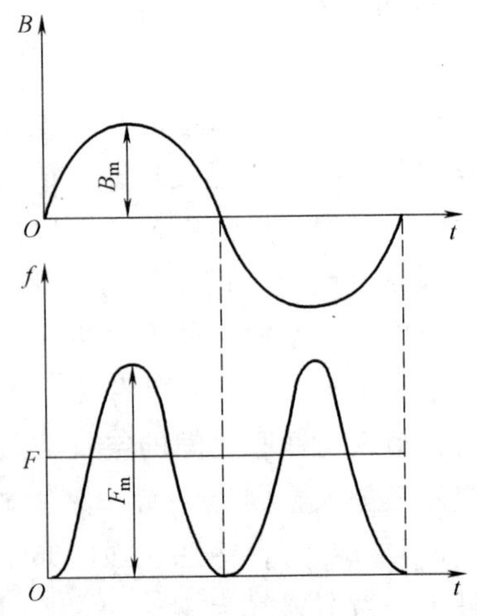

图 5-72　交流电磁铁电磁吸力

（二）交流电磁铁的短路环

由于电磁吸力是脉动的，使得衔铁以两倍电源频率在振动，既会引起噪声，又会使电器结构松散，寿命降低，触头接触不良容易被电弧火花熔焊与蚀损。因此，必须采取有效措施，使得线圈在交流电变小和过零时仍有一定的电磁吸力以消除衔铁的振动。

为此，在磁极的部分端面上嵌入一个铜环——短路环或分磁环，如图 5-73 所示。当磁极的主磁通 Φ_2 发生变化时，会在短路环中产生感应电流和磁通 Φ_1，阻碍 Φ_2 的变化，使在磁极两部分中的磁通 Φ_1 与 Φ_2 之间产生一相位差，因而磁极各部分的电磁吸力就不会同时降为零，这样磁极就总是具有一定的电磁吸力，这就消除了衔铁的振动，也除去了噪声。

（三）交流电磁铁工作特性

交流电磁铁工作特性如图 5-74 所示。

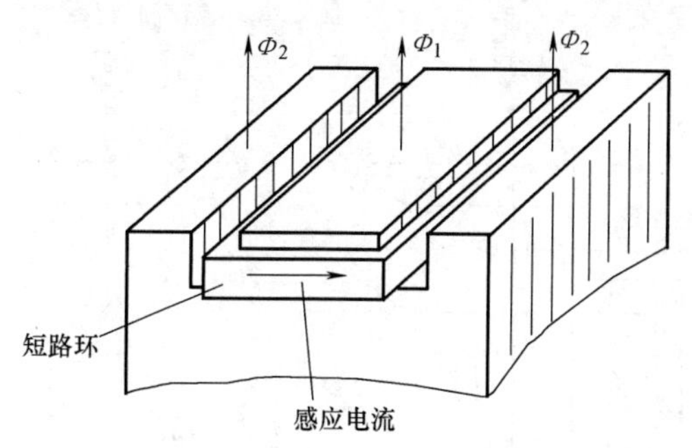

图 5-73　交流电磁铁的短路环

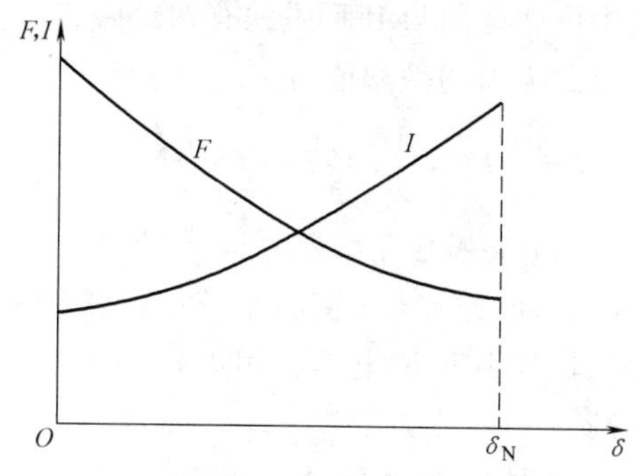

图 5-74　交流电磁铁工作特性

在直流电磁铁中，励磁电流仅与线圈电阻有关，不因气隙的大小而变化。但在交流电磁铁的吸合过程中，线圈中的电流（有效值）变化很大。因为其电流不仅与线圈电阻有关，还与线圈感抗有关。

交流电磁铁刚起动时，气隙 δ_N 最大，磁阻 R_m 最大，由 $L=N^2/R_m$ 可知，这时的电感和感抗为最小，因而这时的电流为最大。在吸合过程中，随着气隙的减小，磁阻减小，线圈电感和感抗增大，电流逐渐减小。当衔铁完全吸合后，电流为最小。

电磁铁在起动时线圈的电流虽为最大，但这时的磁阻可增大到几百倍，而线圈的电流受到漏阻抗的限制，不能增加相应的倍数。因此起动时磁动势的增加小于磁阻的增加，于是磁通、磁感应强度减小，电磁吸力较小。当衔铁吸合后，磁阻减小较多，磁动势减小较少，于是磁通、磁感应强度增大，电磁吸力增大。

综上所述，交流电磁铁工作时衔铁与铁心之间一定要吸合好。如果由于某种机械故障，衔铁或机械可动部分被卡住，通电后衔铁吸合不上，线圈中流过超过额定值的较大电流，将使线圈严重发热，甚至烧坏，这点必须注意。

例 5-2　U 形交流电磁铁励磁线圈的额定电压 $U_N=380V$，频率 $f=50Hz$，匝数 $N=8650$，铁心截面积 $S=2.5cm^2$。试估算电磁吸力的最大值和平均值。

解　电磁铁线圈感应电动势的有效值为

$$E=4.44fN\Phi_m$$

由于励磁线圈的电阻和漏电抗上的电压降很小，如忽略不计，则在数值上

$$U\approx E=4.44fN\Phi_m$$

故主磁通的最大值近似为

$$\Phi_m\approx\frac{U}{4.44fN}=\frac{380}{4.44\times50\times8650}Wb=0.0002Wb$$

空气隙磁感应强度的最大值为

$$B_m=\frac{\Phi_m}{S}=\frac{0.0002}{2.5\times10^{-4}}T=0.8T$$

电磁吸力的最大值为

$$F_m=\frac{10^7}{8\pi}B_m^2 S\times 2=\frac{10^7}{8\pi}\times 0.8^2\times 2.5\times 10^{-4}\times 2\text{N}=127\text{N}$$

上式中乘2是因为U形磁铁有两个磁极。

电磁吸力的平均值为

$$F=\frac{1}{2}F_m=\frac{1}{2}\times 127\text{N}=63.5\text{N}$$

四、电磁铁应用举例

在自动、半自动控制系统中，常用电磁铁做成各种继电器，用以控制电路的通断。

继电器一般由触头（也称触点）、衔铁、铁心及线圈组成，如图5-75所示。E_1 和 E_2 是电源（也可用交流电），A和B是两只被控制的灯泡。

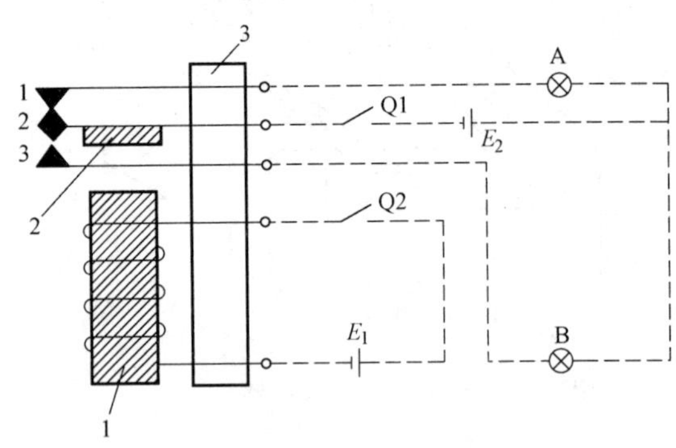

图5-75 继电器原理图

1—软磁铁心 2—衔铁 3—胶木

设开关Q1为闭合状态，在开关Q2未闭合时触头1和2是闭合的，2和3是分断的，所以灯A亮，灯B不亮。

当Q2接通后，电磁铁线圈有电流流过而产生电磁吸力，吸引衔铁带动触头2动作，使原来闭合的触头1和2分断，而原来分断的2和3转为闭合，于是灯A熄灭，灯B点亮。

当Q2又断开时，电磁铁线圈失电，电磁吸力消失，在弹簧作用下（图上未画出）衔铁复位，使触头2和3分断，2和1闭合，恢复灯A点亮、灯B熄灭的状态。

五、专用电磁铁简介

电磁铁应用很广泛，以下简单介绍在生产机械上常用的几种专用电磁铁。

（一）电磁工作台

电磁工作台又称电磁吸盘，主要用在磨床上，利用电磁吸力吸持住铁磁材料的工件。它吸持工件迅速，效率高，一次能吸持多个工件；它不会使工件变形和磨损，加工中工件发热可自由伸缩；它能吸持一般机械夹具不便于夹紧的小的薄的工件。它的电磁吸力不如机械夹具的夹紧力大，且不易调节，加工中应避免电压过低，电磁吸力太小而发生事故。图5-76是它的结构示意图。

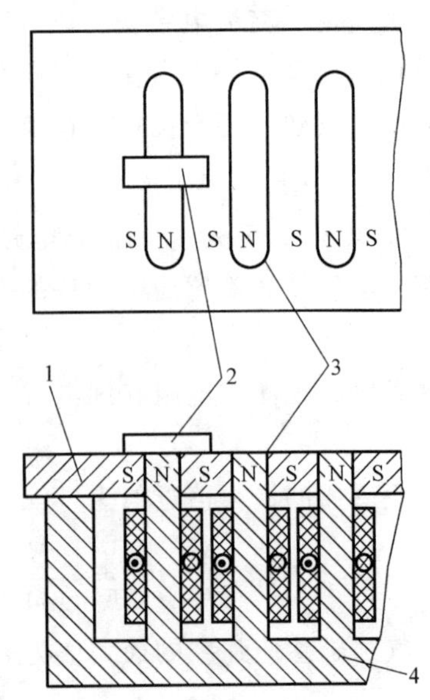

图5-76 电磁工作台结构示意图

1—面板 2—工件 3—隔磁环 4—箱体

电磁工作台有长方形的和圆形的，其磁极之间用铅锡合金等非磁性材料制成的隔磁环隔开。钢质箱体凸起的铁心上绕有励磁线圈，上部为钢质面板。当线圈通以直流电后，磁通穿过工件和箱壁而成为闭合回路，将工件吸牢。隔磁环是使绝大部分磁通穿过工件，而不致通过面板从磁极直接回去，以免削弱对工件的吸力。

切断电源后，由于工件留有一些剩磁，工件不易取下，必须退磁，即向线圈通以较短时间的反向电源。

电磁工作台必须使用直流电，不能使用交流电。因交流电产生的磁通是交变的，在变小或过零时，工件会因吸力过小而振动，而且反复磁化会使工件发热。

电磁工作台的额定直流电压有 24V、40V、110V 和 220V 几种，吸力为 20~130N/cm^2。各个励磁绕组一般为串联，也有并联的。所耗功率一般为 100~300W。

（二）阀用电磁铁

阀用电磁铁用来操作各种液压阀、气压阀以自动控制液压、气压的分配。

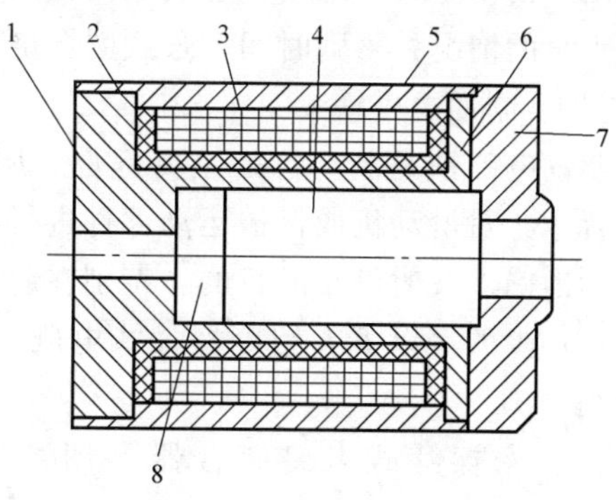

图 5-77 阀用电磁铁

1—挡铁 2—框架 3—线圈 4—衔铁 5—外套 6—内套 7—上盖 8—空气隙

阀用电磁铁的结构如图 5-77 所示，为螺管直动式电磁铁，可制成交流和直流两种。外部具有保护外壳，衔铁本身没有复位弹簧。线圈通电时，衔铁被吸入线圈内腔，经推杆使阀芯移动，改变液压、气压的通道，这时阀体弹簧被压缩。线圈断电时，阀芯、推杆及衔铁靠阀体弹簧复位。

常用的阀用电磁铁有 MFZ1、MFJ1 系列（M：电磁铁，F：阀用，Z：直流，J：交流）。

（三）牵引电磁铁

牵引电磁铁用来牵引其他机械设备动作，实现自动控制。

图 5-78 为 MQ1 型（M：电磁铁，Q：牵引）交流牵引电磁铁的结构图。它一般具有装甲螺管式结构。这种结构吸力特性较平坦，能在长行程中获得较大的电磁吸力。牵引电磁铁有推动式和拖动式两种类型。

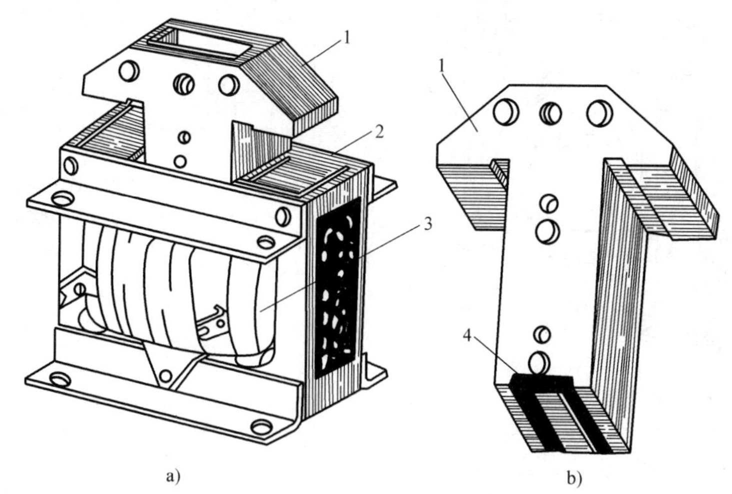

图 5-78 交流牵引电磁铁

1—衔铁 2—静铁心 3—线圈 4—短路环

牵引电磁铁由线圈、静铁心和有短路环的衔铁组成。为了减小铁耗，静铁心和衔铁都用硅钢片叠成。衔铁没有复位装置，它与被控制的机械设备相连接，依靠机械设备复位。

由于衔铁是直线运动及起动电流很大，应防止衔铁被卡住使其运动受阻而不能与静铁心很好吸合的情况，否则时间一长线圈会烧坏。

(四) 制动电磁铁

制动电磁铁是制动器的主要部件，用在电力拖动装置中，对电动机或机械运动部件进行机械制动，以达到准确、及时停止的目的，特别在起重设备中，是必不可少的。以下介绍摩擦片式电磁离合器及电磁抱闸。

(1) 摩擦片式电磁离合器　图 5-79 是其结构图。

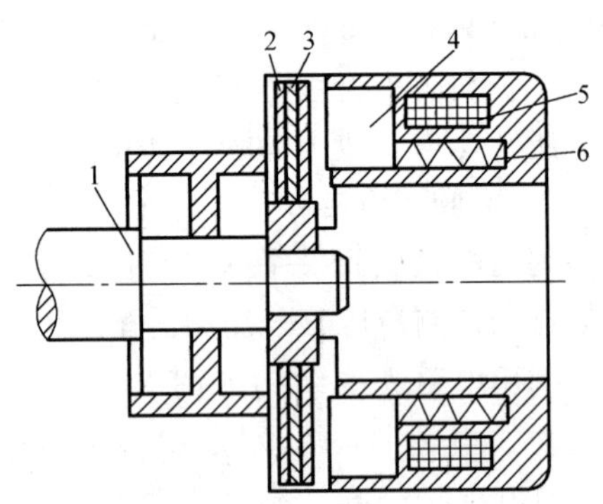

图 5-79　摩擦片式电磁离合器结构图

1—电动机轴　2—外摩擦片　3—内摩擦片　4—衔铁　5—直流线圈　6—弹簧

线圈通入直流电时，电磁吸力使衔铁吸合而压缩弹簧，摩擦片处于自由状态互不接触，电动机轴可自由转动。线圈断电后，电磁吸力消失，衔铁在弹簧弹力作用下，将摩擦片压紧，依靠摩擦片的摩擦力将电动机轴制动。

摩擦片式电磁离合器一般应比所控制的电动机先行通电，至少应同时通电，可同时断电。

(2) 电磁抱闸　制动电磁铁与瓦式制动器配套，通常称为电磁抱闸。图 5-80 是其结构图，图 5-81 是控制电路图。

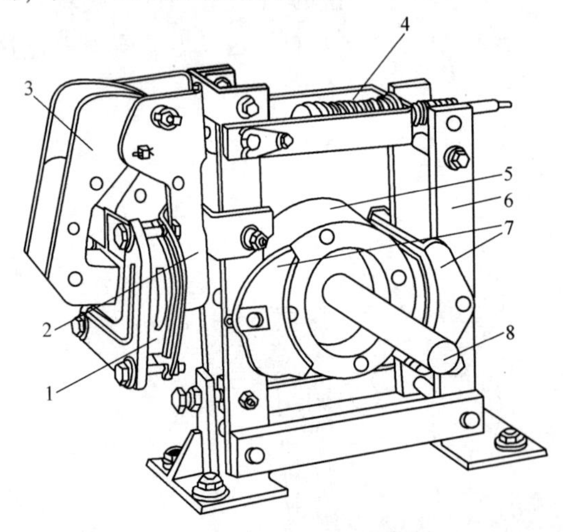

图 5-80　电磁抱闸结构图

1—线圈　2—铁心　3—衔铁　4—弹簧　5—闸轮　6—杠杆　7—闸瓦　8—轴

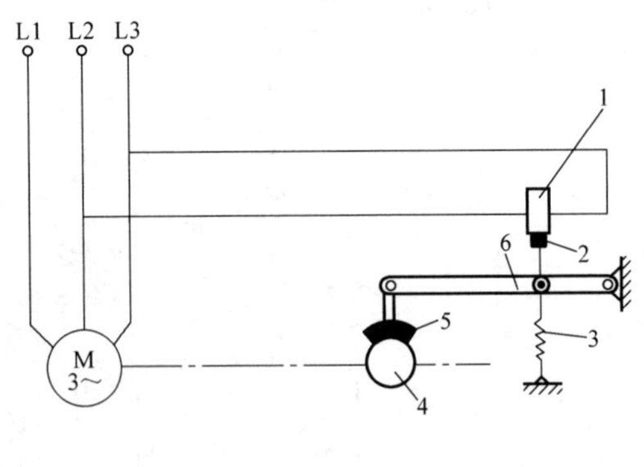

图 5-81　电磁抱闸控制电路

1—线圈　2—衔铁　3—弹簧　4—闸轮　5—闸瓦　6—杠杆

电磁抱闸是应用普遍的制动装置，它具有较大的制动力，能准确、及时地使被制动的对象停止运动。特别在起重机械的提升机构中，如果没有制动器，所吊起的重物会因自重而自动高速下降，就会造成设备及人身事故。

其工作原理如下：电磁铁线圈一般与电动机定子绕组并联，它们同时通电同时断电（也可以电磁铁线圈先行通电，后断电）。当线圈获电后，衔铁被吸引，利用电磁吸力克服弹簧弹力，杠杆上移，使紧抱在电动机轴上闸轮的闸瓦松开，电动机可以自由转动。当线圈失电后，电磁吸力消失，在弹簧弹力作用下，闸瓦紧紧抱住闸轮，电动机被制动迅速停止转动。

常用的电磁抱闸有单相交流短行程制动电磁铁制动器 MJD1 型，三相交流长行程制动电磁铁制动器 MJSI 型。MJDI 配用于 JCM 系列或 TJ2 系列闸式制动器上。

六、想一想，练一练

1. 电磁铁是利用通电的铁心线圈所产生的______力吸引铁磁物质——______的一种电器。

2. 在直流电磁铁中，励磁电流仅与线圈______有关，不因气隙的______而变化。

3. 在交流电磁铁的吸合过程中，线圈中的电流（有效值）变化______。因为其电流不仅与线圈电阻有关，还与线圈______有关。

第八节 技能培训

一、[技能培训 10] 接触器测试

[培训目的] 熟悉接触器的结构及工作原理。

[预习内容] 交流接触器的结构和工作原理。

[培训器材] 交流接触器 KM，异步电动机 M，开关 QS，按钮 SB，熔断器 FU。

[培训内容及步骤]

1）按图 5-82 连接好电路。

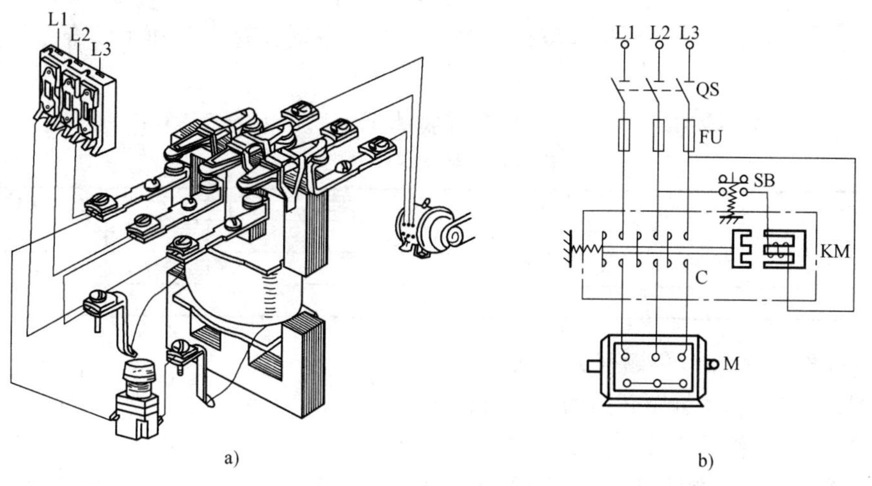

图 5-82 单向点动控制电路

2）合上开关 QS，此时电动机尚未接上电源。

3）按下按钮 SB，接触器 KM 线圈得电，电磁铁吸合衔铁，带动三个主触头闭合，电动机接通电源转动。

4）松开按钮 SB 后，接触器线圈失电，在复位弹簧作用下，衔铁及主触头复位，电动机停转。

5）这种按下按钮电动机就转，松开按钮电动机就停的操作称为______。

6）将接触器有关数据记入表 5-15 内。

表 5-15 接触器测试数据

技术参数	型号	额定电压/V	额定电流/A	线圈电压/V	线圈直流电阻/Ω

触头通断情况	触头类型	主触头	常开辅助触头	常闭辅助触头
	常态			
	动作状态			

二、[技能培训 11] 继电器测试

[培训目的] 熟悉继电器的结构及工作原理。

[预习内容] 继电器的结构及工作原理。

[培训器材] 继电器，电源 E_1 和 E_2（直流或交流），开关 Q1 和 Q2，灯泡 HL1 和 HL2。

[培训内容及步骤]

1）按图 5-83 连接好继电器控制电路。

2）闭合开关 Q1，不闭合开关 Q2，触头 1 和 2 之间是闭合的，触头 2 和 3 之间是分断的，所以 HL1 亮，而 HL2 不亮。

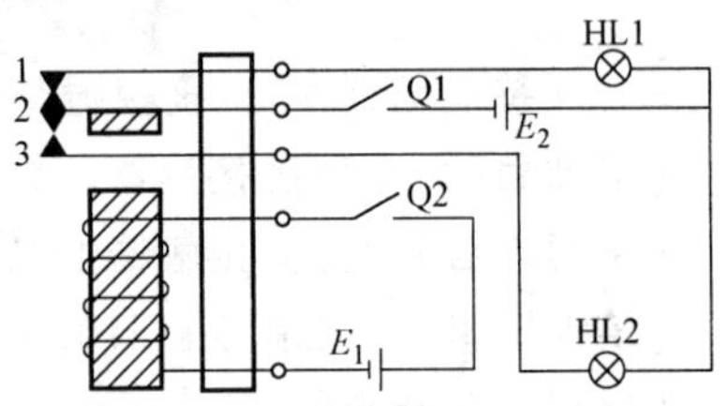

图 5-83 继电器控制电路

3）接通开关 Q2，线圈中有电流流过，产生电磁吸力，吸引衔铁带动触头 2 动作，使原来闭合的触头 1 和 2 分断，而使原来分断的触头 2 和 3 闭合，使 HL1 熄灭，而 HL2 点亮。

4）断开开关 Q2，线圈失电，电磁吸力消失，在弹簧的作用下（图中未画出）衔铁复位，触头 3 和 2 分断，触头 2 和 1 闭合，恢复 HL1 点亮，HL2 熄灭。

5）按上述文中所述的工作步骤进行，并将测试结果记入表 5-16 中。

表 5-16 继电器控制电路

步骤	E_1	E_2	Q1	Q2	触头 1 和 2	触头 2 和 3	灯泡 HL1	灯泡 HL2
2）								
3）								
4）								

三、[技能培训 12] 倒顺开关测试

[培训目的] 熟悉倒顺开关的结构及使用。

[预习内容] 倒顺开关的控制电路及手柄操作。

[培训器材] 倒顺开关，三相异步电动机，三相交流电源等。

[培训内容及步骤]

1）按图 5-84 所示连好电路。

2）手柄有三个位置：倒，停，顺。先将手柄扳向“倒”位置（或“顺”位置），电动机转动；当将手柄扳向“停”位置后，必须等电动机停转后，才能将手柄扳向“顺”位置（或“倒”位置）。

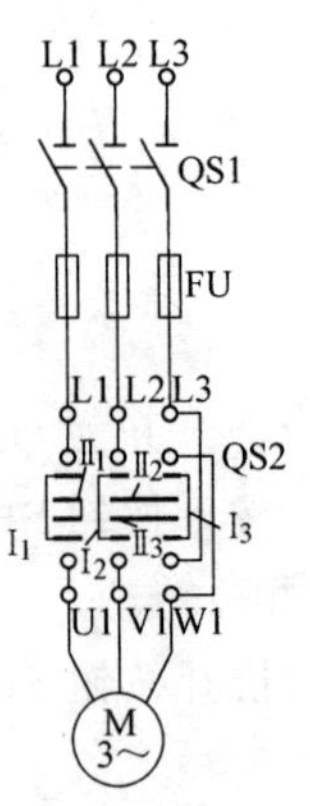

图 5-84 倒顺开关控制电路

3）观察电动机是否改变转向。

本章小结

本章主要介绍常用低压电器的结构、工作原理、型号、规格及应用，为正确选择和合理使用这些电器打下基础。

每种电器都有一定的使用范围和条件，要根据使用要求正确选用，它们的技术参数是选用的主要依据。参数可以在产品说明书（样本）及电工手册中查阅。

对保护电器（如断路器、热继电器、熔断器等）及控制电器（如接触器、继电器等）的使用，除了要根据保护要求和控制要求正确选用电器的类型外，还要根据被保护、被控制电路的具体条件，进行必要的调整，整定动作值。

随着电器技术的迅速发展，各种新型控制电器如晶体管继电器、接近开关及其他各种电子电器不断出现，将使控制电路得到改进和优化。

本章结合各种电器的应用，介绍了一些控制电路。其中在“交流接触器的应用”部分内容中介绍的电动机的点动、长动和正反转控制电路以及在“时间继电器的应用”部分内容中介绍的电动机能耗制动控制电路等是异步电动机最基本的控制电路，是各种生产设备电气控制电路的基本单元。

对直流电磁铁，衔铁吸合后由于气隙消失，磁路中的磁通比吸合前大得多，因而电磁吸力比吸合前要大得多。但吸合前后的励磁电流是不会变化的。它所产生的电磁吸力也是不变化的，衔铁吸合后较稳定。

对交流电磁铁，其励磁电流是交变的，磁通是交变的，因此电磁吸力的大小是随时间变化的，即在零与最大值之间脉动，因而使衔铁发生振动。为避免衔铁的振动，通常在电磁铁磁极嵌入一个短路环。

习 题 五

一、填空题

5.1 各类电器器件的基本结构大都是由______系统和______系统组成。

5.2 HH 系列封闭式开关熔断器组合闸前必须将壳盖______，拉闸后才能______壳盖。

5.3 熔断器的额定电压应______或______被保护电路的工作电压，其额定电流应______或______所装熔体的额定电流。

5.4 行程开关是利用机械运动的______来发出指令，将______信号转换为______信号。

5.5 熔断器______接在被保护的电路中，作为______保护，但不能作为______保护。

5.6 热继电器的整定电流______于电动机的______电流。

5.7 断路器可在电路发生______、______、______故障时，自动切断电源。

5.8 交流接触器的常开触头和常闭触头是______动的，接触器在得电状态时，其常开触头是______的，而常闭触头是______的。

5.9 交流接触器的线圈若误接到直流电源上，因线圈的直流电阻______，使流过的电流______，可烧坏线圈。

5.10 继电器与接触器的工作原理与结构基本相同，继电器可对______参量做出反应，接触器只对______做出反应。

5.11 空气阻尼式时间继电器的延时时间是指从线圈______或______电起，到触头开始______时为止。

5.12 电动机正反转控制电路中，为防止换向时产生______，电路中必须有______环节。

5.13 电动机长动与点动控制电路在电路结构上的区别在于是否有______环节。

5.14 交流电磁铁在磁极上嵌入______，是消除交流电______和______时衔铁的______，使磁极还有一定的吸力。

5.15 额定电压为127V的交流电磁铁，起动功率（指开始吸合时的视在功率）为2200V·A，工作功率（指吸合后的视在功率）为130V·A，则开始吸合时的电流约为吸合后电流的______倍。

二、电路题

5.16 分析图5-85中各控制电路，哪些能实现“点动”控制？

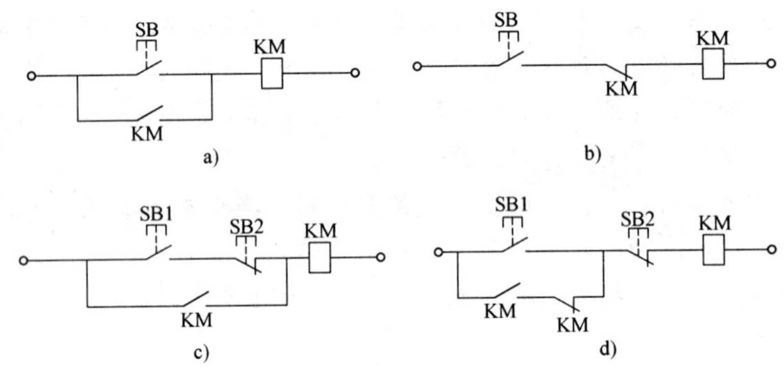

图5-85 各种控制电路

5.17 分析图5-86各电路中按钮、手动开关对电动机运转起什么作用？

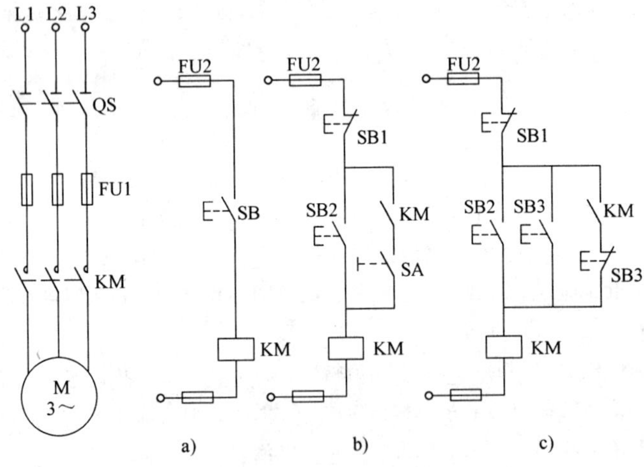

图5-86 各电路中按钮、手动开关的作用

5.18 设计一个控制电路，能对电动机M1和M2的运行进行以下控制：

1）必须先起动M1，然后M2自动起动。

2）M2可点动，也可长动。

3）M1停转时，M2也应自动停转。

5.19 试设计一个按时间方式控制的电路，具体要求如下：

按下起动按钮，接触器 KM1 线圈得电，经一定时间后，接触器 KM2 线圈才得电，再经一定时间，KM1 和 KM2 线圈均同时失电。

5.20 试分析图 5-87 中三个控制电路的功能，并比较它们的特点。

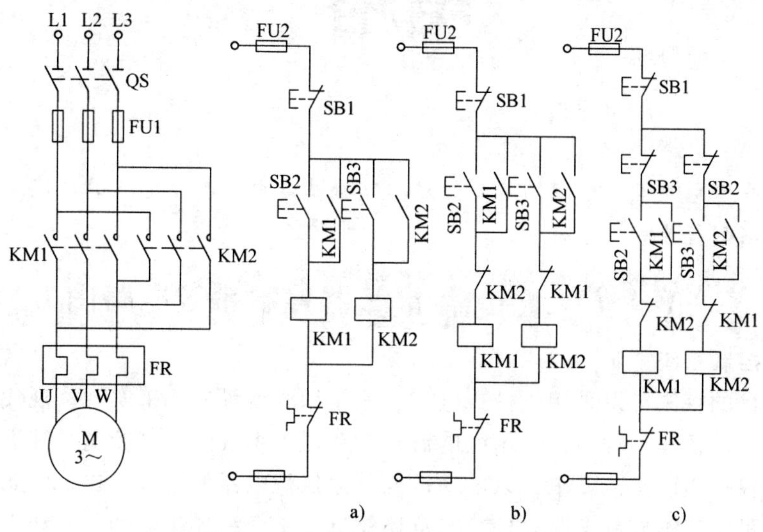

图 5-87 分析各电路的功能及特点

5.21 试分析图 5-88 具有自动往返的电动机可逆运转电路中，各电器触头的作用。

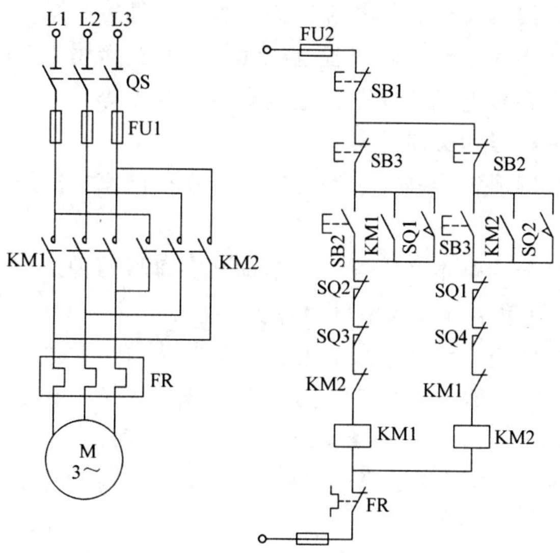

图 5-88 具有自动往返的电动机可逆运转电路

第六章 基本电气控制电路

[教学要求]

熟悉各种基本电气控制电路的基本组成，掌握基本电气控制电路的功能及工作原理，熟悉电器组件的图形符号和文字符号。

第一节 继电器-接触器控制系统电路图

一、电气控制系统

对生产机械的控制可以采用机械、电气、液压和气动等方式来实现。现代化生产机械大都以三相异步电动机作为动力，采用继电器、接触器等组成的电气控制系统进行控制。电气控制电路主要根据生产工艺要求，以电动机或其他执行电器为控制对象。因此除在第二章介绍的异步电动机的基本控制电路以外，本章还要进一步介绍异步电动机起动、制动和调速等方面的基本控制电路。

继电器-接触器控制系统是由继电器、接触器、电动机及其他电气元件，按一定的要求和方式连接起来，实现电器自动控制的系统。为了表达电气控制系统的结构、原理，同时也为了便于安装、调整、使用和维修，需将各电气元件及其连接用一定的图形表示出来，这种图就是电气图。电气图主要有电气原理图、电气安装接线图等。

二、电气元件的图形符号和文字符号

电气图中电气元件的图形符号和文字符号应符合现行国家标准规定。其中，图形符号应符合 GB/T 4728 系列标准。

电气图中的文字符号分为基本文字符号和辅助文字符号两种。

1）基本文字符号：有单字母和双字母两种。

单字母是按拉丁字母将电气设备、装置和元件划分为若干大类，每一大类用一个专用单字母表示。如“C”表示电容器类，“R”表示电阻器类。

只有当用单字母不能满足要求，需将某一大类进一步划分时，才采用双字母。如“F”表示保护器件类，而“FU”表示熔断器，“FR”表示有延时动作的限流保护器件，“FV”表示限压保护器件等。

2）辅助文字符号：用以表示电气设备、装置、元器件以及线路的功能、状态和特征。如“SYN”表示同步，“RD”表示红色，“L”表示限制等。辅助文字符号还可以单独使用，如“ON”表示接通，“OFF”表示断开，“M”表示中间线，“PE”表示保护接地等。因“I”和“O”同阿拉伯数字“1”和“0”容易混淆，因此不能单独作为文字符号使用。

三、电气原理图

电气原理图又称电气控制电路图，它用来说明控制电路的工作原理及各电气元件相互间的连接关系。根据简单清晰原则，采用电气元件展开的形式绘制，包括所有电气元件的通电部件和接线端点，但不按照电气元件的实际布置位置来绘制。

图 6-1 是 CA6140 卧式车床电气原理图，可以看出，电气原理图一般由电源电路、主电路、控制电路和辅助电路四部分组成。

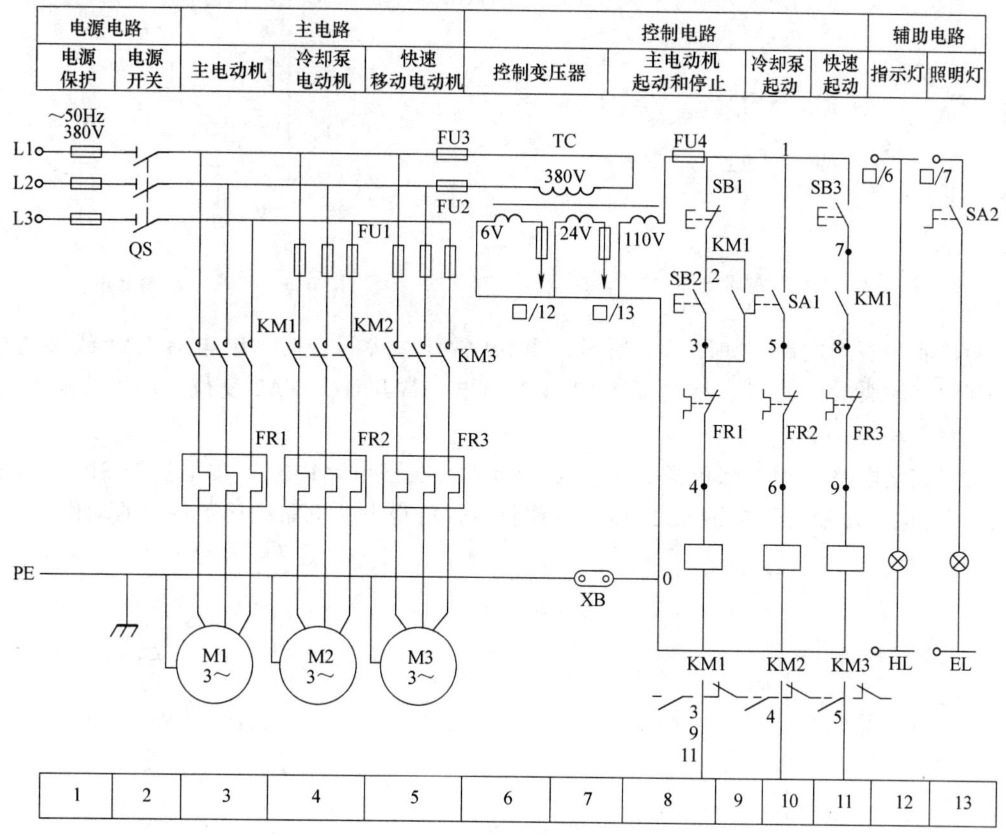

图 6-1　CA6140 卧式车床电气原理图

1. 电源电路

由电源保护电器和电源开关组成，按规定应画成水平线，如 L1、L2、L3、PE。

2. 主电路（动力电路）

它是作用于被控对象，即动力装置如电动机、电磁铁及其保护电器的电路，它直接输出功率，且通过较大电流。主电路应与电源电路垂直画出。

3. 控制电路

它是电气控制系统十分重要的电路，由它实现对被控对象运转的控制。它具有逻辑判断、记忆、顺序动作等作用。控制电路应垂直地画在两条电源水平线右边，继电器、接触器和电磁铁的线圈、灯泡等元件应直接连在接地线与电源水平线之间，继电器或接触器的触头连接在上方水平电源线与线圈等耗能元件之间。

（1）基本逻辑电路　基本逻辑电路包括“与”逻辑电路（AND 电路）、“或”逻辑电路（OR 电路）和“非”逻辑电路（NOT 电路）。

1）“与”逻辑电路：几个常开触头、常闭触头与线圈串联，如图 6-2 所示。

2）“或”逻辑电路：几个常开触头、常闭触头并联后与线圈串联，如图 6-3 所示。

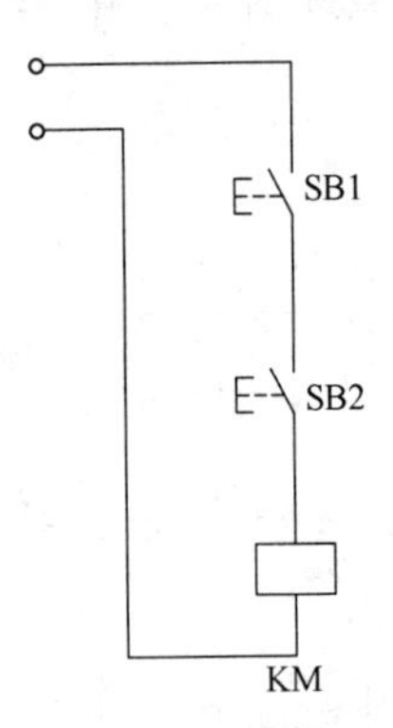

图 6-2 “与”逻辑电路

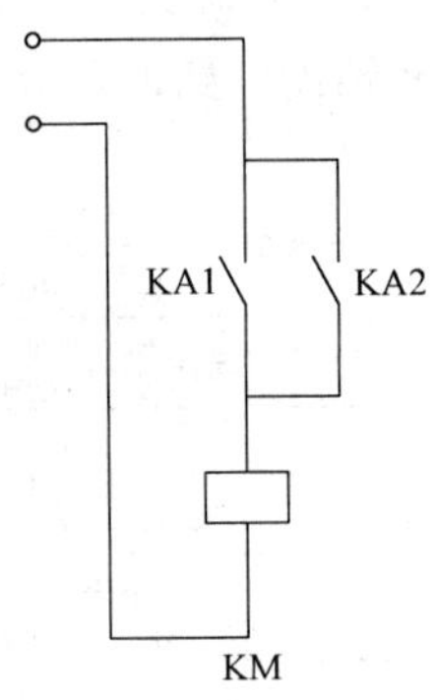

图 6-3 “或”逻辑电路

3）“非”逻辑电路：如图 6-4 所示，当 SB 常开触头闭合时，继电器 KA1 线圈通电动作，其常闭触头 KA1 断开，继电器 KA2 线圈断电，常开触头 KA2 复位。所以线圈 KA1 和 KA2 的状态相反。

（2）记忆电路 即自保电路，如图 6-5 所示。在该电路中，若按下按钮 SB2，接触器 KM 线圈得电，即使松开按钮 SB2，KM 线圈仍可保持得电。电路记忆了按钮的动作。

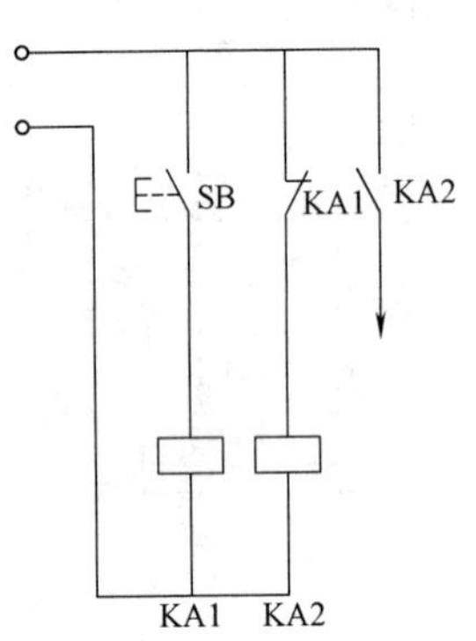

图 6-4 “非”逻辑电路

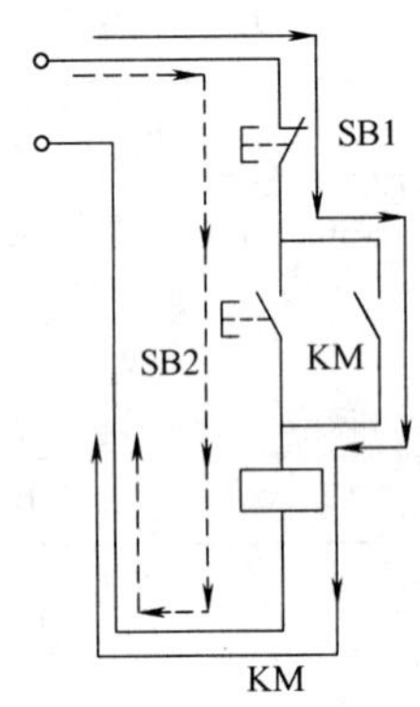

图 6-5 记忆电路

例 6-1 逻辑表达式与控制电路。

一般规定：一个控制电路用一个逻辑表达式描述，以控制对象（线圈等）为因变量，以常开触头、常闭触头等为自变量。线圈与常开触头用原变量，得电，闭合状态为“1”，失电、分断状态为“0”。常闭触头用反变量，闭合状态为“$\bar{0}$”，分断状态为“$\bar{1}$”。

如图 6-2 电路，其逻辑表达式为

$$KM_{线圈}=SB1\cdot SB2$$

如图 6-3 电路，其逻辑表达式为

$$KM_{线圈}=KA1+KA2$$

如图 6-4 电路，其逻辑表达式为

$$KA1_{线圈}=SB,KA2_{线圈}=\overline{KA1}$$

图 6-5 所示的起动—自保—停止电路，其逻辑表达式为

$$KM_{线圈}=(SB2+KM)\cdot\overline{SB1}$$

4. 辅助电路

由变压器、整流电源、照明灯和信号灯等低压电路组成。

四、电气安装接线图

电气安装接线图是电气设备和电气元件的实际安装位置图，用以进行配线或检修故障。图 6-6 是某机床电气安装接线图。

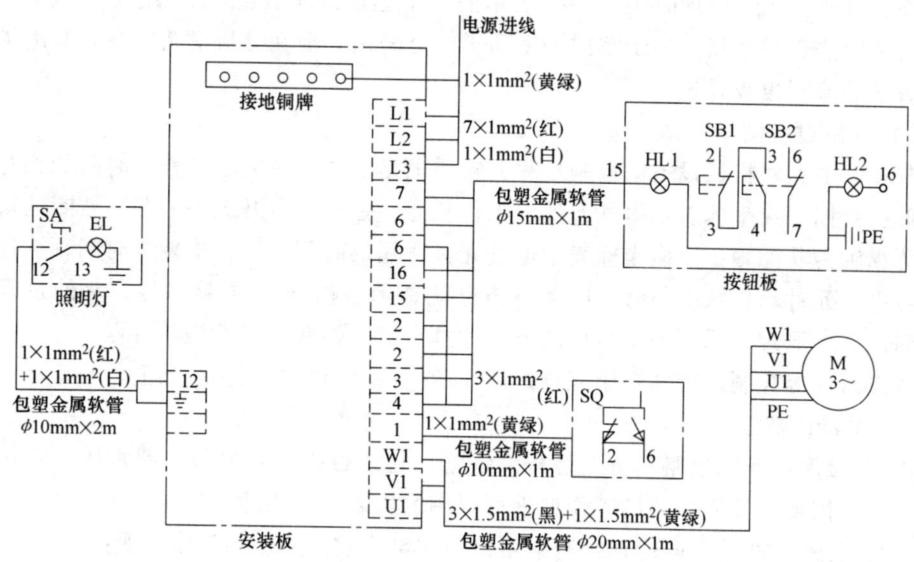

图 6-6　某机床电气安装接线图

绘制电气安装接线图的一般规则：

1）图中的文字符号及接线端编号应与电气原理图上的一致。

2）要表示出各电气元件的位置及接线情况。同一电气元件各部件画在一起。

3）在图上或列表标明连接导线的根数、截面积和颜色，穿线套管的直径和长度。

五、电气原理图的阅读方法

通过对电气原理图的阅读分析来掌握电气控制电路的工作原理、技术指标、使用方法和维护修理。

分析电气原理图时，必须与其他技术资料、图样结合起来，如设备说明书等。

电气原理图阅读方法一般有三种：查线读图法，控制过程图示法和逻辑代数法。

（一）查线读图法

这是分析电气控制电路最基本也是应用广泛的方法。采用“从主电路着眼，从控制电路着手”的方法。

1）从主电路看有哪些控制元件的主触头及它们的组合方式，就可大致了解电动机的工作状况（起动方式，是否有正反转、制动、调速等）。

2）由主电路中主触头的文字符号，在控制电路中“顺藤摸瓜”找到控制元件（接触器、继电器等）的控制支路（环节），按功能的不同划分为若干个局部控制电路来分析。

3）假定按动操作按钮、行程开关，观察其触头是如何控制其他控制元件动作和如何使电动机运转的。

4）要注意各个环节（电路的自保、互锁、保护环节）相互间的联系和制约关系以及与机械、液压部件的动作关系。

5）逐步分析每一局部电路的工作原理以及各部分之间的控制关系后，还应从整个控制电路，即从整体角度进一步理解其工作原理。

6）边阅读分析，边查线，边画出其工作过程。例如在第五章中关于电动机点动、长动控制电路，分析其工作原理时用“→”表示的控制过程，即是查线读图法。

查线读图法直观性强、易于掌握，得到了广泛采用，但在分析复杂电路时易出错，叙述文字和表示的流程也较冗长。

（二）控制过程图示法

电气控制电路对机械设备的控制过程，实质上是电气元件完成动作与时间的相互关系。

为此，我们以纵坐标表示电气元件的工作状态——触头、开关的通断，线圈的得电和失电，简称纵轴为状态轴；以横坐标表示电气元件作用的时间，简称横轴为时间轴。这就可以表示出各电气元件动作状态与时间的关系，也就是用一幅继电器-接触器控制的过程图，将控制电路的工作原理表示清楚了。用图形表达具有直观性和逻辑性强的特点。

这种图形称为控制过程图，第五章的图 5-36、图 5-40 等就是这种图。

（三）逻辑代数法

继电器-接触器控制电路实质上是开关电路，它的触头、开关和线圈是按一定逻辑关系组合起来的。因此，控制电路的工作原理可以用逻辑表达式表达，如例 6-1。

我们再对图 5-60 的单向能耗控制电路，用逻辑代数法分析其工作原理：

$$\mathrm{KM1}_{线圈}=\mathrm{QS}\cdot\overline{\mathrm{FR}}\cdot\overline{\mathrm{SB1}}\cdot(\mathrm{SB2}+\mathrm{KM1})\cdot\overline{\mathrm{KM2}}$$

$$\mathrm{KM2}_{线圈}=\mathrm{QS}\cdot\overline{\mathrm{FR}}\cdot(\mathrm{SB1}+\mathrm{KT}\cdot\mathrm{KM2})\cdot\overline{\mathrm{KT}}\cdot\overline{\mathrm{KM1}}$$

$$\mathrm{KT}_{线圈}=\mathrm{QS}\cdot\overline{\mathrm{FR}}\cdot(\mathrm{SB1}+\mathrm{KT}\cdot\mathrm{KM2})$$

$$\mathrm{TC}=\mathrm{QS}\cdot\mathrm{KM2}$$

以上是三种阅读电气原理图的方法，本书主要采用查线读图法，在某些控制电路中，结合控制过程图示法或逻辑代数法分析其工作原理。

六、想一想，练一练

1. 现代化生产机械大都以________电动机作为动力，采用________-________组成的电气控制系统进行控制。

2. 电气图的文字符号分为________文字符号（有________字母和________字母两种）和________文字符号两种，用以表示电气设备、装置、元器件以及线路的________、________和________。

3. 电气原理图又称电气________图，它用来说明控制电路的________及各电气元件________的连接关系。

4. 电气原理图一般由________电路、________电路、________电路和________电路四部分组成。

5. 基本逻辑电路包括________逻辑电路（____电路）、________逻辑电路（________电路）和________逻辑电路（____电路）。

6. 一般规定：一个控制电路用一个逻辑表达式描述，以控制对象（线圈等）为

________变量，以常开触头、常闭触头等为________变量。线圈与常开触头用________变量，得电、闭合状态为“1”，失电、分断状态为“0”。常闭触头用________变量，________状态为“$\bar{0}$”，________状态为“$\bar{1}$”。

7. 电气原理图阅读方法一般有三种：________法、________法和________法。

第二节　电动机全压起动控制电路

电动机全压起动又称为直接起动，这是将额定电压直接加在定子绕组上使电动机起动的方法。这种方法的优点是起动设备简单，操作方便，起动过程短，缺点是起动电流大，因此只适用于小容量电动机。

前几章介绍的对电动机的各种控制，都属于全压起动。本节再介绍几种电动机全压起动电路。

一、多地控制电路

有些生产机械，特别是大型的，为了操作方便，往往在多个地点进行控制。例如图 6-7 所示的电路，三个按钮装在三个地点，按下起动按钮 SB2 或 SB4 或 SB6，接触器 KM1 都会得电并自保；按下停止按钮 SB1 或 SB3 或 SB5，接触器都会失电释放。这个电路的逻辑表达式为

$$KM1_{线圈}=(SB2+SB4+SB6+KM1)\cdot\overline{SB1}\cdot\overline{SB3}\cdot\overline{SB5}$$

图 6-7 电路的状态只和触头的组合有关，这类电路称为组合开关电路。

二、顺序控制电路

在某些生产机械中，各个部件必须按一定顺序工作。这就要求各个电动机按顺序起动。图 6-8 是这类电路。

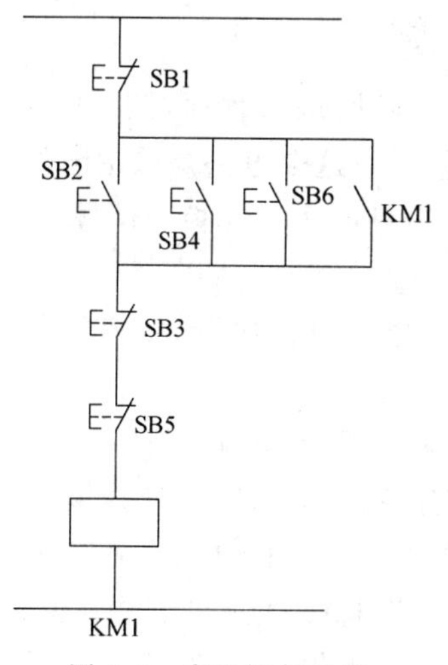

图 6-7　多地控制电路

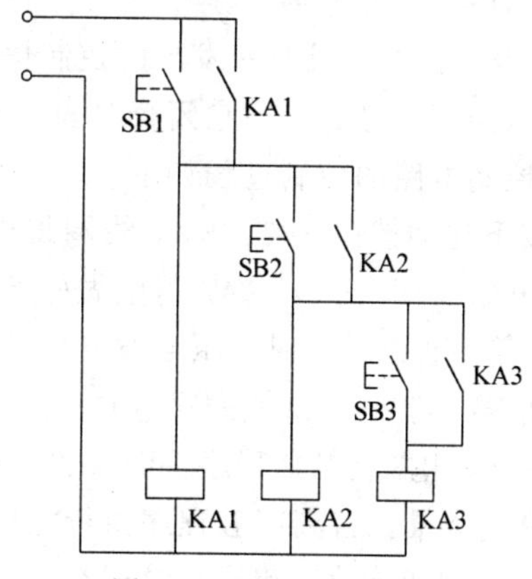

图 6-8　顺序控制电路

由图 6-8 可见，只有继电器 KA1 线圈得电，其常开触头 KA1 闭合后，KA2、KA3 线圈才能顺序得电，其逻辑表达式为

$$KA1_{线圈}=SB1+KA1$$

$$KA2_{线圈}=(SB2+KA2)\cdot KA1$$

$$KA3_{线圈}=(SB3+KA3)\cdot KA2=(SB3+KA3)\cdot KA1\cdot KA2$$

生产机械按工艺要求所规定的先后顺序进行的控制，称为程序控制，又称顺序控制。它是在生产过程自动化中，不需人工参与而能按一定程序完成某种工作循环或整个生产过程的控制。

三、步进控制电路

利用步进控制电路，即可完成加工步骤（简称工步或程序）依先后顺序的自动转换。常用的步进控制电路有由中间继电器组成的，有由步进选线器组成的，也有由电子器件组成的。图 6-9 是由继电器组成的顺序控制五个程序的步进控制电路。

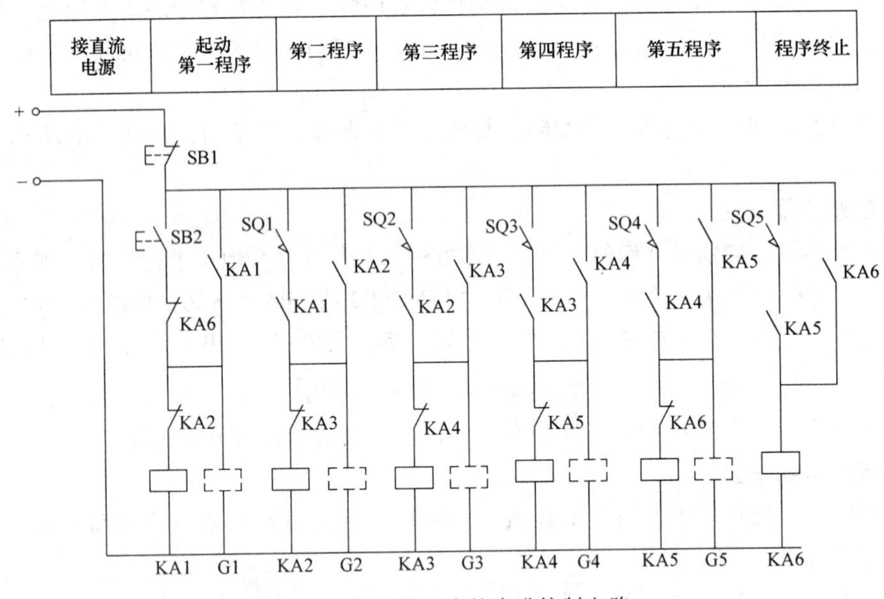

图 6-9 继电器组成的步进控制电路

图中 G1～G5 表示第一至第五程序的执行电路，可根据每一程序的具体要求来设计。SQ1～SQ5 表示程序完成时所发出的控制信号，即转换信号。这个电路是采用限位开关 SQ 的状态来表示控制信号的，当它闭合时表示有控制信号，分断时表示无控制信号。

步进控制电路的控制过程如下：

1）按下起动按钮 SB2，KA1 线圈得电并自保，G1 也得电，执行第一程序；同时 KA1 的另一常开触头闭合，为 KA2 得电做好准备。

2）当第一程序结束时，压合限位开关 SQ1，即发出第一程序执行完毕、第二程序开始执行的转换信号。于是 KA2 线圈得电并自保，其常闭触头分断，使 KA1 和 G1 线圈失电，切除第一程序；G2 得电执行第二程序，而 KA2 的另一常开触头闭合，为 KA3 得电做好准备。

3）依此类推，直到第五程序执行完毕，SQ5 压合，使 KA6 线圈得电并自保，切断 KA5 和 G5 电路，即切除第五程序。这时全部程序执行完毕，按下停止按钮 SB1。

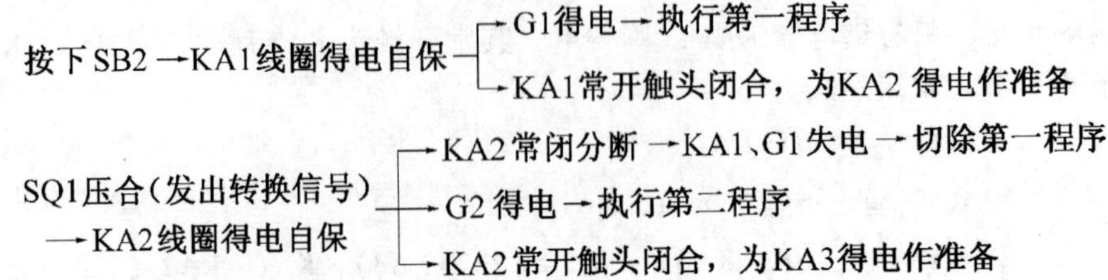

由此可见，此电路的特点是以一个继电器的得电和失电将程序一步一步地转换下去，每转换一次，就将前一步的指令撤销，而下一步程序指令起作用，并保证只有一个程序在工作，因此这种步进控制电路，通称为程序步进电路。

四、限位控制电路

限位控制电路是当生产机械的运动部件（例如机床的工作台）向某一方向运动到预定地点时，改变限位开关触头状态，以控制电动机的运转状态（起动、停止、反转），从而控制运动部件的运动状态（运动、停止、反向）的电路。

（一）限位断电控制电路

限位断电控制电路如图 6-10a 所示。按下起动按钮 SB，KM 线圈得电自保，电动机运转带动生产机械运动部件运动，到预定地点时，限位开关 SQ 动作，KM 失电，电动机停转，运动部件停止运动。

（二）限位通电控制电路

限位通电控制电路如图 6-10b、c 所示，图 6-10b 是点动控制，图 6-10c 是长动控制。当运动部件运动至预定地点时，限位开关 SQ 动作，使 KM 线圈得电产生新的控制操作。

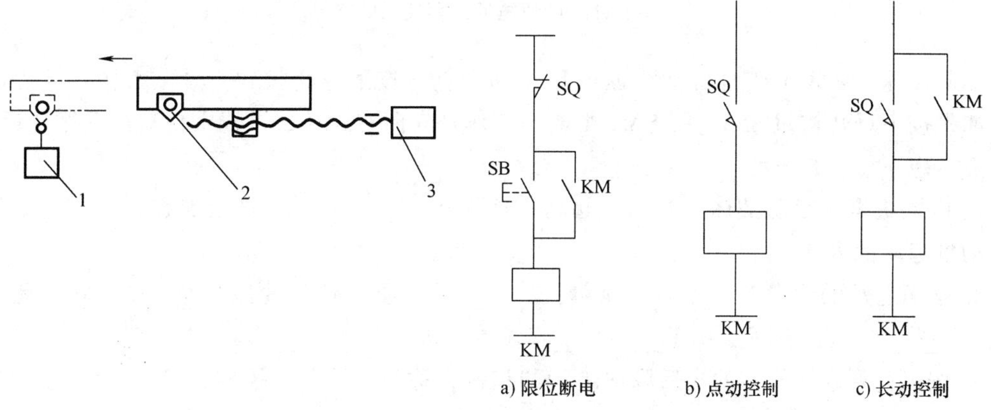

图 6-10 限位控制电路

1—限位开关 2—撞块 3—电动机

（三）自动往返循环控制电路

有些生产机械的工作台需要自动地改变运动方向，即自动往返。图 6-11 是自动往返循环控制电路。其工作原理如下：

按下正转按钮 SB2，KM1 线圈得电自保，电动机正转，工作台向左运动。当撞块 1 碰撞限位开关 SQ1 动作，使 KM1 线圈失电，切断电动机正转电源；并使 KM2 线圈得电自保，电动机通入反转电源。电动机经反接制动后转入反转。

于是电动机带动工作台向右运动，撞块 1 离开 SQ1，使其复位为 KM1 再次得电做好准备。当工作台向右运动至预定地点时，撞块 2 碰撞限位开关 SQ2 动作，使 KM2 失电，切断电动机反转电源，并使 KM1 得电自保，电动机通入正转电源。电动机经反接制动后转入正转，带动工作台向左运动。

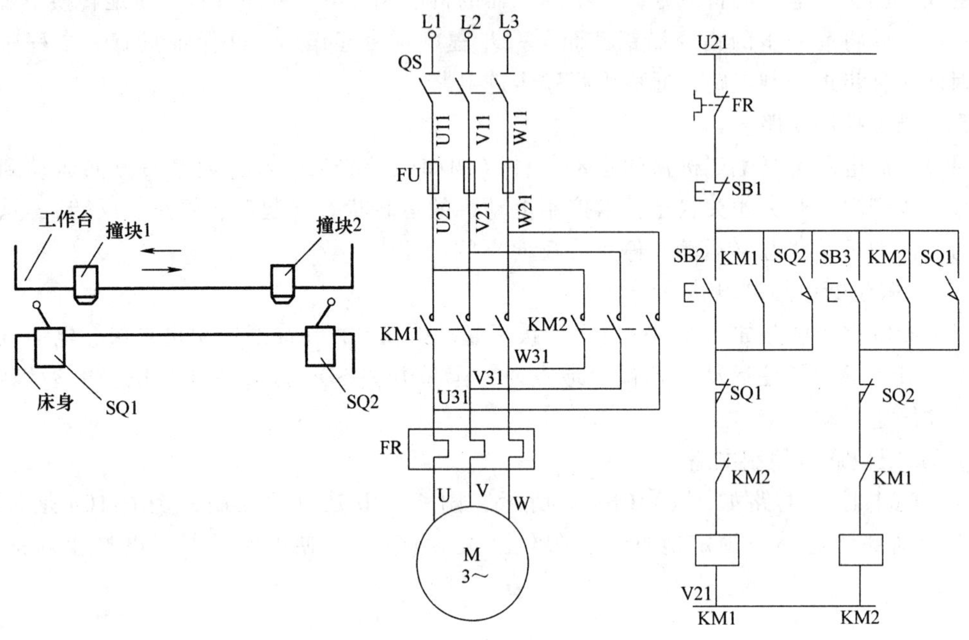

图 6-11　自动往返循环控制电路

如此往返，实现工作台自动往返循环运动，直至按下停止按钮 SB1，工作台才停止运动。如先按下反转按钮 SB3，则 KM2 得电，工作台先向右运动，再转入自动往返循环运动。

五、想一想，练一练

1. 电动机全压起动又称________起动，这是将________电压直接加在________绕组上使电动机起动的方法。

2. 全压起动的优点是________简单，________方便，起动过程________，缺点是起动电流________，因此，只适用于________容量电动机。

3. 按工艺要求所规定的先后顺序进行的控制，称为________控制，又称________控制。它是在生产过程自动化中，________人工参与而能按一定________完成某种工作循环或整个生产过程的控制。

4. 利用步进控制电路，即可完成加工步骤（简称________或________）依先后顺序的自动________。

5. 限位控制电路是当生产机械的运动部件向某一方向运动到________地点时，改变________开关触头状态，以控制电动机的________状态（起动、停止、反转），从而控制________部件的运动状态（运动、停止、反向）的电路。

第三节　电动机减压起动控制电路

一、减压起动概述

由第二章第七节“三相异步电动机的起动”的讨论，我们知道，三相异步电动机如果采用全压（或称直接）起动方式，定子电流增大为额定电流的 4~7 倍，而且起动转矩也较小。对于大、中型异步电动机，需采用减压起动方式，以限制起动电流。

在第二章第七节还讨论了几种减压起动的原理，并对起动电流、起动转矩做了分析。本节将介绍用继电器与接触器等组成的对笼型异步电动机的几种常用的减压起动控制电路及其工作原理。它们是：定子电路串电阻、星-三角、自耦变压器、延边三角形等减压起动控制电路。

二、定子电路串电阻减压起动

这种起动方式是起动时在电动机的定子电路中串接电阻。起动电流在电阻上产生电压降，使电动机上的电压减小。待起动完毕，将电阻切除（短接），使电动机在额定电压（全压）下运转。控制电路如图 6-12 所示。

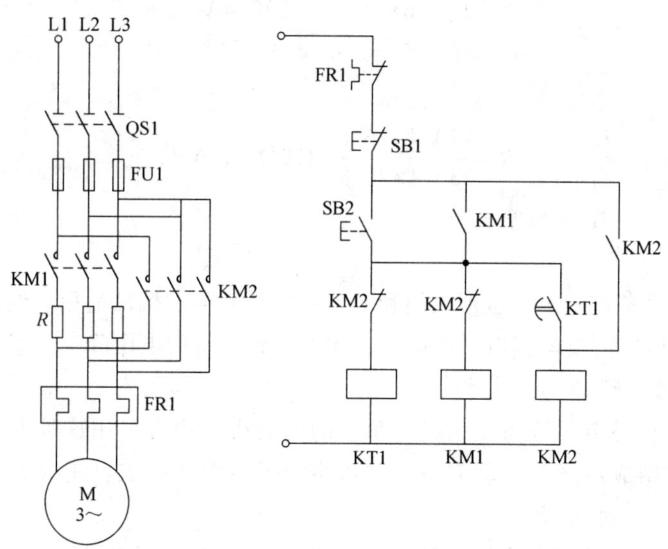

图 6-12　定子电路串电阻减压起动控制电路

（一）控制电路的工作原理

合上隔离开关 QS1，按下起动按钮 SB2，接触器 KM1 线圈得电自保。时间继电器 KT1 线圈得电，但延时闭合常开触头 KT1 需延时才闭合，故接触器 KM2 线圈无电。电动机经 KM1 的主触头和减压电阻 R 减压起动。

当电动机起动过程完毕（接近额定转速时）时，时间继电器 KT1 延时闭合常开触头闭合，接触器 KM2 得电并自保，其两个常闭辅助触头 KM2 分断，使 KM1 和 KT1 的线圈均失电，KM1 的主触头分断，切除减压电阻；KM2 的主触头闭合，电动机在全压下运转。

按下SB2 → KM1得电自保 —串入 R→ M 减压起动
按下SB2 → KT1得电 —延时 Δt→ KT1常开触头闭合 → KM2得电自保 → KM1失电→切除 R；→ KT1失电；→ M全压运转

（二）减压电阻的估算

由第二章第七节对定子电路串电阻减压起动时的电流、转矩分析，我们知道

$$\frac{U_1}{U'_1}=\frac{I_{1Q}}{I'_{1Q}}=K_u \qquad \frac{T_Q}{T'_Q}=K_u^2$$

可见，电压比 K_u 的大小，对起动时的电流、转矩的大小是有影响的。而 K_u 的大小又由减压电阻的大小所决定。电阻值越大，定子起动电压 U'_1 越小，K_u 值越大。减压电阻由以下经验公式估算：

$$R=\frac{I_{1Q}-I'_{1Q}}{I_{1Q}I'_{1Q}}\times 190\text{V} \tag{6-1}$$

例 6-2 有一异步电动机的额定值为 $P_N=20\text{kW}$，$I_N=38.4\text{A}$，$U_N=380\text{V}$。取 $K_u=3$，问需串接多大电阻进行减压起动。

解 全压起动电流 $I_{1Q}=4\sim 7I_N$，取 $I_{1Q}=6I_N$，则

$$I_{1Q}=6\times 38.4\text{A}=230.4\text{A}$$

减压起动电流

$$I'_{1Q}=I_{1Q}/K_u=230.4/3\text{A}=76.8\text{A}$$

由式（6-1）得

$$R=\frac{230.4-76.8}{230.4\times 76.8}\times 190\Omega=1.65\Omega$$

注意： 三相所串电阻应相等。

（三）评价

这种起动方式设备较简单，星形联结和三角形联结的电动机都适用。但电路的阻抗是电阻与感抗的矢量和，所以需要串接较大的电阻，才能得到一定的电压降，这就消耗了大量电能。

三、星-三角减压起动

凡是在正常运行时定子绕组联结成三角形的电动机，均可采用这种方式减压起动。起动时，将定子绕组联结成星形，起动完毕后，再将定子绕组联结成三角形。

（一）控制电路工作原理

图 6-13 是星-三角减压起动的一种控制电路。电路使用了三个接触器和一个时间继电器。接触器 KM1 引入三相电源；KM2 将定子绕组各相始端与另一相末端相连，联结成三角形；KM3 将三相绕组的末端连成一点，联结成星形。时间继电器起延时作用，控制将星形联结转换为三角形联结的延时时间。其工作原理如下：

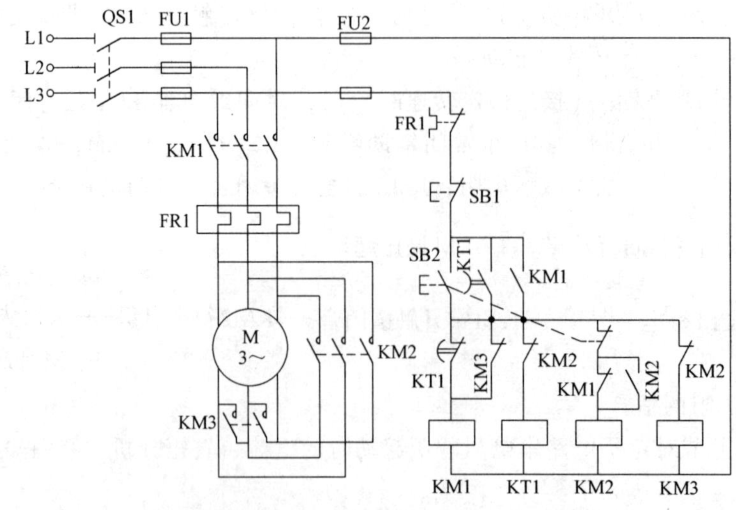

图 6-13 星-三角减压起动控制电路

1）电动机星形联结减压起动。

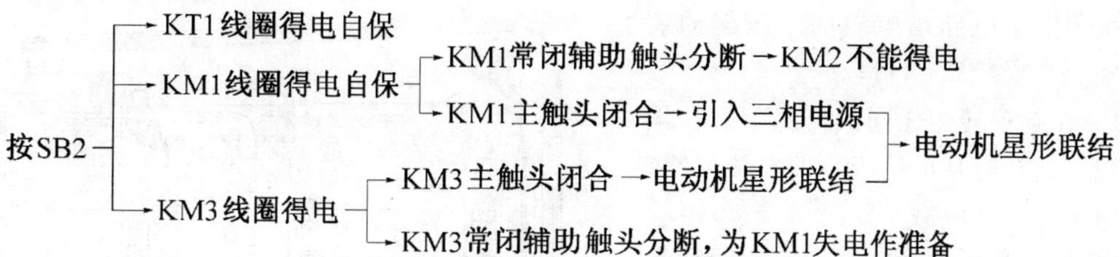

2）经过 Δt 后，电动机自动转换为三角形联结运行。

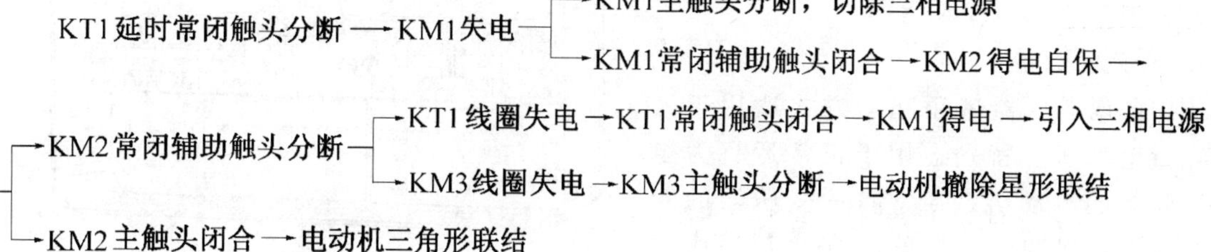

（二）评价

星-三角减压起动方式，设备简单经济，起动过程中没有电能损耗，起动转矩较小，只能空载或轻载起动，只适用于正常运行时为三角形联结的电动机。我国设计的Y系列电动机，4kW以上的电动机的额定电压都用三角形接380V，就是为了适应星-三角减压起动的需要。

（三）星-三角自动起动器

图6-14为QX3-13型自动起动器打开箱盖时的内部结构图。图6-15为控制电路图，其工作原理与图6-13的电路类似，请自行分析。

四、自耦变压器减压起动

这种减压起动方式是利用自耦变压器的降压作用。在起动时，变压器的绕组联结成星形，其一次侧接电网，二次侧接电动机定子绕组。起动完毕，将变压器从电网切除，电网电压直接加在电动机的定子绕组上。

（一）控制电路工作原理

图6-16是自耦变压器减压起动控制电路，其工作原理如下：

按下SB2—┬→KM1线圈得电—┬→KM1主触头闭合———┐
　　　　　│　　　　　　　　└→KM1常开辅助触头闭合┘→接入自耦变压器→M减压起动
　　　　　└→KT线圈得电→KT瞬时常开触头闭合，自保→开始延时

Δt后—┬→KT延时常闭触头分断→KM1线圈失电→KM1常开触头分断→切除自耦变压器
　　　　└→KT延时常开触头闭合→KM2线圈得电→KM2主触头闭合→M全压运行

（二）自耦变压器与定子电路串电阻减压起动的比较

由第二章第七节对自耦变压器减压起动的分析，从式（2-26）$I_{1Q}=K_u^2 I'_{1Q}$ 和式（2-27）$T_Q=K_u^2 T'_Q$ 可知，减压起动时的起动电流和起动转矩均按 K_u^2 降低。而定子电路串电阻减压起动，$I_{1Q}=K_u I'_{1Q}$，$T_Q=K_u^2 T'_Q$。

由以上对比可以看出，采用自耦变压器比采用定子电路串电阻的减压起动效果要好些。

1）在起动转矩相同的情况下，自耦变压器减压起动时从电网吸取的电流要小些，对电网电压的影响减小。

2）如果减压起动向电网吸取同样大小的电流，自耦变压器方式产生的起动转矩要大些。

（三）评价

自耦变压器减压起动方式适用于大容量电动机，特别适用于正常运行为星形联结的电动机。通常自耦变压器的触头位置可以调整，改变 K_u 值，以适应不同的需要。它比定子电路串电阻减压起动效果要好，但设备体积大，重量大，价格贵。

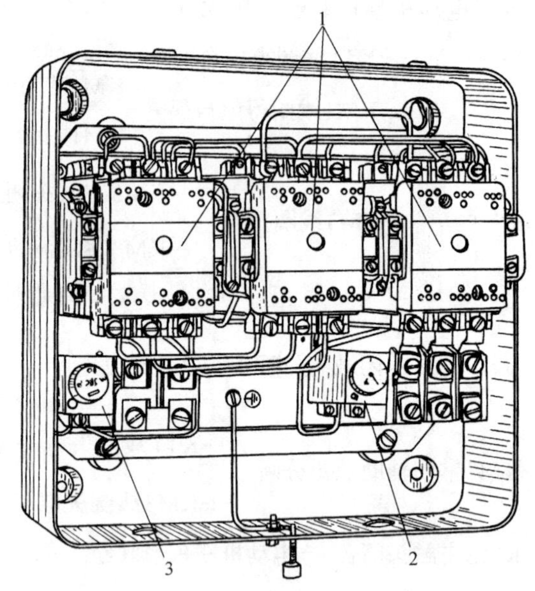

图 6-14 QX3-13 型自动起动器

1—接触器 2—热继电器 3—时间继电器

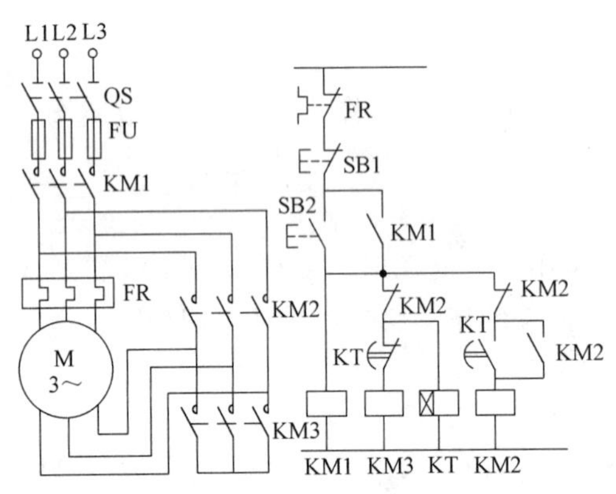

图 6-15 QX3-13 控制电路

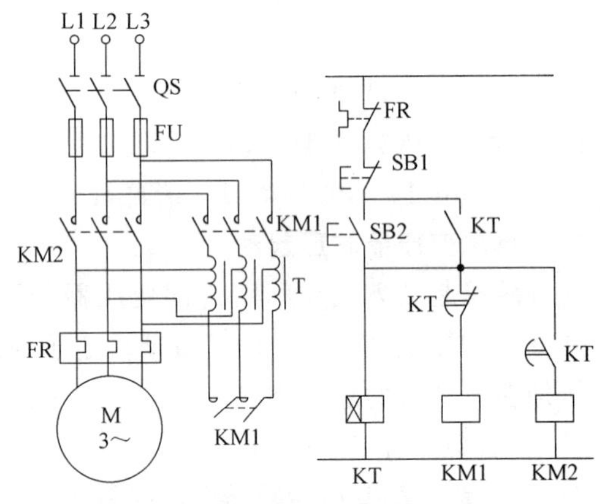

图 6-16 自耦变压器减压起动控制电路

五、延边三角形减压起动

延边三角形减压起动方式是在起动时将电动机定子绕组联结成延边三角形，以减小起动电流，待起动完毕，再将定子绕组联结成三角形，全压运行。

能实现这种起动方式的电动机，其定子绕组需特殊绕制，共有九个出线端。图 6-17 为这种电动机定子绕组抽头的联结方式：图 6-17a 为原始状态；图 6-17b 为起动状态，联结成延边三角形，1、2、3 引出线接三相电源；图 6-17c 为运行状态，联结成三角形，6、4、5 引出线分别与 1、2、3 引出线联结后接三相电源。

当绕组联结成延边三角形时（三角形的每边向外有延伸），绕组可视为两部分，一部分是三角形联结（如图 6-17b 的 4~7，5~8,6~9），另一部分延伸边是星形联结（如图 6-17b

的1~7，2~8，3~9）。延伸边的三个绕组是各相绕组的一部分，又兼作另一相绕组的减压绕组，它的匝数越多，加在另一相绕组上的电压就越低，从而起到减压、减小起动电流的作用。

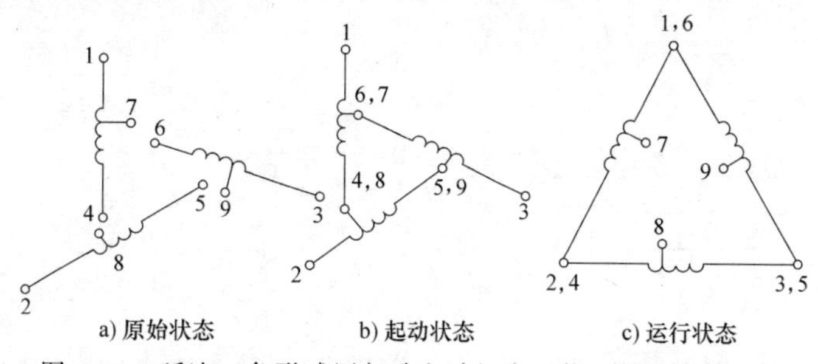

图6-17　延边三角形减压起动电动机定子绕组抽头联结方式

（一）控制电路的工作原理

图6-18是延边三角形减压起动控制电路。

按下SB2，由于KM1线圈和KM3线圈得电，它们的主触头闭合，使电动机的1、2、3引出端与三相电源相连，使引出端4与8、5与9、6与7联结成延边三角形（如图6-17b所示），减压起动。按下SB2时，时间继电器KT也得电，待电动机转速达到一定值后（即延时后），其延时分断常闭触头分断，KM3线圈失电，解除延边三角形联结，其延时闭合常开触头闭合，使KM2线圈得电，KM2主触头闭合，与KM1主触头一起，使绕组引出端1与6、2与4、3与5相连，形成三角形联结，全压运行。

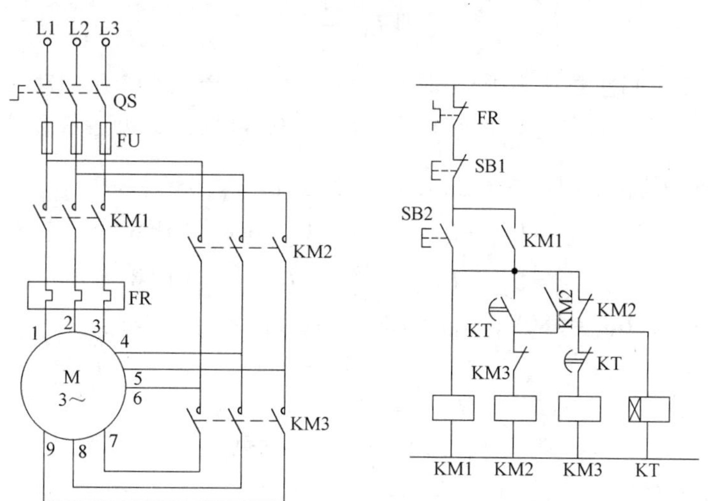

图6-18　延边三角形减压起动控制电路

（二）延边三角形减压起动的电流、转矩分析

设延边绕组1~7、2~8、3~9的匝数为N_1，三角形绕组4~7、5~8、6~9的匝数为N_2，设匝数比$a=N_1/N_2$。现以$N_1=N_2$、$a=1$即各段绕组的阻抗均为$Z_{\triangle}$为例进行分析。

根据电路原理，三角形联结转换为等效的星形联结时，各相绕组的阻抗$Z_{\curlyvee}=1/(3Z_{\triangle})$，于是得到延边三角形等效电路，如图6-19所示。

星形联结时 $I_{相}=I_{线}$（$I_{相}$ 为相电流，$I_{线}$ 为线电流），设线电压 $U_{线}=U_{UV}$，由图 6-19b 可知减压起动时的线电流（即电网电流）

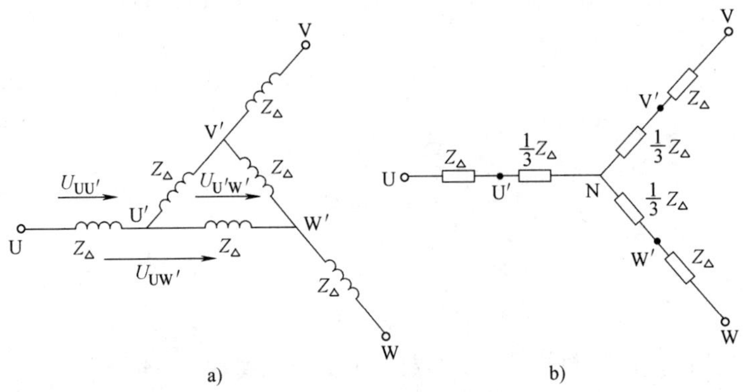

图 6-19 延边三角形等效电路

$$I_Q=\frac{U_{UV}/\sqrt{3}}{Z_\triangle+\frac{1}{3}Z_\triangle}=\frac{3U_{UV}}{4\sqrt{3}Z_\triangle}=\frac{\sqrt{3}U_{UV}}{4Z_\triangle} \tag{6-2}$$

三角形联结时 $I_{线}=\sqrt{3}I_{相}$，由图 6-17c 可知全压起动时的线电流

$$I_N=\sqrt{3}\left(\frac{U_{UV}}{2Z_\triangle}\right)=\frac{\sqrt{3}U_{UV}}{2Z_\triangle} \tag{6-3}$$

所以
$$\frac{I_Q}{I_N}=\frac{1}{2}\text{即 } I_Q=\frac{1}{2}I_N \tag{6-4}$$

式（6-4）表明，当匝数比为 1∶1 时，减压起动的电流只有全压起动时的一半。

现在分析延边三角形减压起动的转矩。由图 6-19a 可见，延边三角形是由 UW′、VU′和 WV′三相绕组组成，其相量图如图 6-20 所示。于是有 $\dot{U}_{UW'}=\dot{U}_{UU'}+\dot{U}_{U'W'}$

$$U_{UW'}^2=U_{UU'}^2+U_{U'W'}^2-2U_{UU'}U_{U'W'}\cos\angle UU'W'$$
$$=U_{UU'}^2+U_{U'W'}^2+\sqrt{3}U_{UU'}U_{U'W'}(\angle UU'W'=150°)$$

由图 6-19b 可见，$U_{UV}=380V$，$U_{UN}=220V$，而 $U_{UN}=U_{UU'}+U_{U'N}$

且
$$\frac{U_{UU'}}{U_{U'N}}=\frac{Z_\triangle}{(1/3)\ Z_\triangle}=3$$

所以
$$U_{UU'}=165V, U_{U'N}=55V$$

同理，$U_{VV'}=U_{WW'}=165V$，$U_{V'N}=U_{W'N}=55V$。

由图 6-20 可见，从△U′NW′中 $U_{U'N}=U_{W'N}=55V$，求得 $U_{U'W'}=2U_{U'N}\cos30°=95V$。

所以
$$U_{UW'}=\sqrt{U_{UU'}^2+U_{U'W'}^2+\sqrt{3}U_{UU'}U_{U'W'}}$$
$$=\sqrt{165^2+95^2+\sqrt{3}\times165\times95}\ V=252V$$
$$\frac{U_{UW'}}{U_{UW}}=\frac{252}{380}=0.7$$

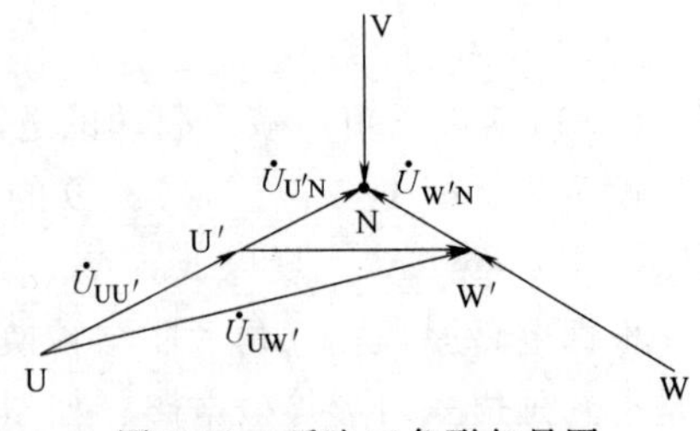

图 6-20 延边三角形矢量图

上式表明，当匝数比为 1∶1 时，延边三角形减压起动时每相绕组的电压降为全压起动的 0.7。

由于转矩 T 与电压 U 的二次方成正比，所以，减压起动时 $T_Q \propto U_{UW'}^2$，而全压起动时 $T_N \propto U_{UW}^2$，所以

$$\frac{T_Q}{T_N}=\left(\frac{U_{UW'}}{U_{UW}}\right)^2=0.7^2=0.49\approx 0.5 \quad T_Q=0.5T_N$$

以上分析表明，采用延边三角形减压起动，匝数比为 1∶1 时，其电流和转矩均为全压起动的一半。

改变匝数比，能调节减压起动时定子绕组上的电压，从而改变起动电流和转矩。表 6-1 列出了不同匝数比时，延边三角形起动特性。

表 6-1　不同匝数比时延边三角形起动特性

$\frac{N_1}{N_2}$	$\frac{1}{3}$	$\frac{1}{2}$	1	2	3
$\frac{I_Q}{I_N}=\frac{T_Q}{T_N}$	$\frac{2}{3}=0.67$	$\frac{3}{5}=0.6$	$\frac{1}{2}=0.5$	$\frac{3}{7}=0.43$	$\frac{2}{5}=0.4$

（三）评价

采用延边三角形减压起动，其起动转矩比星-三角减压起动大，其结构比自耦变压器减压起动简单，且克服了自耦变压器不能频繁起动的缺点；但要求电动机备有多个抽头，制造工艺较复杂。

六、几种减压起动方式的比较

三相异步电动机所采用的减压起动方式的实质，都是在电源电压不变的情况下，设法降低定子绕组的电压，以减小起动电流。它们都是在起动时定子绕组为某一种联结方式，借助时间继电器自动地转换为另一种联结方式全压运行。它们之间的比较见表 6-2。

表 6-2　几种减压起动方式的比较

起动方式 比较项目	定子串电阻	自耦变压器	星-三角	延边三角形
起动电流	$I_Q=KI_N$	$I_Q=K^2I_N$	$I_{\curlyvee}=\frac{1}{3}I_{\triangle}$	$a=1:1$ $I_Q=\frac{1}{2}I_N$
起动转矩	$T_Q=K^2T_N$	$T_Q=K^2T_N$	$T_{\curlyvee}=\frac{1}{3}T_{\triangle}$	$a=1:1$ $T_Q=\frac{1}{2}T_N$
适用范围	适用于起动次数不太多、容量不大的电动机	适用于较大容量的电动机	只适用于正常运行为三角形联结的电动机	只适用于能这种联结的电动机
特点	电路简单，价格低廉，电阻消耗功率大，起动转矩较小	价格较贵，体积大，起动转矩较大，不能频繁起动	只能在空载或轻载下起动	起动转矩比星-三角转换方式大，接线复杂

上述几种减压起动方式，由于起动转矩较小，只适用于空载或轻载起动。对于需要满载或重载起动的情况，则应采用高起动转矩的电动机，例如特殊笼型异步电动机或绕线转子异步电动机。

七、想一想，练一练

1. 三相异步电动机的起动中，如采用全压（或称____）起动方式，将使定子电流增大

为额定电流的________倍，且起动转矩较________。因此要采用减压起动方法，在起动瞬间限制起动电流。

2. 一种减压起动方式是起动时在________电路中串接电阻。起动电流在电阻上产生________降，使电动机上的电压________。待起动________，将电阻________(________)，使电动机在________电压（____压）下运转。三相所串电阻应________。

3. 定子电路串电阻起动方式，星形联结和三角形联结的电动机________用。但电路的阻抗是电阻与感抗的矢量和，所以需要串联________的电阻，才能得到一定的电压降，这就消耗了________电能。

4. 凡是在正常运行时定子绕组联结成________形的电动机，均可采用________转换减压起动。起动时将定子绕组联结成________，起动完毕后，再将定子绕组联结成________形。这种起动方式设备简单经济，起动过程中________电能损耗，起动转矩较________，只能________或________起动。

5. 自耦变压器减压起动方式是利用自耦器的________作用，在起动时，变压器的绕组联结成________形，其一次侧接________，二次侧接________绕组。起动完毕，将变压器从电网________，电网________加在电动机定子绕组上。

6. 自耦变压器减压起动方式适用于________容量电动机，特别适用于正常运行为________形联结的电动机。通常自耦变压器的触头位置可以________，改变________值，以适应不同的需要。

7. 延边三角形减压起动方式是在起动时将电动机定子绕组联结成________形，以减小起动电流，待起动完毕，再将定子绕组联结成________形，________运行。

8. 当绕组联结成延边三角形时（三角形每边向外____），绕组可视为两部分，一部分是________形联结，另一部分延伸边是________形联结。延伸边的三个绕组是各相绕组的一部分，又兼作另一相绕组的________绕组，它的匝数越多，加在另一相绕组上的电压就越________，从而起到减压、减小起动电流的作用。

9. 采用延边三角形减压起动，当匝数比为 1 : 1 时，其电流和转矩均为全压起动的________。改变________比，能调节减压起动时定子绕组上的电压，从而改变起动电流和转矩。

第四节 电动机制动控制电路

在第一章曾介绍过对直流电动机的制动控制，在本节将介绍对交流异步电动机的几种制动控制。制动措施可分为电力制动和电磁机械制动两大类。电力制动有能耗制动、反接制动两种方式，是用电气的办法，使电动机产生一个与转子转向相反的制动转矩。电磁机械制动是用电磁铁操纵机械产生制动力矩，如电磁抱闸、电磁离合器。它们都能迫使电动机在极短时间内停止转动。

一、能耗制动

在第五章中曾讨论过能耗制动的原理、单向能耗制动控制电路，在本节再介绍电动机可逆运行能耗制动控制电路，即电动机不论是正转或反转都能进行能耗制动。

（一）按时间原则控制电路

图 6-21 是按时间原则控制的可逆运行能耗制动控制电路。电路工作原理如下：

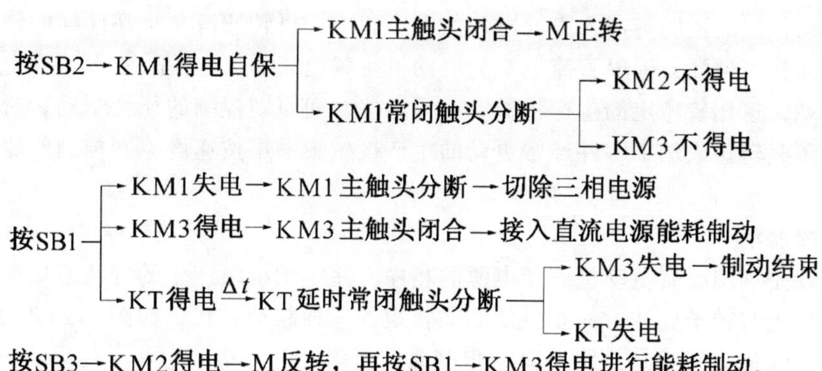

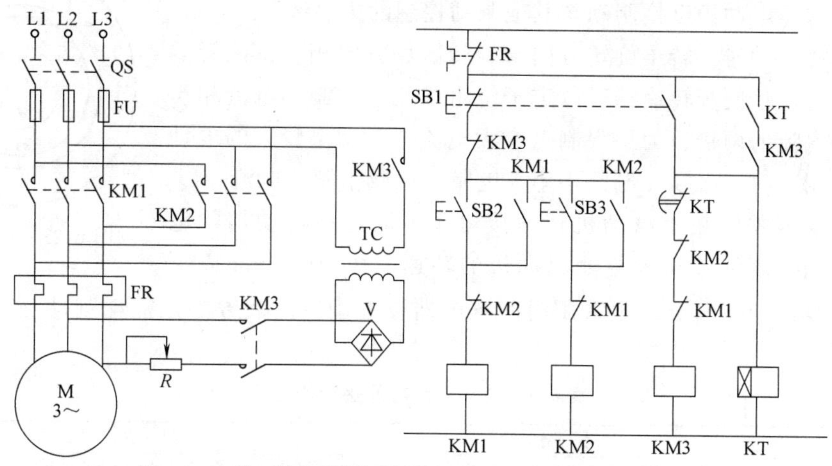

图 6-21　按时间原则控制的可逆运行能耗制动控制电路

（二）按速度原则控制电路

图 6-22 是按速度原则控制的可逆运行能耗制动控制电路。该电路用速度继电器取代了时间继电器。当电动机脱离交流电源后，其惯性转速仍很高，速度继电器的常闭触头仍闭合，使 KM3 得电通入直流电进行能耗制动。其工作过程请自行分析。

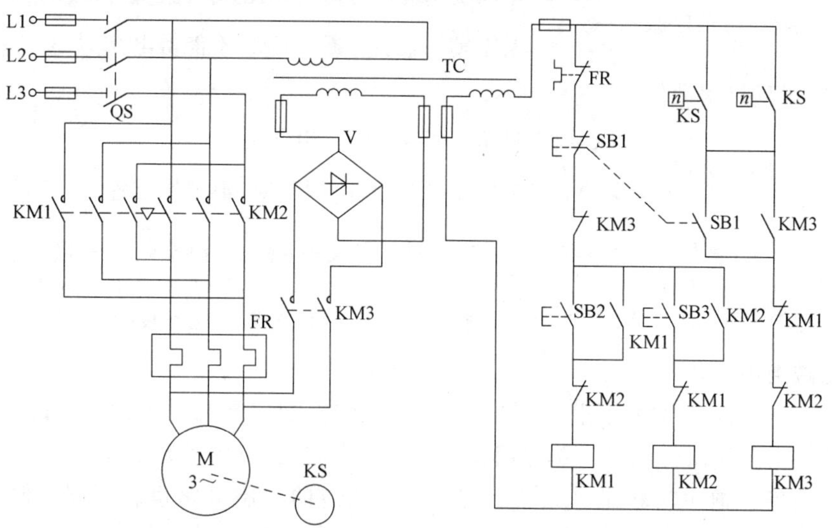

图 6-22　按速度原则控制的可逆运行能耗制动控制电路

能耗制动作用的强弱与通入直流电流的大小和电动机转速有关。在同样的转速下，直流电流越大制动作用越强，一般直流电流为电动机空载电流的 3~4 倍。

对于负载转速比较稳定的生产机械，可采用按时间原则控制的能耗制动。对于可通过传动系统改变负载转速或加工零件经常更动的生产机械，采用按速度原则控制的能耗制动较为合适。

二、反接制动

反接制动是利用改变电动机三相电源的相序，使定子绕组产生的旋转磁场反向旋转，在转子绕组上产生与转子旋转方向相反的制动转矩的一种制动方式，如图 6-23 所示。

当转子转速接近于零时，应切除三相电源，否则，电动机将会反向转动。这是电动机反接制动与其他制动控制的主要区别。

由于反接制动时，转子旋转方向与旋转磁场方向相反，两者的相对转速接近两倍同步转速，所以定子绕组中流过的制动电流相当于全压起动电流的两倍，为了限制这个大电流，对功率较大的电动机进行反接制动时，必须在电路中串入电阻，以减小制动电流。

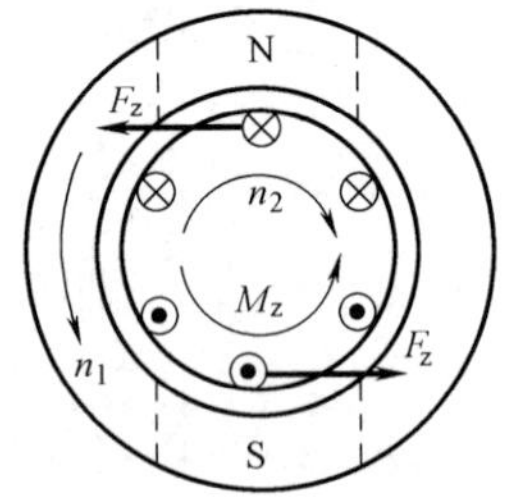

图 6-23 反接制动

反接制动的关键在于电动机转速接近于零时，能自动切除电源。因此采用速度继电器来检测电动机的转速，在 100r/min 以下时，使触头复位切除电源，比采用时间继电器要准确些。表 6-3 是能耗制动与反接制动的比较。

表 6-3 能耗制动与反接制动比较

制动方式	能 耗 制 动	反 接 制 动
制动特点	制动平稳，准确，能量消耗小。制动力弱，制动转矩与转速成比例地减小。需直流电源	制动力强，效果显著。制动过程有冲击，易损坏运动部件，能量消耗大，不易停在准确位置
适用场合	要求制动平稳、准确的设备	不经常起动的设备

图 6-24 是单向反接制动控制电路。其工作原理如下：

1）电动机正常运转：

按SB2→KM1得电自保→KM1主触头闭合→M转动→KS常开触头闭合
按SB2→KM1得电自保→KM1常闭辅助触头分断→KM2不能得电

2）电动机反接制动停车：

按SB1→KM1失电→KM1主触头分断→切除三相电源
按SB1→KM1失电→KM1常闭辅助触头闭合，为KM2得电作准备
按SB1—经KM1常闭触头，KS1常开触头→KM2得电自保→KM2主触头闭合→接入反接电源

反接电源 —电阻→ 电动机制动 —转速下降→ KS触头复位→KM2失电→切除反接电源

三、电磁抱闸制动

图 6-25a 是电磁抱闸原理图。闸轮与电动机同轴安装，闸瓦是借助弹簧的弹力“抱住”闸轮制动的。由图看出，如果弹簧选用拉簧，则闸瓦平时处于“松开”状态；如选用压簧，则闸瓦平时处于“抱住”状态。原始状态不同，相应的控制电路也就不同。但都应在电动机运转时，闸瓦松开；电动机停转时，闸瓦抱住。

（一）闸瓦平时处于“抱住”状态的控制电路

像起重机、卷扬机等一类升降机械，为了不因电源中断或电路故障而使制动受影响，一律采用闸瓦平时处于“抱住”状态的控制电路，以确保安全。因此，要求电磁铁线圈 YA 必须先通电，待闸瓦松开后，才能使电动机通电运转。图 6-25b 的控制电路，采用了顺序通电电路，以满足上述要求。其工作原理如下：

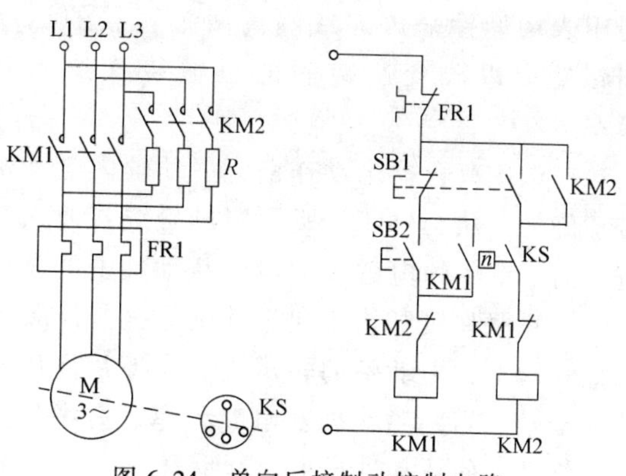

图 6-24　单向反接制动控制电路

按下起动按钮 SB2，电磁铁线圈 YA 先通电，将衔铁吸上使弹簧压紧，联动机构将抱闸提起松开。KM2 得电，电动机与闸轮一起运转。

按下停止按钮 SB1 时，电动机电源切断，电磁铁线圈失电，弹簧复位，闸瓦重新抱住闸轮，使电动机迅速制动。

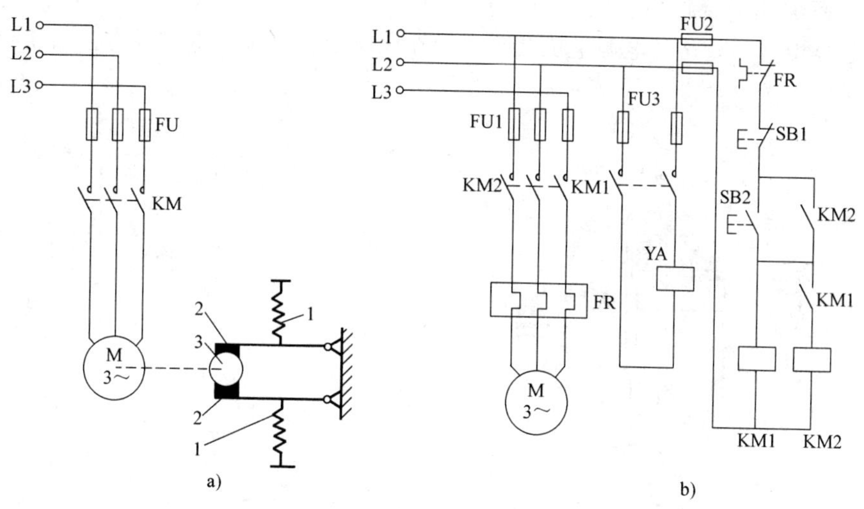

图 6-25　抱闸平时处于“抱住”状态的控制电路

1—弹簧　2—制动闸瓦　3—闸轮

（二）闸瓦平时处于“松开”状态的控制电路

像机床一类经常需要调整加工工件位置的设备，往往采用闸瓦平时处于“松开”状态的控制电路，如图 6-26 所示（只画出控制电路，其主电路与图 6-25a 同）。

闸瓦平时由于弹簧的拉力，处于“松开”状态。按下按钮 SB2，电动机起动运转。

当按下停止按钮 SB1，KM1 线圈先失电，切断电动机电源。随后 KM2 得电自保，使电磁铁线圈 YA 和时间继电器 KT 线圈得电。闸瓦紧紧抱住闸轮，待电动机的惯性转动迅速下降至零时，KT 延时断开常闭触头分断，使 KM2 和 KT 线圈先后断电，于是 YA 线圈断电，闸瓦又恢复“松开”状态。

四、电磁离合器制动

电磁离合器种类很多，这里介绍摩擦片式电磁离合器。图 6-27a 是结构示意图。它利用表面摩擦来传递或隔离两根转轴的运动和转矩，以改变所控制的机械装置的运动状态。

在电磁离合器未动作前，主动轴由电动机带动旋转，从动轴不转动。当励磁线圈通入直流电后，产生的电磁吸力吸引从动轴上的盘形衔铁，克服弹簧弹力，向主动轴靠拢并压紧在摩擦片环上，主动轴的转矩通过摩擦片环传递给从动轴。当励磁线圈断电时，弹簧力将盘形衔铁推开，使从动轴与主动轴脱离。

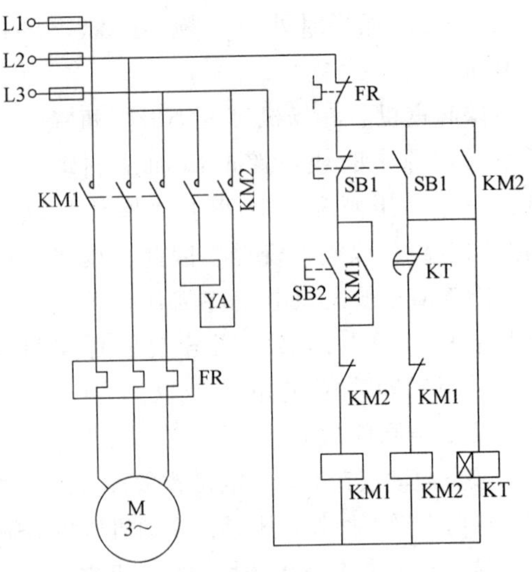

图 6-26 闸瓦平时处于“松开”状态的控制电路

电磁离合器作为制动器，它与被制动件的连接方式有多种，例如停车时，切断励磁电流，使从动轴脱离主动轴并压紧在床身上，迅速制动。图 6-27c 是励磁线圈直流供电电路，图中电容 C 起加速吸合作用。电路初通时，电压突变，电容相当于短路，电源电压几乎全加在线圈上，加大了电磁吸力，加速吸合。

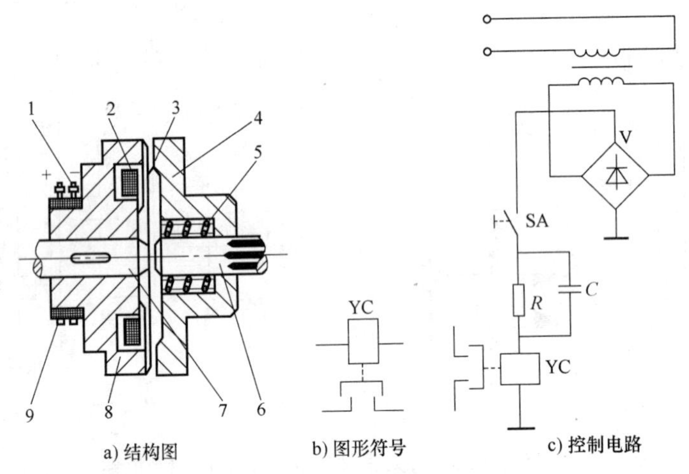

图 6-27 电磁离合器

1—电刷和刷握 2—励磁线圈 3—摩擦片环 4—盘形衔铁 5—弹簧 6—从动轴 7—主动轴 8—磁轭 9—集流环

由于电磁离合器传递转矩大，体积小，制动方便，较平稳迅速，易于安装在机床内部，所以机床上经常采用，现有 DLM0、DLM2 和 DLM3 等系列。

五、想一想，练一练

1. 制动措施可分为________制动和________制动两大类。电力制动有________制动、________制动两种方式。它们都能迫使电动机在________时间内停止转动。
2. 电气制动的办法是使电动机产生一个与转子转动方向________的制动转矩。
3. 电磁机械制动是用________操纵机械产生制动力矩，如电磁抱闸、电磁离合器等。
4. 电动机可逆运行能耗制动控制电路，即电动机不论是________转或是________转都能进行能耗制动，可按________原则或按________原则进行控制。

5. 反接制动是利用改变电动机三相电源的________，使________子绕组的旋转磁场________旋转，在________子绕组上产生与转子旋转方向________的制动转矩的一种制动方式。

6. 由于反接制动时，转子旋转方向与旋转磁场方向相反，两者的相对转速接近于两倍________转速，所以定子绕组中流过的制动电流相当于________起动电流的两倍，为了限制这个大电流，对功率较大的电动机进行反接制动时，必须在电路中串入________，以减小制动电流。

7. 反接制动的关键在于电动机转速接近于零时，能________切除电源，否则电动机将会________转动。因此采用________继电器来检测电动机的转速，在100r/min以下时，使触头复位切除电源，比采用时间继电器要准确些。这是电动机反接制动与其他制动控制的主要________。

8. 电磁抱闸闸轮与电动机同________安装，闸瓦借助弹簧的弹力“抱住”________制动。如果弹簧选用________簧，则闸瓦平时处于“________”状态；如选用________簧，则闸瓦平时处于“________”状态。但两者都应在电动机运转时，闸瓦________；电动机停转时，闸瓦________。

9. 电磁离合器利用表面________来传递或隔离________转轴的运动和转矩，以改变所控制的机械装置的运动状态。

第五节　多速电动机控制电路

一般电动机只有一种转速，对于一些机械部件，例如机床的主轴，是用减速箱来调整转速的。但在有些机床中，如T68型镗床和M1432万能外圆磨床的主轴，为得到较宽的调整范围，采用双速电动机来驱动。有的机床还采用了三速电动机、四速电动机。

我们知道，异步电动机的转速表达式是

$$n=n_0(1-s)=\frac{60f}{p}(1-s) \tag{6-5}$$

可见，可以采取改变磁极对数 p 或电源频率 f 或转差率 s 的方法来进行调速。多速异步电动机是改变 p 调速的，称为变极调速。笼型电动机亦可改变 f 调速，称为调频调速。绕线转子异步电动机在定子电路串电阻或串电动势或改变定子电压的调速，笼型异步电动机加电磁转差离合器的调速，都是改变转差率 s 调速。本节只讲述多速电动机的变极调速，变 f 和 s 调速的原理请参阅有关资料。

一、变极调速原理

通常采用改变定子绕组的接法来改变磁极对数。若绕组改变一次极对数，可获得两个转速，称为双速电动机；改变两次极对数，可获得三个转速，称为三速电动机；同理有四速、五速电动机，但要受定子结构及绕组接线的限制。

当定子绕组的极对数改变后，转子绕组必须相应地改变。由于笼型异步电动机的转子无固定的极对数，能随着定子绕组极对数的变化而变化，故变极调速仅适用于这种类型电动机。

下面以双速电动机为例，说明用变更绕组接法来实现改变极对数的原理。由于三相绕组接法是相同的，在此我们只分析一相绕组。

图 6-28 所示为 4/2 极双速电动机的 U 相绕组，在制造时即分为两个相同的半绕组 U1—U1′、U2—U2′。

a) 半绕组串联 b) 半绕组并联

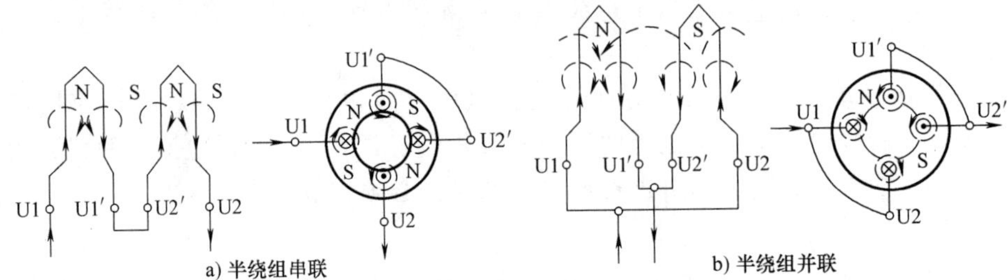

图 6-28 笼型异步电动机变极原理

在图 6-28a 中，两个半绕组串联，电流由 U1 流入，经 U1′、U2′，由 U2 流出，应用右手螺旋定则可以判定，这时绕组产生的磁极为四极，磁极对数 $p=2$。

如果将两个半绕组并联起来，如图 6-28b 所示。电流则由 U1、U2 流进，由 U1′、U2′流出，则第二个半绕组电流反向，产生的磁极为二极，磁极对数 $p=1$。

由此可见，两个半绕组串联时，绕组的极对数是并联时的两倍，而电动机的转速是并联时的一半。即串联时为低速，并联时为高速。

由于绕组的磁极对数只能成双的改变，如有二极、四极、六极和八极等。多速电动机 JDO_2 系列有 4/2、6/4、8/4、8/2、8/6 和 12/6 等双速电动机，有 8/4/2、8/6/4 三速电动机，有 10/8/6/4 四速电动机等。例如 JDO_2-42-8/4 型，转速为 720r/min、1430r/min；JDO_2-51-8/6/4 型，转速为 730r/min、960r/min 或 1400r/min。

二、双速电动机的接线方式

每相绕组可以串联或并联，对于三相绕组，还可联结成星形或三角形，这样接线的方式就多了。双速电动机常用的接线方式有 D/YY 和 Y/YY 两种。

(一) D/YY 联结

图 6-29 是 4/2 极双速异步电动机定子绕组 D/YY 接线图。

图 6-29a 将绕组的 U1、V1、W1 三个端钮接三相电源，将 U2、V2、W2 三个端钮悬空，三相定子绕组联结成三角形。这时每相两个半绕组串联，电动机以四极运行为低速。

图 6-29b、c 将 U2、V2、W2 三个端钮接三相电源，U1、V1、W1 连成一点，三相定子绕组联结成双星形。这时每相两个半绕组并联，电动机以两极运行为高速。

a) 每相两个半绕组串联 b) 每相两个半绕组并联(一) c) 每相两个半绕组并联(二)

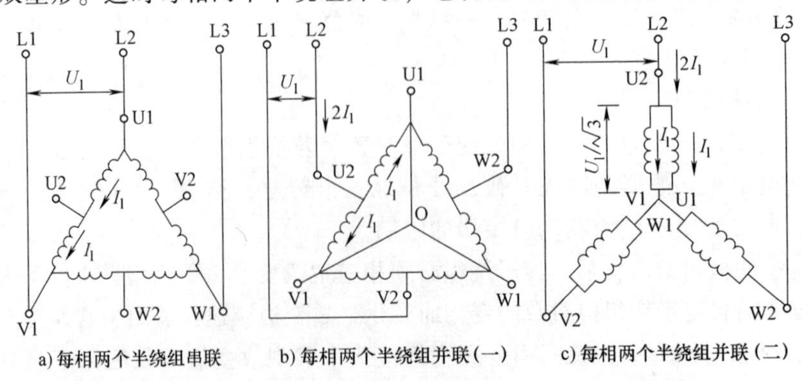

图 6-29 4/2 极双速异步电动机定子绕组 D/YY 接线图

（二）Y/YY联结

图 6-30 是 4/2 极双速电动机定子绕组Y/YY联结示意图。

图 6-30a 将绕组的 U1、V1、W1 三个端钮接三相电源，将 U2、V2、W3 三个端钮悬空，三相定子绕组接成星形。这时每相两个半绕组串联，电动机以四极运行为低速。

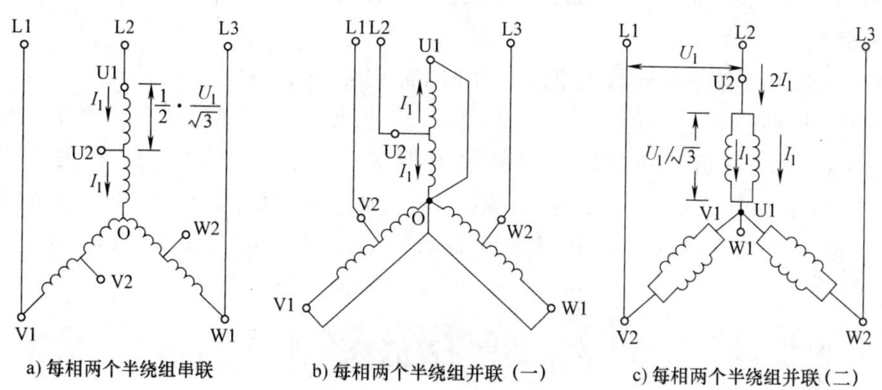

a) 每相两个半绕组串联　b) 每相两个半绕组并联（一）　c) 每相两个半绕组并联（二）

图 6-30　4/2 极双速电动机定子绕组Y/YY接线图

图 6-30b、c 将 U2、V2、W2 三个端钮接三相电源，U1、V1、W1 连成一点，三相定子绕组接成双星形。这时每相两个半绕组并联，电动机以两极运行为高速。

D/YY联结虽转速提高一倍，但功率提高不多，属恒功率调速（调速时，电动机输出功率不变），适用于金属切削机床。Y/YY联结，属恒转矩调速（调速时，电动机输出转矩不变），适用于起重机、电梯和传输带运输机等。

三、D/YY联结双速电动机控制电路

图 6-31 是双速异步电动机的控制电路。图 6-31a 为主电路。KM1 为低速继电器，KM2、KM3 为高速继电器。KM1 动作，绕组联结成三角形运行为低速；KM2、KM3 动作，绕组联结成双星形运行为高速。

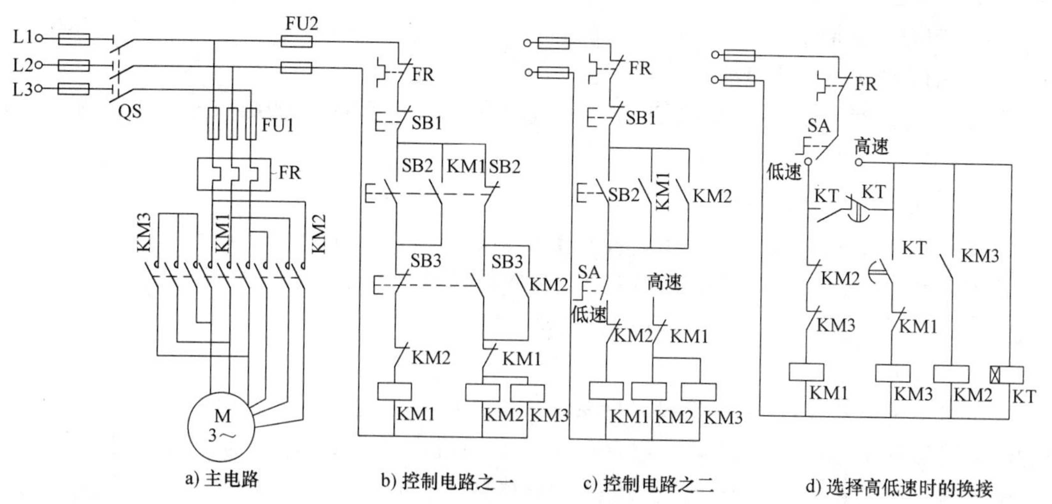

a) 主电路　b) 控制电路之一　c) 控制电路之二　d) 选择高低速时的换接

图 6-31　双速异步电动机控制电路

图6-31b是用按钮转换高低速的控制电路。SB2为低速起动按钮，按下SB2时，KM1得电自保，低速起动运转。SB3为高速起动按钮，按下SB3，KM2、KM3通电自保，电动机高速运转。

图6-31c为开关按钮的控制电路。当开关SA扳到“低速”位置时，按下SB2，KM1得电自保，电动机低速运转。当SA扳到“高速”位置时，按下SB2，KM2、KM3得电自保，电动机高速运转。

图6-31d是用开关SA选择高低速，时间继电器KT用作三角形与双星形的换接。当SA扳在中间位置时，电动机停止。SA扳到“低速”位置时，KM1动作，电动机低速运转。SA扳到“高速”位置时，时间继电器KT首先得电动作，其瞬时常开触头闭合，使KM1得电动作，电动机低速起动，以减小起动电流。起动完毕，KT的延时常闭触头分断，使KM1失电；KT的延时常开触头闭合，使KM3、KM2得电动作，电动机高速运转。

第六节 技能培训

一、[技能培训13] 电气控制电路图的识图

[培训目的] 认识电气控制电路的组成及各组成部分的作用。

[预习内容] 电气控制电路的组成。

[培训内容] 电气控制电路图如图6-1所示。

1）该电路由四部分电路组成：________电路、________电路、________电路和________电路。

2）指出各部分电路的位置。

二、[技能培训14] 三相异步电动机的起动控制电路测试

[培训目的] 熟悉异步电动机的起动方法。

[预习内容] 三相异步电动机的起动。

[培训器材] 三相异步电动机，三极刀开关，自耦变压器，倒顺开关，起动补偿器，交流电压表和电流表等。

[培训内容及步骤]

1. 采用倒顺开关直接起动

按图6-32接线。开关Q2向上闭合，然后闭合电源开关Q1，读瞬时起动电流数值，记录于表6-4中。

2. Y-D起动

仍按图6-32接线。先将开关Q2向下闭合，定子绕组为星形联结，然后闭合电源开关Q1，读取起动电流数值，记录在表6-4中。待电动机转速稳定后，将开关Q2拉开，并迅速向上闭合，定子绕组换接成三角形联结，电动机转入正常运行。

3. 自耦变压器起动

采用起动补偿器按图6-33接线。抽头电压选60%电源电压。先合上电源开关Q1，然后将起动补偿器的手柄扳至“起动”位置。此时电动机由自耦变压器供给低电压起动。读取起动电流值，记录在表6-4中。待电动机转速稳定后，将手柄从“起动”位置拉开，并迅速合至“运行”位置，电动机起过程结束。

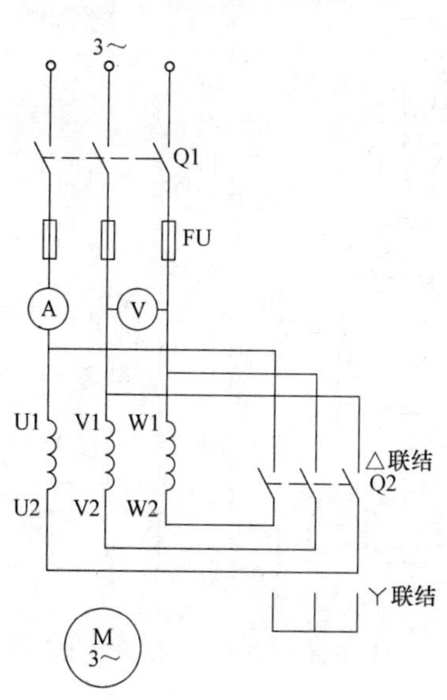

图 6-32　采用倒顺开关直接起动和Y-D 起动电路

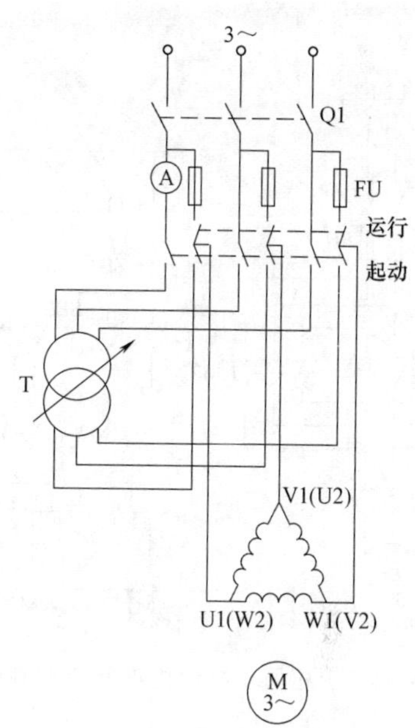

图 6-33　自耦变压器起动电路

表 6-4　三种起动方法时的数据

起动方法 \ 起动数据		起动电压 U_{st}/V	起动电流 I_{st}/A	起动电流倍数(I_{st}/I_N)
笼型异步电动机	采用倒顺开关直接起动			
	Y-D 起动			
	自耦变压器起动			

三、[技能培训 15] 三相异步电动机正反转及Y-△减压起动控制电路测试

[培训目的]　了解按钮、空气阻尼式时间继电器的结构、工作原理及使用方法；掌握三相异步电动机的正反转控制电路和Y-△减压起动控制电路的工作原理及接线方法。

[预习内容]　三相异步电动机的正反转及Y-△起动。

[培训器材]　三相异步电动机 M，三相开启式负荷开关 QS，熔断器 FU，交流接触器 KM1、KM2，按钮 SB1、SB2 和 SB3，热继电器 FR，时间继电器 KT 等。

[培训内容及步骤]

1. 培训电路

三相异步电动机正反转控制电路如图 6-34 所示，三相异步电动机Y-△减压起动控制电路如图 6-35 所示。

2. 三相异步电动机正反转控制

1）按图 6-34 连按线路，先接主电路，再接控制电路。

2）检查连线无误后，可合闸通电。

3）操作起动和停止按钮，观察电动机单方向起停情况。

4）按下起动按钮，待电动机正常转动后，直接按下反方向起动按钮，看电动机运转状态是否有变化。

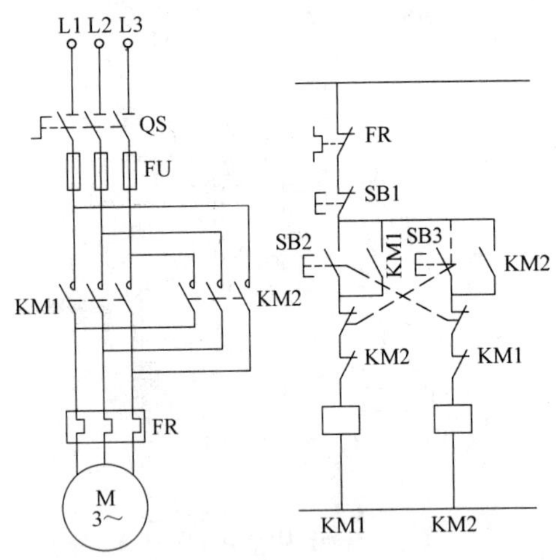

图 6-34 三相异步电动机正反转控制电路

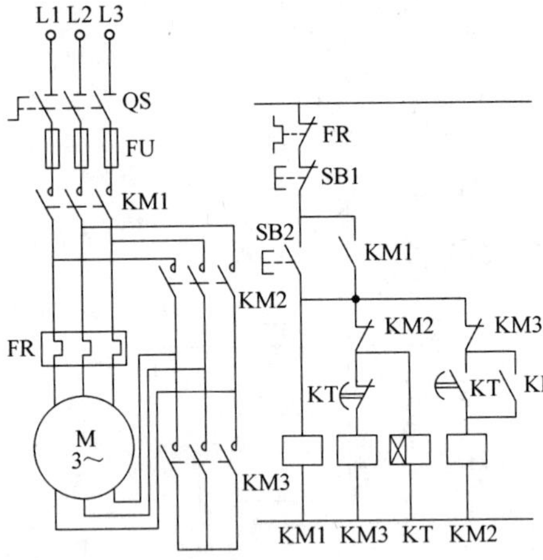

图 6-35 三相异步电动机Y-△减压起动控制电路

3. 三相异步电动机Y-△减压起动

1）按图 6-35 接好电路。

2）操作起动和停止按钮，观察电动机运转情况。

3）调节时间继电器的延时，观察时间继电器的动作时间对电动机运转的影响。

四、[技能培训 16] 三相异步电动机能耗制动及反接制动电路测试

[培训目的] 了解速度继电器的结构、工作原理及使用方法，熟悉三相异步电动机能耗制动控制电路及接线方法和反接制动的自动控制方法，了解能耗制动及反接制动的停转效果。

[预习内容] 异步电动机的制动。

[培训器材] 三相异步电动机 M，刀开关 QS、QS1、QS2，熔断器 FU、FU1、FU2，交流接触器 KM1、KM2，速度继电器 KS，时间继电器 KT，热继电器 FR，滑线变阻器 R，按钮 SB1、SB2、SB3，直流电源等。

[培训内容及步骤]

1. 控制电路

三相异步电动机能耗制动控制电路如图 6-36 所示，反接制动控制电路如图 6-37 所示。

2. 能耗制动

1）按图 6-36 接线。

2）操作起动和停止按钮，观察电动机制动情况。

3）调节滑线变阻器 R 的大小，观察制动效果。

3. 反接制动

1）按图 6-37 接线。

2）操作起动和停止按钮，观察电动机制动情况。

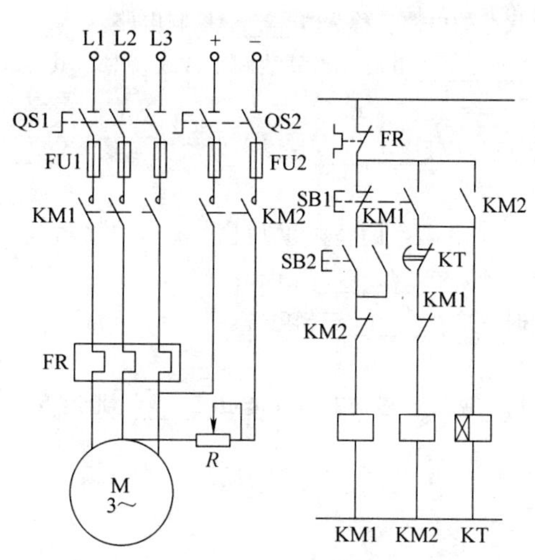

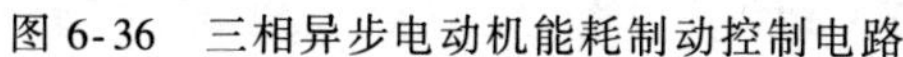

图 6-36 三相异步电动机能耗制动控制电路

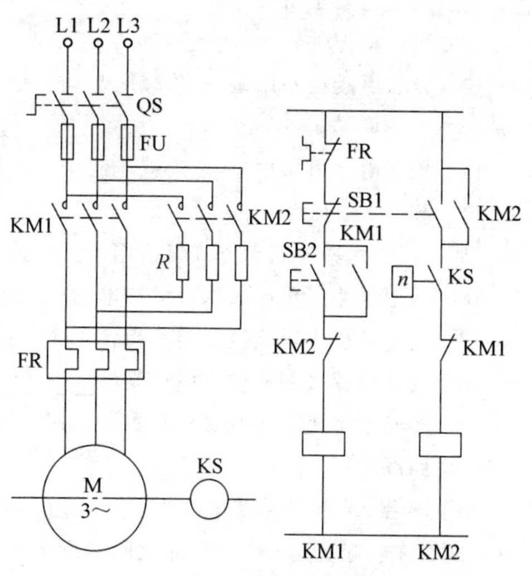

图 6-37 三相异步电动机反接制动控制电路

本章小结

本章主要讲述了电气控制系统的基本电路——三相异步电动机的起停、正反转、制动和变极调速等控制电路。它们是分析和设计机械设备电气控制线路的基础。

控制电路不论如何复杂，都是由一些基本控制电路组成的。各基本控制电路的关键是正确地选择控制电器的触头，按一定的逻辑关系组合来实现控制功能。其共同规律是：

1）当几个条件中只要有一个条件满足，接触器线圈就得电时，可采用并联接法（或逻辑），例如自保电路。

2）只有所有条件都具备，接触器线圈才得电时，可采用串联接法（与逻辑），例如互锁电路。

3）把先动作的控制电器的常开触头串接在后动作的控制电路中，就得到顺序动作电路。

习 题 六

一、填空题

6.1 电气图中的文字符号分为________文字符号和________文字符号。

6.2 ________原理图用来说明控制电路的工作原理及各种________相互________的联结。

6.3 电气原理图一般由________电路、________电路、________电路和________电路四部分组成。

6.4 ________________电路用来实现对被控制对象运转的控制。

6.5 控制电路具有________、________、________等作用。

6.6 继电器-接触器控制电路实质上是________电路，其工作原理可用________式来描述。

6.7 由几个常开、常闭触头与线圈________联，构成________逻辑电路。

6.8 由几个常开、常闭触头________后与线圈________联，构成________逻辑电路。

6.9 电气原理图的阅读方法一般有：________读图法、________过程图示法和________法。

6.10 在图 6-7 多地控制电路中，几个起动按钮构成________逻辑，几个停止按钮构成________逻辑。

6.11 按工艺要求所规定的顺序进行控制，称为________控制或________控制。

6.12 当运动部件到达某一位置后，可以改变其运动状态的电路，称为________控制电路。

6.13 异步电动机采用星-三角减压起动，是为了减少________电流，当其达到正常运转时，其定子绕组应是________联结。

6.14 异步电动机采用星-三角减压起动，起动时定子绕组应是________联结，电动机应是________载或________载。

6.15 星-三角减压起动方式只适用于正常运转时为________联结的异步电动机。

6.16 采用延边三角形减压起动的电动机，定子绕组必须要有________几个出线端。

6.17 对电动机进行反接制动，当转子转速接近于零时，应________三相电源。

6.18 电动机变极调速仅适用于笼型________电动机。

6.19 多速电动机采用改变极对数 p 调速，称为________调速，磁极对数只能成________地改变。

二、电路题

6.20 一台 20kW 的异步电动机，其 $I_Q/I_N=6$。问：

1）能否在容量为 180kV · A 的电网实行全压起动？

2）该电动机若要全压起动，电网容量不能低于多少 kV · A？

6.21 试用逻辑代数法，分析图 6-26 控制电路的工作原理。

6.22 试设计对电动机 M_1 和 M_2 既可同时起动，又可分别起动和停止的控制电路。

6.23 在图 6-21 能耗制动控制电路中，时间继电器 KT 起什么作用？

6.24 在图 6-22 能耗制动控制电路中，速度继电器 KS 起什么作用？

6.25 在图 6-24 反接制动电路中，速度继电器 KS 起什么作用？

6.26 在图 6-31d 双速异步电动机控制电路中，时间继电器 KT 起什么作用？

第七章 典型机床电气控制电路

［教学要求］

了解机床的主要结构、运动形式、电力拖动、电气控制特点以及电器的操作方法，掌握典型机床电气控制电路的工作原理，了解电气控制系统中机械、液压与电气控制的配合。

第一节 机床电气控制电路概述

机床通常是指用切削的方法，将金属毛坯加工成零件的机器，可以按照加工性质和所用刀具的不同进行分类。

机床电气控制电路是机床的重要组成部分，它完成对机床运动部件的运动、制动、反向和调速等的控制，保证各运动部件运动的准确和协调动作，以达到生产工艺的要求。

本章在前几章的基础上，通过对典型机床电气控制电路的分析，将进一步了解各基本控制电路在机床控制系统中的应用，进一步阐明电气控制系统的分析方法与步骤，提高阅读电路的能力，掌握典型机床电气控制电路的工作原理，了解电气控制系统中机械、液压与电气控制的配合，为电气控制系统的安装、调试、使用、维护和设计奠定基础。

一、分析机床电气控制系统时应注意的几个问题

1）了解机床的主要结构、运动形式、电力拖动和电气控制特点及电器的操作方法。

2）初步掌握各电器的布置位置、作用，各操作手柄、开关、按钮及电动机的功能。

3）了解机床机械、液压系统的工作情况，如哪些电气元件（例如微动开关）受机械、液压元件的控制而哪些机械、液压元件又受电气元件（例如电磁阀门）的控制。

二、对机床电气控制系统的分析方法

1）结合机床说明书及有关技术资料，了解机床的技术性能、传动关系等。

2）阅读各种电气图表，主要的有电气原理图、电气元件布置图与接线图、电气元件明细表及开关动作状态表等。

3）分析电气原理图是分析机床电气控制电路的中心内容。其基本方法仍然是前面介绍过的“从主（电路）着眼，从控（制电路）入手”，由“主”至“控”采用“顺藤摸瓜”的办法。

① 在分析主电路（电动机电路）时，要结合机床的运动形式——一般分为主（轴）运动、进给运动和辅助运动（例如某运动部件的快速移动），以明确各电动机所担当的任务。

② 在分析控制电路时，要结合主电路的控制要求，运用学过的基本控制电路的知识，将控制电路“化整为零”，按功能划分为若干个控制环节来分析。要特别注意控制环节中的电气联锁及保护环节。

③ 最后分析辅助电路（照明、信号显示和检测等）。有的辅助电路是由控制电路中的元件来控制的，因此要对照控制电路来分析。

总之，分析电气原理图是为了了解各控制电路的工作，清楚地理解每个电气元件的作用及工作过程，达到掌握机床电气控制电路工作原理的目的。

三、想一想，练一练

1. 机床通常是指用______的方法，将金属______加工成______的机器。

2. 机床电气控制电路是机床的重要组成部分，它完成对机床运动部件的______、______、______和______等的控制。

3. 机床电气控制电路保证各运动部件运动的______和______动作，达到生产______的要求。

第二节 C650 型卧式车床电气控制电路

卧式车床是一种应用广泛的金属切削机床，它能车削外圆、内圆、端面、螺纹和定型表面，并可用钻头、铰刀和镗刀进行加工。

C650 型卧式车床属于中型车床。型号中的 C 表示车床，6 表示普通型，50 表示工件最大回转半径为 500mm。机床加工工件最大长度为 3000mm。

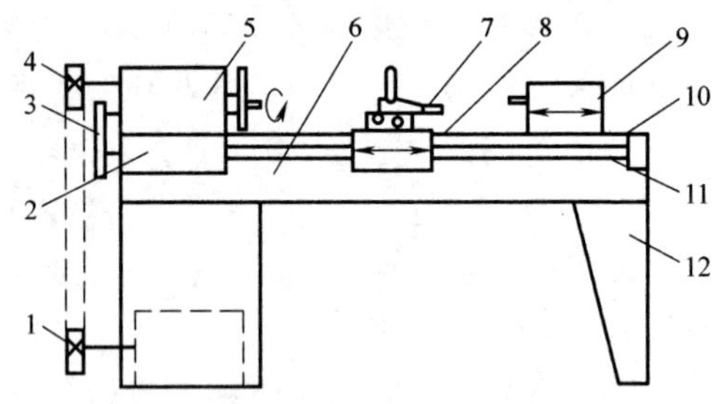

图 7-1 C650 型卧式车床外形结构
1、4—带轮 2—进给箱 3—挂轮架 5—主轴变速箱 6—床身 7—刀架 8—溜板 9—尾架 10—丝杆 11—光杆 12—床腿

一、主要结构和运动形式

C650 型卧式车床的外形结构如图 7-1 所示。

车床有三种运动形式：一是主轴上的卡盘或顶尖带着工件的旋转运动，称为主运动；另一种是溜板带着刀架的直线运动，称为进给运动；还有一种是为了提高工效，刀架的快速直线运动，称为辅助运动。

二、电力拖动和控制特点

1）主轴电动机 M1（见图 7-2）能减压点动调整、直接起动、正反转和反接制动。主轴

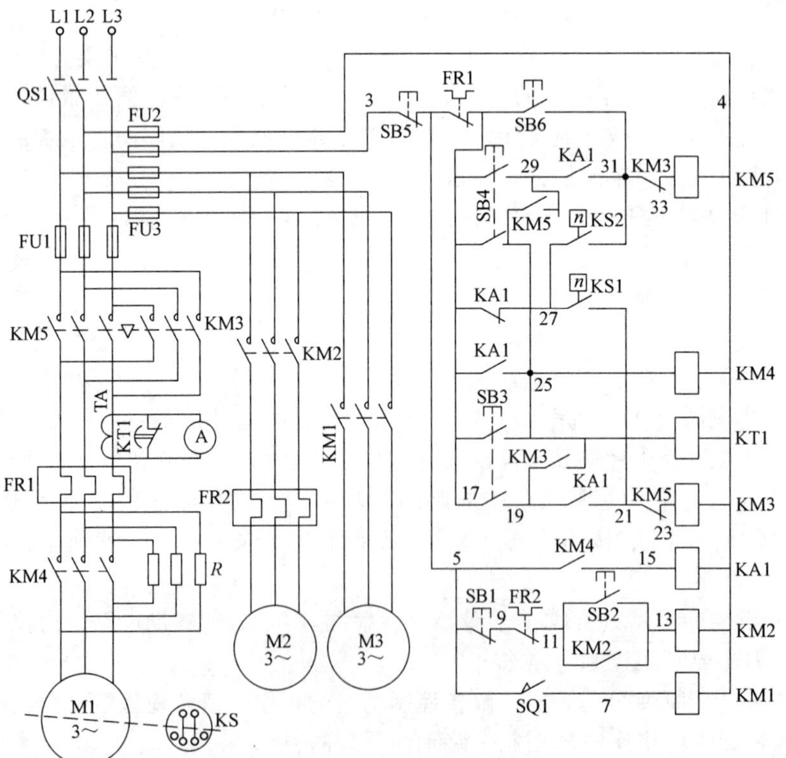

图 7-2 C650 型卧式车床电气原理图
注：图中的编号是接线号

由主轴变速箱机械调速，由主轴电动机拖动。

2）刀架快速移动，由电动机 M3（见图 7-2）拖动。

3）采用冷却液冷却，冷却泵由电动机 M2（见图 7-2）拖动。

三、电气控制电路的工作原理

图 7-2 是 C650 型卧式车床电气原理图，表 7-1 是其电气元件明细表。其工作原理分析如下。

表 7-1 C650 型卧式车床电气元件明细表

符号	名　称	型　号	规　格	件数	作　用
M1	主轴电动机	Y200L1-2	30kW 56.6A 380V	1	主轴传动及进给传动
M2	冷却泵电动机	DB-25	0.12kW 380V	1	带动冷却泵供给冷却液
M3	快速移动电动机	JO2-21-4	1.1kW 380V	1	刀架快速移动
QS1	电源引入隔离开关	HZ2-60/3	60A	1	电源总开关
FU1	熔断器	RL1-60	60A	3	主轴电动机短路保护
FU2	熔断器	RL1-15	4A	2	控制电路短路保护
FU3	熔断器	RL1-15	10A	3	M2、M3 短路保护
SB1	按钮	LA2		1	M2 停止按钮
SB2	按钮	LA2		1	M2 起动按钮
SB3	按钮	LA2		1	M1 反转起动按钮
SB4	按钮	LA2		1	M1 正转起动按钮
SB5	按钮	LA2		1	反接制动按钮
SB6	按钮	LA2		1	M1 点动按钮
FR1	热继电器	JR16-60/3	60A	1	M1 过载保护
FR2	热继电器	JR10-10	0.47A	1	M2 过载保护
SQ1	限位开关	LX12	5A	1	快速移动电动机起停
KA1	中间继电器	JZ7-44	380V	1	M1 起动、停止、反接
KT1	时间继电器	JS7-1A	380V	1	保护电流表
KM1	交流接触器	CJ0-20	380V	1	M3 起动、停止
KM2	交流接触器	CJ0-10	380V	1	M2 起动、停止
KM3	交流接触器	CJ0-75	380V	1	M1 反转
KM4	交流接触器	CJ0-75	380V	1	限流电阻短接
KM5	交流接触器	CJ0-75	380V	1	M2 正转
A	电流表	交流 60A		1	M1 负载监视
R	限流电阻	RT-0.125	200Ω 125W	1	反接制动限流
TA	电流互感器	LDZJ1-10	100/5	1	
KS	速度继电器	JY1	380V 2A	1	M1 反接制动速度检测
TC	照明变压器	BZ-50	50V · A 380V/36V	1	照明低压电源

“电气元件明细表”是每台机床必须有的资料。它说明电气原理图所用的电气元件的符号、名称、型号、规格、件数及作用，可帮助分析和理解电气原理图的工作。限于篇幅，本节对以下各机床的电气元件明细表从略。请参阅有关资料。

（一）主轴电动机正向点动控制电路

主轴电动机 M1 的点动由点动按钮 SB6 控制，正向点动控制电路如图 7-3 所示。

按下 SB6→正向转动接触器 KM5 线圈得电→KM5 主触头闭合→经限流电阻 R（KM4 未闭合），M1 低速正向旋转。

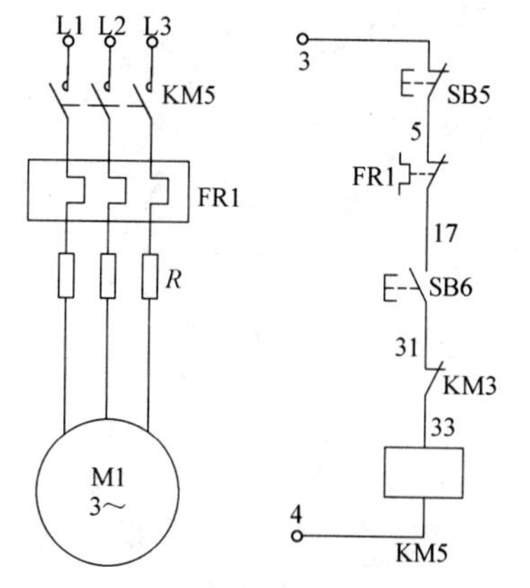

图 7-3 主轴电动机正向点动控制电路

松开 SB6→KM5 失电→M1 停转。

(二) 主轴电动机正转控制电路

M1 正转控制电路如图 7-4 所示，由按钮 SB4 控制，接触器 KM4、KM5 和中间继电器 KA1 实现。其工作原理如下所述：

按 SB4→KM4 线圈得电→
- KM4 主触头闭合→限流电阻 R 被短接
- KM4 辅助常开触头（5—15）闭合→KA1线圈得电

KA1 线圈得电→
- KA1常开触头(17—25)闭合→锁住KM4
- KA1常开触头(29—31)闭合→KM5线圈得电(3—5—17—29—31—33—4)

KM5线圈得电→
- KM5 辅助常开触头(25—29)闭合和KA1常开触头(17—25)闭合→KM5自保
- KM5 主触头闭合→M1全压起动运转
- KM5 辅助常闭触头(21—23)分断→KM3 线圈不能得电（联锁）

松开 SB4，接触器 KM4、KM5 线圈仍得电，M1 继续正向转动。

(三) 主轴电动机反转控制电路

M1 反转控制电路如图 7-5 所示，由按钮 SB3 控制，接触器 KM3 和 KM4、中间继电器 KA1 实现。其工作原理与正转控制类似，请自行分析。

一般电动机的正反转控制电路用两个接触器，有自保和互锁就可以实现。为什么 C650 型车床的控制电路要多用一个接触器 KM4 和中间继电器 KA1 呢？这是为了满足主轴电动机点动时减压低速转动的需要。点动时，KM4 线圈不得电，限流电阻 R 得以串入，M1 低速转动。正反转时，KM4 线圈得电动作，限流电阻被短路，M1 全压转动。点动时，KM5 线圈得电动作，不允许自保，而正反转时 KM5 线圈需要自保，这个矛盾由 KA1 来解决。点动时，KA1 线圈不能得电动作，KM5 线圈不能自保；正反转时，KA1 线圈得电动作，使 KM5 线圈能自保。

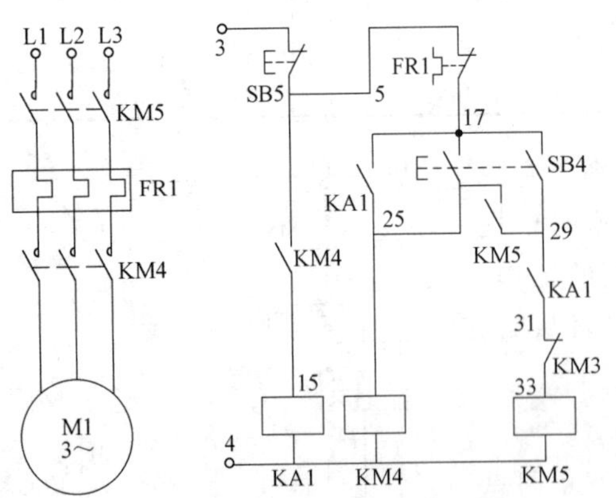

图 7-4 主轴电动机正转控制电路

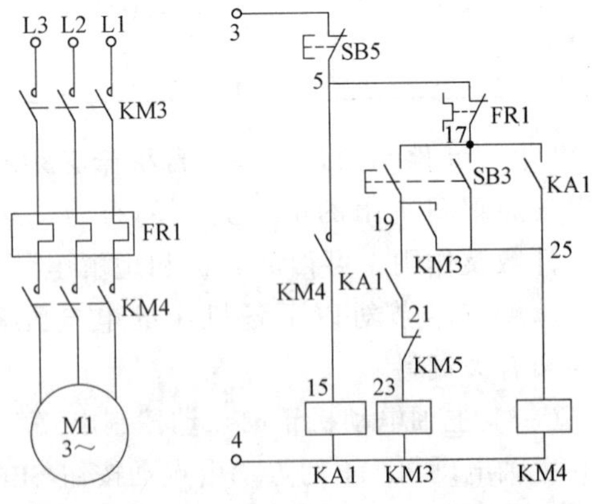

图 7-5 主轴电动机反转控制电路

(四) 主轴电动机的反接制动控制电路

由于 C650 型卧式车床加工工件较大，电动机断电后其惯性转动时间较长，为提高工效，不论主轴电动机是正转还是反转都采用了反接制动。在第六章曾经介绍过单向反接制动控制电路。双向反接制动控制电路的工作原理与单向的类似。仍采用速度继电器 KS 作为转速 $n\approx0$ 的检测元件。将 KS 的常开触头串接在反向接触器线圈电路中，当 $n\approx0$ 时，KS 常开触头分断，反向接触器失电，断开反接电源。其工作流程如图 7-6 所示。

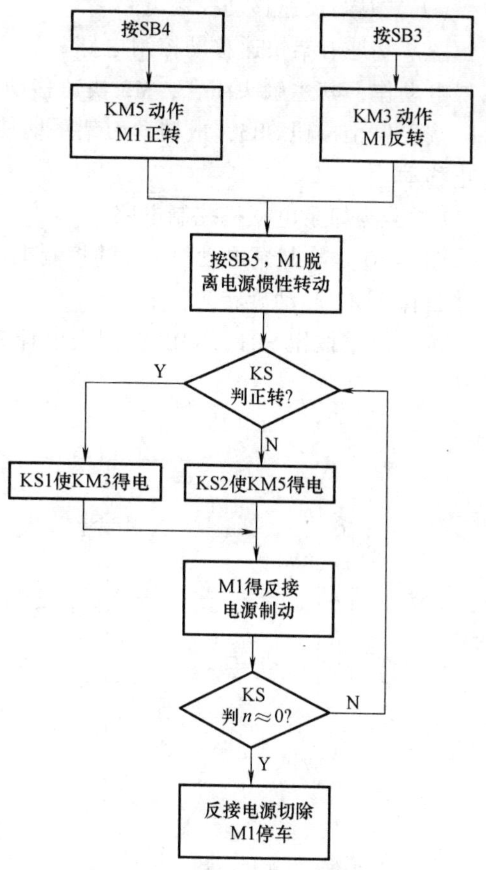

图 7-6 反接制动工作流程

图 7-7 是主轴电动机正转时反接制动控制电路。

按下 SB4（图中未画出），接触器 KM4、KA1 和 KM5 线圈均得电动作，电动机 M1 正向转动。KS1 常开触头（27—21）闭合，为接触器 KM3 线圈得电作准备（KM3 由于 KM5 的常闭辅助触头（21—23）断开互锁而不能得电）。

按 SB5（即刻松开），KM4 线圈失电释放，将 R 接入主电路。KM5 线圈失电释放，M1 脱离电源惯性转动，KS1 常开触头仍保持闭合。由于 KM5 常闭辅助触头的闭合，KM3 线圈得电动作，M1 经 R 得到反接电源，而被制动。

电动机转速下降到一定转速时，KS1 常开触头分断，KM3 失电释放，撤除反接电源，制动结束。

图 7-8 是主轴电动机反转时反接制动控制电路，其工作原理与正转时类似，请自行分析。

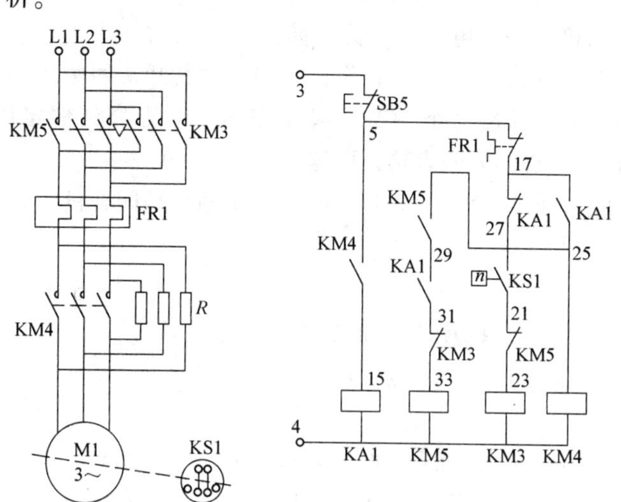

图 7-7 主轴电动机正转时反接制动控制电路

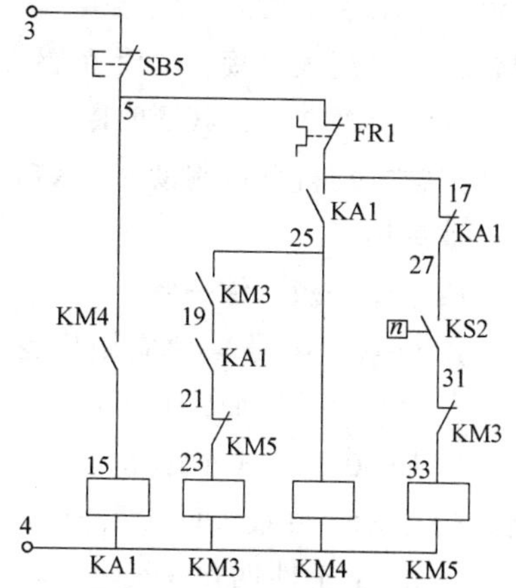

图 7-8 主轴电动机反转时反接制动控制电路

（五）刀架快速移动控制电路

图 7-9 是刀架快速移动控制电路。转动刀架手柄，压动限位开关 SQ1，接触器 KM1 线圈得电动作，其主触头闭合，M3 快速移动电动机转动，拖动刀架快速移动。

按下停止按钮 SB5，或转动刀架手柄使 SQ1 复位，KM1 线圈失电释放，M3 停转，刀架停止移动。

（六）冷却泵电动机控制电路

图 7-10 是冷却泵电动机 M2 的控制电路。按下起动按钮 SB2，接触器 KM2 线圈得电动作并自保，M2 起动旋转。

按下停止按钮 SB1，KM2 线圈失电释放，M2 单独停转；若按下 SB5，则 M2 与 M1 同时停转。

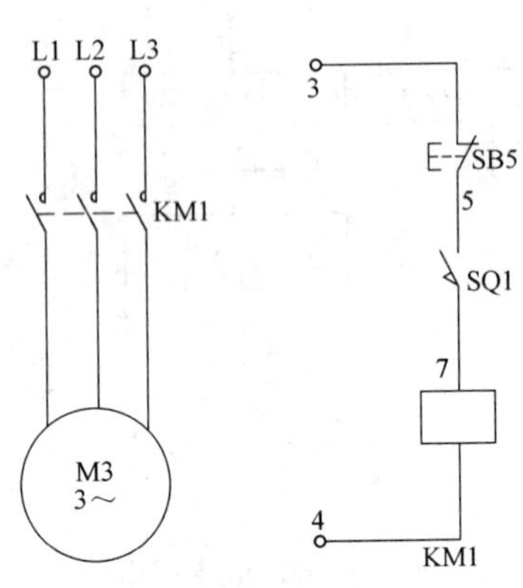

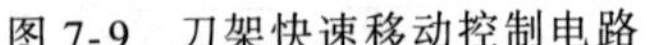
图 7-9 刀架快速移动控制电路

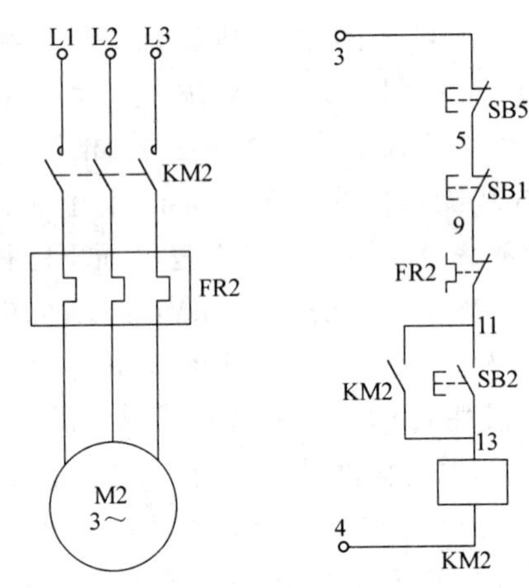

图 7-10 冷却泵电动机控制电路

（七）主轴电动机电流表

电流表用来监测主轴电动机的负载情况。根据电流表的指示，适当调整切削量，使主轴电动机在额定范围内尽量满载运行，以提高功率因数和劳动生产率。

电流表通过互感器 TA 接在主轴电动机的一相电源上。为了防止全压起动的大电流冲击电流表，安装了时间继电器 KT1。起动时，KT1 线圈得电动作，它的延时断开常闭触头仍然闭合，将电流表短接，电流互感器二次电流流过这个触头。起动完毕，电流降到额定值，KT1 也就延时结束，其延时断开常闭触头分断，电流表接入电路。

主轴电动机反接制动时，KT1 线圈是失电释放的，其延时断开常闭触头是闭合的，电流表也被短接。

四、想一想，练一练

1. 卧式车床是一种应用广泛的金属______机床。它能车削______、______、______、______和______表面，并可用______、______和______进行加工。

2. C650 型卧式车床属于______型车床。型号中的______表示车床，______表示普通型，50 表示工件最大回转半径为______ mm。机床加工工件最大长度为______ mm。

3. 电气元件明细表是说明______图所用的各电气元件的______，可帮助______和______电气原理图的工作。

4. C650 型卧式车床有三种运动形式：一是______运动；二是______运动；三是______

运动。

5. 电流表用来监测主轴电动机的______情况。根据电流表的指示，适当______切削量，使主轴电动机在______范围内尽量______运行，以提高功率因数和劳动生产率。

第三节　M7120D 型平面磨床电气控制电路

磨床是用砂轮的周边或端面对工件进行磨削加工的精加工机床。磨床种类很多，有平面磨床、外圆磨床、内圆磨床、无心磨床及一些专用磨床，如螺纹磨床、球面磨床和齿轮磨床等。

平面磨床是用砂轮来磨削工件的平面，它的磨削精度和粗糙度都比较高，是应用较普遍的一种机床。M7120D 型平面磨床型号中的 M 表示磨床，7 表示平面磨床，1 表示卧轴矩台——砂轮主轴与地面平行、矩形工作台，20 表示工作台工作面宽 200mm，D 表示经过 4 次重大结构改进。

一、主要结构和运动形式

图 7-11 是 M7120D 型平面磨床外形图。

工作台上固定着电磁吸盘用来吸持工件，工作台可在床身导轨上作往返（纵向）运动。砂轮可在床身导轨上作横向进给，砂轮箱可在立柱导轨上作垂直运动。

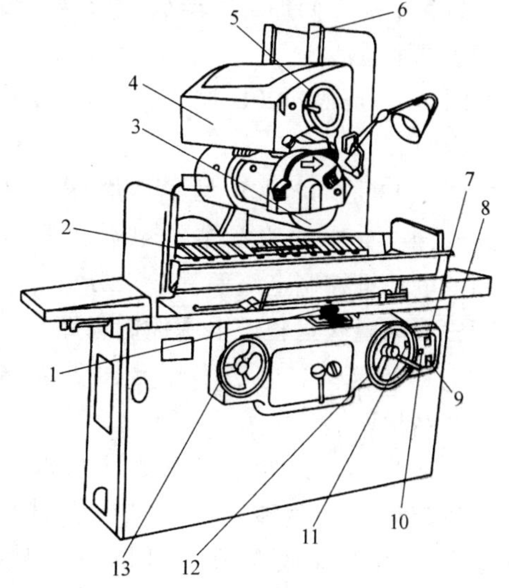

图 7-11　M7120D 型平面磨床外形图
1—液压换向开关　2—电磁吸盘　3—砂轮　4—砂轮箱　5—砂轮横向进给手柄　6—立柱导轨　7—砂轮起动按钮　8—工作台　9—停止按钮　10—电磁吸盘按钮　11—液压泵电动机起停按钮　12—砂轮垂直进给手轮　13—工作台移动手轮

（一）主运动

主运动即砂轮的旋转运动。

（二）进给运动

1）纵向进给——工作台左右往返运动。

2）横向进给——砂轮在床身导轨上的前后运动。

3）垂直进给——砂轮箱在立柱导轨上的上下运动。

工作台每完成一次纵向进给，砂轮自动作一次横向进给。当加工完整个平面后，砂轮手动作垂直进给。

二、电力拖动和控制特点

（一）电力拖动

M7120D 型平面磨床采用四台电动机拖动。

液压泵电动机 M1 带动液压泵，产生的液压使工作台往返运动和砂轮横向进给。液压传动平稳，能无级调速，换向惯性小。工作台往返换向是通过撞块碰动床身上的液压换向开关，改变液压传送途径实现的（液压换向开关位于中间位置时，液压不起作用）。液压换向开关亦可手动。

砂轮电动机 M2 带着砂轮旋转，对工件进行磨削。

冷却泵电动机 M3 带动冷却泵供给砂轮和工件冷却液，同时带走磨削下来的磨屑。

砂轮箱升降电动机 M4 带动砂轮箱升降，用以调整砂轮与工件的相对位置。

（二）控制特点

1）只有当电磁吸盘的吸力足够大时，才能起动液压泵电动机 M1 和砂轮电动机 M2，以防止吸力过小吸持不住工件造成砂轮使工件高速飞出的事故。对电磁吸盘需有欠电压保护。

2）砂轮电动机 M2、液压泵电动机 M1 和冷却泵电动机 M3 只需单向旋转，因容量不大，采用全压起动。

3）砂轮箱升降电动机 M4 要求能正反转，也采用全压起动。

4）M3 和 M2 应同时起动，保证砂轮磨削时能及时供给冷却液。

5）电磁吸盘有去磁的控制环节。

6）砂轮旋转、砂轮箱升降和冷却泵都不需要调速。

7）工作台纵向进给时，砂轮对工件进行磨削，工作台反向返回时，砂轮箱由液压装置自动实现周期性的横向进给一次，使工件整个加工面连续地得到加工。横向进给也可用砂轮横向进给手柄操纵。

当整个加工面加工完毕后，操纵砂轮垂直进给手轮，使砂轮垂直进给，再次进行加工，以完成磨削量。

图 7-12 是 M7120D 型平面磨床的工作流程图。

图 7-13 是 M7120D 型平面磨床的电气原理图。分电磁吸盘整流电源控制电路和各电动机控制电路两部分来分析。

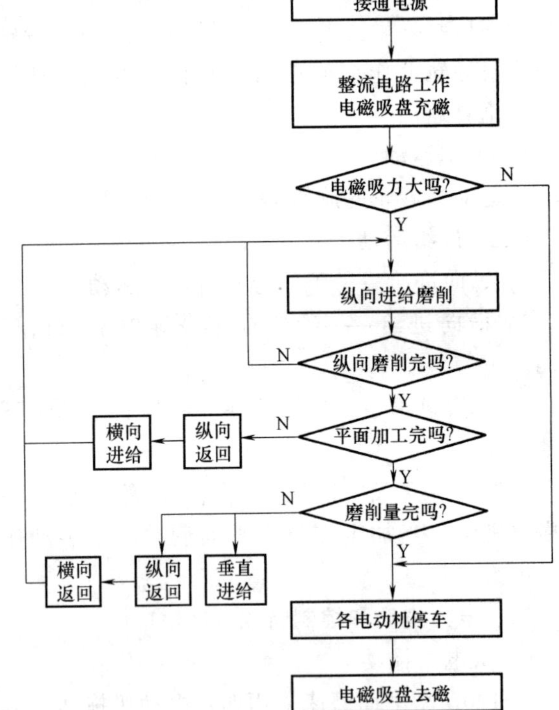

图 7-12 M7120D 型平面磨床的工作流程图

三、电磁吸盘整流电源控制电路

电磁吸盘又名电磁工作台，图 7-14 是它的结构图。

电磁吸盘用来吸牢工件，它的线圈通入直流电后产生磁场吸牢铁磁性材料的工件。当工件放在两个磁极之间时，磁路构成回路，工件被吸住。

电磁吸盘整流电源控制电路如图 7-15所示，它包括三个部分：整流、控制和保护。

（一）整流部分

整流部分由整流变压器 T 和桥式整流电路 V 组成，提供 110V 直流电压。

（二）控制部分

控制部分由接触器 KM5 和 KM6 的各两个主触头组成。

1）当要使电磁吸盘具有吸力时，可按下按钮 SB8，其充磁过程如下：

按 SB8→KM5 线圈得电（自保）→
- KM5 主触头闭合→YH 得电
- KM5 常闭触头分断→对 KM6 联锁

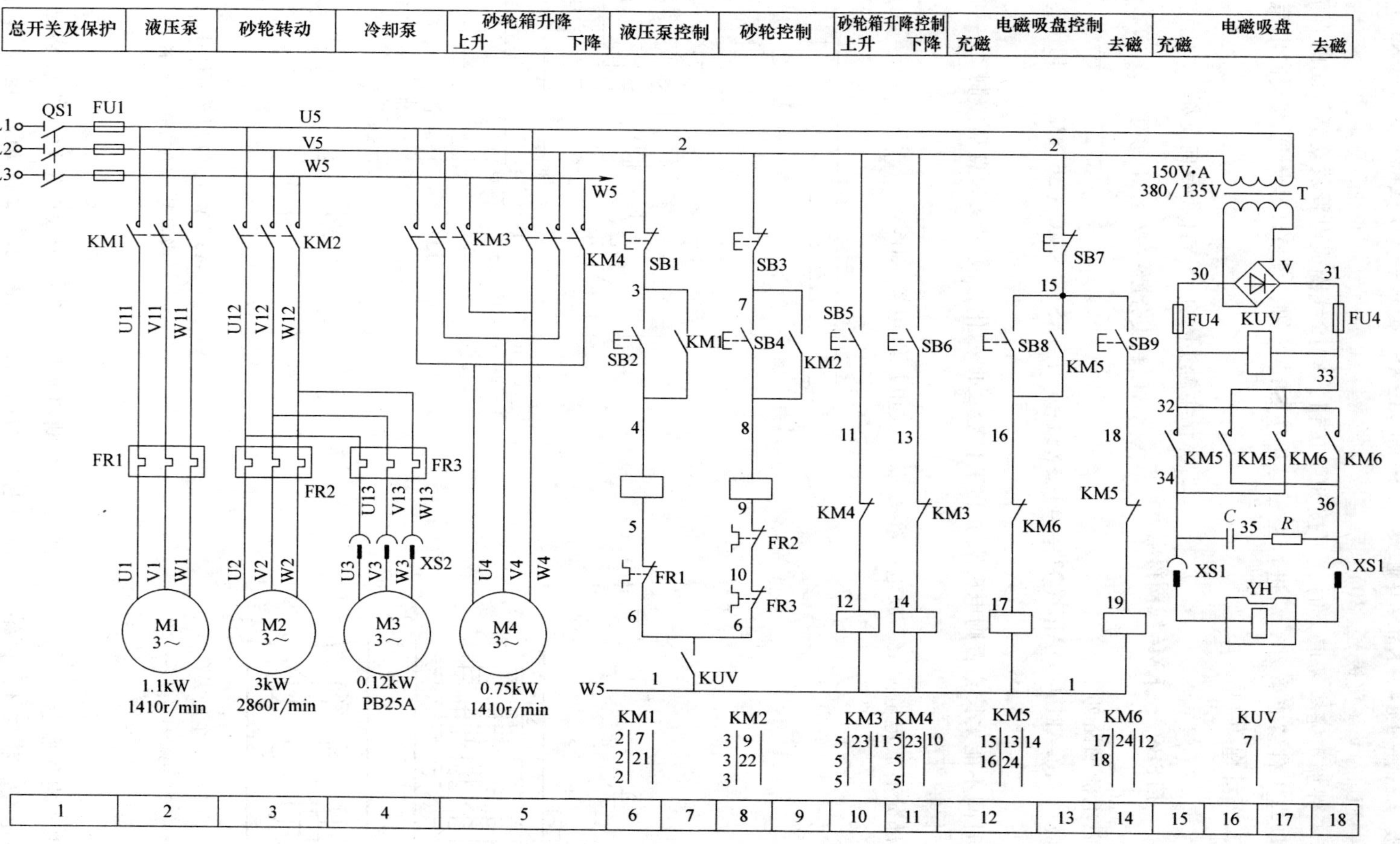

图 7-13 M7120D 型平面磨床电气原理图

其充磁电流回路如下：

V 正极（31）→FU4→KM5 主触头（33—36）→XS1 插座→YH 线圈→XS1→KM5 主触头（34—32）→FU4→V（负极）（30）

2）当工件加工完毕需取下时，可按 SB7 按钮，KM5 线圈失电释放切断 YH 的直流电源。但电磁吸盘与工件留有剩磁，需进行去磁。再按 SB9 按钮，使 YH 线圈通入反向电流，产生反磁场。去磁过程如下：

按 SB9→KM6 线圈得电→KM6主触头闭合→YH 得反向电流
　　　　　　　　　　→KM6常闭触头分断→对KM5联锁

其去磁电流回路如下：

V 正极（31）→FU4→KM6（33—34）→XS1→YH→XS1→KM6（36—32）→FU4→V 负极（30）

去磁时间不能太长，否则电磁吸盘和工件会反向磁化，故 SB9 为点动控制。

（三）保护部分

保护部分有放电电阻 *R*、放电电容 *C* 以及欠电压继电器 KUV。

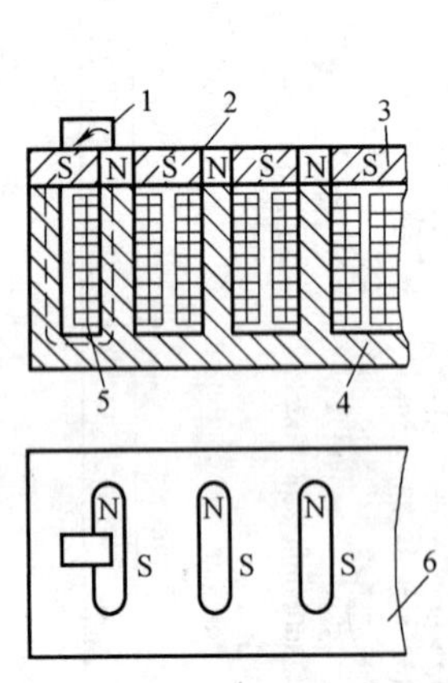

图 7-14 电磁吸盘

1—工件 2—绝磁材料 3—工作台 4—铁心 5—线圈 6—盖板

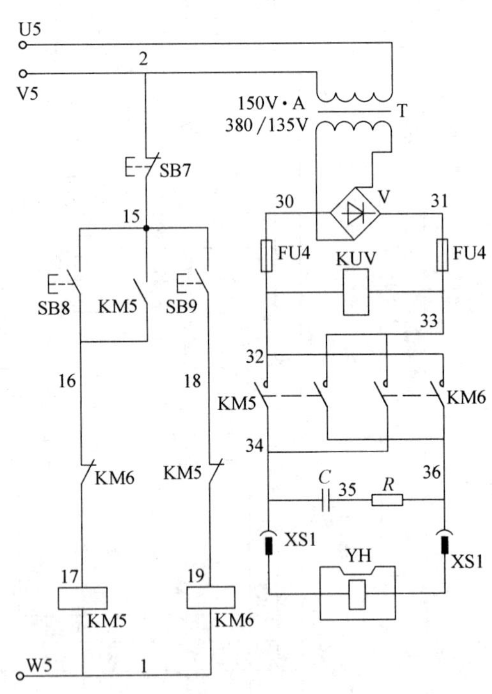

图 7-15 M7120D 型平面磨床电磁吸盘整流电源控制电路

1）由于电磁吸盘线圈是一个大电感，在断电瞬间，线圈中会产生较大的自感应电动势，若无放电电路，将损坏线圈绝缘及其他电气元件，故在线圈两端接有 *RC* 放电回路，以吸收线圈在断电瞬间释放出储存的磁场能量。

2）欠电压继电器 KUV 的作用是：在加工中，若电源电压不足或电路发生故障，则电磁吸盘吸力不足，会导致工件被高速旋转的砂轮碰击高速飞出，造成事故。因此，设置了欠电压继电器，将其线圈并联在电磁吸盘电路中，若电源电压不足，欠电压继电器释放，使串联在接触器 KM1 和 KM2 控制电路中的欠电压继电器常开触头分断，KM1 和 KM2 线圈失电，使砂轮电动机 M2、冷却泵电动机 M3 和液压泵电动机 M1 都停转，以保证安全。

若在起动时，电压过低或电路有故障，欠电压继电器不会动作，其常开触头不会闭合。这时虽按下起动按钮 SB2、SB4，电动机不会转动，工作台不会移动，砂轮不会转动。

四、各电动机控制电路

图 7-16 是 M7120D 型平面磨床各电动机的控制电路。

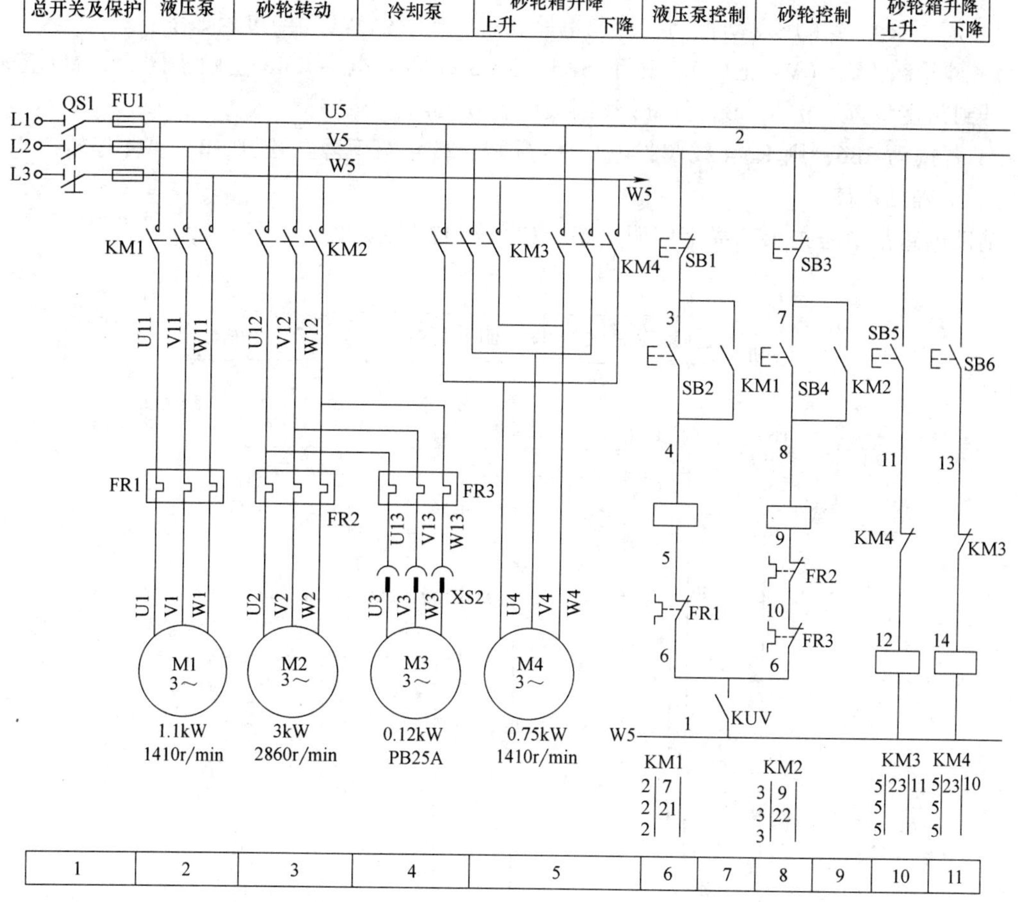

图 7-16 M7120D 型平面磨床电动机控制电路

（一）电动机起动

由于控制电路中设置了欠电压保护，因此在起动电动机之前，应按下按钮 SB8，在电压正常的情况下，可使欠电压继电器 KUV 动作，其常开触头（6—1）闭合，电动机方能起动。

（二）液压泵电动机 M1 的控制

起停过程如下：

按下 SB2→KM1 线圈得电自保→KM1 主触头闭合→M1 起动。如按下 SB1，KM1 线圈失电，M1 停转。

M1 设有过载保护，如过载则 FR1 常闭触头分断，KM1 线圈失电，M1 停转。

(三) 砂轮电动机 M2 和冷却泵电动机 M3 的控制

冷却泵电动机经插座 XS2 与接触器 KM2 主触头相连，故 M3 与 M2 联动控制，同时起停。其起停过程如下：

按下 SB4→KM2 线圈得电自保→KM2 主触头闭合→M2 与 M3 同时起动。若按下 SB3，则 KM2 线圈失电，M2 和 M3 同时停转。

M2 与 M3 各设有过载保护，只要有一个电动机过载，则 FR2 或 FR3 的常闭触头分断，使 KM2 线圈失电，M2 和 M3 均停转。

(四) 砂轮箱升降电动机 M4 的控制

M4 需正反转，采用点动控制，控制电路在 10、11 区，其起停过程如下：

1) 砂轮箱上升 (M4 正转)：按下 SB5→KM3 线圈得电→KM3 主触头闭合→M4 正转。当上升到预定位置，松开 SB5，KM3 线圈失电，M4 停转。

2) 若按动 SB6，则 KM4 线圈得电，M4 反转，砂轮箱下降。松开 SB6，M4 停转。

(五) 辅助电路

辅助电路是信号指示和局部照明电路，如图 7-17 所示。

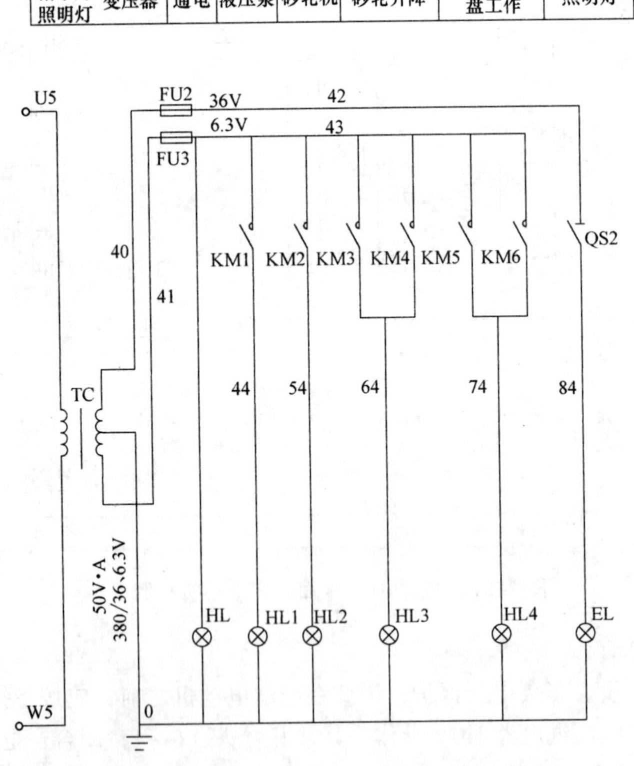

图 7-17 M7120D 型平面磨床辅助电路

EL 为局部照明灯，由变压器 TC 供电，工作电压为 36V，由开关 QS2 控制。

各信号指示灯工作电压为 6.3V。HL 为电源指示灯，HL1 为 M1 运转指示灯，HL2 为

M2 运转指示灯，HL3 为 M4 运转指示灯，HL4 为电磁吸盘工作指示灯。

五、想一想，练一练

1. 磨床是用______的周边或端面对工件进行______削加工的精加工机床。

2. 平面磨床是用砂轮来磨削工件的______，它的磨削精度和粗糙度都比较高，是应用较普遍的一种机床。

3. M7120D 型平面磨床型号中的______表示磨床，______表示平面磨床，______表示卧轴矩台——砂轮主轴与地面平行、矩形工作台，______表示工作台工作面宽 200mm，D 表示经过______次重大结构改进。

4. M7120D 型采用四台电动机拖动。液压泵电动机 M ______带动液压泵，产生______；砂轮电动机 M ______带着砂轮______；冷却泵电动机 M ______带动冷却泵供给砂轮和工件______液；砂轮箱升降电动 M ______带动砂轮箱升降。

5. 只有当电磁吸盘的吸力足够______时，才能______液压泵电动机和砂轮电动机，以防吸力过小______不住工件造成砂轮使工件飞出的事故。对电磁吸盘需要有______保护。

第四节　Z3040 型摇臂钻床电气控制电路

钻床的结构形式有多种，如立式钻床、卧式钻床和深孔钻床等。

摇臂钻床属于立式钻床，能进行多种形式的机械加工，可以钻孔、扩孔、铰孔、镗孔、刮平面及攻螺纹等。

Z3040 型摇臂钻床是中型摇臂钻床，Z 表示钻床，3 表示摇臂钻床，0 表示圆柱形立柱，40 表示最大钻孔直径为 40mm。

一、主要结构和运动形式

（一）主要结构

图 7-18 是 Z3040 型摇臂钻床外形图。

工作台用螺柱固定在底座上，工作台上面固定加工工件。内立柱亦固定在底座上。

外立柱套在内立柱上，用液压夹紧机构夹紧后，两者间不能相对运动；松开后，外立柱用手推动可绕内立柱旋转 360°。

摇臂一端的套筒部分套在外立柱上，经液压夹紧机构可与外立柱夹紧，即可与外立柱一起绕内立柱旋转；液压夹紧机构松开后，通过丝杠可沿外立柱升降。

主轴箱又称箱体，安装在摇臂上的燕尾槽内，可随摇臂运动，设有液压夹紧机构与摇臂夹紧。松开后，操纵主轴箱移动手轮可沿着摇臂导轨水平移动。主轴装在主轴箱内，可手动或机动进出主轴箱，加工刀具装在主轴中。

机床各主要部件的装配关系如下：

主轴 —安装在→ **主轴箱** - - -安装在- - → **摇臂** - - -套在- - → **外立柱** - - -套在- - → **内立柱** —固定→ **底座** ←固定— **工作台** ←固定— **工件**

“- - - - →”表示用液压夹紧机构相联。

（二）运动形式

（1）主运动　主轴带着钻头（刀具）的旋转运动。

（2）进给运动　主轴的垂直运动（手动或自动）。

(3) 辅助运动 辅助运动用来调整主轴（刀具）与工件纵向、横向（即水平面）上的相对位置以及相对高度。在作辅助运动时，相应的夹紧机构应松开，完成后应夹紧。辅助运动有以下三种：

1）摇臂升降——摇臂带着主轴箱，由摇臂升降电动机拖动，经丝杠沿外立柱上下移动，改变主轴与工件的相对高度。这时，摇臂与外立柱之间的液压夹紧机构应松开。

2）外立柱旋转运动——外立柱带着摇臂和主轴箱绕内立柱旋转，使主轴在水平面作弧线运动，改变主轴与工件纵向（前后）相对位置。这时内、外立柱之间的液压夹紧机构应松开。

3）主轴箱水平移动——这时主轴箱与摇臂之间的夹紧机构应松开。转动主轴箱移动手轮，使主轴箱在摇臂导轨上横向（左右）直线移动，改变主轴与工件的相对位置。

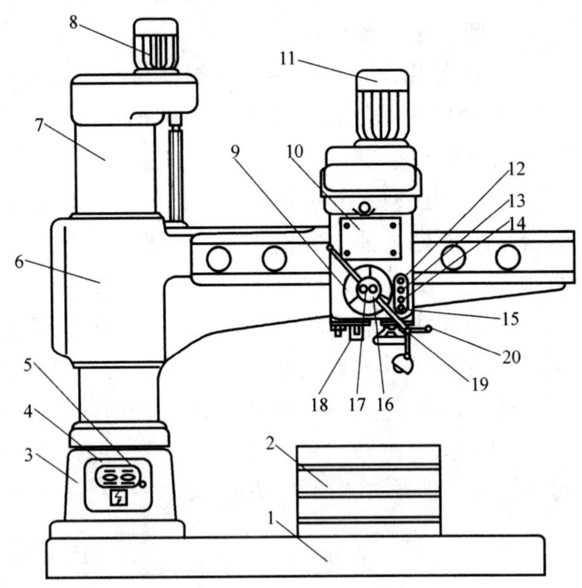

图 7-18 Z3040 型摇臂钻床外形图

1—底座 2—工作台 3—内立柱 4—冷却泵电动机开关 5—电源总开关 6—摇臂 7—外立柱 8—摇臂升降电动机 9—主轴箱移动手轮 10—主轴箱 11—主轴电动机 12—主轴电动机起动按钮 13—主轴电动机停止按钮 14—摇臂升降电动机正转（上升）按钮 15—摇臂升降电动机反转（下降）按钮 16—主轴箱立柱夹紧按钮 17—主轴箱立柱松开按钮 18—主轴 19—主轴手动进给手柄 20—主轴变速及自动进给手柄

二、电力拖动和控制特点

1）主轴的正反转、制动停车、空档、变速及选速等用主轴变速及自动进给手柄控制，由主轴箱内齿轮泵供给的液压来操纵。故主轴电动机 M1 只需单向转动，拖动齿轮泵。主轴进给亦可用主轴手动进给手柄来操纵。

2）摇臂升降由摇臂升降电动机 M2 经丝杠带动，M2 应能正反转。

3）机床采用液压夹紧装置，用液压泵电动机 M3 正反转拖动液压泵供给双向液压。

4）冷却泵电动机 M4 单向拖动冷却泵供给冷却液。

5）摇臂的升降需有一定的动作顺序。详见后面的摇臂工作流程图。

6）机床的机-电-液三个方面的动作应协调配合，以完成某些控制。详见后面的液压系统工作示意图。

三、液压系统工作简介

机床有两套液压系统。一套是装在主轴箱由主轴电动机拖动齿轮泵的主轴操纵机构液压系统。这套系统是机械操纵的，故不详述。另一套是由液压泵电动机拖动液压泵 YB 的液压夹紧系统。下面简要介绍这套系统的工作原理。

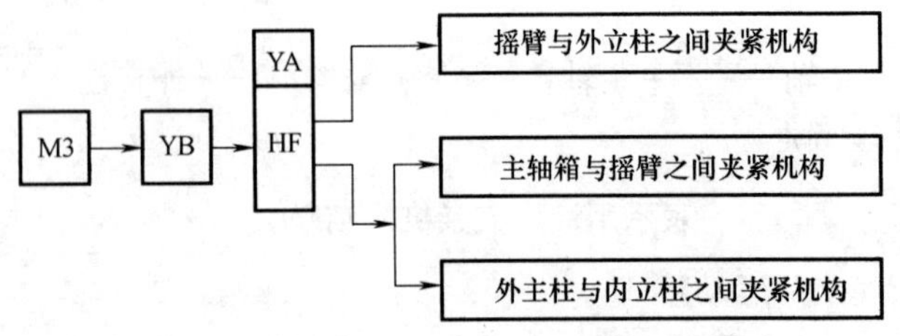

图 7-19 夹紧机构液压系统工作示意图

图 7-19 是这套夹紧机构液压系统工作示意图。

系统由液压泵电动机 M3 拖动液压泵 YB 供给压力油，由电磁铁 YA 和二位六通液压阀 HF 组成的电磁阀分配油压给内外立柱之间、主轴箱与摇臂之间、摇臂与外立柱之间的夹紧机构。

图 7-20 是夹紧机构液压系统工作简图。

夹紧机构液压系统工作情况：

1）YA 不通电时，HF 的 1—4、2—3 相通，压力油供给主轴箱、立柱夹紧机构。若这时 M3 正转，则液压使两个夹紧机构都夹紧（压下微动开关 SQ4）；否则，夹紧机构放松（SQ4 释放）（有的 Z3040 型摇臂钻床已作改进，这两个夹紧机构可分别单独动作，也可同时动作）。

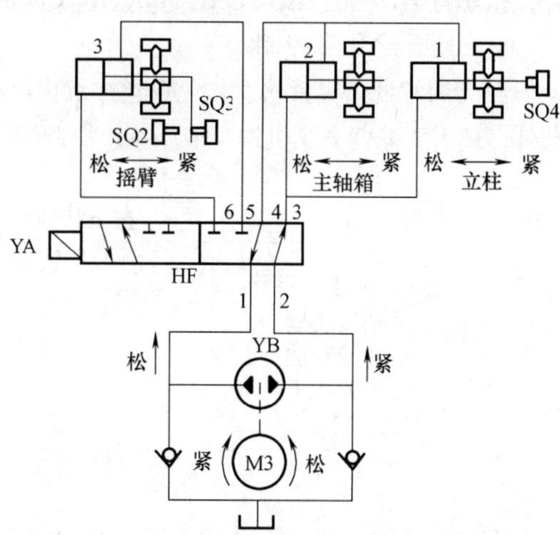

图 7-20　夹紧机构液压系统工作简图

2）YA 通电时，HF 的 1—6、2—5 相通，压力油供给摇臂夹紧机构。如这时 M3 正转，则夹紧机构夹紧，弹簧片压下微动开关 SQ3，而 SQ2 释放；若 M3 反转，则夹紧机构放松，弹簧片压下微动开关 SQ2，而 SQ3 释放。

可见，操纵哪一个夹紧机构松开或夹紧，既取决于 YA 是否通电，又取决于 M3 的转向。

四、电气控制电路的工作原理

图 7-21 是 Z3040 型摇臂钻床电气原理图。

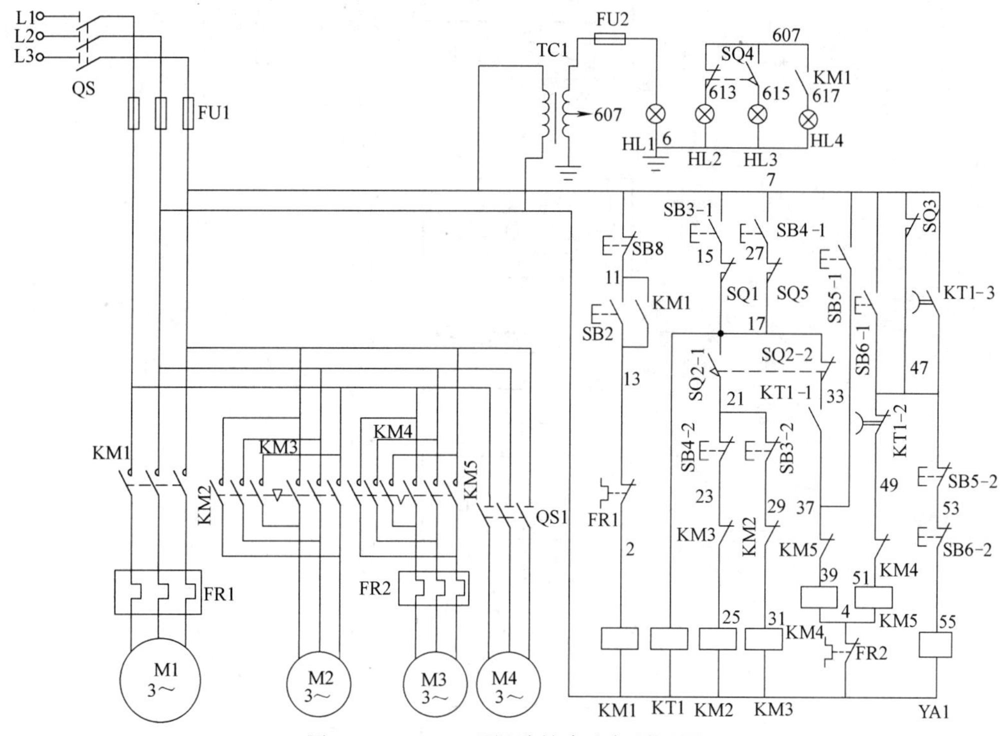

图 7-21　Z3040 型摇臂钻床电气原理图

（一）主轴电动机 M1 的控制

按动按钮 SB2，接触器 KM1 线圈得电自保，M1 转动。KM1 的常开辅助触头（607—617）闭合，指示灯 HL4 亮。按动按钮 SB8，KM1 失电，M1 停转，HL4 熄灭。这是单向长动控制电路。

（二）摇臂升降控制

摇臂通常处于夹紧状态，免致丝杠承担吊挂。在控制摇臂升降时，除摇臂升降电动机 M2 需转动外，还需要摇臂夹紧机构、液压系统协调配合，完成夹紧→松开→夹紧动作。工作过程如下：

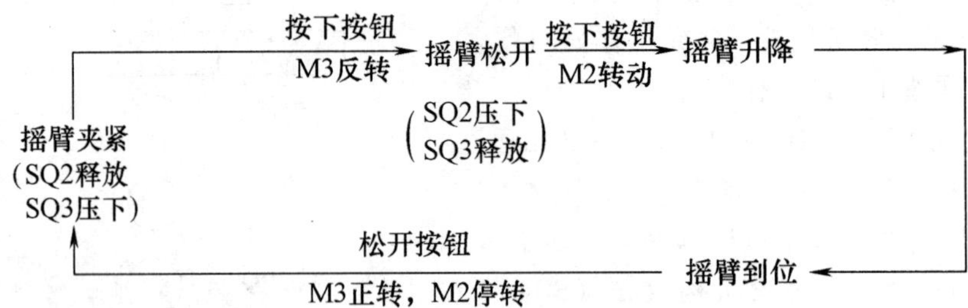

（SQ2 压下是 M2 转动的指令，SQ3 压下是夹紧的标志）

图 7-22 是摇臂上升工作流程图。

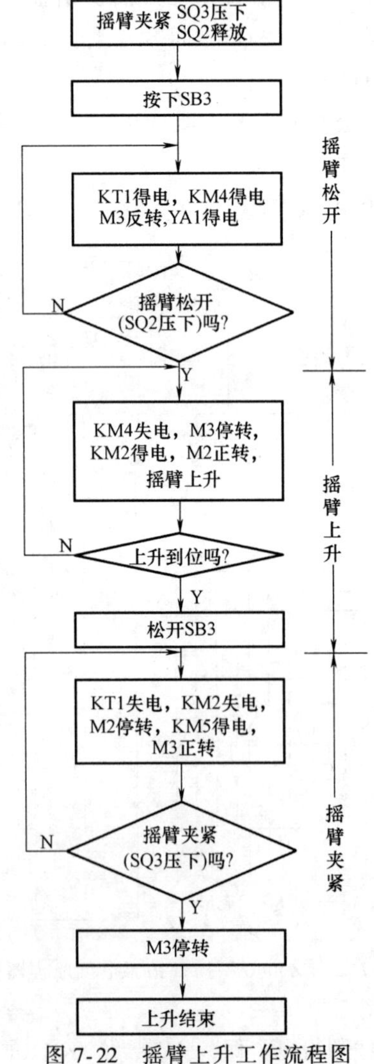

图 7-22 摇臂上升工作流程图

图 7-23 是摇臂上升控制电路，这个电路是正反转点动控制电路。工作原理如下：

（1）摇臂松开阶段　按下摇臂上升按钮 SB3-1（不松开），时间继电器 KT1 线圈得电动作。

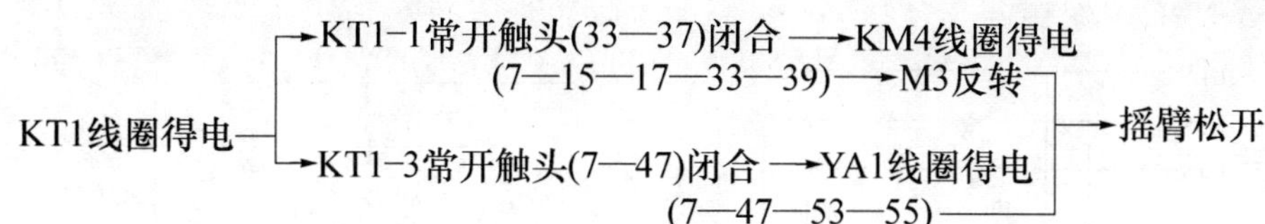

（2）摇臂上升　摇臂夹紧机构松开后，微动开关 SQ3 释放，SQ2 压下。

摇臂松开 →
- SQ3常闭触头(7—47)闭合 → YA1仍得电
- SQ2-2常闭触头(17—33)分断 → KM4线圈失电 → M3停转
- SQ2-1常开触头(17—21)闭合 → KM2线圈得电 → M2正转 → 摇臂上升

（3）摇臂上升到位　松开按钮 SB3，摇臂又夹紧。

松开SB3 →
- KM2线圈失电 → M2停转 → 摇臂停止上升
- KM1线圈失电 → 开始延时

延时 →
- KT1-2延时常闭触头(47—49)闭合 → KT5线圈得电 (7—SQ3—47—49) → M3正转 → 摇臂夹紧 → SQ2释放，SQ3压下
- KT1-3延时常开触头(7—47)分断 → YA1经SQ3仍得电 → 摇臂夹紧 → SQ2释放，SQ3压下

SQ3常闭触头(7—47)分断 →
- KM5线圈失电 → M3停转
- YA1失电，电磁阀HF复位

在图 7-23 中有限位开关 SQ1，它们是当摇臂上升到极限位置时被压下，常闭触头分断，使 KM2 线圈失电释放，M2 停转不再带动摇臂上升，防止碰坏机床。

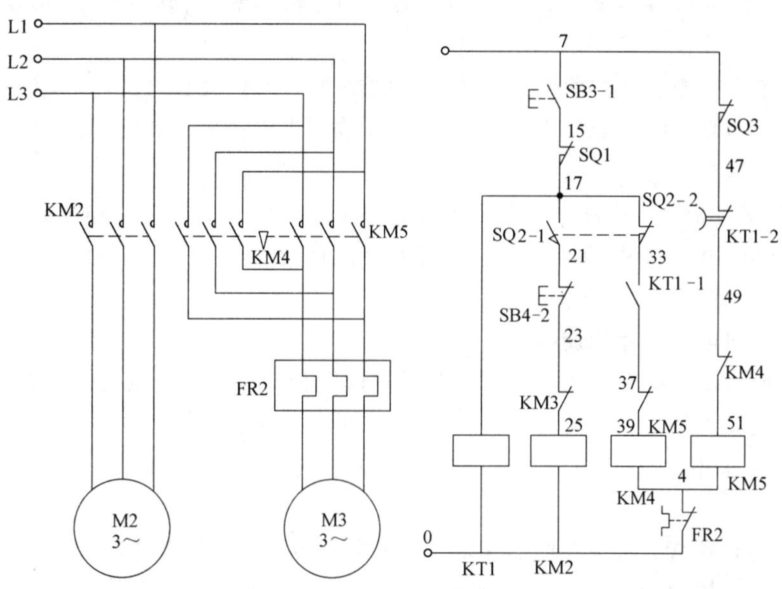

图 7-23　摇臂上升控制电路

图 7-24 是摇臂下降的控制电路，其工作原理与摇臂上升控制电路相仿，只是要按下按钮 SB4，请自行分析。

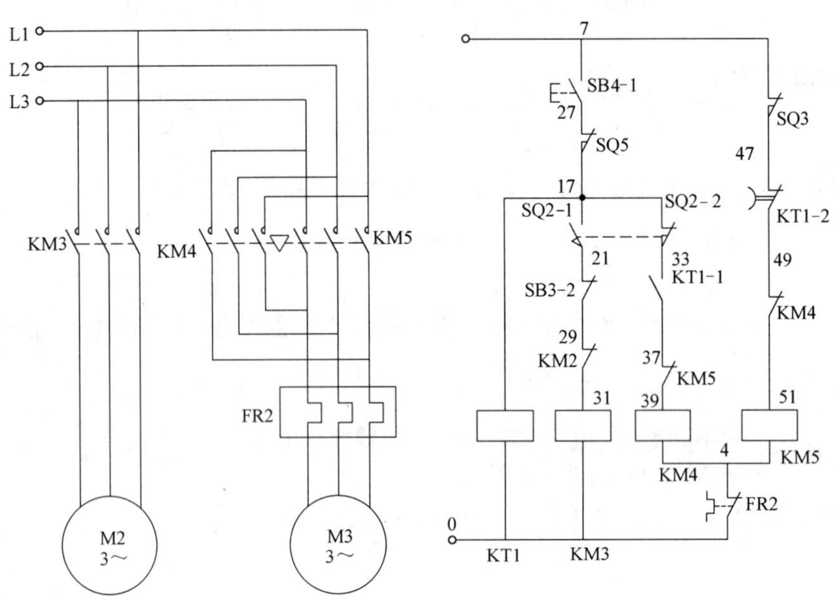

图 7-24 摇臂下降控制电路

(三) 主轴箱、立柱的松开和夹紧

这是由松开按钮 SB5 和夹紧按钮 SB6 控制的正反转点动控制电路。现以夹紧机构松开为例，分析电路的工作原理。夹紧机构夹紧的工作原理，请自行分析。

在机构处于夹紧状态时，限位开关 SQ4 (615—607) 被压下，夹紧指示灯 HL3 燃亮。

按动 SB5→KM4 线圈得电 (7—SB5-1—37—39—4)→M3 反转。由于 SB5-2 分断，YA1 线圈不能得电。

液压油供给主轴箱、立柱两夹紧机构，使之松开，SQ4 (613—607) 释放，指示灯 HL2 燃亮，而夹紧指示灯 HL3 熄灭。松开 SB5，KM4 线圈失电释放，M3 停转。

(四) 其他电路

1) 机床照明及指示灯电路，由变压器 TC1 提供 380V/36V、6.3V 电压。

2) 冷却泵电动机 M4 由转换开关 QS1 控制单向运转。

3) 电路具有短路、过载保护。

五、各电动机电源相序的调整

本机床有四台电动机工作，且机-电-液需协调配合，故需按一定的相序将电源接入各电动机。调整方法：先确定总电源相序，再定各电动机的电源相序。

(1) 总电源相序 按下 SB5，若主轴箱、立柱不松开，说明 M3 转向不对，则需调整总电源相序。

(2) 主轴电动机 M1 相序 按下 SB2，操纵主轴转动手柄，若主轴不转动，说明齿轮泵转向不对，则需调整 M1 相序。

(3) 摇臂升降电动机 M2 相序 按下 SB3，若摇臂下降，说明 M2 转向不对，则需调整相序。

(4) 冷却泵电动机 M4 相序　接通 QS1，若不出冷却液，说明 M4 转向不对，则需调整相序。

六、想一想，练一练

1. 钻床的结构形式有多种，如______钻床、______钻床和______钻床等。

2. 摇臂钻床铺属于______钻床，能进行多种形式的机械加工，可以______孔、______孔、______孔、______孔、刮平面及攻螺纹等。

3. Z3040 型摇臂钻床型号表示中，______表示钻床，______表示摇臂钻床，______表示圆柱形立柱，______表示最大钻孔直径为 40mm。

4. 在控制摇臂升降时，除摇臂升降电动机 M2 需转动外，还需摇臂______机构、______系统协调配合，完成______→______→______动作。

第五节　X62W 型万能铣床电气控制电路

铣床主要用于加工工件的平面、斜面和沟槽。装上分度头以后，可以加工直齿轮、螺旋面；装上回转工作台后，则可以加工凸轮、弧形槽。铣床有卧铣、立铣、龙门铣和仿形铣等。

X62W 型万能铣床是应用较广泛的中型卧式铣床。其中 X 表示铣床，6 表示卧式，2 表示工作台宽 320mm，W 表示万能（可进行多种铣削加工）。

一、主要结构和运动形式

(一) 主要结构

图 7-25 是 X62W 型万能铣床的外形图。它主要由底座、床身、悬梁、刀杆支架、工作台、溜板和升降台等部分组成，还可加装圆工作台以扩大铣削能力。

机床采用主轴带动铣刀旋转、移动工作台（工件）进行加工的结构，故其结构可分为两大部分：

(1) 支撑和转动铣刀部分　由床身、主轴、悬梁和刀杆支架等组成。床身固定在底座上。床身内装有主轴的传动机构和变速操纵机构。床身的顶部有水平导轨，装有带一个或两个刀杆支架的悬梁。悬梁可沿水平导轨移动，刀杆支架也可沿悬梁作水平移动，以调整铣刀位置。

(2) 工作台　加工工件固定在工作台上，工作台装在升降台上；或者工作台装在圆工作台上，圆工作台装在升降台上。

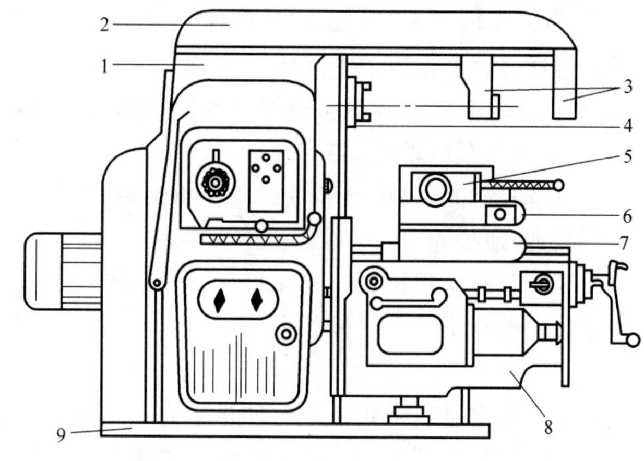

图 7-25　X62W 型万能铣床外形图

1—床身（立柱）　2—悬梁　3—刀杆支架　4—主轴　5—工作台　6—回转台　7—床鞍　8—升降台　9—底座

升降台可沿床身前侧面的导轨上下移动。工作台在升降台上或圆工作台上，可作垂直于轴线方向的移动（纵向移动，即左右移动）。升降台上的床鞍可在导轨上作横向移动，即前后移动。

从以上结构来看：工作台（工件）——(圆工作台)——床鞍——升降台。由此可知，工作台可作上下、左右（纵向）和前后（横向）三个方向的移动，便于调整工件与铣刀相对位置和加工时选择进给方向。

（二）运动形式

（1）主运动　主轴带动铣刀的旋转运动。

（2）进给运动　加工中工作台的上下、左右、前后运动及圆工作台的旋转运动。

（3）辅助运动　工作台在各个方向的快速移动。

二、电力拖动和控制特点

本机床由三台异步电动机拖动：主轴电动机，工作台进给电动机和冷却泵电动机。

（一）主轴电动机 M1

主轴由 M1 经弹性联轴和变速机构的齿轮传动链来拖动。

1）铣削加工有顺铣和逆铣两种方式，要求主轴能正反转，但又不能在加工过程中转换铣削方式，须在加工前选好转向，故采用倒顺开关即正反转转换开关控制 M1 的转向。

2）为使主轴迅速停车，对 M1 采用速度继电器测速的串电阻反接制动。

3）主轴转速要求调速范围广，采用变速孔盘机构选择转速。为使变速箱内齿轮易于啮合，减少齿轮端面的冲击，要求 M1 在主轴变速时稍微转动一下，称为变速冲动。这时也利用限流电阻，以限制 M1 的起动电流和起动转矩，减小齿轮间的冲击。

为此，主轴电动机有三种控制：正反转起动，反接制动和变速冲动。

（二）工作台进给电动机 M2

工作台进给分机动和手动两种方式。手动进给是操纵手轮或手柄实现的，机动进给是由 M2 配合有关手柄实现的。

1）工作台在各个方向上需能往返，要求 M2 能正反转。

2）进给速度的转换亦采用变速孔盘机构，要求 M2 也能变速冲动。

3）为缩短辅助工时，工作台在各个方向上均可快速移动。由 M2 拖动，用牵引电磁铁，使摩擦离合器合上，减少中间传动装置，达到快速移动。

为此，M2 有三种控制：进给、快速移动和变速冲动。

（三）冷却泵电动机 M3

M3 拖动冷却泵提供冷却液，只需单向运转。

（四）两地控制

为了能及时实现控制，机床设置了两套操纵系统，在机床正面及左侧面，都安装了相同的按钮、手柄和手轮，使操作方便。

（五）联锁

为了保证安全、防止事故，使机床有顺序地动作，采用了联锁。

1）要求 M1 起动后（铣刀旋转），才能进行工作台的进给运动，即 M2 才能起动，进行铣削加工。而 M1、M2 需同时停止，采用接触器联锁。

2）工作台六个方向进给也必须联锁，即在任何时候工作台只能有一个方向的运动，采用机械和电气的共同联锁实现。

3）若将圆工作台装在工作台上，其传动机构与纵向进给机构耦合，经机械和电气的联锁，在六个方向的进给和快速移动都停止的情况下，可使圆工作台由 M2 拖动，只能沿一个方向作回转运动。

（六）保护

1）三台电动机均设有过载保护。

2）控制电路设有短路保护。

3）工作台的六个方向运动都设有终端保护。当工作台运动到极限位置时，终端挡铁碰动相应手柄使其回到中间位置，行程开关复位，M2 停转，工作台停止运动。

图 7-26 是 X62W 型万能铣床左侧面操纵部件位置图，图 7-27 是正面操纵部件位置图，各操纵部件名称见表 7-2。

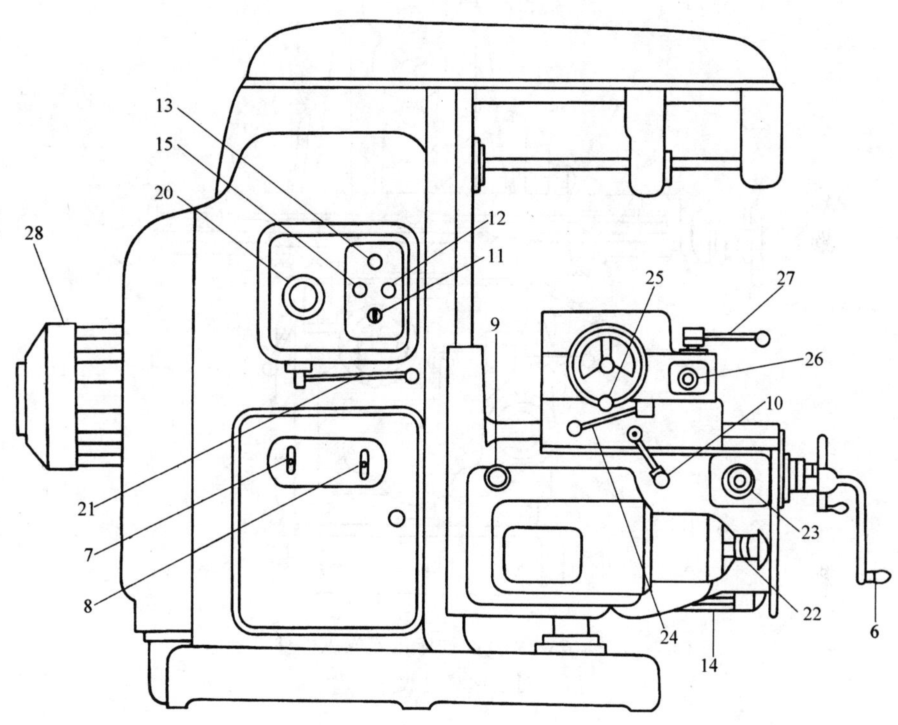

图 7-26　X62W 型万能铣床左侧面操纵部件位置图
（图中注释见表 7-2）

三、电气控制电路的工作原理

图 7-28 是 X62W 型万能铣床电气原理图。该机床使用了较多的控制开关和限位开关（行程开关）。

对于 X62W 型万能铣床电气控制电路的工作原理，我们将分别分析主轴电动机 M1 的控制，工作台进给运动的控制、工作台自动循环的控制和圆工作台的控制。

（一）主轴电动机 M1 的控制

主轴电动机 M1 的控制分为正反转起动控制、正反转反接制动控制和主轴变速冲动控制等。

（1）主轴电动机 M1 正转起动控制电路　M1 的起动由接触器 KM3 和正反转转换开关 SA5 共同控制。

起动前，通过主轴变速操纵手柄选择好主轴转速，将正反转转换开关 SA5 扳到“正向转动”位置，U21 和 U31、W21 和 W31、V21 和 V31 接通，U21 和 W31、W21 和 U31 断开（如图 7-28 中 SA5 动触头向右移所示）。

主轴电动机正向起动的控制电路如图 7-29 所示。按下起动按钮 SB3 或 SB4，接触器 KM3 线圈经 113—8—31—1—3—4—5—7—0 得电并自保，其主触头闭合，接通三相电源，经 SA5，M1 起动正向运转。

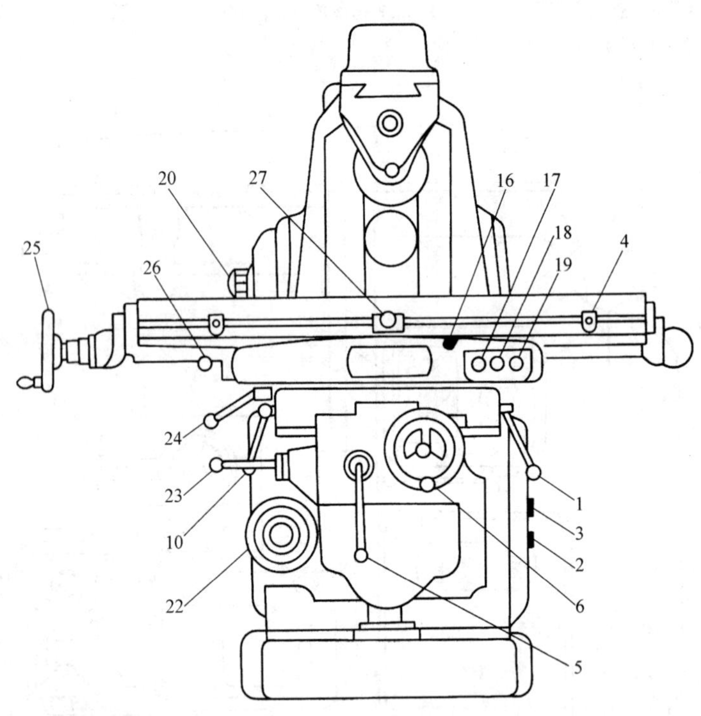

图 7-27 X62W 型万能铣床正面操纵部件位置图
（图中注释见表 7-2）

表 7-2 X62W 型万能铣床操纵部件表

序号	名称	序号	名称
1	工作台底座夹紧手柄	15	主轴电动机起动按钮
2	冷却泵电动机开关	16	工作台自动与手动转换开关
3	圆工作台转换开关	17	工作台快速移动按钮
4	挡块	18	主轴电动机起动按钮
5	工作台手动升降移动手柄	19	主轴电动机停止按钮
6	工作台手动横向移动手柄	20	主轴变速孔盘
7	电源总开关	21	主轴变速操纵手柄
8	主轴电动机正反转转换开关	22	工作台进给变速孔盘
9	工作台横向及升降操纵十字手柄	23	工作台横向及升降操纵十字手柄
10	工作台底座夹紧手柄	24	工作台纵向进给操纵手柄
11	照明灯开关	25	工作台手动纵向移动手轮
12	主轴电动机停止按钮	26	手动液压泵手柄
13	工作台快速移动按钮	27	工作台纵向进给操纵手柄
14	工作台进给电动机	28	主轴电动机

（2）主轴电动机 M1 反转起动控制电路　将正反转转换开关 SA5 扳向“反向转动”位置，U21 和 W31、W21 和 U31、V21 和 V31 接通，U21 和 U31、W21 和 W31 断开。按下 SB3 或 SB4，M1 即可反向运转。控制电路如图 7-28 所示。

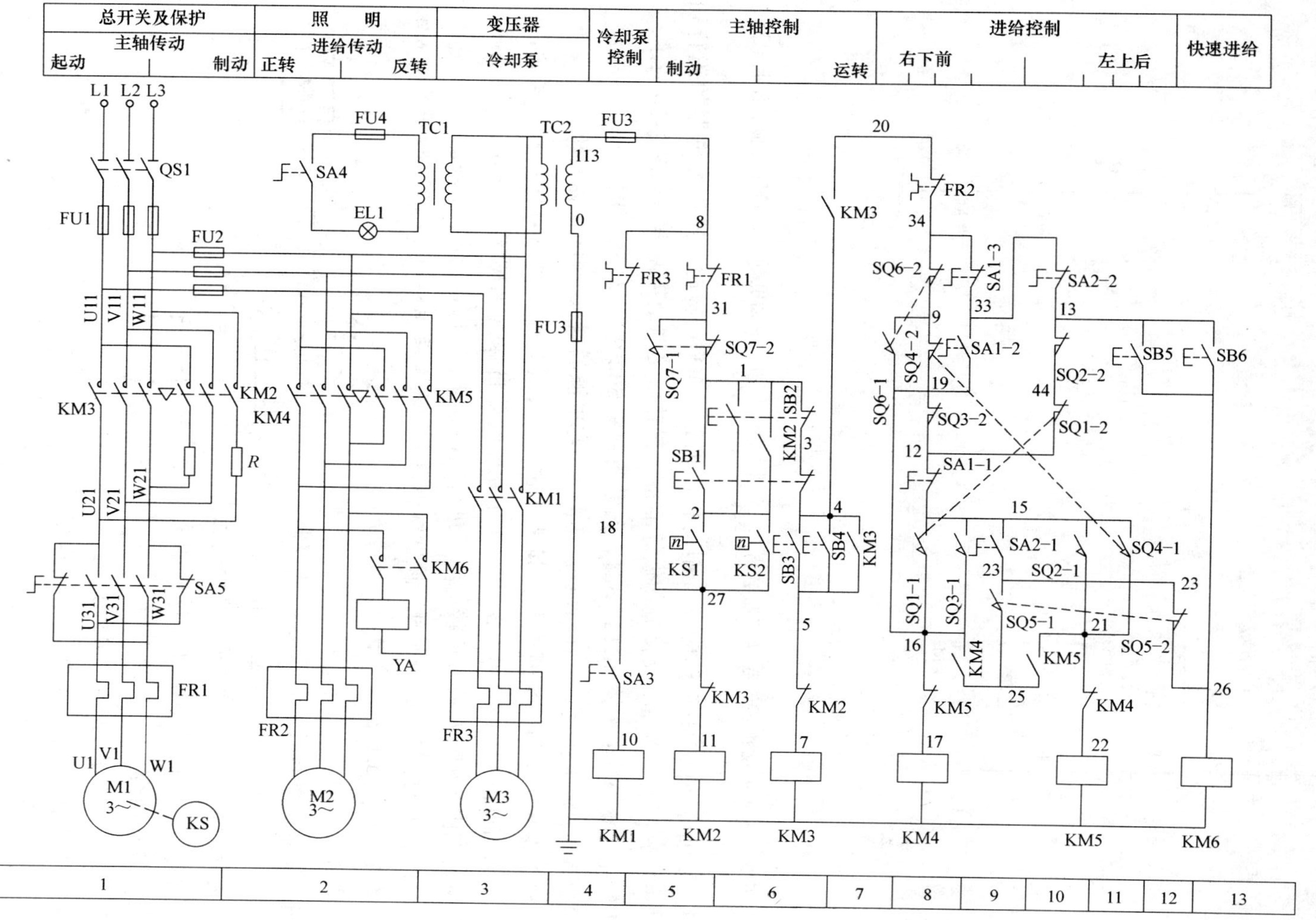

图 7-28 X62W 型万能铣床电气原理图

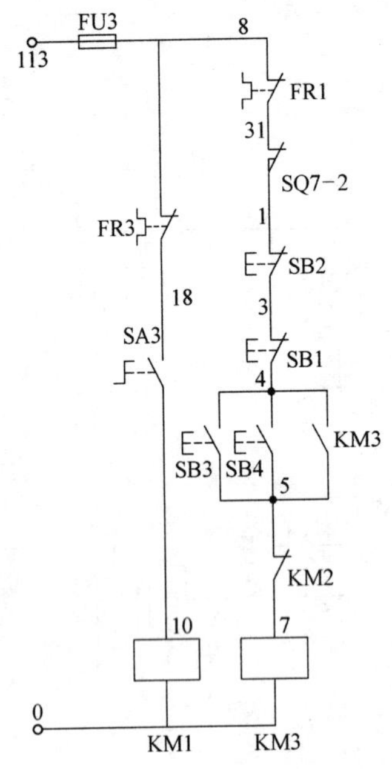

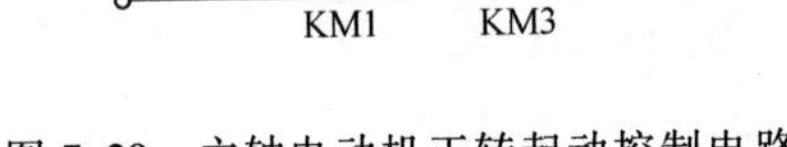
图 7-29 主轴电动机正转起动控制电路

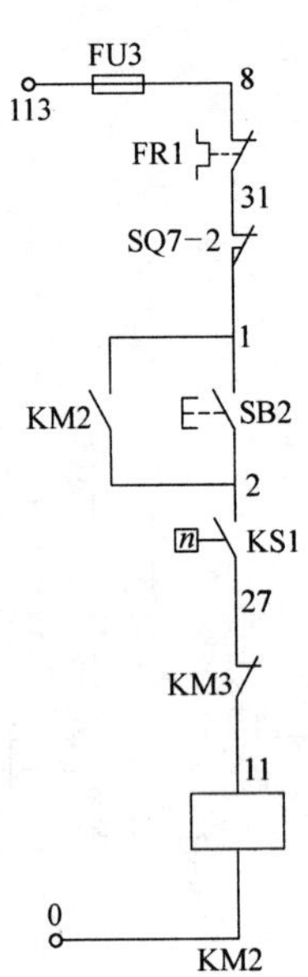

图 7-30 主轴电动机正转反接制动控制电路

(3) 主轴电动机 M1 正转时反接制动控制电路 M1 正转时，速度继电器的正转触头 KS1（2—27）闭合，为 M1 反接制动做好准备。正转反接制动控制电路如图 7-30 所示。

停车时，按下停止按钮 SB2 或 SB1，其常闭触头 SB2（1—3）或 SB1（3—4）断开（如图 7-29 所示），使 KM3 线圈失电释放，切断 M1 与电源的联系，M1 惯性旋转。

在 SB2 或 SB1 常闭触头断开时，其常开触头 SB2（1—2）或 SB1（1—2）闭合，接触器 KM2 线圈经 113—8—31—1—2—27—11—0 得电并自保（如图 7-30 所示），其主触头闭合，使 M1 经限流电阻 R 通入反接电源，进行反接制动，M1 转速迅速下降。

当 M1 转速下降到一定程度时，速度继电器的正转触头 KS1（2—27）断开，使 KM2 线圈失电释放，切除 M1 的反接电源，M1 停转，制动结束。

(4) 主轴电动机反转时反接制动控制电路 主轴电动机 M1 的反转是由转换开关 SA5 扳到“反向转动”位置，改变电源相序实现的。这时速度继电器的反向触头 KS2（2—27）闭合。

当按下停止按钮 SB1 或 SB2 时，控制电路与正转反接制动控制电路原理是相同的。

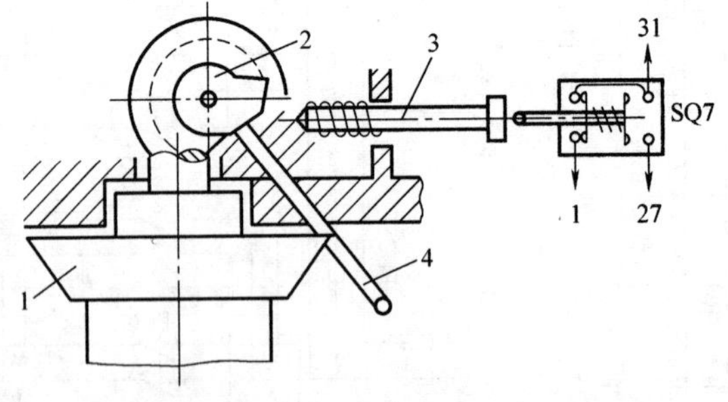

图 7-31 主轴变速冲动控制示意图

1—变速孔盘 2—凸轮 3—弹簧杆 4—变速手柄

(5) 主轴电动机变速冲动控制电路 主轴变速选择时，M1 的变速冲动是利用变速操纵手柄与主轴变速点动开关 SQ7，通过机械上的联动机构进行控制的。

图 7-31 是主轴变速冲动控制示意图；图 7-32 是主轴变速冲动控制电路。

变速时将变速操纵手柄向下压，并推向前头，在推动手柄的过程中，凸轮转动压动弹簧杆，压下限位开关 SQ7。SQ7-2 常闭触头（31—1）分断，使 KM3 线圈和 KM2 线圈失电释放，切断 M1 运转电源（如图 7-29、图 7-30 所示）。由于 SQ7-1 常开触头（27—31）闭合，使 KM2 线圈得电吸合（113—8—31—27—11—0，如图 7-32 所示）但不自保。电源经限流电阻 R 使 M1 缓慢转动。

转动变速孔盘选好转速，齿轮啮合好后，将变速操纵手柄拉回原位，限位开关复位，SQ7-1 常开触头分断，切断 M1 电源，SQ7-2 常闭触头闭合，为重新起动 M1 作准备。

（二）工作台进给运动的控制

工作台的进给运动可分为手动、自动（电动机拖动）和快速移动三种方式。

手动方式是操纵有关手柄或手轮使工作台向不同方向进动（如图 7-26、图 7-27 所示）。

要实现工作台的自动进给，必须：

1）将工作台自动与手动转换开关 SA2 扳至“自动”位置，其常闭触头 SA2-2（13—33）闭合，常开触头 SA2-1（15—23）分断。

2）将圆工作台转换开关 SA1 扳至“断开”位置，其常闭触头 SA1-1（12—15）闭合，常闭触头 SA1-3（33—34）闭合，常开触头 SA1-2（19—33）分断。

3）接触器 KM3 线圈得电自保，M1 运转带动铣刀旋转；KM3 的辅助常开触头（4—20）闭合，KM4 或 KM5 才有可能得电，M2 运转，进给运动（铣削加工）方可进行。

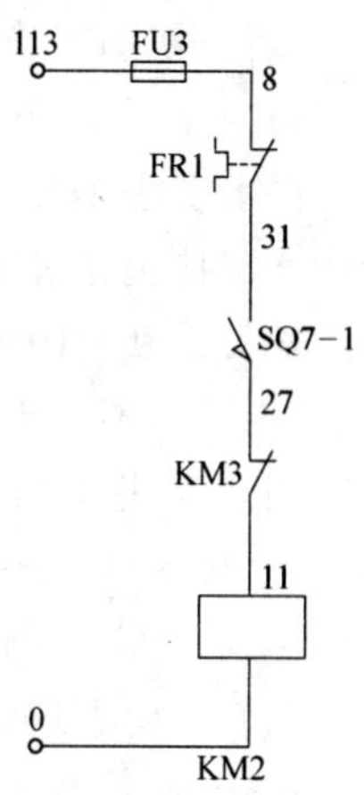

图 7-32 主轴变速冲动控制电路

工作台上下、前后、左右六个方向的自动进给都由 M2 拖动，接触器 KM4 和 KM5 控制 M2 的正反转。进给方向由有关操纵手柄选定。操纵手柄经联动机构，在机械上接通相应的离合器，在电气上压合相应的限位开关，使接触器线圈得电，电动机 M2 的转动传至相应的丝杠，使工作台按选定的方向进给。

4）“纵向”进给与“升降和横向”进给之间采用电气互锁，“横向与升降”之间采用机械互锁。

（1）“升降和横向”进给的控制　升降和横向进给是由工作台横向及升降操纵十字手柄（简称十字手柄）向上、下、前、后方向扳动，选择垂直丝杠或横向丝杠，通过限位开关 SQ3 或 SQ4 来实现进给和互锁的，见表 7-3。

表 7-3 升降和横向进给的操纵

十字手柄位置	工作台进给方向	离合器接通的丝杠	限位开关动作	接触器动作	电动机运转
向　上	向　上	垂直丝杠	SQ4	KM5	M2 反转
向　下	向　下	垂直丝杠	SQ3	KM4	M2 正转
向　前	向　前	横向丝杠	SQ3	KM4	M2 正转
向　后	向　后	横向丝杠	SQ4	KM5	M2 反转
中　间	停　止	横向丝杠	复位	释放	停止

1）工作台向上进给。将十字手柄向上扳，在机械上接通垂直离合器，挂上垂直丝杠，在电气上压动限位开关 SQ4，其常闭触头 SQ4-2（9—19）分断，使 KM4 线圈不得电，其常开触头 SQ4-1（15—21）闭合，使 KM5 线圈经 113—8—31—1—3—4—20—34—33—13—

44—12—15—21—22—0 得电动作，其主触头闭合，接通了 M2 反转电源，M2 拖动工作台向上进给。

将十字手柄扳回中间位置，SQ4 复位，SQ4-1 分断，KM5 线圈失电释放，M2 停转，向上进给停止。图 7-33 是工作台向上进给控制电路。

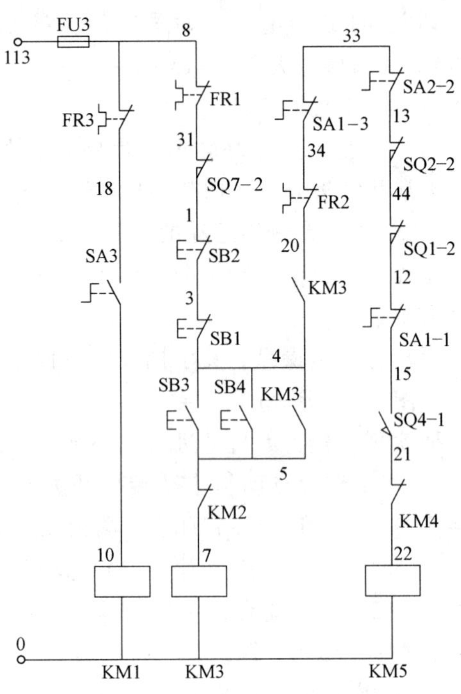

图 7-33 工作台向上进给控制电路

2）工作台向后进给。将十字手柄向后扳，挂上横向丝杠，压动 SQ4，KM5 线圈得电动作，M2 反转，拖动工作台向后进给。

3）工作台向下进给。控制电路如图 7-34 所示。将十字手柄向下扳，在机械上接通了垂直离合器，挂上了垂直丝杠，在电气上压动 SQ3 限位开关，其常闭触头 SQ3-2（12—19）分断，使 KM5 线圈不得电；其常开触头 SQ3-1（15—16）闭合，使 KM4 线圈经 113—8—31—1—3—4—20—34—33—13—44—12—15—16—17—0 得电动作，其主触头闭合，接通了 M2 正转电源，拖动工作台向下进动。

将十字手柄扳至中间位置，SQ3 复位，SQ3-1 分断，KM4 线圈失电释放，M2 停转，工作台向上进动停止。

4）工作台向前进给。将十字手柄向前扳，挂上横向丝杠，压动 SQ3，KM3 线圈得电动作，M2 正转，拖动工作台向前进给。

（2）纵向进给的控制 工作台纵向进给是将工作台纵向进给操纵手柄（简称纵向手柄）向左、右扳动，压动限位开关 SQ1 或 SQ2，使 M2 正转或反转，拖动工作台向左或向右进给（见表 7-4）。

1）工作台向右进给。图 7-35 是工作台向右进给控制电路。将纵向手柄向右扳，在机械上接通了纵向离合器，挂上纵向丝杠，在电气上压动限位开关 SQ1，其常闭触头 SQ1-2（44—12）分断，使 KM5 线圈不能得电；其常开触头 SQ1-1（15—16）闭合，使 KM4 线圈经 113—8—31—1—3—4—20—34—9—19—12—15—16—17—0 得电动作，其主触头闭合，使 M2 正转，拖动工作台向右进给。

将纵向手柄扳至中间，SQ1 复位，SQ1-1 分断，KM4 线圈失电释放，M2 停转，进动停止。

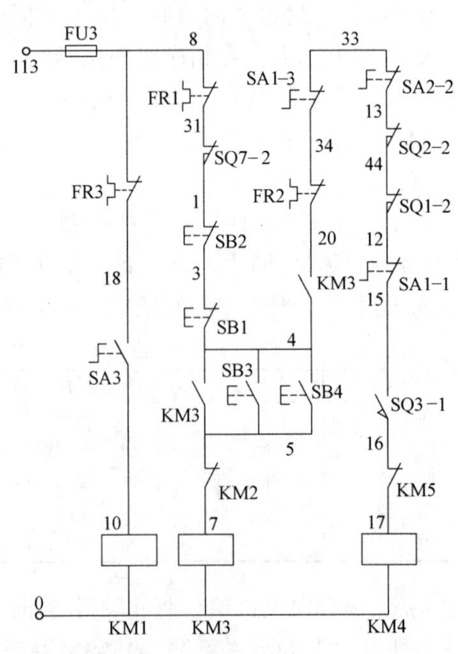

图 7-34 工作台向下进给控制电路

2）工作台向左进给。将纵向手柄向左扳，限位开关 SQ2 被压动，其常开触头 SQ2-1（15—21）闭合，使 KM5 线圈得电动作，M2 反转，拖动工作台向左进给。

表 7-4 纵向进给的操纵

纵向手柄位置	工作台进给方向	限位开关动作	接触器动作	电动机运转
向右	向右	SQ1	KM4	M2 正转
向左	向左	SQ2	KM5	M2 反转
中间	停止	复位	释放	停转

工作台“纵向”与“升降和横向”进给采用“常闭触头串联”的方式实现电气互锁。进给控制电路有两条通路都能使接触器 KM4 或 KM5 的线圈得电。

第一条通路为：113—8—31—1—3—4—20—34—33—13—（SQ2-2）—44—（SQ1-2）—12—15—KM4 或 KM5 线圈，这是升降和横向进给时的通路。

第二条通路为：113—8—31—1—3—4—20—34—9—（SQ4-2）—19—（SQ3-2）—12—15—KM4 或 KM5 线圈，这是纵向进给时的通路。

操纵纵向手柄时，第一条通路不通；操纵十字手柄时，第二条通路不通；若两手柄都操纵，则两条通路都不通。

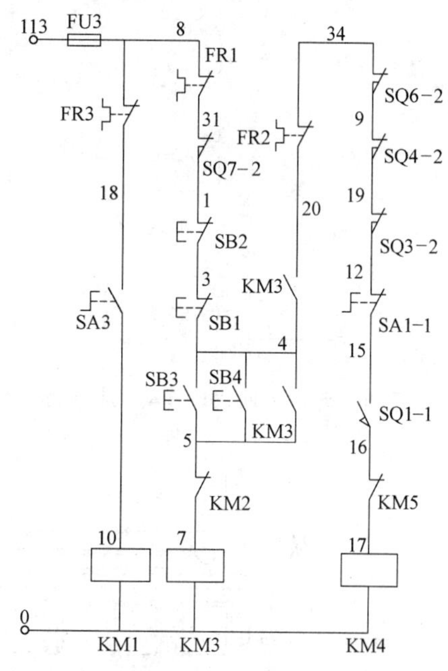

图 7-35 工作台向右进给控制电路

（3）进给方向的快速移动控制　当工作台已在向某方向进给后，按下快速移动按钮 SB5 或 SB6，使 KM6 线圈经 113—8—31—1—3—4—20—34—33—13—26—0 得电动作，其主触头闭合，使快速牵引电磁铁 YA 得电，接通快速行程离合器，则工作台在进给方向作快速移动。

松开按钮 SB5 或 SB6，KM6 线圈失电释放，YA 也失电，工作台快速移动停止，仍按进给方向继续移动。图 7-36 是进给方向快速移动控制电路。

（4）进给变速冲动的控制　图 7-37 是进给变速冲动控制电路。进给变速冲动是操纵进给变速孔盘和变速操纵手柄实现的，其操纵动作与主轴变速冲动类似。

选好变速位置后，在将变速操纵手柄向原位推回过程中，压动限位开关 SQ6，使其常闭触头 SQ6-2（34—9）分断，常开触头 SQ6-1（9—16）闭合，KM4 线圈经 113—8—31—1—3—4—20—34—33—13—44—12—19—9—16—17—0 得电动作，M2 正向旋转，使变速齿轮啮合良好。变速操纵手柄推回到原位时，SQ6 复位，M2 停转。

（三）工作台自动循环的控制

这是指工作台在左右两个方向上进行连续的往复单循环或间断的半自动循环进给。

（1）纵向进给自动控制机构　图 7-38 是纵向进给自动控制机构示意图，其中：

操纵手柄由手柄、凸轮和套在同轴上的星形轮组成。手柄向右扳压动限位开关 SQ1，向左扳压动 SQ2。手柄的动作可使纵向离合器啮合或脱开。星形轮每转动一齿，SQ5 轮换压动和复位一次。凸轮和星形轮都可被固定在工作台前侧的撞块碰动。

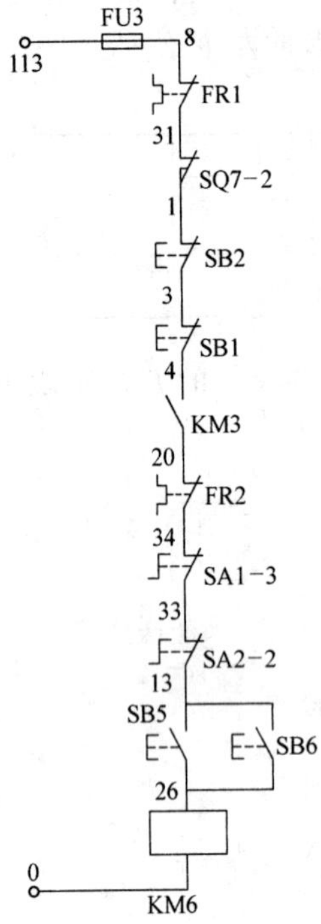

图 7-36 进给方向快速移动控制电路

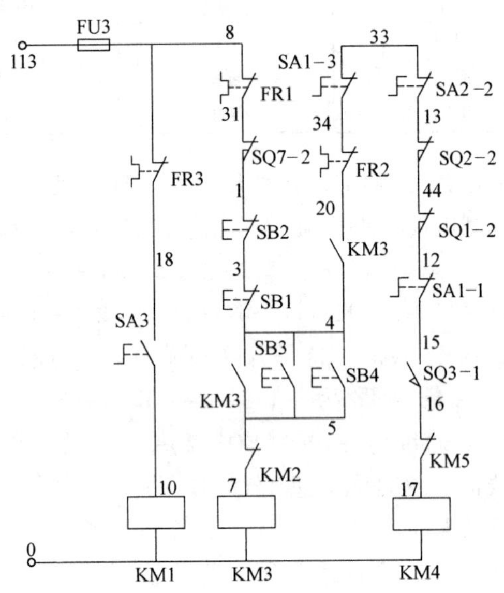

图 7-37 进给变速冲动控制电路

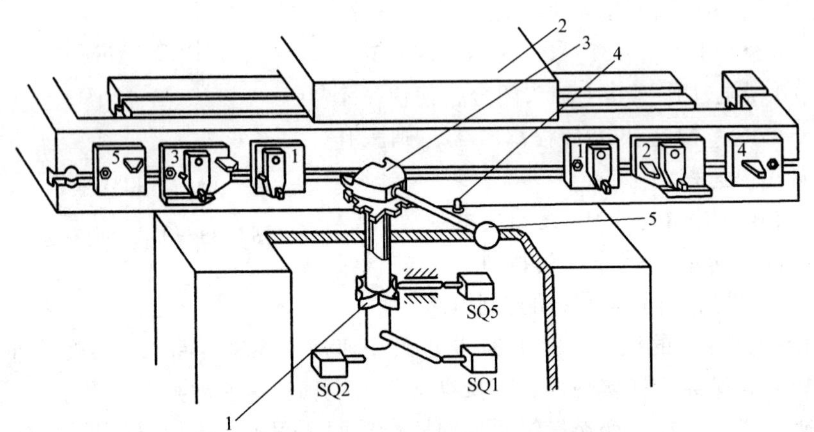

图 7-38 纵向进给自动控制机构

1—星形轮 2—工件 3—凸轮 4—销子 5—手柄

有五种不同形状的六块撞块，供不同的自动控制选用，见表 7-5。

表 7-5 X62W 型万能铣床的撞块

撞块编号	名称(作用)	碰撞部位
1	快慢行程转换(两块)	星形轮
2	左行回程	先碰凸轮，再压销子，后碰星形轮
3	右行回程	
4	左行停止	凸轮
5	右行停止	

选择配用各种撞块，可实现多种进给循环，如左（右）行程的单向自动循环、一次进给往复单循环、二次进给往复单循环和多次进给往复多循环等。各种循环的工作原理相似，现以向左一次进给往复单循环为例，分析其控制过程和工作原理。

(2) 向左一次进给往复单循环工作流程　图 7-39 是工作台运动示意图。

其流程为：工作台在右端 —(纵向手柄向左扳)→ 快速向左进动 —(1 号撞块碰动星形轮)→ 向左进给铣削加工 —(2 号撞块碰动凸轮，手柄回中间)→ 向左进给 —(2 号撞块又先碰凸轮，后碰星形轮)→ 向左进给停止，快速向右进动 —(5 号撞块碰动凸轮)→ 工作台回到右端停止。图 7-40 是工作台向左一次进给单循环的流程图。

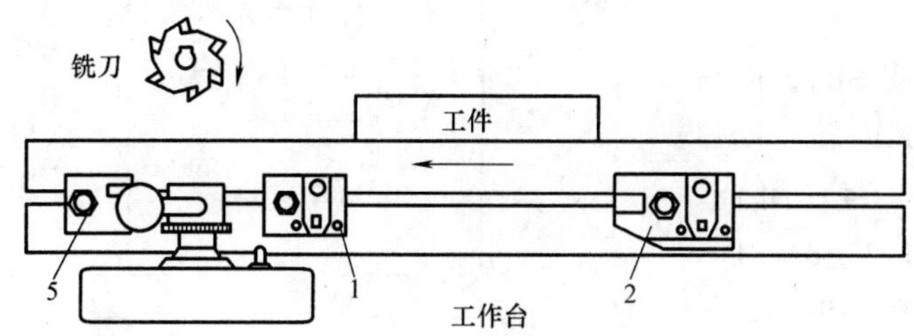

图 7-39　工作台向左一次进给往复单循环示意图

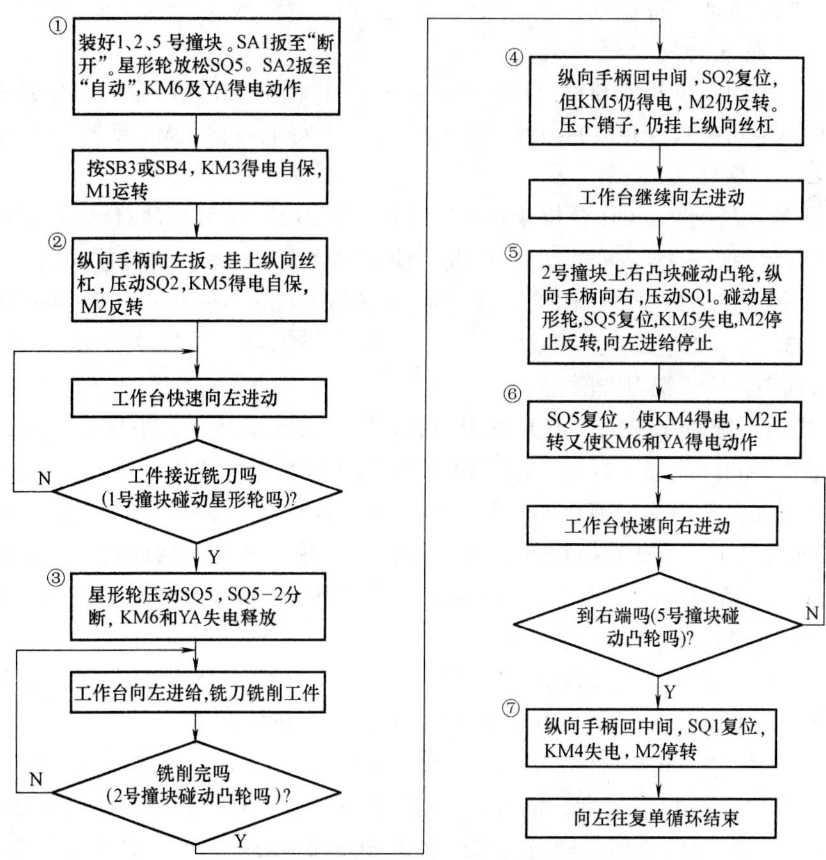

图 7-40　工作台一次进给单循环流程图

（3）向左一次进给往复单循环控制电路 图7-41是控制电路图，电路工作原理如下：

1）准备工作。将圆工作台转换开关SA1扳至“断开”，其常闭触头SA1-1（12—15）闭合。将自动与手动转换开关SA2扳至“自动”，其常开触头SA2-1（15—23）闭合。将星形轮拨至使SQ5复位，其常闭触头SQ5（23—26）闭合，快速牵引电磁铁YA得电动作。

按下按钮SB3或SB4，KM3线圈得电自保，M1运转。KM3辅助常开触头（20—4）闭合。于是KM6线圈经113—8—31—1—3—4—20—34—9—19—12—15—23—26—0得电动作，快速电磁铁YA得电动作。

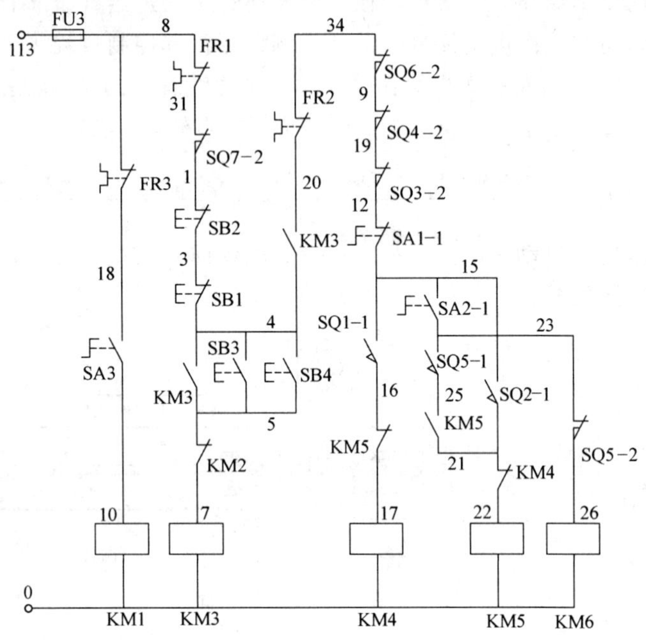

图7-41 工作台向左一次进给往复单循环控制电路

2）向左快速移动。将纵向手柄向左扳，接通纵向离合器，挂上纵向丝杠；压动限位开关SQ2，其常开触头SQ2-1（15—21）闭合。KM5线圈经113—8—31—1—3—4—20—34—9—19—12—15—21—22—0得电自保，M2反转，工作台快速向左移动。

3）向左进给（铣削）。工作台快速移至工件接近铣刀时，1号撞块碰动星形轮转过一齿，压动SQ5。其常闭触头SQ5-2（23—26）分断，使KM6线圈和YA失电释放，退出快速进给。

常开触头SQ5-1（23—25）闭合，使KM5线圈经113—8—31—1—3—4—20—34—9—19—12—15—23—25—21—22—0和113——……—15—（SQ2-1）—21—22—0得电自保，M2反转，工作台向左进给，铣刀铣削。

4）向左进动。铣削完毕工件离开铣刀时，2号撞块碰动凸轮，手柄回到中间，SQ2复位，其常开触头SQ2-1（15—21）分断，但KM5线圈有自保电路仍可得电，M2仍反转，工作台继续向左进动。这时2号撞块的斜面压住销子，纵向离合器仍接通。

5）向左进动停止。当2号撞块的右边凸块碰动凸轮，纵向手柄向右，SQ1被压动，其常开触头SQ1-1（15—16）虽闭合，但KM5线圈仍得电，其KM5常闭触头（16—17）分断，故KM4线圈无电。

工作台再进给一点，2号撞块碰动星形轮，转过一齿，SQ5复位，其常开触头SQ5-1（23—25）分断，使KM5线圈失电释放，M2停转，向左进给停止。

6）向右快速移动。SQ5复位，其常闭触头SQ5-2（23—26）闭合；又KM5线圈失电，其常闭触头KM5（16—17）闭合，使KM4线圈经113—8—31—1—3—4—20—34—9—19—15—16—17—0得电，M2正转。同时，常闭触头SQ5-2（23—26）的闭合，使KM6线圈和YA得电动作。于是工作台得以快速向右移动。

7）工作台在右端停止。工作台向右回到原起始位置时，5号撞块将手柄碰回中间位置，SQ1复位，其常开触头SQ1-1（15—16）分断，KM4线圈失电释放，M2停转。工作台向右移动停止。

（四）圆工作台的控制

为扩大机床的加工能力，如铣削圆弧、凸轮曲线等，在工作台上安装圆工作台，可以手动也可以自动。图7-42是圆工作台控制电路。

把圆工作台转换开关SA1扳到“开”位置，其常闭触头SA1-1（12—15）、SA1-3（33—34）分断，常开触头SA1-2（16—33）闭合。接触器KM4的线圈经113—8—31—1—3—4—20—34—9—19—12—44—13—33—16—17—0得电动作，M2旋转，拖动圆工作台转动。

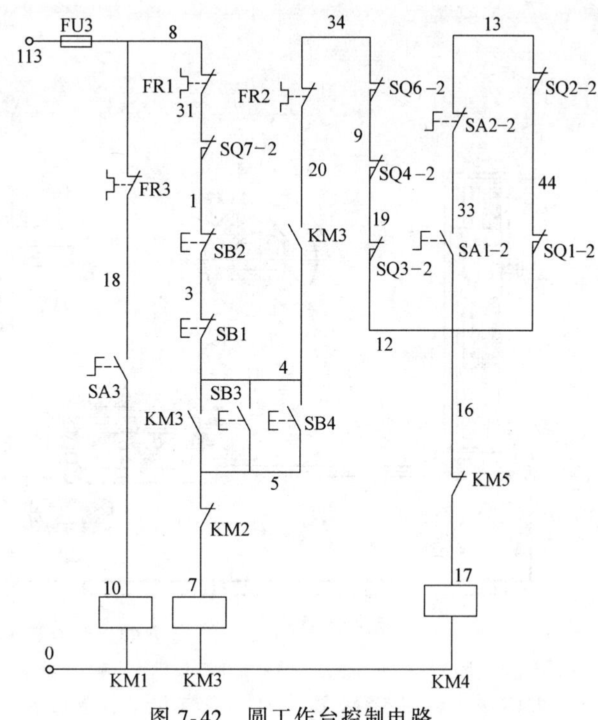

图7-42 圆工作台控制电路

圆工作台工作时，纵向手柄、十字手柄都应置于中间位置。限位开关SQ1～SQ4的常闭触头都闭合。如有一个手柄不在中间位置，则SQ1～SQ4中就会有一个的常闭触头被分断，切断了圆工作台的控制电路。圆工作台不能进给，停止工作。

四、想一想，练一练

1. 铣床主要用于加工工件的______、______和______。装上______以后，可以加工直齿轮、螺旋面；装上______工作台后，则可以加工凸轮、弧形槽。铣床铺有卧铣、立铣、龙门铣和仿形铣等。

2. X68W型万能铣床是应用较广泛的______型卧式铣床。______表示铣床，______表示卧式，______表示工作台宽20mm，______表示万能（可进行多种铣削加工）。

3. 工作台可作______、______（______向）和______（______向）三个方向的移动，便于调整工件与铣刀相对位置和加工时选择______方向。

第六节 典型镗床电气控制电路

镗床主要用于孔的精加工，可分为卧式镗床和坐标镗床两类。卧式镗床应用较多，它可以进行钻孔、镗孔、扩孔、铰孔及加工端平面等，使用一些附件后，还可以车削圆柱表面、螺纹，装上铣刀可进行铣削。

图7-43是镗床外形图。

一、主要结构和运动形式

（一）主要结构

镗床在加工时，一般把工件固定在工作台上，由镗杆或花盘上固定的刀具进行加工。

（1）前立柱 主轴箱可沿它上面的轨道作垂直移动。

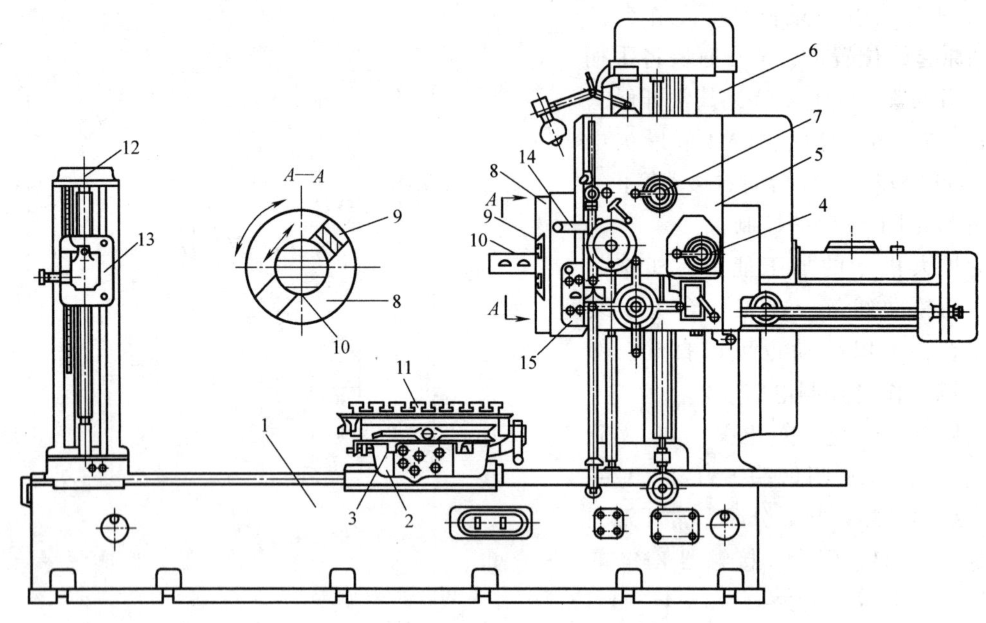

图 7-43 典型镗床外形图

1—床身 2—下溜板 3—上溜板 4—主轴变速机构 5—主轴箱 6—前立柱 7—进给变速操纵盘 8—平旋盘（花盘） 9—刀具溜板 10—主轴（镗轴） 11—回转工作台 12—后立柱 13—镗杆支承架 14—快速操纵手柄 15—按钮板

(2) 主轴箱 装有主轴（其锥形孔装镗杆）、变速机构、进给机构和操纵机构。

(3) 后立柱 可沿床身横向移动。它上面的镗杆支承架可与主轴箱同步垂直移动。

(4) 工作台 由下溜板、上溜板和回转工作台三层组成。下溜板可在床身轨道上作纵向移动，上溜板可在下溜板轨道上作横向移动，回转工作台可在上溜板上转动。

(二) 运动形式

(1) 主运动 指主轴的旋转与花盘的旋转运动。

(2) 进给运动 包括主轴在主轴箱中的进出进给，花盘上刀具的径向进给，工作台的横向和纵向进给，主轴箱的升降。这些进给运动都可以进行手动或机动。

(3) 辅助运动 包括回转工作台的转动，后立柱的纵向移动，镗杆支承架的垂直移动及各部分的快速移动。

二、电力拖动和控制特点

1) 为适应各种加工工艺要求，有较大的调速范围，主电动机 M1 采用双速电动机（△/YY)，用以拖动主运动和进给运动。主运动和进给运动的速度调节采用变速孔盘机构。

2) 由于进给运动有几个方向，要求主电动机能正反转，为适应调整需要主电动机还能正反向点动，也可串入电阻反接制动。

3) 主电动机可以低速全压起动。若需要高速运转，必须先低速起动，经一段延时后，再自动转为高速，以减小起动电流。

4) 各进给部分的快速移动采用一台快速移动电动机拖动。

三、电气控制电路工作原理

(一) 主电动机 M1 的控制

以下分别就 M1 的起动与停止、反接制动和变速时的冲动进行分析。图 7-44 是典型镗

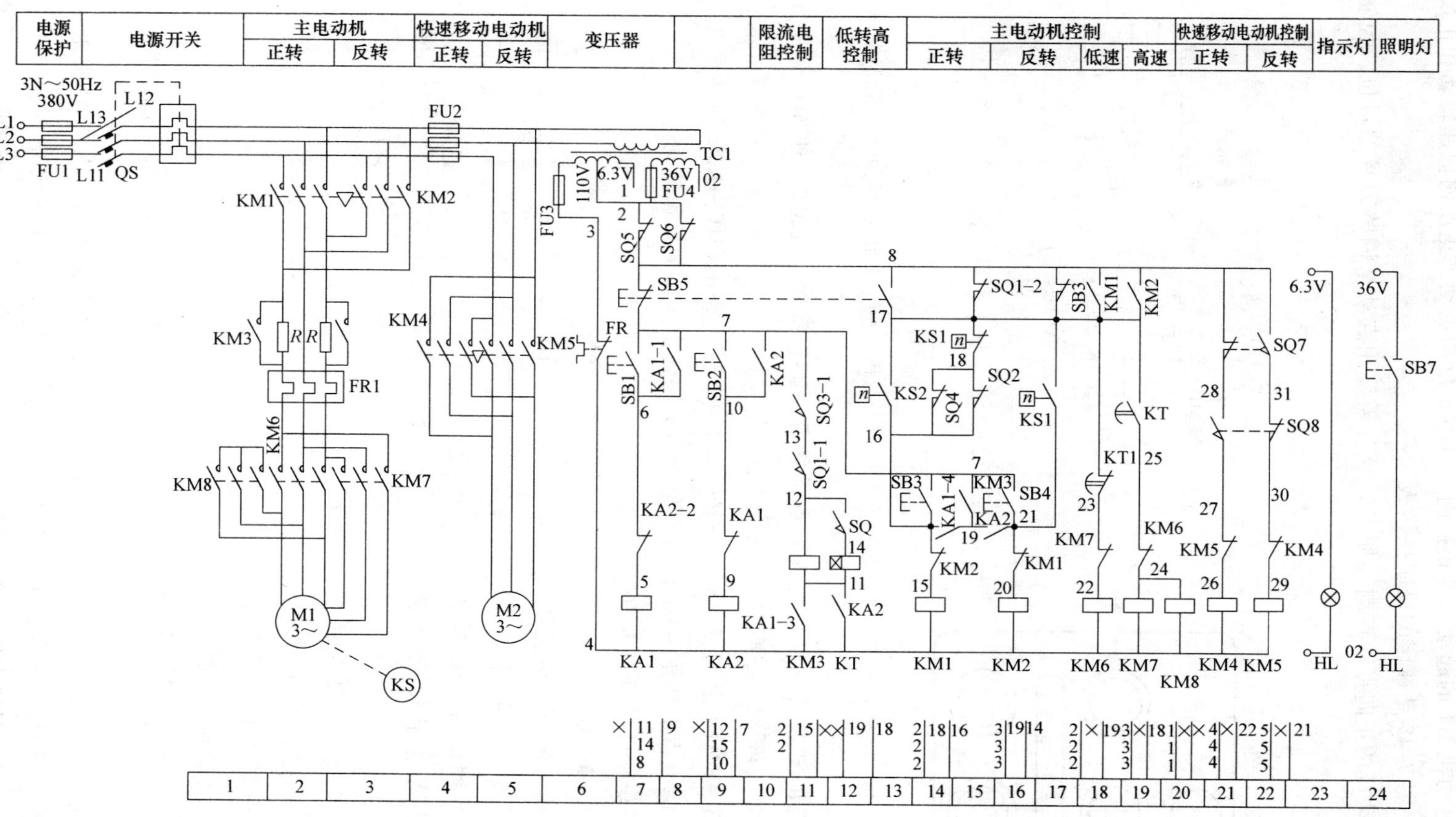

图 7-44 镗床电气原理图

床电气原理图。

(1) 主电动机 M1 的起动与停止控制　具有正反向点动，正反向低速转动和正反向高速转动等控制。图 7-45 是镗床的控制按钮板。

1) 主电动机的正向点动控制。加工时经常需要用点动来调整刀具的对位。控制电路如图 7-46 所示。

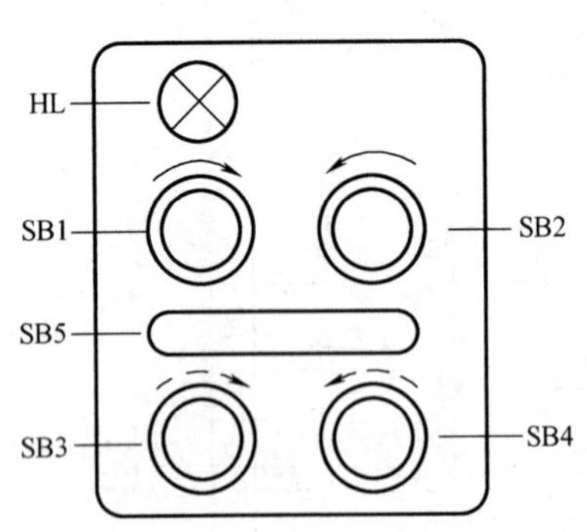

图 7-45　控制按钮板

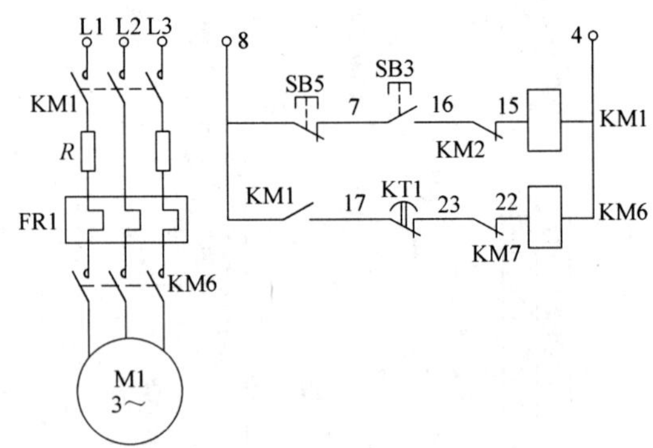

图 7-46　主电动机正向点动控制电路

主电动机正向点动控制是由正向点动按钮 SB3、接触器 KM1（使 M1 正转）和 KM6（使 M1 联结成三角形，低速运转）实现的。

按下 SB3→KM1 线圈经 2—8—7—16—15—4—3—0 得电动作→KM6 线圈经 2—8—17—23—22—4—3—0 得电动作→M1 接成三角形→串限流电阻正向低速转动。

松开 SB3→KM1 线圈和 KM6 线圈失电释放→M1 停转。

2) 主电动机反向点动控制。按下反向点动按钮 SB4，使 KM2 线圈和 KM7 线圈得电，M1 接成三角形串限流电阻反向低速转动。

3) 主电动机正向低速转动控制。由正向按钮 SB1 控制，通过中间继电器 KA1、接触器 KM1 配合接触器 KM3 和 KM6 来实现的。控制电路如图 7-47 所示。

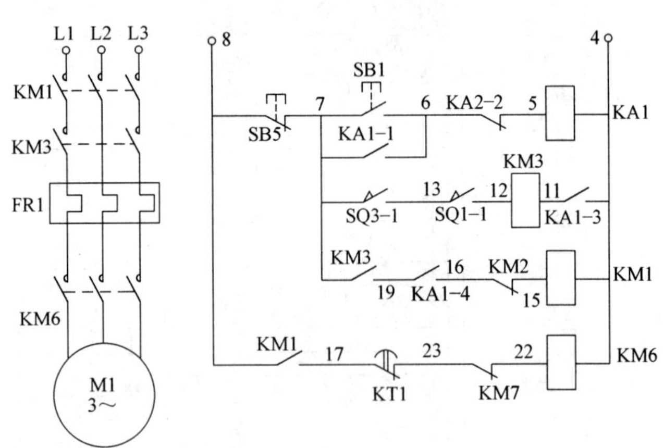

图 7-47　主电动机正向低速转动控制电路

这时变速机构在低速位置，高低速转换限位开关 SQ 没被压动（图 7-47 中未画出）。主轴变速限位开关 SQ1 和进给变速限位开关 SQ3 被压动，它们的常开触头 SQ1-1（13—12）和 SQ3-1（7—13）是闭合的。这时 M1 联结成三角形，极对数为 2，低速转速为 1460r/min。电路工作原理如下：

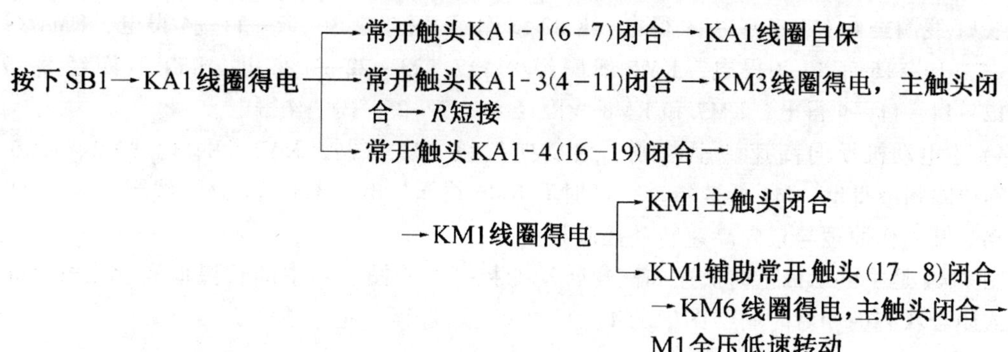
按下SB1→KA1线圈得电→常开触头KA1-1(6-7)闭合→KA1线圈自保
→常开触头KA1-3(4-11)闭合→KM3线圈得电，主触头闭合→R短接
→常开触头KA1-4(16-19)闭合→KM1线圈得电→KM1主触头闭合
→KM1辅助常开触头(17-8)闭合→KM6线圈得电，主触头闭合→M1全压低速转动

4）主电动机反向低速转动控制。由反向按钮 SB2 控制，通过中间继电器 KA2、接触器 KM2，配合接触器 KM3 和 KM6 来实现。其工作原理与正向低速转动相似。

5）主电动机正向高速转动控制。为了减小起动电流，先低速全压起动，延时后转为高速转动。

将变速机构转至“高速”位置，压下高低速转换限位开关 SQ，其常开触头 SQ（12—14）闭合。用正向按钮 SB1 控制，中间继电器 KA1 线圈和接触器 KM1、KM3、KM6 的线圈以及时间继电器 KT1 线圈相继得电，M1 联结成三角形低速转动。延时后，由 KT1 控制，KM6 线圈失电释放，接触器 KM7 和 KM8 线圈得电，M1 联结成双星形，极对数为 1，高速 2880r/min 转动。控制电路如图 7-48 所示。工作原理如下：

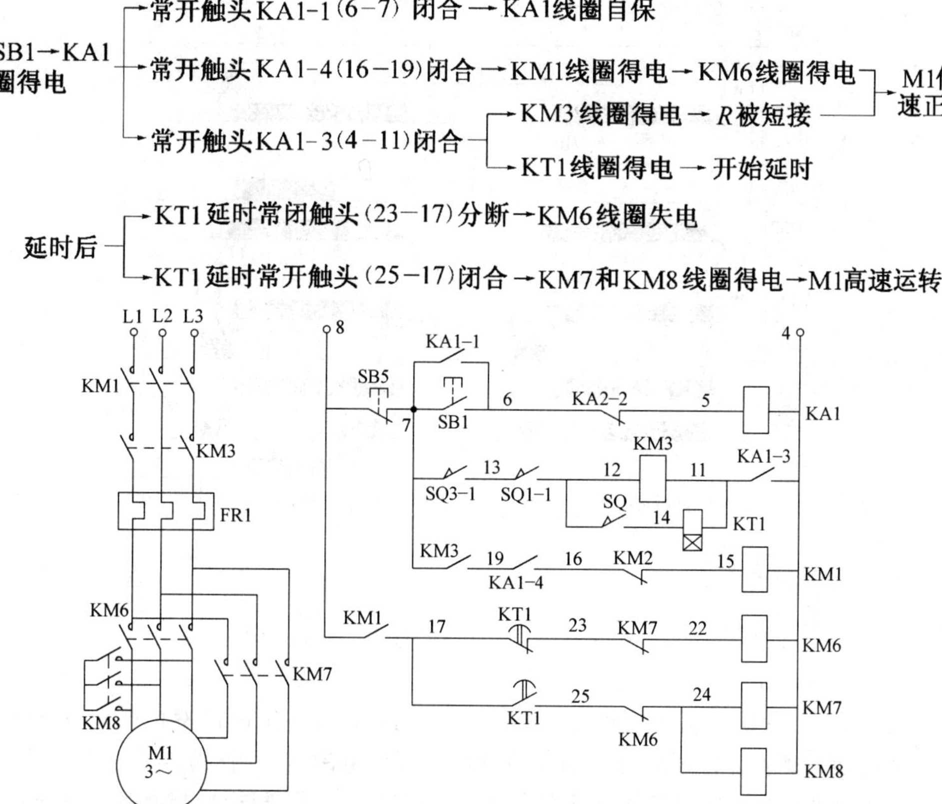
按SB1→KA1线圈得电→常开触头KA1-1(6-7)闭合→KA1线圈自保
→常开触头KA1-4(16-19)闭合→KM1线圈得电→KM6线圈得电→M1低速正转
→常开触头KA1-3(4-11)闭合→KM3线圈得电→R被短接→M1低速正转
→KT1线圈得电→开始延时

延时后→KT1延时常闭触头(23-17)分断→KM6线圈失电
→KT1延时常开触头(25-17)闭合→KM7和KM8线圈得电→M1高速运转

图 7-48　主电动机正向高速转动控制电路

以上 KA1 线圈经 8—7—6—5—4 得电，KM3 线圈经 8—7—13—12—11—4 得电，KM1 线圈经 8—7—19—16—15—4 得电，KM6 线圈经 8—17—23—22—4 得电，KT1 线圈经 8—7—13—12—14—11—4 得电，KM7 和 KM8 线圈经 8—17—25—24—4 得电。

6）主电动机反向高速转动控制。由反向按钮 SB2 控制，KA2、KM3、KM2、KM6 和 KT1 等线圈相继得电，M1 低速转动。延时后 KM6 线圈失电，KM7 和 KM8 线圈得电，M1 高速转动。其工作原理与正向高速转动控制相似。

图 7-49 是主电动机正向低速和高速转动的控制过程图。图中的长黑框表示该电气元件接通或闭合状态的相对时间，图中的 1、2、3…表示过程的先后顺序。

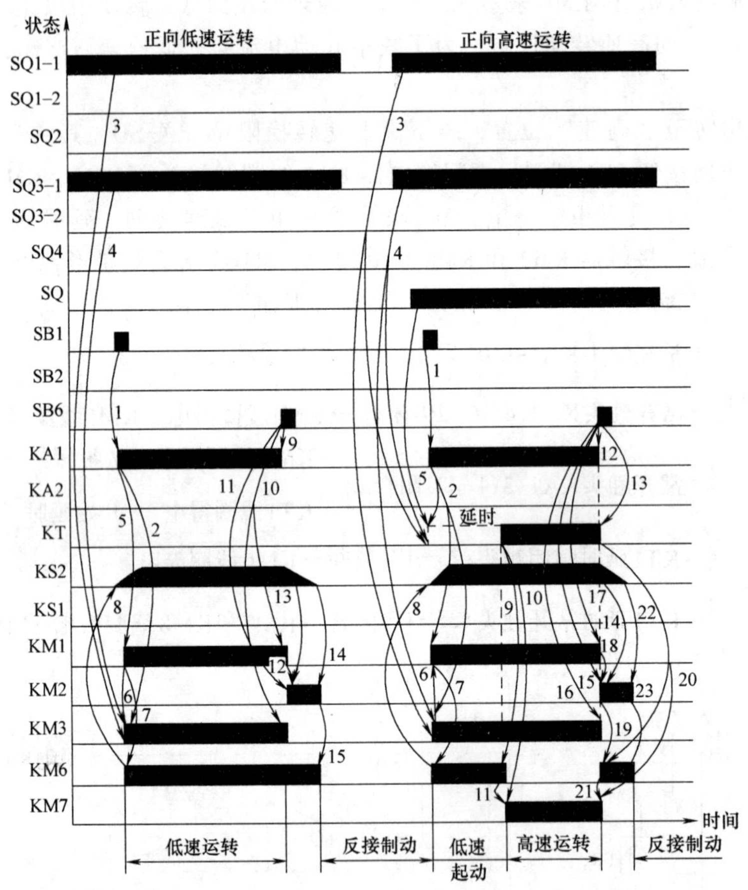

图 7-49 主电动机正向高低速转动控制过程图

（2）主电动机的反接制动控制 采用速度继电器 KS、串电阻的双向低速反接制动。如 M1 为高速转动，则转为低速后再制动（有的镗床采用电磁抱闸制动）。

1）主电动机高速正转反接制动控制。图 7-50 是正转反接制动控制电路。请参阅图 7-48 正向高速转动控制电路。工作原理分析如下：

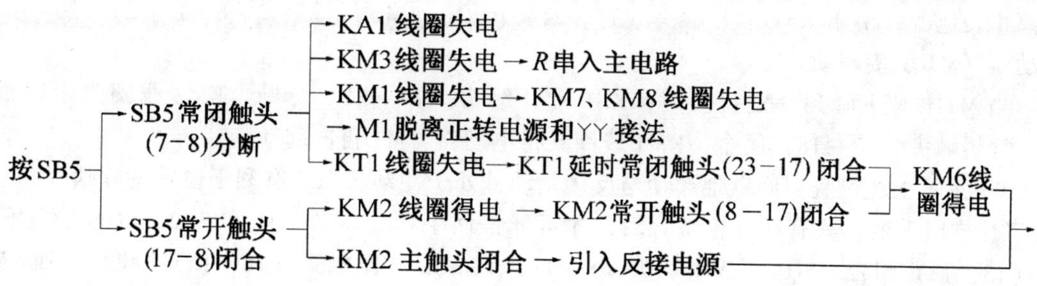

→M1低速反接制动

由图 7-48 的主电动机正向高速转动控制电路已知，M1 高速转动时，SQ 常开触头（12—14）闭合，KS1 常开触头（17—21）闭合，KA1、KM3、KM1、KT1、KM7 和 KM8 等线圈均已得电动作。停车时按停止按钮 SB5。工作原理如下：

转速降低→KS1 常开触头（17—21）分断→KM2 线圈失电→KM6 线圈失电→切断反接电源→M1 停转。

如制动前 M1 为低速转动，则按 SB5 后，上述过程中，没有 KM7、KM8 线圈和 KT1 线圈失电两个环节。

2）主电动机高速反转反接制动控制。反转时 SQ 常开触头（12—14）闭合，KS2 常开触头（17—16）闭合，KA2、KM3、KM2、KM7 和 KM8 等线圈均已得电动作。按停止按钮 SB5 后，反接制动的工作原理与正转的相似。

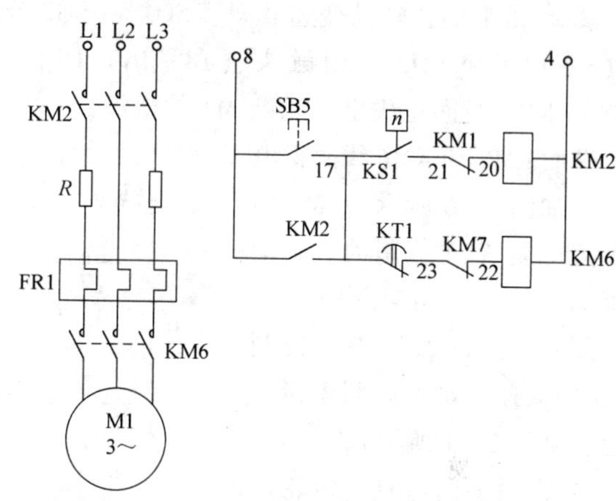

图 7-50　正转反接制动控制电路

（3）主电动机在主轴变速或进给变速时冲动控制　本机床的主轴变速和进给变速分别由各自的变速孔盘机构实现。调速既可在 M1 停车时进行，也可在 M1 转动时进行（先自动使 M1 停车，调速后，再自动使 M1 转动）。调速时，使 M1 冲动以使齿轮顺利啮合。

1）变速孔盘机构操纵过程：

①手柄在原位——②拉出手柄—转动变速孔盘$\xrightarrow{\text{齿轮啮合}}$③推回手柄

2）电路控制过程：

①原速（低速或高速）——②反接制动$\xrightarrow{\text{冲动}}$③原速（低速或再转高速）

3）M1 在主轴变速时的冲动控制。图 7-51 是 M1 停车时主轴变速主电动机冲动控制电路。

① 手柄在原位：M1 停转，KS1 常闭触头（17—18）闭合。限位开关 SQ1 和 SQ2 被压动，它们的常闭触头 SQ1-2（8—17）和 SQ2（18—16）分断。

② 拉出手柄，转动变速孔盘；SQ1 和 SQ2 复位，KM1 线圈经 8—17—18—16—15—4 得电，KM6 线圈经 8—17—23—22—4 得电动作，M1 经限流电阻 R（KM3 未得电）联结成三角形低速正向旋转。

当 M1 转速升高到一定程度，KS1 常闭触头（17—18）分断，KM1 线圈失电释放，M1

脱离正转电源；由于 KS1 常开触头（17—21）闭合，KM2 线圈经 2—8—17—21—20—4 得电动作，M1 反接制动。

当 M1 转速下降到一定程度时，KS1 常开触头（17—21）分断，KM2 线圈失电释放；KS1 常闭触头（17—18）闭合，KM1 线圈又得电动作，M1 再次起动。

M1 重复上述过程，间歇地起动与反接制动，处于冲动状态，有利于齿轮良好啮合。

③ 推回手柄：只有在齿轮啮合后，才可能推回手柄。压动 SQ1 和 SQ2，SQ1-1 常开触头（13—12）闭合，SQ1-2 常闭触头（8—17）和 SQ2 常闭触头（18—16）分断，切断 M1 的电源，M1 停转。

4）下面分析 M1 在高速正向转动时，主轴变速的控制原理。

① 手柄在原位：压动 SQ1 和 SQ2。这时 M1 在 KA1、KM3、KT1、KM1、KM7、KM8 等线圈得电动作，KS1 常开触头（17—21）闭合的情况下高速正向转动（如图 7-48 所示）。

② 拉出手柄，转动变速孔盘：SQ1 和 SQ2 复位，它们的常开触头分断，SQ1-2 常闭触头（8—17）和 SQ2 常闭触头（18—16）闭合，使 KM3、KT1 线圈失电，进而使 KM1、KM7 和 KM8 线圈也失电，切断 M1 的电源。

继而 KM2 和 KM6 线圈得电动作（如图 7-50 所示），M1 串入限流电阻 *R* 反接制动。制动结束后，KS1 常闭触头（17—18）闭合，KM1 线圈得电控制 M1 正向低速冲动，以利于齿轮啮合（如图 7-51 所示）。

③ 推回手柄：只有齿轮已啮合，才可能推回手柄。SQ1 和 SQ2 又被压动，KM3、KT1、KM1 和 KM6 等线圈得电动作，M1 先正向低速起动，后在 KT1 的控制下，自动变为高速（新转速）转动。

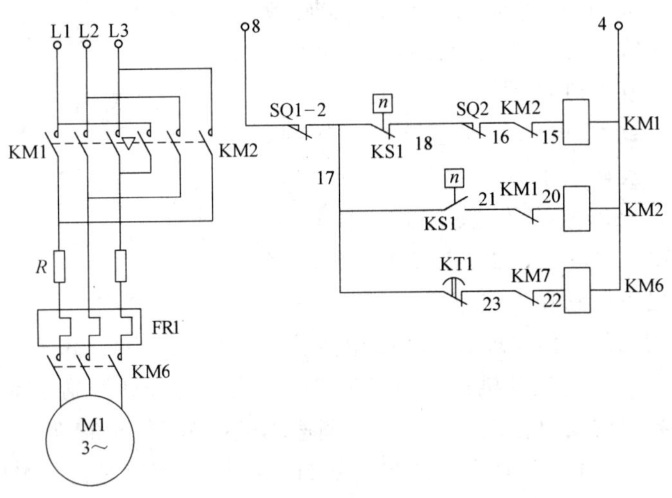

图 7-51 主轴变速时主电动机冲动控制电路

图 7-52 是正向高速运行中主轴变速控制过程图。

5）M1 在进给变速时的冲动控制。其工作原理与主轴变速时相似。拉出进给变速手柄，使限位开关 SQ3 和 SQ4 复位，推入手柄则压动它们。

（二）快速移动

对于主轴箱、工作台或主轴的快速移动，先将有关手柄扳动，接通有关离合器，挂上有关方向的丝杠。然后由快速操纵手柄压动限位开关 SQ8 或 SQ7，控制接触器 KM4 或 KM5 线圈动作，使快速移动电动机 M2 正转或反转，拖动有关部件快速移动（如图 7-44 所示）。

1）将快速移动手柄扳到“正向”位置，压动 SQ8，SQ8 常开触头（28—27）闭合，KM4 线圈经 8—28—27—26—4—3—0 得电动作，M2 正向转动。

将手柄扳至中间位置，SQ8 复位，KM4 线圈失电释放，M2 停转。

2）将快速移动手柄扳到“反向”位置，压动 SQ7，KM5 线圈得电动作，M2 反向转动。

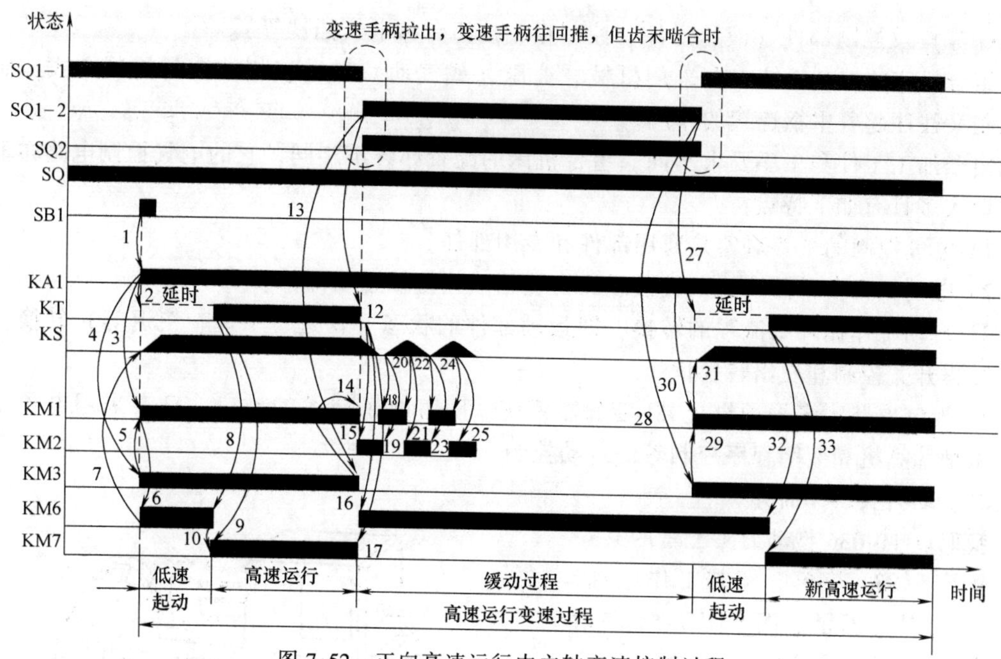

图 7-52　正向高速运行中主轴变速控制过程

（三）主轴箱、工作台与主轴机动进给联锁

为防止工作台、主轴箱与主轴同时机动进给，损坏机床或刀具，在电气线路上采取了联锁措施。联锁是通过两个并联的限位开关 SQ5 和 SQ6 来实现的。

当工作台或主轴箱的操纵手柄扳在“机动进给”时，压动 SQ5，SQ5 常闭触头（2—8）分断；此时如果将主轴或花盘刀架操纵手柄扳在“机动进给”位置，则压动 SQ6，SQ6 常闭触头（2—8）分断。两个限位开关的常闭触头都分断，切断了整个控制电路的电源，于是 M1 和 M2 都不能运转。

四、想一想，练一练

1. 镗床主要用于______的______加工，可分为______镗床和______镗床两大类。

2. 卧式镗床应用较多，可以进行____孔、____孔、____孔、____孔及加工端平面等。

3. 为适应各种加工工艺要求，有______的调速范围，主电动机采用双速电动机（______/______），用以拖动______运动和______运动。主运动和进给运动的速度调节采用______孔盘机构。

* 第七节　组合机床知识

一、组合机床概述

组合机床是由一些通用部件和按加工需要而设计的专用部件组成的高效率自动化或半自动化的专用机床。在这类机床上可进行钻孔、扩孔、铰孔、镗孔、攻螺纹、车削、铣削、磨削及精加工等工序，一般采用多轴、多刀、多工序及多面同时加工，大都具有自动工作循环功能。组合机床适用于大批量产品或定型产品的生产。

组合机床的通用部件中的动力部件有动力头和动力滑台。动力头能同时完成刀具切削运动和进给运动，而动力滑台则只能完成进给运动。通用部件中还有支承部件（滑座、床身和立柱等）及控制部件（液压元件、控制板、按钮台和电气挡铁等）。

组合机床的控制系统大多采用机械、液压（或气动）和电气相结合的控制方式，而电气控制又往往起着中枢连接的作用。

由于加工工件和工序要求不同，组合机床的配置亦各不相同，它的电气控制电路亦不相同，但大多具有如下特点：

1）电气控制的主要对象是通用部件和专用部件。

2）电动机大多不需调速，直接或经齿轮箱减速拖动运动部件。

3）自动工作循环中流程的转换，即运动部件的状态（快进、工进、快退等）转换，大多由行程开关控制和发出转换信号。

4）控制电路大多采用继电器-接触器系统。随着电子技术的推广，已有采用电子元器件、微型计算机和数字程序控制等的自动控制。

二、动力头工作简介

我们以JT4036型动力头配置的某一组合机床为例，简单介绍其工作原理。图7-53是其外形示意图。图7-54是动力头内传动系统示意图。

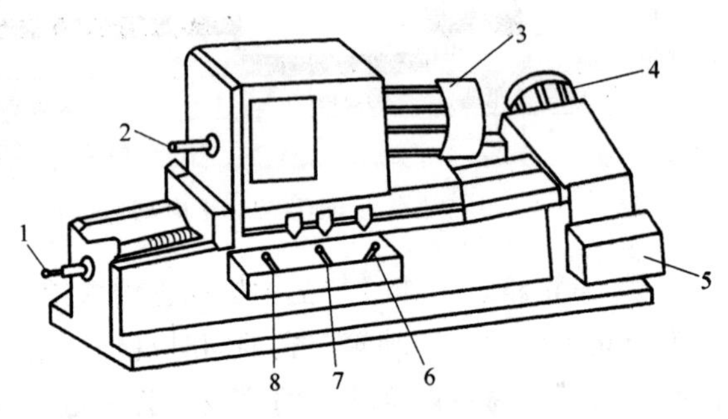

图7-53 动力头外形示意图

1—丝杠 2—主轴 3—主轴及进给电动机 4—快速移动电动机 5—制动电磁闸 6—SQ1 7—SQ2 8—SQ3

JT4036型动力头是箱体移动式动力头，具有丝杠进给动力装置，由快速移动电动机正反转完成快速进退，由主轴电动机完成主轴旋转和进给。

主轴电动机通过两对交换齿轮A、B、C、D驱动主轴旋转；又由蜗杆带动蜗轮，经两对进给齿轮E、F、G、H及摩擦离合器（图7-54未画出），将转矩传递给第二副蜗杆、蜗轮，使套筒回转，装在套筒上的螺母随之回转。此时，丝杠被装在滑座上的快速移动装置的制动电磁闸所制动，故螺母的回转驱使动力头进行工作进给（工进）。

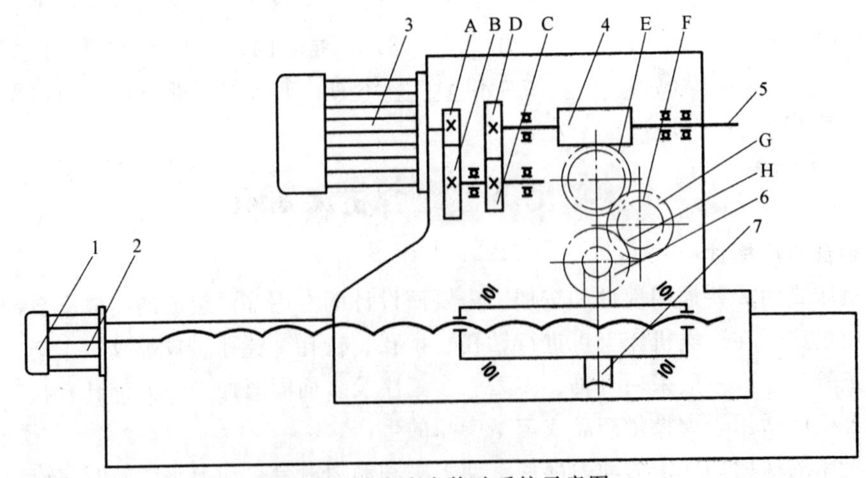

图7-54 动力头内传动系统示意图

1—制动电磁闸 2—快速移动电动机 3—主轴及进给电动机 4—蜗轮 5—主轴 6—螺杆 7—蜗轮

动力头作快速进退时，主轴电动机停转，套筒和螺母不转动，这时电磁闸放松，快速移动电动机经丝杠拖动动力头快速进退。

本章小结

本章内容是在掌握前几章内容，即常用低压电器及电气控制基本环节的基础上，总结电气控制系统分析的基本内容和一般规律，并通过典型机床的电气控制系统的实例分析介绍，了解各种电气控制系统的应用，说明电气控制系统分析的方法和步骤，以提高阅读电气控制系统控制电路的能力。

电气控制系统分析的基本要求是通过对设备说明书、电气原理图、安装布置图、接线图以及各种技术资料的阅读分析，掌握生产设备的工作原理、控制过程和控制方法，为设备的安装、调试、维修及设备的合理使用打下基础。

在进行分析时，首先必须对生产设备的基本结构，拖动方式，运动形式，操纵方法，电气元件的作用和配置情况，机械、液压系统与电气控制系统的关系等方面有一个全面了解。在此基础上，以电气原理图为主，结合其他技术资料进行系统分析。

分析电气原理图，一般采用主电路—控制电路—辅助电路—联锁、保护环节的顺序，先化整为零进行分析，然后再集零为整，进行整体归纳。最基本的分析方法是查线读图法。

习 题 七

一、填空题

7.1 机床通常是指用____的方法，将金属____加工成____的机器。

7.2 机床是按____性质和所用的____的不同来分类的。

7.3 通常用两只接触器来控制电动机的正反转，而 C650 型车床对 M1 的控制，则多用一个接触器 KM4，这是使 M1 可以在____动时____压____速转动。

7.4 C650 型车床采用____原则，实现____向____制动。

7.5 C650 型车床电气原理图（图 7-2）中，接有电流表，其作用是监测 M1____情况，调节____量，以提高____。

7.6 M7120D 型平面磨床设置有欠电压继电器 KUV，这是为了：当出现欠电压时，使 KM1 和 KM2 线圈____电，M1、M2、M3 电动机____，避免电磁吸力____，使加工工件____。

7.7 在图 7-15 电路中，KM5 是给电磁工作台提供____回路，KM6 是给电磁工作台提供____回路。

7.8 Z3040 型钻床的摇臂，当外立柱____时，可与外立柱一同绕____旋转；当外立柱____时，可沿____升降。

7.9 Z3040 型钻床有四台电动机工作，且____、____、____需要协调配合，故各电动机需要按一定的____接入电源。

7.10 X62W 型万能铣床的工作台，可作____、____、____三个方向移动，便于调整____与铣刀____的位置和加工进给____的选择。

7.11 X62W 型万能铣床主轴电动机 M1 有三种控制：____起动、____制动和____冲动。

7.12 X62W 型万能铣床工作台进给电动机 M2 有三种控制：____运动、____移动和____冲动。

7.13 由镗床的电气原理图（图 7-44）中的主轴电动机 M1 的出线端可看出，M1 是一台____电动机，且是____结构。

7.14 组合机床一般采用多____、多____、多____和多____同时加工，以提高____效率。

7.15 组合机床工作循环中的运动状态，一般是____、____、____的转换。

二、电路题

7.16 用逻辑表达式写出图 7-8 的 C650 型卧式车床主轴电动机反转时反接制动控制电路的工作原理。

7.17 M7120D 型平面磨床设置了欠电压继电器，是否可用电流继电器来代替？电路应如何连接？

7.18 试用逻辑表达式分析图 7-24 的 Z3040 型摇臂钻床摇臂下降控制电路的工作原理。

7.19 图 7-44 中，主轴电动机 M1 有多根引出线，若按顺时针排列为 U1V1W1、U2V2W2，试画出低速（三角形）和高速（星形）时定子绕组的连接图。

第八章 位置检测装置

[教学要求]

了解各种位置检测装置的结构、工作原理及方式。

第一节 位置检测装置概述

在数控装置中伺服系统是指以机床移动部件的位置和速度为控制量的自动控制系统，又称随动系统。

本章介绍伺服系统的主要组成——位置检测装置。它是数控机床闭环（半闭环、混合闭环）控制系统中保证加工精度的重要装置，它指出加工的零部件的实际偏移量，随时与加工指令所规定的控制量相比较，以便数控系统纠正偏差值，对于提高加工精度有决定性影响。

它检测机床工作台的位移、伺服电动机的角位移和速度，将信号反馈到伺服驱动装置或数控装置，和预先给定的理想值相比较，得到的差值用于实现位置闭环控制和速度闭环控制。

位置检测装置通常利用光或磁的原理完成对位移或速度的检测。位置检测装置的精度一般用分辨率表示，分辨率是位置检测装置所能正确检测的最小数量单位，它由位置检测装置本身的品质以及测量电路决定。数控装置位置接口电路中常对反馈信号进行倍频处理，以进一步提高测量精度。不同的数控机床对位置检测装置的精度要求、允许的最高移动速度都不相同。一般要求位置检测装置的分辨率在 0.0001~0.1mm 之间，测量精度为±(0.001~0.2) mm/m。系统分辨率不宜过小，按机床加工精度的 1/10~1/3 选取。

位置检测装置一般也可用于速度测量。位置检测和速度检测可以采用各自独立的检测元件，例如速度检测采用测速发电机，位置检测采用光电编码器，也可以共用一个检测元件，例如都用光电编码器。

在工作台移动范围内，通常要求位置检测装置的分辨度（率）（即检测的最小偏移量）在 0.001~0.01mm 范围之内，进给速度为 0~30m/min。

一、对位置检测装置的要求

1）寿命长，可靠性高，抗干扰能力强。

2）满足精度、速度和测量范围的要求。快速移动速度达到每分钟数十米，旋转速度达到 2500r/min 以上。

3）使用维护方便，适合机床工作环境。

4）适应高速的动态测量和处理，易于实现自动化。

二、位置检测装置的分类

位置检测装置根据测量方式的不同，可有以下几种分类方式。

1. 直接测量和间接测量

直接测量是将位置检测装置直接安装在执行部件上。测量直线位移量常用光栅、感应同步器等位置检测装置。其优点是直接反映工作台的直线位移量，测量精度高；缺点是位置检测装置要和行程等长，这对大型数控机床是一个很大的限制。

间接测量是测量与工作台直线运动相关联的回转运动，间接地测量工作台的直线位移，测量装置常用旋转变压器等。间接测量使用可靠方便，无长度限制；其缺点是测量信号加入了直线运动转变为回转运动的传动链误差，从而影响测量精度。

根据伺服系统位置检测的特点，把传感器分为回转型和直线型，回转型用于检测角位移，直线型用于检测直线位移。数控机床中常用的位置检测装置见表 8-1。

表 8-1 数控机床中常用的位置检测装置

类型	数字式		模拟式	
	增量式	绝对式	增量式	绝对式
回转型	增量式光电脉冲编码器、圆光栅	绝对式光电脉冲编码器	旋转变压器、圆形感应同步器、圆形磁尺	多极旋转变压器 三速圆形感应同步器
直线型	计量光栅 激光干涉仪	多通道透射光栅	直线型感应同步器、磁尺	三速直线型感应同步器 绝对值式磁尺

2. 增量式测量和绝对式测量

增量式测量只测量位移增量，每移动一个基本长度单位就发出一个测量信号。此信号通常是脉冲形式。其优点是位置检测装置简单，任何一个对中点都可以作为测量起点，圆光栅及增量式光电脉冲编码器是增量式测量装置。

绝对式测量对于被测量的任一点位置都由一个固定的零点算起，每一被测点都有一个相应测量值，常以数字表示。对分辨率要求越高，结构越复杂。典型的绝对式测量装置为接触式光电脉冲编码器和绝对式光电脉冲编码器。

3. 接触式测量和非接触式测量

接触式测量的测量传感器与被测对象间存在着机械联系，因此机床本身的变形、振动等因素对测量产生一定的影响。典型的接触式测量装置有光栅、接触式编码器。

非接触式测量的测量传感器与测量对象是分离的，不发生机械联系。典型的非接触式测量装置有光电脉冲编码器等。

4. 数字式测量和模拟式测量

数字式测量是量化后用数字形式表示被测的量。数字式测量的输出信号一般是电脉冲，可以把它直接送到数控装置（计算机）进行比较、处理。典型的数字式测量装置有光电脉冲编码器、光栅等。

数字式测量的特点有：测量装置简单；信号抗干扰能力强；被测量转化成脉冲个数，且便于显示处理；测量精度取决于测量单位，与量程基本无关。

模拟式测量是被测的量用连续的变量表示，如电压、相位的变化。模拟式测量主要用于小量程的测量，例如感应同步器一个线距内的信号相位变化等。典型的模拟式测量装置有旋转变压器、感应同步器等。

模拟式测量特点：直接测量被测量，无须变换；在小量程内可以实现高精度测量。

三、想一想，练一练

1. 位置检测装置是保证______的重要装置。

2. 位置检测装置检测出加工零件的实际______，随时与加工指令所规定的控制量相比较，以便数控系统纠正______。

3. 通常要求位置检测装置的分辨率在______ mm 之内，进给速度为______ m/min。

4. 对位置检测装置的要求有：______长，可______要高，抗______强。

5. 位置检测装置要满足______度、______度和测量______的要求。

6. 位置检测装置的检测方式有：______测量和______测量；______式测量和______式测量；______式测量和非______式测量；______式测量和______式测量。

第二节　旋转变压器

旋转变压器是自动装置中的一种精密控制微电机。因其基本原理与变压器相同，可以看成是一种能旋转的变压器，也因此而得名。它是利用电磁感应原理的一种模拟式角度测量元件。

它的一、二次绕组分别放在定、转子上，转动转子可以改变定、转子绕组间的电磁耦合程度，因此转子绕组输出电压与转子转角有关，它把转子转角转换为电压输出。

使输出电压与转子转角的正、余弦成正比的旋转变压器称为正、余弦旋转变压器。

在一定范围内，输出电压与转子转角成正比的旋转变压器称为线性旋转变压器。

旋转变压器在控制系统中可作为解算元件，用于坐标变换、三角函数运算等；在随动系统中可用于传输与转子转角相应的电信号；还可用作移相器和角度-数字转换装置等。

一、旋转变压器的结构特点

它的定、转子上分别安装两个互相垂直的绕组，如图 8-1 所示。

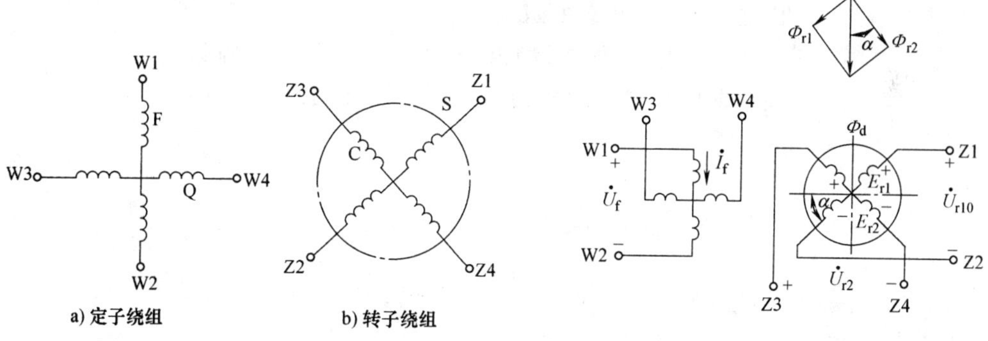

图 8-1　旋转变压器定、转子绕组

图 8-2　正弦旋转变压器的空载运行

定子绕组为一次绕组，其中 W1—W2 为励磁绕组，W3—W4 为补偿绕组。转子绕组上的 Z1—Z2 和 Z3—Z4 为正弦和余弦绕组，这两个绕组的结构完全相同，作为输出绕组。定、转子间气隙是均匀的，气隙磁场一般为两极。

二、正、余弦旋转变压器的工作原理

（一）正、余弦旋转变压器的空载运行

空载运行示意图如图 8-2 所示。设转子输出绕组的轴线与交轴之间夹角 α 为正弦转子（Z1—Z2）的转角。这时转子是开路的，可求得转子输出电压。

为求得转子电动势，将 d 轴励磁磁通 $\boldsymbol{\Phi}_{d}$ 分解为与正弦绕组轴线方向一致的磁通 $\boldsymbol{\Phi}_{r1}$ 和与正弦绕组轴线垂直的磁通 $\boldsymbol{\Phi}_{r2}$，磁通幅值的大小为

$$\boldsymbol{\Phi}_{r1}=\boldsymbol{\Phi}_{d}\sin\alpha$$

$$\Phi_{r2}=\Phi_d\cos\alpha$$

正弦绕组和余弦绕组的开路输出电压分别为

$$U_{r10}=E_{r1}=4.44fN_rK_{wr}\Phi_{r1}=4.44fN_rK_{wr}\Phi_d\sin\alpha$$

$$U_{r20}=E_{r2}=4.44fN_rK_{wr}\Phi_{r2}=4.44fN_rK_{wr}\Phi_d\cos\alpha$$

从 $E_f=4.44fN_sK_{ws}\Phi_d$ 解出 Φ_d 后，代入以上两式，得

$$U_{r10}=E_{r1}=\frac{4.44fN_rK_{wr}}{4.44fN_sK_{ws}}E_f\sin\alpha=K_uU_f\sin\alpha$$

$$U_{r20}=E_{r2}=\frac{4.44fN_rK_{wr}}{4.44fN_sK_{ws}}E_f\cos\alpha=K_uU_f\cos\alpha$$

从上两式可看出，当输出绕组空载时，正弦绕组输出的电压是转子转角 α 的正弦函数，余弦绕组输出的电压是转子转角 α 的余弦函数。

（二）正弦旋转变压器的负载运行

输出绕组接上负载后，转子绕组中将有电流流过。输出绕组也将产生脉振磁通势，此时旋转变压器的运行情况与普通变压器的有载运行情况是相同的。

正弦旋转变压器负载运行的原理图如图 8-3 所示。

输出绕组中的电流 $\dot{I}_{r1}$的大小可用下式计算：

$$\dot{I}_{r1}=\frac{\dot{E}_{r1}}{Z_{L1}+Z_{\sigma r}}$$

式中，$Z_{\sigma r}$是转子绕组的阻抗；Z_{L1}是负载的阻抗。

转子电流也要产生磁通势并与励磁磁通势相互作用，共同形成气隙磁通势。

由于转子电流的存在，此时正弦绕组输出电压与转子转角之间的关系，不再是正弦规律，产生了畸变，如图 8-4 所示。

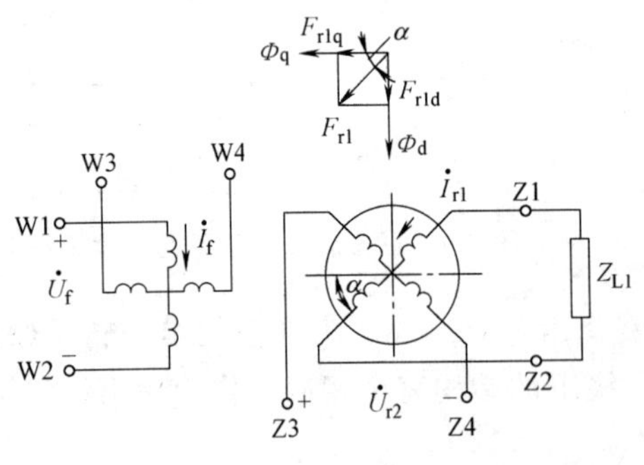

图 8-3 正弦旋转变压器负载运行

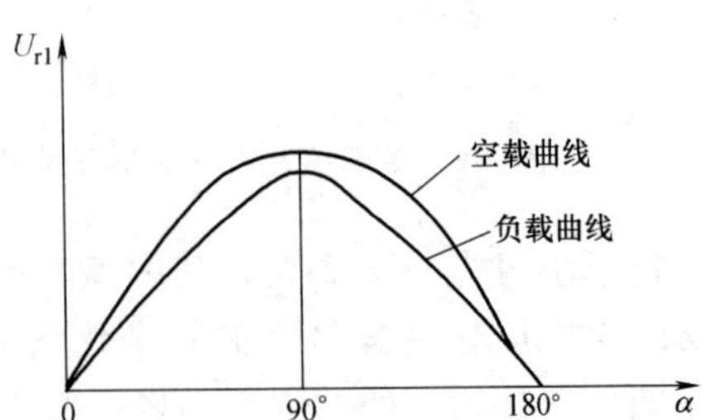

图 8-4 正弦绕组输出电压与转子转角的关系

这是因为气隙磁通势沿定子内圆作正弦分布，其幅值 F_{r1}位于正弦绕组（Z1-Z2）的轴线上（参见图 8-3），气隙磁通势 F_{r1}可分解两个分量：一个分量与励磁绕组（W1—W2）轴线一致，称为直轴磁通势 F_{r1d}，$F_{r1d}=F_{r1}\sin\alpha$；另一个分量与励磁绕组的轴线正交，称为交轴磁动势 F_{r1q}，$F_{r1q}=F_{r1}\cos\alpha$。按照变压器的磁通势平衡关系，由于励磁磁通 Φ_m 幅值和电动势基本不变，直轴磁通势 F_{r1d}由励磁磁通增加一个负载电流分量给予补偿，而交轴磁通势

由于与励磁绕组轴线正交，不可能由励磁绕组中的励磁电流给予补偿，这是输出电压产生畸变的主要原因。

对于一定转角，负载越大（Z_L 越小），I_{r1}越大，畸变程度越大。

同样，如余弦绕组（Z3—Z4）带上负载，输出电压也会产生畸变。

为了消除输出电压的畸变，必须在负载运行时设法对交轴磁通势给予补偿，以消除交轴磁通势。通常采用二次侧补偿法、一次侧补偿法和一、二次侧同时补偿法。

1. 二次侧补偿法

在转子的余弦绕组也接入合适的负载 Z_{L2}，使余弦绕组也产生转子磁通势，去抵消正弦绕组产生的磁通势的影响。此种补偿方法称为二次侧补偿法，其原理图如图 8-5 所示。

由图 8-5 中相量关系可知，当正弦绕组接上负载 Z_{L1}时，让余弦绕组也带负载 Z_{L2}，有可能使余弦绕组产生的磁通势 F_{r2} 的分量 F_{r2q} 和 F_{r1q}大小相等，方向相反。这时交轴磁通势得到补偿，使其为零。要使正余弦绕组的交轴磁通势分量之和为零，则必须使

$$I_{r1}\cos\alpha = I_{r2}\sin\alpha$$

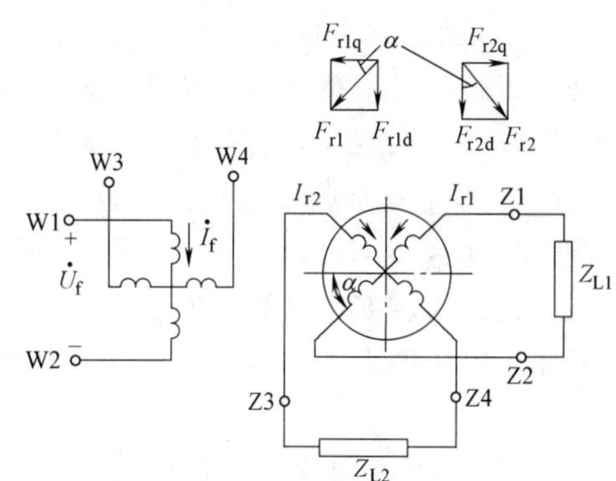

图 8-5　旋转变压器的二次侧补偿原理图

式中，I_{r1}、I_{r2}是正余弦绕组中的电流，$I_{r1}=E_{r1}/Z_{r1}$，$I_{r2}=E_{r2}/Z_{r2}$。

若略去励磁绕组的漏阻抗，正余弦绕组的输出电压，即感应电动势为

$$E_{r1}=KE_f\sin\alpha \approx U_f\sin\alpha$$

$$E_{r2}=KE_f\cos\alpha \approx U_f\cos\alpha$$

故有

$$(KE_f/Z_{L1})\ \sin\alpha\cos\alpha = (KE_f/Z_{L2})\ \sin\alpha\cos\alpha$$

则必然是 $Z_{L1}=Z_{L2}$。此时，正余弦绕组磁通势在直轴上两个分量 F_{r1d}和 F_{r2d}方向相同，合成后对励磁磁通势起去磁作用。

以上表明，当两输出绕组所接负载对称时，旋转变压器交轴磁通势即可为零，输出电压和转子转角之间即可保持严格的正余弦关系。

2. 一次侧补偿法

在定子侧的交轴绕组（W3—W4）中，接入阻抗 Z_q，交轴定子绕组与转子磁通交链产生感应电动势，经绕组及负载阻抗产生交轴电流 I_q，用此电流产生的磁通势去抵消转子磁通势的影响。此种补偿方法称为一次侧补偿法，其原理如图 8-6 所示。

在励磁绕组（W1—W2）中接入交流电压 U_f，有电流 I_f；在交轴绕组（又称补偿绕组 W3—W4）接上阻抗 Z_q，产生的电流为 I_q。输出绕组（正弦绕组 Z1—Z2）接负载 Z_{L1}，并在 Z_{L1}上输出信号电压，输出绕组（余弦绕组 Z3—Z4）开路。

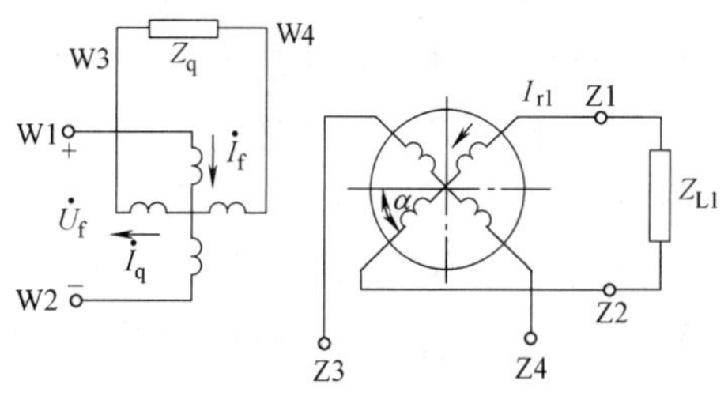

图 8-6　旋转变压器的一次侧补偿原理图

因补偿绕组的轴线在 q 轴上（图 8-5 中设为横向），交轴磁场在补偿绕组中所感应的电流 I_{r1} 在气隙中产生磁通势 F_q，其方向是阻碍交轴磁场变化的，因而对交轴磁场起到去磁作用，达到补偿的目的。

若阻抗 Z_q 等于电源内阻 Z_0，定子两相绕组处于对称状态，则气隙磁场均不含有交轴分量，使特性的畸变得到完全的补偿，通常电源内阻非常小，因而补偿绕组可以短路。

若将正弦绕组开路，在余弦绕组上接负载，将余弦绕组信号电压输出，得到的是补偿的余弦旋转变压器。

3. 一、二次侧同时补偿法

比较二次侧补偿和一次侧补偿两种方法可看出，二次侧补偿时，要得到完全补偿，要求补偿阻抗 Z_{L2} 随负载阻抗 Z_{L1} 变化而变化，这在实际应用上是较困难的。而一次侧补偿时，补偿绕组短路时与负载无关，易于实现，但它对电源内阻要求较高。从减少误差角度考虑，同时采用一、二次侧补偿是有利的，弥补了一次、二次侧补偿法各自的不足。此时在正弦绕组 S 接阻抗 Z_L，在余弦绕组 C 接阻抗 Z'，旋转变压器的四个绕组全部用上。此种补偿法一、二次侧都实现补偿，称为一、二次侧同时补偿法，如图 8-7 所示。

三、线性旋转变压器的工作原理

若输出电压的大小与转子转角 α 成正比关系，则此类旋转变压器称为“线性旋转变压器”。

图 8-8 是一次侧补偿的线性旋转变压器的工作原理图。

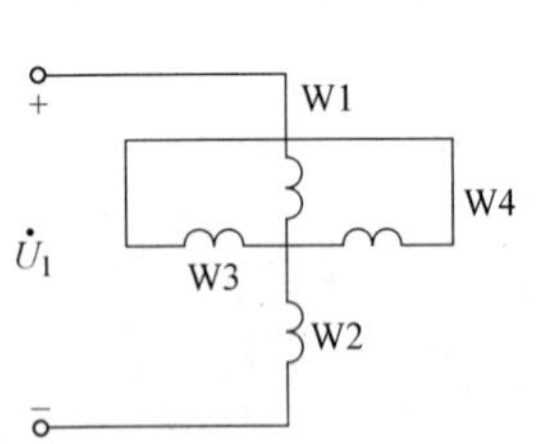

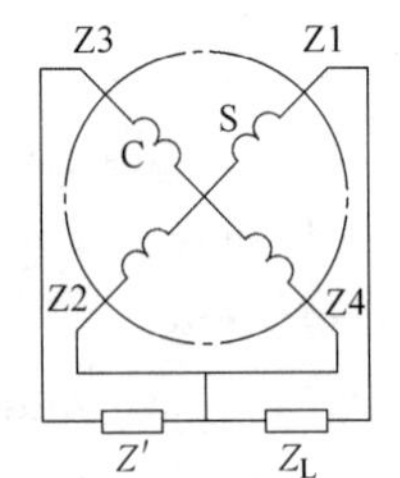

图 8-7 一、二次侧同时补偿的旋转变压器

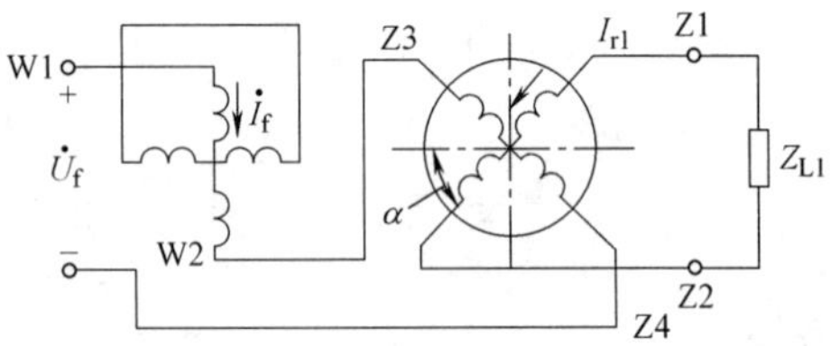

图 8-8 一次侧补偿的线性旋转变压器工作原理

该变压器实际上是正余弦旋转变压器的一种特殊接法。将励磁绕组和余弦绕组串联后，接到单相交流电压源 U_f 上，定子的交轴绕组直接短接作为一次侧补偿绕组，正弦绕组接负载阻抗 Z_{L1}。

当负载开路时，励磁绕组和余弦绕组接到励磁电源 U_f 上，由励磁绕组产生的励磁电流为 I_f，在励磁绕组中产生磁通势 F_f，在余弦绕组中产生磁通势 F_{r2}。磁通势 F_f 就是直轴磁通势，而磁通势 F_{r2} 可分解为直轴磁通势分量 $F_{r2d}=F_{r2}\cos\alpha$ 和交轴磁通势分量 $F_{r2q}=F_{r2}\cos\alpha$。F_f 与 F_{r2d} 合成产生直轴脉振磁通 Φ_d，在设计时，将一次侧的交轴短路补偿绕组产生的感应磁通势与余弦绕组产生的交轴磁通势分量 F_{r2q} 相抵消，因此旋转变压器中不存在交轴磁通势，而仅存在直轴磁通势并产生直轴脉振磁通。

直轴脉振磁通匝链励磁绕组、余弦绕组和正弦绕组，并产生感应电动势 E_f、E_{r1} 和 E_{r2}，由于感应电动势由同一脉振磁通产生，因此其相位相同，各感应电动势通过下式计算：

$$E_f=4.44fN_sK_{ws}\Phi_d$$

$$E_{r1}=4.44fN_sK_{wr}\Phi_d\sin\alpha$$

$$E_{r2}=4.44fN_sK_{wr}\Phi_d\cos\alpha$$

当忽略绕组漏阻抗的影响时，励磁回路电动势平衡方程式为

$$U_f=E_f+E_d=4.44fN_sK_{ws}\Phi_d(1+K_u\cos\alpha)$$

从而可推导出脉振磁通的幅值为

$$\Phi_d=\frac{U_f}{4.44fN_sK_{ws}(1+K_u\cos\alpha)}$$

将上式代入 E_{r1} 可得出正弦绕组的开路输出电压为

$$U_{r10}=E_{r1}=\frac{K_uU_f\sin\alpha}{1+K_u\cos\alpha}$$

当正弦绕组接上负载后，由于交轴绕组的补偿作用，输出电压基本不变。

对 U_{r10}式中的 $\sin\alpha$ 和 $\cos\alpha$ 在 $\alpha=0$ 进行级数展开，得

$$\sin\alpha=\alpha-\frac{\alpha^3}{3!}+\frac{\alpha^5}{5!}-\frac{\alpha^7}{7!}+\cdots$$

$$\cos\alpha=1-\frac{\alpha^2}{2!}+\frac{\alpha^4}{4!}-\frac{\alpha^6}{6!}+\cdots$$

设电压比为 0.5，代入 U_{r10}式中，得

$$U_{r10}=\frac{1}{3}U_f\alpha$$

由此可见，正弦绕组的输出电压与转子转角近似为线性关系，与理想直线比较，误差不大于 0.06%。由 U_{r10}式作出输出特性曲线如图 8-9 所示。

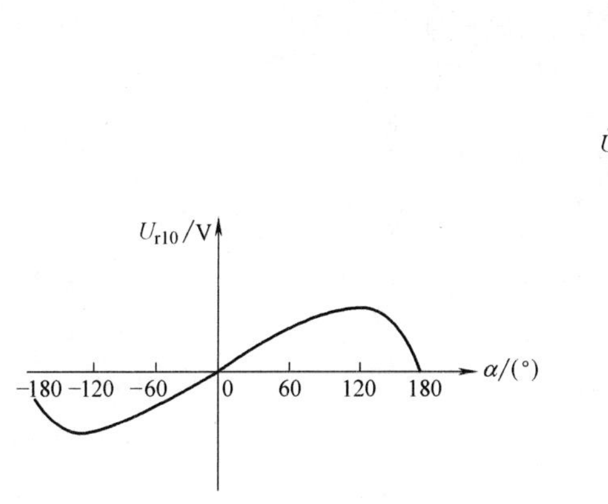

图 8-9　线性旋转变压器的输出特性曲线

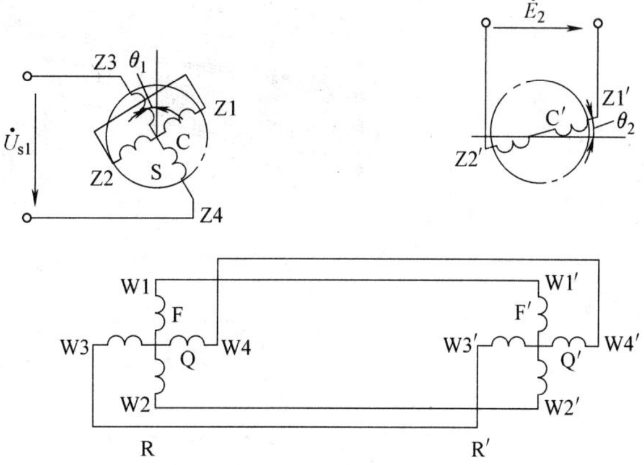

图 8-10　用一对旋转变压器测角差

在实际应用中，为了获得最佳特性曲线，电压比 K_u 取 0.56~0.57。由于一次侧补偿绕组短接与负载阻抗无关，使用较为方便，在实际使用中多采用此法。

四、旋转变压器的应用

以下介绍旋转变压器在测量角差方面的应用。图 8-10 是用一对旋转变压器测量角差的接线图。

将一对旋转变压器的定子绕组 F—F′和 Q—Q′一一对应连接，旋转变压器 R 作为发送

机，给发送机的转子绕组 S 接励磁电压 U_{s1}，绕组 C 短接以补偿交轴磁通。另一个旋转变压器 R′作为接收机，接收机的绕组 C′作为输出绕组，这样输出绕组 C′的两端可得到一个与两转轴的差角 $\theta=\theta_1-\theta_2$ 的正弦函数成正比的输出电动势 E_2。当 θ 较小时，E_2 正比于 θ，所以可用来测量转轴间的角差。

五、想一想，练一练

1. 旋转变压器是一种精密______微电机，可看成是一种能______的______器。
2. 旋转变压器的转子绕组输出电压与______转角有关，把转角转换为______输出。
3. 使输出______与转角______成正比的，称为______旋转变压器。
4. 旋转变压器在控制系统中，可作为______元件；在随动系统中，可用于______与______相应的电信号；还可用作移相器和角度—______转换装置。
5. 旋转变压器是利用电磁______原理的一种______式______测量元件。

第三节 感应同步器

感应同步器又称平面变压器，是一种感应式角度或位移传感器。它是利用两个平面绕组的电磁感应原理进行工作的一种较新颖而精密的检测元件，在精密机床、数字显示系统、数控机床闭环伺服系统以及高精度跟踪系统中广泛应用。它能自动直接测量机械加工过程的长度或角度，可作为点位控制和数控机床的位置反馈元件，是模拟式测量装置。

它分为：直线式感应同步器，长度精度可达 1μm；旋转式感应同步器，角度精度可达 0.5″。

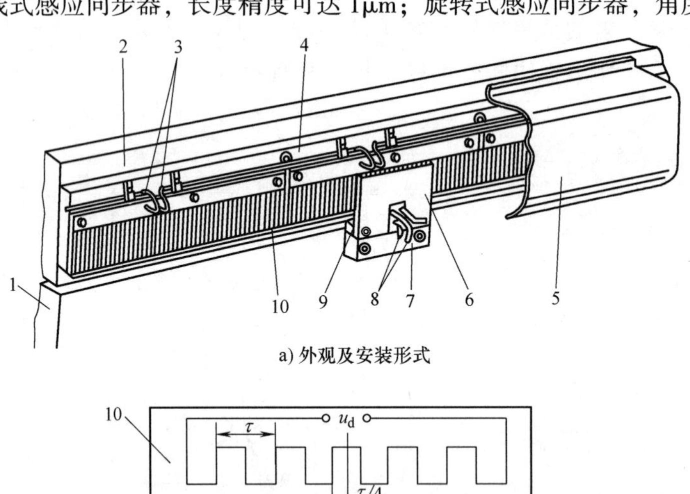

a) 外观及安装形式

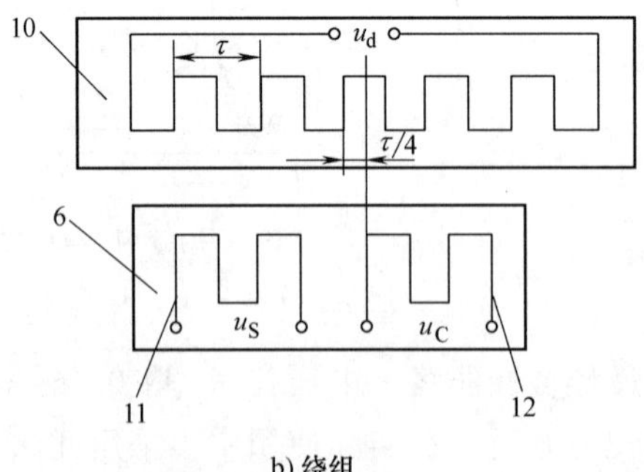

b) 绕组

图 8-11 直线式感应同步器

1—固定部件（床身） 2—运动部件（工作台或刀架） 3—定尺绕组引线 4—定尺座 5—防护罩 6—滑尺 7—滑尺座 8—滑尺绕组引线 9—调整垫 10—定尺 11—正弦励磁绕组 12—余弦励磁绕组

一、直线式感应同步器

（一）基本结构

直线式感应同步器主要由定尺（相当于定子）和滑尺（相当于转子）组成。图 8-11 是其结构图。

一般定尺绕组是连续的，它由许多具有一定宽度的导片串联而成，均匀分布在长条基片上。滑尺上有许多绕组，相邻两绕组之间空间位置相差 $\tau/4$（τ 是极距）。相邻两绕组分别称为正弦绕组 S 和余弦绕组 C，所有 S 绕组和 C 绕组分别对应串联。滑尺和定尺相互平行安装，间隙应尽量小些，一般在 0.25mm 左右。

（二）基本工作原理

将定、滑尺垂直剖开，得到图 8-12 所示的剖面图。图中只画出部分导片，以小圆表示。定尺单相绕组加交流励磁电压 $U_f = U_{fm}\sin\omega t$，在定子导片中产生了励磁电流 I_f。各导片间产生磁极 S 和 N。每条导片相当于电动机一个极，相邻两个导片的距离是一个极距 τ。

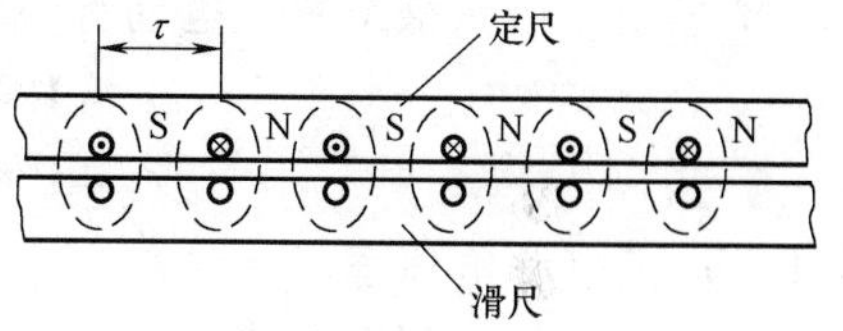

图 8-12　直线式感应同步器的剖面图

定尺各点的磁通是正弦交变的脉振磁场，在滑尺导片上产生感应电动势，其有效值的大小取决于定、滑尺之间的电磁耦合程度，即与两尺之间相对位置密切有关。

由图 8-13 可看出，在位置 a，导片磁通势的耦合最强，感应电动势最大；在位置 b，导片磁通势的耦合为零，感应电动势亦为零；在位置 c，导片磁通势的耦合又最强，但与位置 a 的磁通方向相反，所以感应电动势为负最大；在位置 d，导片磁通势的耦合又为零，感应电动势为零；在位置 e，情况与 a 相同。如此周而复始，滑尺的感应电动势随滑尺的位移 x 的变化作周期性变化，其周期为 2τ，如图 8-14 所示。由电机原理知，一对极的电角度为 360°，即 2τ 对应 360°，则滑尺位移 x 的电角度为

$$\theta = (360°x)/(2\tau)$$

一个导片感应电动势的有效值为

$$E_1 = E_{1m}\cos\theta = E_{1m}\cos(180°x/\tau)$$

式中，E_{1m} 为一个导片在 $x=0$、τ、$2\tau\cdots$ 位置时感应电动势有效值的最大值。

当滑尺的余弦绕组由 N_C 个导片串联时，余弦绕组总感应电动势有效值为

$$E_C = N_C E_1 = E_{2m}\cos(180°x/\tau)$$

式中，E_{2m} 为余弦绕组感应电动势有效值的最大值。

由于正弦绕组 S 和余弦绕组 C 在空间间隔 $\tau/4$，即 90°电角度，所以正弦绕组的感应电动势有效值为

$$E_S = E_{2m}\sin(180°x/\tau)$$

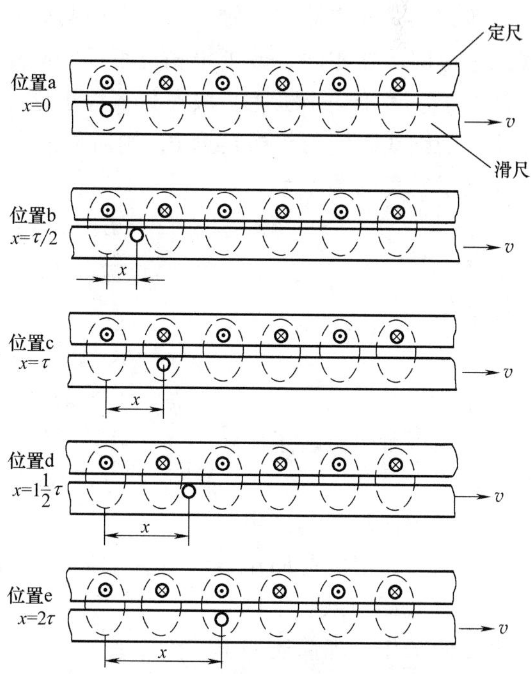

图 8-13　定、滑尺相对位置改变时滑尺导片所匝链磁通的变化

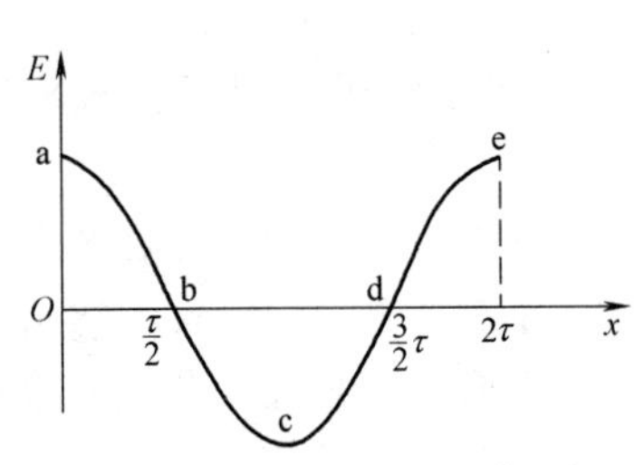

图 8-14 滑尺导片感应电动势有效值

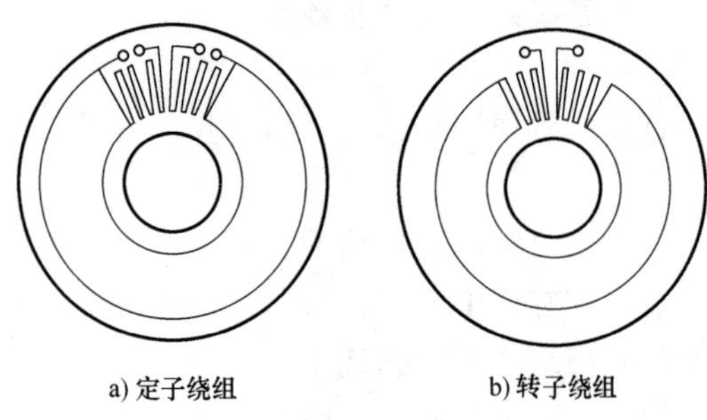

图 8-15 旋转式感应同步器

滑尺正、余弦绕组感应电动势瞬时值为

$$e_S = 1.414E_{2m}\sin(180°x/\tau)\sin\omega t$$

$$e_C = 1.414E_{2m}\cos(180°x/\tau)\sin\omega t$$

式中，ω 是电源角频率。

从以上分析表明，直线式感应同步器的感应电动势与正、余弦旋转变压器十分类似，不同的是直线式感应同步器用（$180°x/\tau$）表示相应的电角度。而正、余弦旋转变压器是用转子输出绕组的轴线与交轴之间的夹角 α 表示电角度。

二、旋转式感应同步器

旋转式感应同步器又称圆盘形感应同步器。它做成两个可进行相对转动的圆盘，其固定的圆盘称为定子，转动的圆盘称为转子，如图 8-15 所示。转子为单相绕组，定子分为许多绕组。相邻两绕组相互差 90°电角度。

旋转式感应同步器定、转子两个平面与转轴垂直安装。旋转式感应同步器的工作原理与直线式感应同步器相同。转子单相绕组加励磁电压时，它的每一根导片便形成一个极，相邻两导片的距离等于一个极距。极对数 p 等于导片数的 1/2。若设定子上的余弦绕组的轴线与励磁绕组的轴线之间的机械角为 θ，则对应的电角度为 $p\theta$，定子正、余弦绕组感应电动势有效值与转子转角的关系为

$$E_S = E_{2m}\sin(p\theta)$$

$$E_C = E_{2m}\cos(p\theta)$$

其瞬时值为

$$e_S = 1.414E_{2m}\sin(p\theta)\sin\omega t$$

$$e_C = 1.414E_{2m}\cos(p\theta)\sin\omega t$$

从上式可看出，转子旋转一周，旋转式感应同步器定子正、余弦绕组的感应电动势变化 p 个周期。

三、感应同步器的应用

下面简单介绍感应同步器在鉴幅式测量系统中的应用。图 8-16 是鉴幅式测量系统框图。

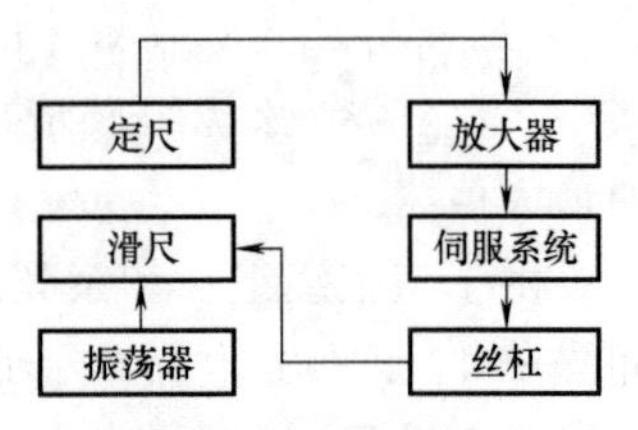

图 8-16 鉴幅式测量系统框图

电路的工作原理简述如下：

图中振荡器产生 10Hz 的正弦波 $\sin\omega t$，经控制系统产生 $\sin\theta_E$ 和 $\cos\theta_E$，使滑尺正、余弦绕组分别励磁，各励磁电压为

$$U_S = U_m \sin\omega t \sin\theta_E$$

$$U_C = U_m \sin\omega t \cos\theta_E$$

当滑尺相对定尺作位移时，θ_M 变化，则在定尺绕组产生感应电动势为

$$e = KU_m \cos\omega t \sin(\theta_M - \theta_E)$$

式中，θ_M 为定、滑尺间的相对机械位移角。

若 $\theta_E \neq \theta_M$ 时，则感应电动势 e 经放大后，通过伺服系统变为工作机械的旋转运动，带动滑尺移动，改变 θ_M 值，直到 $\theta_M = \theta_E$ 时，则输出感应电动势 $e=0$，伺服系统才停止工作，工作机械停止旋转，完成定位。

这种测量系统是将实际位置与指令位置进行比较，当两者一致时就实现定位，它和点位控制数控机床的运动要求是相符的。

四、想一想，练一练

1. 感应同步器是一种感应式______或______传感器。
2. 感应同步器是利用两个______绕组的______感应工作的。
3. 感应同步器能测量机械加工过程的______或______。
4. 感应同步器是______式测量装置。

第四节　光　　栅

光栅也称为光栅尺，是一种高精度的直线位移传感器，用于测量工作台的位移，属直接测量，它将机械位移模拟量转换为数字脉冲，反馈给数控装置，形成位置闭环伺服系统，是绝对式测量装置。图 8-17 是光栅的外观图。

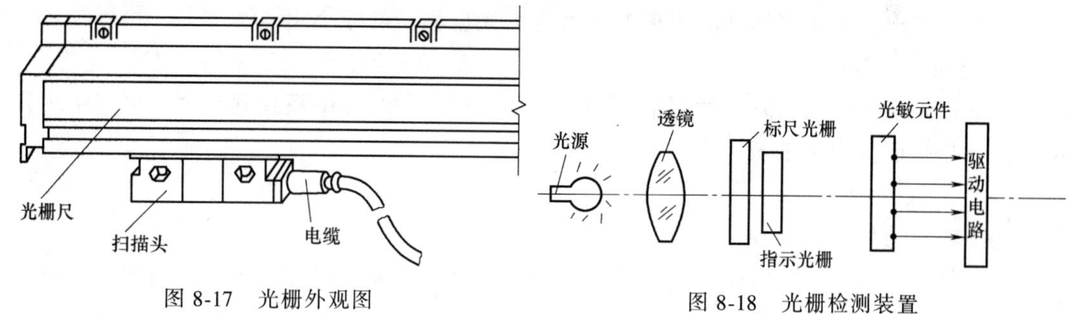

图 8-17　光栅外观图

图 8-18　光栅检测装置

一、光栅的组成

光栅可以按光线在光栅中是反射还是透射，分为反射光栅和透射光栅；按形状可分为圆光栅和长光栅。圆光栅用于测量转角位移，长光栅用于测量直线位移。目前通过激光技术，光栅的分辨度（率）可达微米级，可做到 0.1μm，甚至更高。

图 8-18 给出了光栅检测装置的组成。光栅是在一块长方形的光学玻璃上或金属镜面上均匀地刻有许多与运动方向垂直的线纹，常用的光栅每毫米有 50、100 或 200 线纹。相邻线纹之间的距离称为栅距，栅距根据测量精度确定。标尺光栅安装在移动部件上，指示光栅安装在固定部件上；两块光栅的线密度必须相同，且相互平行并保持 0.05~0.1mm 的间隙。

实际应用中，常把光源、指示光栅和光敏元件等组合在一起，称为读数头，又称为位移-光电变换器，它是位移信息的检出装置，它与标尺光栅配合产生莫尔条纹，光敏元件通

过测量莫尔条纹的变化，给出位移的大小和方向。

二、光栅的工作原理

指示光栅上的线纹与标尺光栅上线纹呈一个很小的角度 θ，两光栅上的线纹相互交叉，如图 8-19 所示。在光源照射下，交叉点附近的区域内黑线重叠，透明区域变大，挡光效应最弱，透光的累积使该区域出现亮带，而距交叉点越远的区域，两光栅不透明黑线的重叠部分越少，黑线的挡光效应增强，该区域出现暗带。这种明暗相间几乎垂直的光栅线纹条称为莫尔条纹，它具有以下特点：

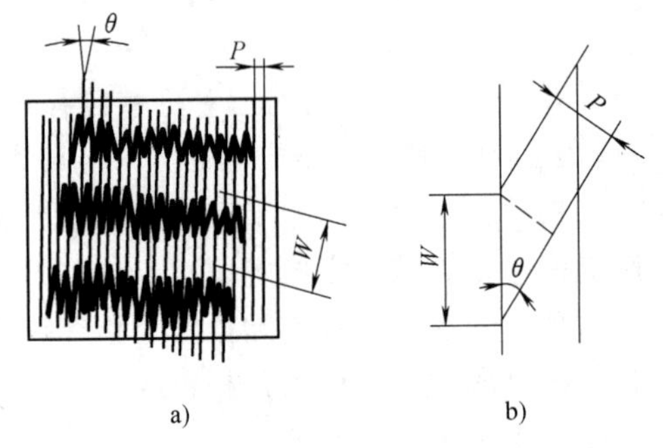

图 8-19 光栅的工作原理

1. 放大作用

当两光栅线纹之间的夹角 θ 很小时，莫尔条纹的节距 W 和栅距 P 之间的关系为

$$W=\frac{P}{\sin\theta}\approx\frac{P}{\theta}$$

由上式可见，莫尔条纹的节距 W 是光栅栅距的 $1/\theta$ 倍，因为 θ 很小，所以 $W\gg P$，即莫尔条纹具有放大作用。若设 $P=0.01\text{mm}$，$\theta=0.01\text{rad}$，可得 $W=1\text{mm}$，从而把光栅的栅距转换成放大 100 倍的莫尔条纹的宽度。

2. 信息变换作用

莫尔条纹的移动与栅距之间的移动成比例。当光栅向左或右移动一个栅距 P 时，莫尔条纹即向上或向下准确地移动一个节距 W。根据光栅栅距的位移和莫尔条纹位移的对应关系，只要测量出莫尔条纹移动的距离，就可得出光栅移动的微小距离。

3. 光强分布规律

当平行光束照射光栅时，就会形成明暗相间的莫尔条纹，由亮纹到暗纹，再由暗纹到亮纹，光强分布近似为余弦函数。

4. 信号处理

光栅输出的信号有两种：正弦波信号和方波信号。

(1) 倍频处理 正弦波输出有电流型和电压型，经过差动放大、整形及倍频处理后，得到脉冲信号。倍频可提高光栅的分辨度。如原光栅条纹为 50 条/mm，经 5 倍频处理后，相

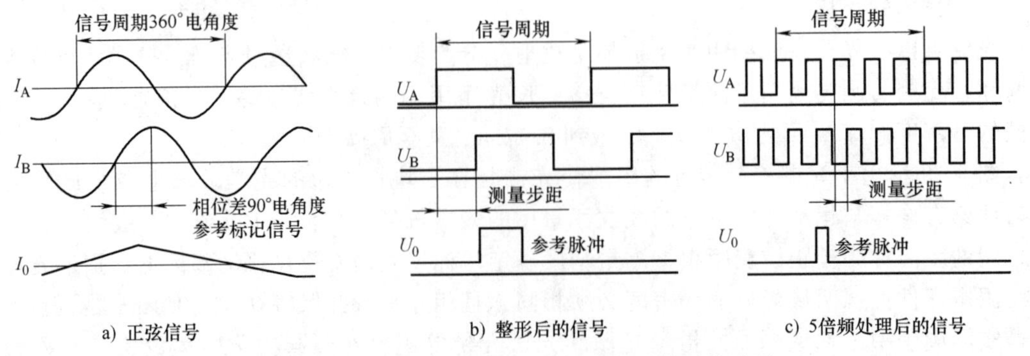

图 8-20 HEIDENHAIN 光栅电流型输出信号的波形

当于将条纹密度提高到250条/mm。图8-20为HEIDENHAIN光栅电流型输出信号经5倍频处理后的波形。其中：图8-20a为正弦信号；图8-20b为整形后的信号；图8-20c为5倍频处理后的信号。

（2）方向判别 光栅输出获得P_A、P_B信号，P_A和P_B的超前或滞后经方向判别电路处理后，得到以高、低电平表示的方向信号如图8-21所示。

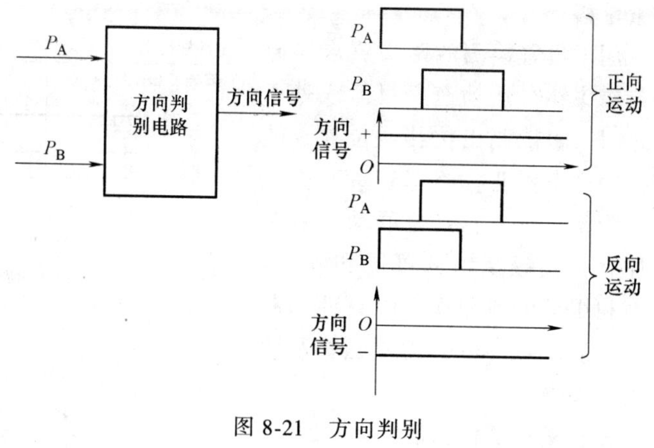

图8-21 方向判别

三、想一想，练一练

1. 光栅是一种高精度的______位移传感器。

2. 光栅用于测量工作台的______，属______测量。

3. 光栅将______位移的______量转换为______脉冲，反馈给______装置。

第五节 磁 栅

一、磁栅概述

磁栅又称磁栅尺或磁性栅尺，可用于数控系统的位置测量。在检测过程中，磁头读取磁性标尺上的磁化信号，并把它转换成电信号，然后通过检测电路把磁头相对于磁尺的位置，送入计算机或数显装置。它是绝对式测量装置。

磁栅与光栅、感应同步器相比，测量精度略低一些，但它具有独特的优点：首先，它制作简单，安装、调整方便，成本低，磁栅上录制的磁化信号若不符合要求，可抹去重录，也可安装在机床上再录磁，以避免产生安装误差；其次，磁尺的长度可任意选择，也可录制任意节距的磁信号；第三，它耐油污、灰尘等，对使用环境要求低。

二、磁栅结构

磁栅按其结构可分为线型、尺型和旋转型三种。磁栅测量装置由磁性标尺、拾磁磁头和测量电路组成。

1. 磁性标尺

磁性标尺是在非磁性材料，如玻璃、不锈钢等材料的基片上，覆盖一层10~20μm厚的磁性材料，形成一层均匀有规则的磁性膜，简称磁尺。再用拾磁磁头在磁尺上录有等节距的周期性磁化信号，用作测量基准。信号分为正弦波、方波等，节距通常为0.05μm、0.1μm、0.2μm；最后在磁性标尺表面还要涂上一层1~2μm厚的保护层，以防止磁头磨损。

2. 拾磁磁头

拾磁磁头是一种磁电转换器，用来把从磁性标尺上检测出来的磁化信号变换成电信号送给测量电路，简称磁头。拾磁磁头可分为动态磁头和静态磁头。

动态磁头又称为速度响应型磁头，它有一组输出绕组，所以只有当磁头与磁尺有一定相对速度时，才能读取磁化信号，并有电压信号输出，它只能用于录音机和磁带机，不能用来测量位移。

用于位置检测的磁头要求当磁尺与磁头相对运动速度很低或处于静止时，也能测出位移或位置，故应采用静态磁头。静态磁头又称磁通响应型磁头，它在普通动态磁头上加有带励磁绕组的可饱和铁心，从而利用了可饱和铁心的磁性调制原理。静态磁头可分为单磁头、双磁头和多磁头。

三、磁栅工作原理

磁通响应型单拾磁磁头结构如图 8-22 所示，其中图 8-22a 是磁场分布，图 8-22b 是磁头结构。

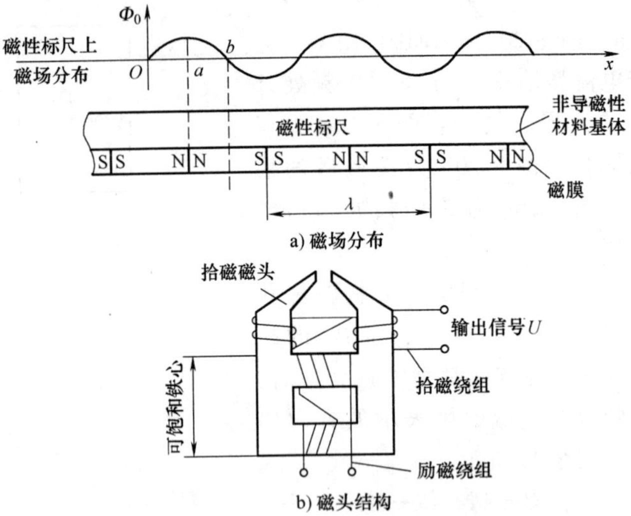

图 8-22 磁通响应型单拾磁磁头结构图

磁头有两组绕组，一为拾磁绕组，一为励磁绕组。在励磁绕组加有一高频的交变励磁信号，则在铁心上产生周期性正反向饱和磁化，使铁心的可饱和部分在每周期内两次被电流产生的磁场饱和。当磁头靠近磁尺时，磁尺上的磁通在磁头气隙处进入铁心，并流过拾磁绕组的磁心，而产生感应电压输出，电压为

$$U=k\Phi_{\mathrm{m}}\sin\frac{2\pi x}{\lambda}\sin\omega t$$

式中，k 为耦合系数；Φ_{m} 为磁通量的峰值；λ 为磁尺上磁化信号的节距；x 为磁头在磁尺上的位移量；ω 为角频率。

双磁头是为了识别磁栅的移动方向而设置的，其结构如图 8-23 所示。两磁头按（$m\pm1/4$）λ 配置（m 为正整数），它们输出的电压分别为

$$U_1=k\Phi_{\mathrm{m}}\sin\frac{2\pi x}{\lambda}\sin\omega t$$

$$U_2=k\Phi_{\mathrm{m}}\cos\frac{2\pi x}{\lambda}\sin\omega t$$

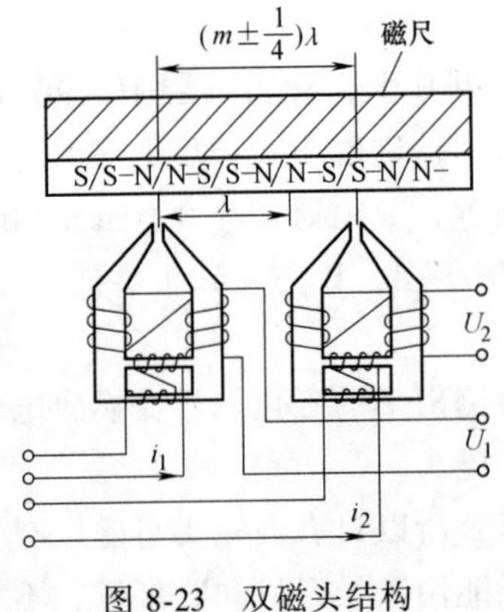

图 8-23 双磁头结构

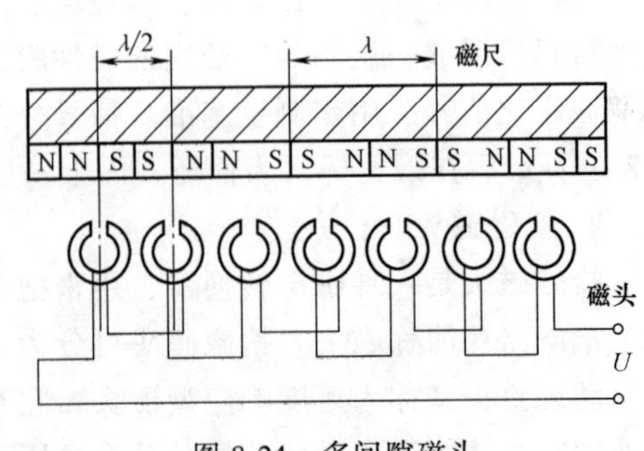

图 8-24 多间隙磁头

由于单磁头读取磁性标尺上的磁化信号输出电压较小，而且对磁尺上的节距和波形要求高，因此可将多个磁头以一定的方式串联起来，形成多间隙磁头，如图 8-24 所示。

这种磁头放置时，铁心平面与磁栅长度方向垂直，每个磁头以相同间距 $\lambda/2$ 放置。若将相邻两个磁头的输出绕组反相串接，则能把各磁头输出电压叠加。多磁头的特点是能使输出电压幅值增大，同时使各铁心间误差平均化，因此其精度较单磁头的高。

四、想一想，练一练

1. 磁栅又称______尺或______尺。
2. 磁栅可用于数控系统的______测量。
3. 在检测过程中，______读取磁性标尺的______信号，转换成电信号。
4. 磁栅是______式位置测量装置。

第六节 光电编码器

一、光电编码器概述

光电编码器利用光电原理把机械角位移变换成电脉冲信号，是数控机床中最常用的位置检测元件。光电编码器按输出信号与对应位置的关系，通常分为增量式、绝对式、数字式和非接触式。

光电编码器又称编码盘或码盘或光电脉冲编码器，是一种角位移传感器，它通常与驱动电动机同轴连接。它随着电动机轴旋转，可以连续发出脉冲信号（目前电动机每转一圈，光电编码器可发出数百至数万个均匀脉冲信号），因此光电编码器可满足高精度位置检测的需要。数控装置通过接收、处理和计算该信号，即可得到电动机的旋转角度，从而算出当前工作台的位移。

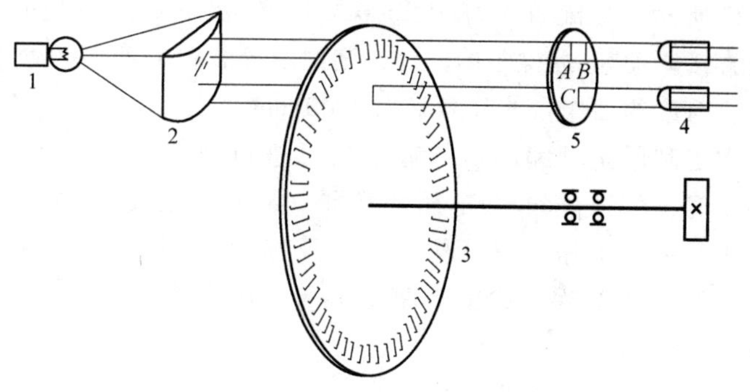

图 8-25 增量式光电编码器原理

1—光源 2—聚光镜 3—圆光栅 4—光敏元件 5—指示光栅

二、增量式光电编码器

增量式光电编码器的原理如图 8-25 所示。

在玻璃圆盘上用真空镀膜的方法镀上一层不透光的金属薄膜，再涂上一层均匀的感光材料，然后用精密照相腐蚀的方法，制成沿圆周等距的透光和不透光相间的条纹，从而构成了圆光栅 3，在指示光栅 5 上具有宽度相同的透光条纹。当电动机带着圆光栅旋转时，光线透过这两个光栅照在光敏元件 4 上，使光敏元件接收到的光通量时明时暗地变化，光敏元件将光信号转换成电信号，再经放大、整形等处理，输出方波信号。

光电编码器的指示光栅是固定不动的，它上面有两段条纹组 *A* 和 *B*，每组条纹的间距即节距与圆光栅相同，而 *A* 组与 *B* 组的条纹彼此错开 1/4 节距，两组相对应的光敏元件所感应的信号的相位彼此相差 90°。

当电动机正转时，*A* 信号超前 *B* 信号 90°；当电动机反转时，*A* 信号滞后 *B* 信号 90°。数控装置利用这一相位关系判断电动机的转向，同时利用 *A*（或 *B*）信号的脉冲数计算电动机的转角。因此采用光电编码器所构成的位置闭环控制的分辨率主要取决于圆光栅一圈的条纹数。

此外，在光电编码器的里圈还有一条透光条纹 C，每转产生一个零位脉冲信号。在进给电动机所用的光电编码器上，零位脉冲信号用于精确确定机床的参考点，而在主轴电动机上，则可用于主轴准停以及螺纹加工等。

光电编码器的输出信号有：差动输出、电平输出及集电极（OC 门）输出等。差动输出因抗干扰能力强而得到广泛应用。光电编码器的典型输出波形如图 8-26 所示。

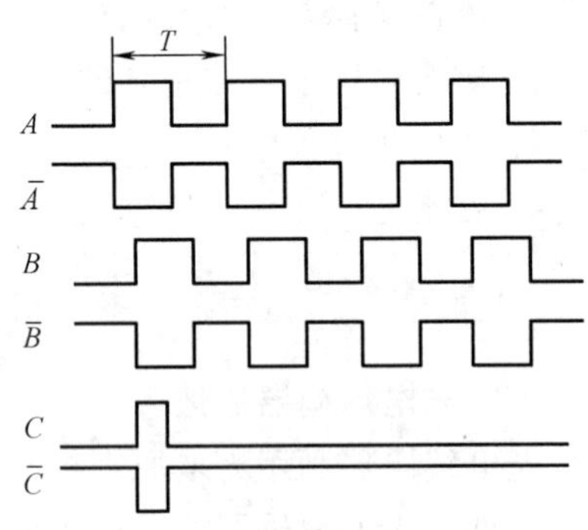

图 8-26　光电编码器典型输出波形

数控系统接收的光电编码器的差动信号，需进行差动接收，同时对该信号进行倍频处理，以进一步提高其分辨率，从而提高位置检测精度。如果数控装置的接口电路从信号 A 的上升沿和下降沿各取一个脉冲，则每转所检测的脉冲数将提高一倍，称为二倍频。同样，如果从信号 A 和信号 B 上升沿和下降沿各取一个脉冲，则每转所检测的脉冲数将为原来的四倍，称为四倍频，如图 8-27 所示。如配置了每转 2000 脉冲光电编码器的电动机直接驱动 8mm 螺距的丝杆，则经数控装置的四倍频处理，可达每转 8000 脉冲的角度分辨率，对应的工作台的分辨率为 0.001mm。

当利用光电编码器的输出信号进行速度反馈测量时，可经过频率/电压转换器（F/V）变成正比于频率的电压信号，作为速度反馈供给伺服驱动装置。对于数字式伺服驱动装置，则可直接进行数字测速。

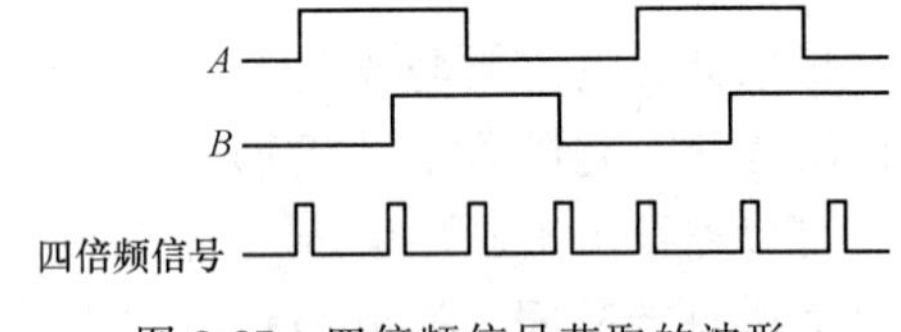

图 8-27　四倍频信号获取的波形

三、绝对式光电编码器

绝对式光电编码器的编码盘上有透光和不透光的图案，编码方式可以是二进制编码、二进制循环编码（格雷码）及二-十进制编码等。绝对式光电编码器通过读取编码盘上的编码图案来确定被测对象的位置。

绝对式光电编码器的编码盘有 4 圈码道。所谓码道就是码上的同心圆。如按照二进制分布规律，把每圈码道加工成透明和不透明相间的形式。编码盘的一侧安装光源，另一侧安装一排径向排列的光敏管，每个光敏管对准一条码道。当光源照射编码盘时，如果是透明区，则光线被光敏管接收，并转换成电信号，输出信号为“1”；如果是不透明区，则光敏管接收不到光线，输出信号为“0”。被测工作轴带动编码盘旋转时，光敏管输出的信息就代表了轴的对应位置，即绝对位置。

绝对式光电编码器大多采用格雷码编码盘。格雷码的特点是相邻数码之间仅改变一位二进制数码，这样，即使制作和安装不十分准确，产生的误差最多也只是最低的一位数。表 8-2 是编码盘的数码表。

四位二进制编码盘能分辨的最小的角度（分辨率）为 $\alpha = 360°/2^4 = 22.5°$。码道越多，分辨率越小，目前，码道可做到 18 条，能分辨的最小角度为 $\alpha = 360°/2^{18} = 0.0014°$。

表 8-2　编码盘的数码表

角度	二进制编码	格雷码	十进制数	角度	二进制编码	格雷码	十进制数
0	0000	0000	0	8α	1000	1100	8
1α	0001	0001	1	9α	1001	1101	9
2α	0010	0011	2	10α	1010	1111	10
3α	0011	0010	3	11α	1011	1110	11
4α	0100	0110	4	12α	1100	1010	12
5α	0101	0111	5	13α	1101	1011	13
6α	0110	0101	6	14α	1110	1001	14
7α	0111	0100	7	15α	1111	1000	15

对于绝对式光电编码器，转过的圈数由 RAM 保存，断电后由后备电池供电，保证机床的位置，即使断电或断电后机床又移动，也能正确记录下来。因此，采用绝对式光电编码器，进给系统的数控系统只要出厂时建立过机床坐标系，以后就用作参考点，保证机床坐标系一直有效。绝对式光电编码器与进给驱动装置或数控装置通常采用通信方式反馈位置信息。

四、光电编码器的应用

1. 位置控制

在进行直线距离测量时，可将光电编码器装到伺服电动机轴上，因伺服电动机与滚珠丝杠相连，所以当伺服电动机转动时，由滚珠丝杠带动工作台或刀具移动，这时光电编码器的转角对应直线移动部件的移动量，因此可根据滚珠丝杠的行程来计算移动部件的位移量。

2. 转速测量

转速可由光电编码器发出的脉冲频率或周期来进行测量。

（1）用脉冲频率测量转速　在给定的时间内，对光电编码器发出的脉冲计数，可由下式求出其转速。

$$n = \frac{N_1}{N}\frac{60}{t}$$

式中，n 为转速，单位为 r/min；t 为测速采样时间，单位为 s；N_1 为 t 时间内测得的脉冲数；N 为编码器每转脉冲数。

图 8-28 为用脉冲频率测量转速原理。在给定 t 时间内，使门电路选通，编码器输出脉冲允许进入计数器计数，这样可以得出 t 时间内，编码器的平均转速。

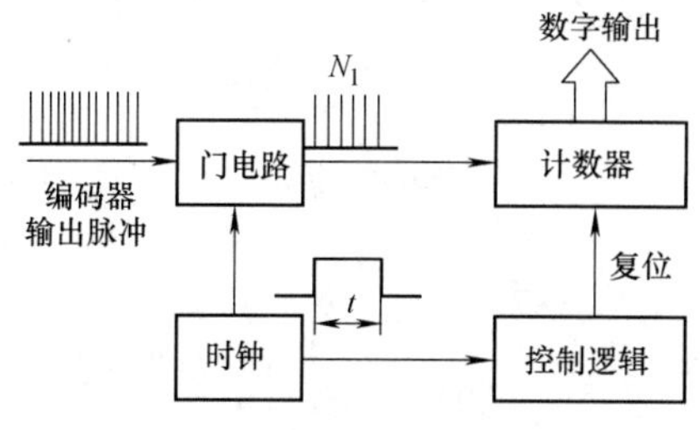

图 8-28　用脉冲频率测量转速

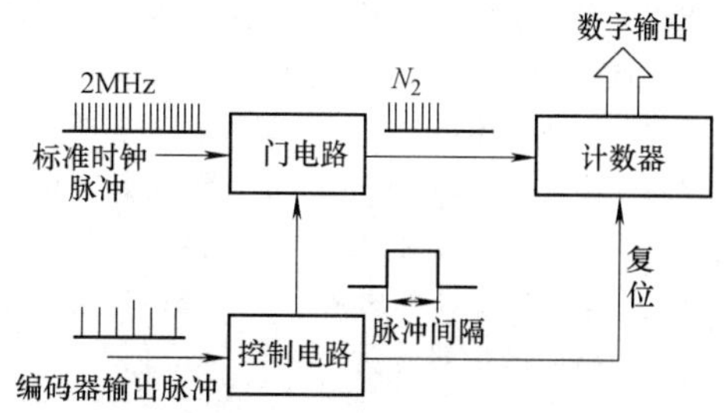

图 8-29　用脉冲周期测量转速

（2）用脉冲周期测量转速 图 8-29 是用脉冲周期测量转速的原理。当编码器输出脉冲正半周时导通门电路。标准时钟脉冲通过门电路进入计数器计数，由计数，编码器可得出转速 n，即

$$n=\frac{60}{2N_2NT}$$

式中，N 为编码器每转脉冲数；N_2 为编码器一个脉冲间隔内，标准时钟输出脉冲的个数；T 为标准时钟脉冲周期，单位为 s。

五、光电编码器的特点

光电编码器具有以下特点：属非接触式间接测量元件，无摩擦和磨损，使用寿命长，驱动力矩小，可得到快的响应速度，成本低，又由于照相腐蚀技术的提高，可制造出高分辨率、高精度的编码盘，得到广泛应用，成为数控机床上使用最多的传感器。其缺点是防污染能力差，容易损坏。

六、想一想，练一练

1. 光电编码器利用______原理，把机械______转换成______信号。是数控机床常用的______检测元件。它是一种______传感器。

2. 光电编码器通常分为______式、______式、______式和______式。

本 章 小 结

位置检测装置是闭环（全闭环、半闭环）进给伺服系统中重要的组成部分，它用于检测机床工作台的位移、伺服电动机的角位移和速度，将信号反馈到伺服驱动装置或数控装置，和预先给定的理想值相比较，得到的差值用于实现位置或速度闭环控制。

位置检测装置通常利用光或磁的原理形成对位置或速度的检测。分辨率表示位置检测装置的精度，是位置检测装置所能正确检测的最小数量单位，它由位置检测装置本身的品质以及测量电路决定。在数控装置位置检测接口电路中，常对反馈信号进行倍频处理，以进一步提高测量精度。

不同类型的数控机床对位置检测装置的精度和速度的要求不同。一般地，对于大型数控机床以满足速度要求为主，对于中小型和高精度数控机床以满足精度要求为主。一般要求测量元件的分辨率比加工精度高一个数量级。

习 题 八

一、填空题

8.1 位置检测装置是数控机床____控制系统中，保证____的重要装置。

8.2 在工作台移动范围内，通常要求位置检测装置的分辨度（率）（即检测的最小偏移量）在____之内，进给速度为____。

8.3 旋转变压器是____测量元件，它的输出电压与____的____成正比。

8.4 旋转变压器的一、二次绕组随转子的____发生____位置的改变，其输出电压的大小随之____。

8.5 感应同步器是感应式____或____传感器。

8.6 感应同步器利用两个____绕组的电磁感应原理进行工作，能自动测量____和____。

8.7 感应同步器分为：____感应同步器，其长度精度可达____；____感应同步器，其角度精度可达____。

8.8 光栅是一种____的____位移传感器，用于测量工作台的位移，属____测量，它将机械位移模拟量

转换为____脉冲，反馈给数控装置，实现位置____伺服系统。

8.9 指示光栅上的线纹与标尺光栅上线纹相互____，在光源照射下，交叉点附近的区域出现明暗相间与光栅线纹几乎垂直的条纹称____。它具有以下特点：____作用，____作用，____规律，____处理。

8.10 光栅中的光敏元件通过测量____的变化，给出位移的____和____。

8.11 当两光栅尺线纹之间的夹角 θ 很小时，莫尔条纹的节距 W 和栅距 P 之间的关系为____，因而 W ____ P，说明有____作用。

8.12 磁栅又称____尺或____尺，可用于数控系统的____测量。在检测过程中，磁头读取磁性标尺上的____信号，并把它转换成____信号，然后通过检测电路把____相对于____的位置，送入计算机或数显装置。

8.13 磁栅按其结构可分为____型、____型和____型三种。

8.14 拾磁磁头是一种____转换器，用来把从磁尺上检测出来的____信号变换成____信号送给测量电路。拾磁磁头可分为____态磁头和____态磁头。

8.15 静态磁头又称____型磁头。当磁尺与磁头相对运动速度____或处于____时，它能测出____或____。静态磁头是在普通动态磁头上加有带____绕组的可饱和铁心，从而利用了____铁心的磁性调制原理。静态磁头可分为____磁头、____磁头和____磁头。

8.16 磁栅采用____磁头能使输出电压____增大，同时使各铁心间误差____化，因此其精度较单磁头的____。

8.17 光电编码器又称____盘或____盘或光电____编码器，是一种____传感器，它通常与驱动电动机____连接。

8.18 光电编码器随着电动机轴旋转，可以____发出脉冲信号（目前电动机每转一圈，编码器可发出数百至数万个均匀脉冲信号），因此编码器可满足高精度____检测的需要。数控装置通过接收、处理和计算该信号，即可得到电动机的____，从而算出当前工作台的____。

8.19 增量式光电编码器的输出信号有：____输出、____输出及____输出等。____输出因抗干扰能力强而得到广泛应用。光电编码器的输出波形是____信号。

8.20 数控系统接收的增量式光电编码器的____信号，需进行____接收，同时对该信号进行____，以提高____，从而提高位置检测精度。

8.21 当利用增量式光电编码器的输出信号进行____反馈测量时，可经过____/电压转换器（F/V）变成____于频率的电压信号，作为____反馈供给伺服驱动装置。对于____式伺服驱动装置，则可____进行数字测速。

8.22 绝对式光电编码器的____盘有____圈码道，码道即____上的____。

8.23 绝对式光电编码器大多采用____编码盘。码道越____，分辨率越____。

二、选择题

8.24 下列装置不能用作测量位置的装置是____。

（A）感应同步器 （B）旋转变压器 （C）光栅 （D）步进电动机

8.25 光栅利用____，使得它能得到比栅距还小的位移量。

（A）莫尔条纹的作用 （B）倍频电路 （C）计算机处理数据 （D）电源频率

8.26 某些位置检测装置中，为提高精度而采用____的方法。

（A）提高电源幅值 （B）增加检测元件个数 （C）提高电源频率 （D）采用倍频电路

8.27 光电编码器输出波形是____。

（A）正弦波 （B）余弦波 （C）三角波 （D）方波

8.28 在磁栅中的拾磁磁头中，只有当磁头与磁尺有一定相对运动时，才能读取磁化信号，因而不能检测位移的磁头叫____。

（A）动态磁头 （B）单磁头 （C）双磁头 （D）多磁头

8.29 当两光栅尺线纹之间的夹角 θ 很小时，莫尔条纹的节距 W 和栅距 P 之间的关系是____。

（A）$W<P$ （B）$W=P$ （C）$W\gg P$ （D）$W\leq P$

参考文献

[1] 谭维瑜. 电机与电气控制［M］. 2 版. 北京：机械工业出版社，2011.

[2] 谭维瑜. 电工技术与技能实训［M］. 北京：机械工业出版社，2012.

[3] 李仁. 工厂电气控制设备［M］. 北京：机械工业出版社，1991.

[4] 方承远，张振国. 工厂电气控制技术［M］. 3 版. 北京：机械工业出版，2006.

[5] 赵明，许翏. 工厂电气控制设备［M］. 2 版. 北京：机械工业出版社，2011.

[6] 王炳实，王兰军. 机床电气控制［M］. 4 版. 北京：机械工业出版社，2012.

[7] 胡幸鸣. 电机及拖动基础［M］. 3 版. 北京：机械工业出版社，2014.

[8] 许晓峰. 电机及拖动［M］. 4 版. 北京：高等教育出版社，2014.

[9] 徐咏冬. 电工电子技术基础实训［M］. 2 版. 北京：机械工业出版社，2007.

[10] 杨静生. 电工电子技术（非电类专业用）［M］. 北京：机械工业出版社，2004.

[11] 刘瑞已. 现代数控机床［M］. 2 版. 西安：西安电子科技大学出版社，2011.

[12] 陈子银，屈海军. 数控机床电气控制［M］. 北京：北京理工大学出版社，2006.

[13] 周兰，常晓俊. 现代数控加工设备［M］. 北京：机械工业出版社，2005.